包 装 管 理 学

主 编　戴宏民　杨祖彬
副主编　戴佩华

西南交通大学出版社
·成 都·

内容提要

包装管理学是根据包装工程专业教学指导委员会最新要求、也是为适应包装企业规模和产量不断扩大、世界包装市场绿色包装壁垒日趋严格和增多而编写的。为此，本书内容强调实施先进的管理技术和方法，强调适应世界大潮流和与国际接轨。

本书的编写内容分为十一章：包装生产计划编制，包装企业资源计划，包装计划的实施，包装清洁生产，包装设备管理，包装质量管理，包装绿色化管理，包装环境管理，包装物流管理，包装成本核算管理和包装使用总成本及技术经济分析。本书介绍和分析了 MRPⅡ和 ERP、目标管理、滚动计划法、网络计划技术、包装清洁生产典型工艺、全员设备维修体系、ISO 9000（2008 版）族标准、ISO 14000 系列标准、LCA、绿色包装壁垒及绿色包装技术、完整包装解决方案及包装使用总成本等新技术、新方法和新理念。

为加强理论与实践相联系，各章之后均附有实践应用案例。本书还通过小贴士，对一些概念和术语作了较深的阐述。

本书可供普通高校包装工程专业选作《包装管理学》教材，也适合于包装企事业管理及技术人员在实践中参考。

图书在版编目（ＣＩＰ）数据

包装管理学 / 戴宏民，杨祖彬主编. —成都：西南交通大学出版社，2014.11
ISBN 978-7-5643-3502-1

Ⅰ.①包… Ⅱ.①戴… ②杨… Ⅲ.①包装管理－高等学校－教材 Ⅳ.①TB488

中国版本图书馆 CIP 数据核字（2014）第 244534 号

包装管理学

主　编　戴宏民　杨祖彬
副主编　戴佩华

责 任 编 辑	周　杨
封 面 设 计	墨创文化
出 版 发 行	西南交通大学出版社 （四川省成都市金牛区交大路 146 号）
发 行 部 电 话	028-87600564　87600533
邮　　　编	610031
网　　　址	http://www.xnjdcbs.com
印　　　刷	四川森林印务有限责任公司
成 品 尺 寸	185 mm×260 mm
印　　　张	21.75
字　　　数	542 千字
版　　　次	2014 年 11 月第 1 版
印　　　次	2014 年 11 月第 1 次
书　　　号	ISBN 978-7-5643-3502-1
定　　　价	48.00 元

课件咨询电话：028-87600533

前　言

目前，国内外巨大的包装市场需求促使我国包装工业迅速崛起，成为世界第二包装大国。然而，管理水平和技术水平的相对差距却成为我国由包装大国跨向包装强国的主要障碍。本书即鉴于此，希望编写的内容能为提高包装管理水平、促进包装管理现代化贡献一份力量。

本书由重庆工商大学包装工程编写团队集体编写。戴宏民教授、杨祖彬副教授担任主编，戴佩华副教授任副主编。具体章节分工为：第一章、第六章由周强讲师编写；第二章、第三章由戴佩华副教授编写；第四章、第七章、第九章由戴宏民教授编写；第五章由张书彬讲师编写；第八章由广州土地房产管理职业学校刘彦蓉硕士编写；第十章、第十一章由杨祖彬副教授编写。戴宏民教授、杨祖彬副教授进行了统稿工作。

本书从调研到编写历时近两年。编写中难免有疏漏不当之处，望读者提出宝贵意见。在这里尤其要对各章编写中引用文献的作者致以敬意。

编　者

2014 年 7 月

目　录

第一章　包装生产计划编制

　　包装企业生产管理是保障包装企业每个生产经营活动正常有序进行的基础。本章从狭义的角度介绍生产过程的组织、生产计划和生产作业计划等内容；帮助读者了解企业如何组织好各种产品的零部件生产，使之在时间上平衡衔接、空间上紧密配合，按期、按量、按质，均衡有节奏地完成产品的生产任务。

　　☺小贴士 1：

　　包装企业生产管理是对包装企业日常生产活动的计划、组织和控制，是和产品制造密切相关的各项管理工作的总称。

　　☺小贴士 2：

　　生产管理有广义和狭义之分，广义的生产管理是指企业围绕生产这个中心而开展的各项管理工作，包括了生产技术准备过程、基本生产过程、辅助生产过程、生产服务过程等方面的管理。

第一节　包装企业生产过程组织

一、生产过程及其类型

1. 生产过程

　　任何包装产品的生产都需要一定的生产过程。这一过程的基本内容是人的劳动过程，即在劳动分工和协作的条件下，劳动者按照一定的方法和步骤，利用一定的工具直接或间接地作用于劳动对象，使之成为具有使用价值的产品的过程。在某些生产技术条件下，生产过程的进行还需要借助自然力的作用，使劳动对象发生物理的或化学的变化，如改变材料组织结构的自然冷却、时效处理，油漆的自然干燥等，这时生产过程就表现为劳动过程与自然过程的结合。

☺小贴士 3:

所谓生产过程，是指从准备生产开始直到产品制造出来为止的全部过程。

包装机械制造工业与包装材料加工工业作为包装行业两类不同生产性质的企业，各有自己的产品特点或生产特色，其生产过程的特点也不一样。但企业生产过程的结构按照它的组成部分的地位和作用来划分却是基本相同的，主要包括生产技术准备过程、基本生产过程、辅助生产过程与生产服务过程（见图 1-1）。这四部分既有区别，又有联系，核心是基本生产过程，是企业生产过程中的关键部分。

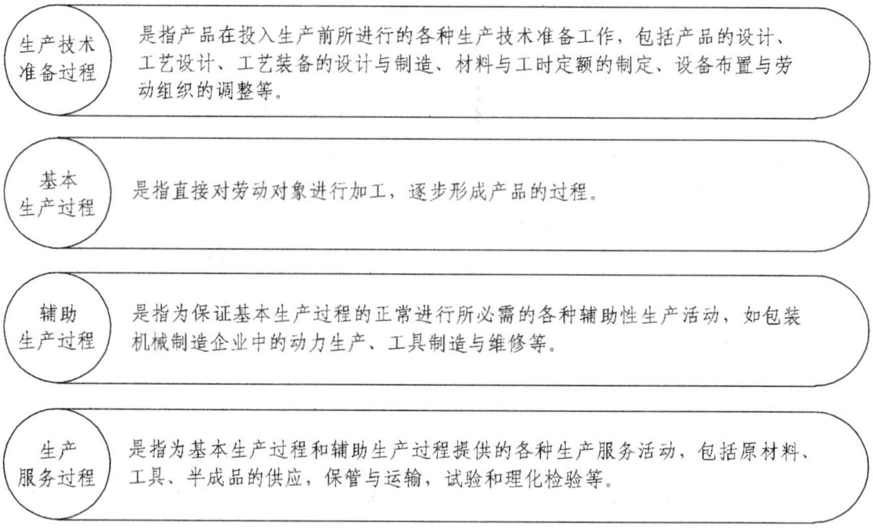

生产技术准备过程 | 是指产品在投入生产前所进行的各种生产技术准备工作，包括产品的设计、工艺设计、工艺装备的设计与制造、材料与工时定额的制定、设备布置与劳动组织的调整等。

基本生产过程 | 是指直接对劳动对象进行加工，逐步形成产品的过程。

辅助生产过程 | 是指为保证基本生产过程的正常进行所必需的各种辅助性生产活动，如包装机械制造企业中的动力生产、工具制造与维修等。

生产服务过程 | 是指为基本生产过程和辅助生产过程提供的各种生产服务活动，包括原材料、工具、半成品的供应，保管与运输、试验和理化检验等。

图 1-1　生产过程

科学合理地组织生产过程（即合理地安排工序，是指一个或几个工人，在一个工作地上对一个或几个劳动对象连续进行的生产活动），就是组织好各工序之间的衔接和协作的过程。合理安排工序，需要考虑劳动分工和提高劳动生产率的要求，工序的划分对于生产过程的组织、劳动定额的制订、工人的配备、质量的检验和生产作业计划编制等工作有着重要的影响。工序应按照采用的工艺方法和机器设备来划分，相同的工艺方法和机器设备的生产活动划为同一道工序。一件或一批相同的劳动对象，依次经过许多工作地，这时在每一个工作地内连续进行的生产活动就是一道工序。超出了一个工作地的范围，那就是另一道工序了。工作地是工人使用劳动工具对劳动对象进行生产活动的地点。它是由一定的场地面积、机器设备和辅助工具组成的。

2. 生产过程类型

生产过程类型（生产类型）是设计包装企业生产系统首先要确定的问题。这里是指广义生产过程的类型。鉴于各个工业企业在产品结构、生产方法、设备条件、生产规模、专业化程度等方面，都有着各自不同的特点，而这些特点又都直接或间接地影响着企业生产过程的组织。为了更好地研究和组织企业的生产过程，按照一定的特征划分为不同的生产过程类型，以便根据不同的生产过程类型确定相应的生产组织形式和计划管理方法。具体的生产过程类型划分见表 1-1。

表 1-1　生产过程类型分类表

分类方式	分类名称	特点及描述
按产品的生产数量	大量生产	品种少，每种产品产量大，生产过程稳定重复。工作地专业化程度较高，常采用流水线组织方式
	单件小批量生产	产品品种繁多，每种产品产量较小。生产对象经常变化，工作地专业化程度较低
	批量生产	特点介于大量生产与单件小批量生产之间。品种较多，每种产品产量不大，工作地为成批地、轮番地进行生产，一批相同零件加工结束之后，调整设备和工装，再加工另一批其他零件
按接受生产任务的方式	订货生产	根据用户提出的订货要求进行产品的生产，生产出的各种产品在品种、数量、质量和交货期等方面不同。大型设备（特制机床、船舶、飞机等）的生产属于订货型生产
	备货生产	即在对市场需求量进行科学预测的基础上，有计划地组织生产。一般消费品的生产大多数是这种类型的
按生产工艺	合成型	将不同零件装配成成套产品或将不同成分的物质合成一种产品。如机电产品的生产
	分解型	将单一的原来材料经过加工处理生产出多种产品。如石油化工或焦化企业的生产
	调制型	通过改变加工对象的形状或性能而制成的产品。如炼钢厂、橡胶厂电缆厂的生产
	提取型	从矿山、海洋或地下挖掘提取产品的企业。如矿山、油田或天然气企业的生产
按生产连续程度	连续生产	在计划期内连续不断的生产一种或很少几种产品。生产的工艺流程、生产设备以及产品都是标准化的，车间和工序之间没有在制品储存，如石油化工厂、手表厂或电视机厂
	间断生产	生产中输入的各种要素是间断地投入，设备和运输工具能够适应多品种加工的需要，车间和工序之间有一定的在制品储存。如机床厂、机修厂或重型机器厂等

二、生产过程组织基本要求

科学合理地组织生产过程，要求各生产单位在空间和时间上密切配合与衔接。为了使企业整个生产的各个环节相互衔接，紧密配合，构成一个协调的系统，包装企业也不例外地像其他企业一样要进行生产过程的组织工作，用来保证企业的人力、物力、财力都得到更加充分的合理利用，缩短生产周期，以尽可能小的劳动耗费获取尽可能高的生产经济效果。组织生产过程的基本要求见表1-2。

表1-2   合理组织生产过程的基本要求

要求	特点及描述
比例性	比例性是指生产过程各阶段、各工序之间在生产能力上要保持一定的比例关系，以适应产品生产的要求。保证生产过程的比例性是保证生产顺利进行的前提，主要是指各个生产环节的工人人数、设备数量、生产速率、开动班次等都必须互相协调；有利于充分并合理地利用企业设备、生产面积、人力和资金，减少产品在生产过程中的辅助时间，缩短生产周期
均衡性	就是为了保证各工作地有均匀的负荷，不出现前松后紧或时松时紧的不均衡生产状况；要求企业在其各个生产环节的工作按计划有节奏地运行
平行性	是指生产过程的各项活动、各个工序在时间上实行平行作业；是实现生产过程连续性的必要条件
连续性	连续性是指产品在生产过程各阶段、各工序之间的流动，在时间上是紧密衔接的，连续不断的，产品在生产过程中始终是处于运动状态。保持和提高生产过程的连续性，可以缩短产品生产周期、减少在制品的数量、加速流动资金的周转；可以更好地利用物资、设备和生产面积，减少产品在停放等待时可能发生的损失；有利于改善产品的质量
经济性	以尽可能少的劳动耗费取得尽可能多的生产成果。影响生产过程经济性的因素很多，前述讲的生产过程的比例性、均衡性、平行性、连续性，最终目的都是为了达到生产过程的经济性

三、生产过程空间组织

在生产过程空间组织层面上要解决的主要问题是：如何划分生产场所，并对其内部进行合理布置。生产场所划分与布置合理与否对企业的生产效率，乃至企业的经济效益都有着非常大的影响。

生产场所的布置主要是工厂总平面、车间平面以及车间内部机器设备的布置。目的是使企业的厂房、加工设备、工作场地、生产方法、运送设备、辅助设施、生产流程、劳动作业、休息服务、逃生通道等各个环节配置科学合理。

1. 工厂总平面规划布置

工厂总平面布置是指工厂的总体规划，是根据选定的厂址地形，对工厂的各项功能组成部分，如各类生产车间、仓库、公用服务设施、物流设施、动线、绿化设施等进行合理布置，确定其平面和立面的位置。

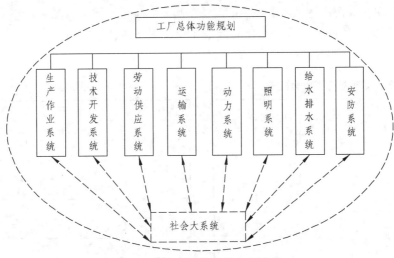

图 1-2 工厂总体功能规划内容

（1）工厂总平面规划的原则。工厂总平面规划是一个复杂的大系统，由图 1-2 所示的 9 个子系统构成。各系统之间、一个系统内部各要素之间都存在着相互制约、相互依存的关系，并处于变动状态，不断地有各种资源、信息的输入和输出。工厂总平面规划应遵循以下原则：

① 安全和健康原则。有利于保证安全和增进职工的健康。在规划时要充分考虑国家有关防火防盗规范、建筑规范、抗震等级规范、易燃易爆品规范、卫生标准等法律法规要求。还要认真考虑 "三废" 的处理问题，严格遵守国家环境保护法，为了给职工创造良好的工作环境，工厂布置应注意整洁美观，做好厂区绿化，建设花园式工厂环境。

② 经济效益原则。工厂总平面规划要注重实用，以提高总体经济效益为目标，充分地利用地面和空间，使布置具有最大的灵活性和适用性。

③ 工艺原则。规划中以关键产品的工艺需求为核心，物流与动线规划必须满足生产工艺过程的要求，使物流运输路线尽可能短，避免迂回和往返运输。同时兼顾企业长远发展的需要。

（2）工厂总平面规划的程序。进行工厂总平面规划首先要调查研究，充分了解并明确企业与外界的联系，企业内部各组成部分的关联，结合各个系统的目标任务，梳理并协调好各方面的关系。再经过反复试验、比较和验证。布置时一般可以根据经验先安排主要生产车间和某些由特殊需要决定其位置的作业（兼顾区域内的动线及消防车通道的设置）。然后，确定主要过道的位置。厂区内的人行道、车行道应平坦、畅通、有足够的宽度和照明设备。主要过道的两端尽可能与厂外公路相连接，中间与各车间的大门相连接。最后，根据各组成部分的相关程度，确定其他辅助部门和次要过道的位置。利用模型在纸上进行布置，可以形成几个不同的布置方案，对不同的布置方案进行技术经济评价（可以采用优缺点列举、经济效益比较、要素比较等方法），从中选择出一个最适合企业目标和需要的方案（有条件的还可以采用计算机仿真法进行验证）。

（3）工厂平面布置的方法。常用的工厂平面布置设计方法主要有以下两种：

① 物料流向图法：是指按照生产过程中物料（原材料、在制品及其他物资）的流动方向及运输量来布置工厂的车间、设施以及生产服务单位，并绘制物料流向图的方法。该法适用于物料运量很大的企业。

② 生产活动相关图布置法：是一种图解法，就是指通过图解来判断工厂组成部分之间的关系，然后根据关系的密切程度来安排各组成单位，得出较优的布置方案。工厂各组成部分之间的关系密切程度分类见表1-3，关系密切程度的原因见表1-4。

表1-3 关系密切程度分类表

关系密切程度	代号	评分
绝对必要	A	6
特别重要	E	5
重要	I	4
一般	O	3
不重要	U	2
不能接近	X	1

表1-4 关系密切程度的原因

代号	关系密切程度的原因
1	使用共同的记录
2	人员兼职
3	共用场地
4	人员联系密切
5	文件联系密切
6	生产过程的连续性
7	从事相类似的工作
8	使用共同的设备
9	可能的不良秩序

2. 车间、办公室布置

以工厂总平面布置对工厂的各个组成部分的总体安排为基础，进行车间布置和办公室布置。其基本形式有以下4种（以包装企业图例说明如下）：

（1）按工艺原则布置。依据不同工艺阶段进行布置，将同类型的机器设备集中在一个区域内完成相同的工艺加工，即机群式布置。其特点是：成品的加工要经过许多工段才能完成。相对来说，运输路线长、运送量多、管理复杂，停留在各生产阶段的在制品多；此外，生产面积和资金的占用相对增加。但优点在于能较好地适应多品种生产的需要，适用于单件小批生产。如图1-3所示。

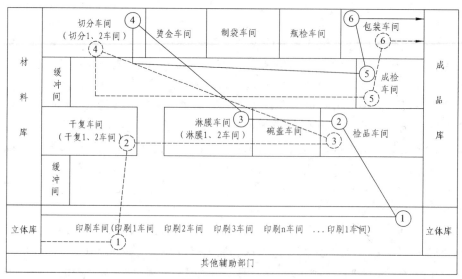

说明图例：　——→ 产品A移动方向　-----→ 产品B移动方向

图1-3 按照工艺原则布置示意图

（2）按对象原则布置。该种方式是以生产的产品为对象，集中生产所需要的各种设备，并按其加工顺序进行布置，实行封闭式生产。因为产品生产的工序相对集中，这样就大大缩短了运输路线，减少了运输量，节省了生产面积，并可集中和减少管理，间接起到节约流动资金作用。但如果产品产量不大，品种规格经常变化，这种布置就难以很好适应，会导致设备利用不足，所以该法适用于产量品种稳定的大量或大批量生产。如图1-4所示。

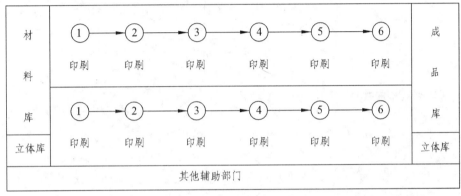

图 1-4　按照对象原则布置示意图

（3）按混合原则布置。根据产品生产的特点，吸收按工艺原则布置和按对象原则布置两种方式的优点而组成混合结构。如图1-5所示。

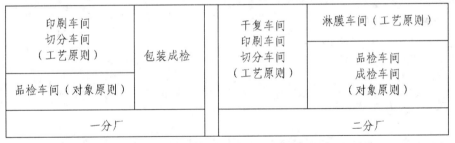

图 1-5　按照混合原则布置示意图

（4）按成组加工布置。这种布置是以应用对象原则布置的原理为基础，运用成组技术调整布置车间的生产组织形式。关于成组技术的原理及其具体布置形式，参见后续有关章节的介绍。

四、生产过程时间组织

生产周期的时间构成如图1-6所示，生产过程的时间组织就是研究劳动对象在工序间的移动方式。一批产品在工序间的移动，归纳起来主要有以下3种方式。

有效时间					停歇时间		
	劳动过程时间				成批等待时间	工序之间和工艺阶段之间的等待时间	节假日停歇时间	午休和工作班之间的停歇时间
自然过程时间	工艺工序时间	准备结束时间	运输时间	检验时间				
		辅助时间			工作班内停歇时间	工作班外停歇时间	
工作班内时间					非工作班内时间		

图 1-6　生产周期的构成

1. 顺序移动方式

是指一批零件在上道工序全部加工完以后，才整批送到下一道工序去加工的零件在工序间的移动方式，即零件从一个工作地转到另一个工作地之间的运动形式及所涉及的相关环节。为简化计算，假设零件在工序间无停顿时间，工序间的运输时间也忽略不计（后续几种移动方式计算中的假设与此相同），则这批零件在全部工序上加工的时间总和（工艺周期）计算公式为：

$$T_{顺} = N \cdot \sum_{i=1}^{m} t_i (i = 1, 2, \cdots, m)$$

式中　$T_{顺}$ —— 每批零件的加工周期（工艺周期）；

　　　N —— 每批零件的批量；

　　　t_i —— 零件在第 i 工序的单件加工时间；

　　　m —— 工序数量。

2. 平行移动方式

是指每个零件在前道工序加工完毕后，就立即转到下一道工序去加工，形成各个零件在各道工序上平行地进行加工的工序间移动方式。在平行移动方式下，一批零件的加工周期（工艺周期）计算公式为：

$$T_{平} = \sum_{i=1}^{m} t_i + (N-1) t_L$$

式中　$T_{平}$ —— 一批零件的加工周期（工艺周期）；

　　　t_L —— 工艺流程中单件加工时间最长工序的加工时间。

3. 平行顺序移动方式

将顺序移动和平行移动两种方式的优势相结合，平行顺序移动方式既考虑了相邻工序上有平行交叉的加工时间，又保留了该批零件顺序地在工序上连续加工。其特点是：零件在各道工序间的移动，有单件和集中按小批量地运送两种方式。平行顺序移动方式的加工周期（工艺周期）的计算公式为：

$$T_{平顺} = \sum_{i=1}^{m} t_i + (N-1)(\sum t_L - \sum t_S)$$

式中　　$T_{平顺}$ —— 一批零件的加工周期（工艺周期）；

　　　　t_L —— 在前后相邻的工序中，单件加工较长工序的加工时间；

　　　　t_S —— 在前后相邻的工序中，单件加工较短工序的加工时间。

【例 1-1】　假设某种零件的批量为 4，即 $N=4$ 件，共有 4 道工序需要加工，其对应的单件加工时间分别为 10 min，5 min，20 min，5 min。试求：此零件按照顺序移动方式、平行移动方式、平行顺序移动方式的加工周期各是多少？

解：根据已知：$N=4$，$t_1=10$，$t_2=5$，$t_3=20$，$t_4=5$，$t_L=20$，$t_S=5$，可得：

（1）此零件的顺序移动方式（见图 1-7）的加工周期为：

$$T_{顺} = N \cdot \sum_{i=1}^{m} t_i (i=1,2,\cdots,m)$$
$$= 4 \times (10+5+20+5) = 160 \text{（min）}$$

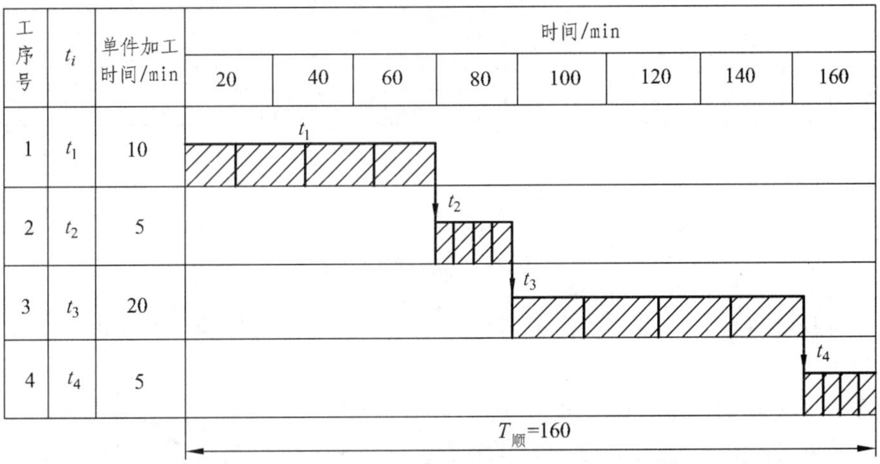

图 1-7　顺序移动方式

（2）此零件的平行移动方式（见图 1-8）的加工周期为：

$$T_{平} = \sum_{i=1}^{m} t_i + (N-1)t_L$$
$$= (10+5+20+5) + (4-1) \times 20 = 100 \text{（min）}$$

（3）此零件的平行顺序移动方式（见图 1-9）的加工周期为：

$$T_{平顺} = \sum_{i=1}^{m} t_i + (N-1)(\sum t_L - \sum t_S)$$
$$= 4 \times (10+5+20+5) - (4-1) \times (5+5+5) = 115 \text{（min）}$$

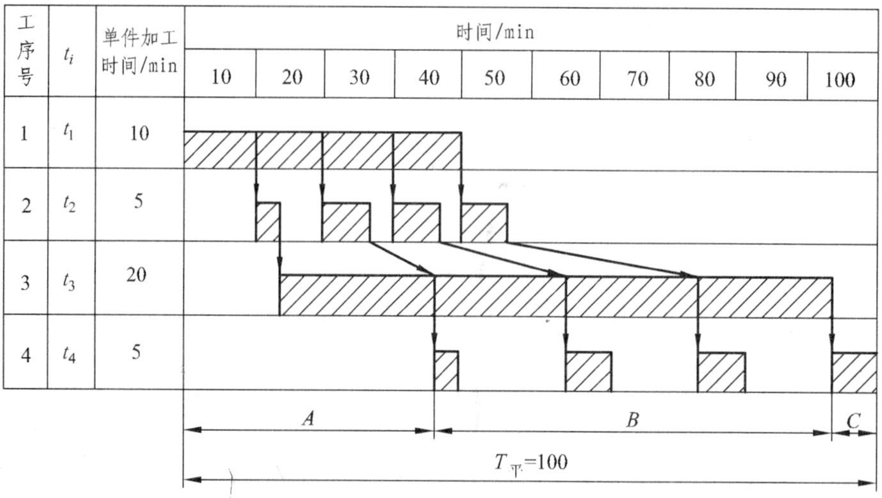

工序号	t_i	单件加工时间/min	时间/min									
			10	20	30	40	50	60	70	80	90	100
1	t_1	10										
2	t_2	5										
3	t_3	20										
4	t_4	5										

A B C

$T_{平}=100$

图 1-8 平行移动方式

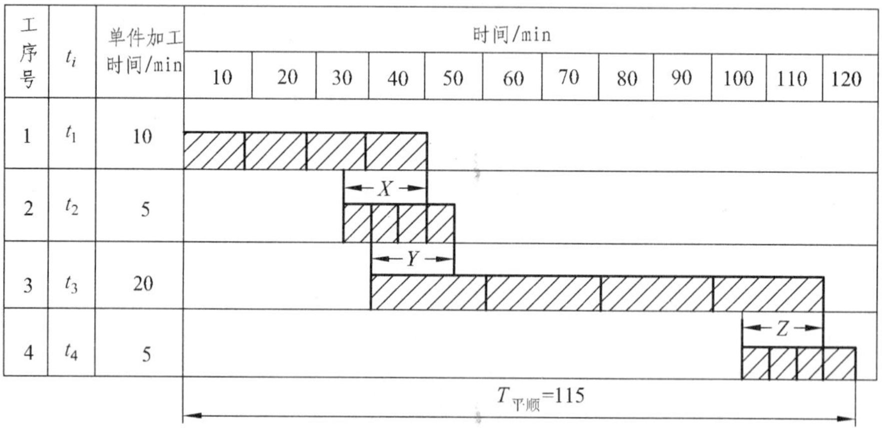

工序号	t_i	单件加工时间/min	时间/min											
			10	20	30	40	50	60	70	80	90	100	110	120
1	t_1	10												
2	t_2	5			X									
3	t_3	20			Y									
4	t_4	5									Z			

$T_{平·顺}=115$

图 1-9 平行顺序移动方式

总之,选择零件的移动方式,需要考虑的因素大致可以归纳为:批量的大小,零件加工的工序时间长短,车间和小组的专业化形式等。批量小、工序相对时间比较短时,可以采用顺序移动方式;批量大、工序时间相对比较长的情况下,宜采用平行移动或者平行顺序移动的方式。工艺专业化的车间、工段、小组比较适合采用顺序移动方式;对象专业化的车间、工段、小组则比较适合采用平行移动方式或者平行顺序移动方式,因为这种情况下,设备往往都是按照工艺过程的顺序排列的。生产实际中,需要综合考虑企业的产品和生产线的具体情况选择适合的方式,才能实现科学合理组织生产的目标。

三种移动方式的特点及选择时应考虑的因素见表 1-5、1-6。

表 1-5 三种移动方式的特点比较

移动方式	特点及描述
顺序移动方式	生产组织简单易行;在一批零件加工过程无设备停歇的情况下,每个零件都有等待运输的时间,因此,零件的加工周期与其他两种移动方式相比是最长的

续表 1-5

移动方式	特点及描述
平行移动方式	可以使每个零件在当前加工工序加工完成就及时转移到下一道工序加工，加工周期是三种方式中最短的一个；需要注意的是这种最短的获得付出的代价是零件的频繁运送带来的制造期间的成本大幅度上升，并且在前一道工序时间大于后一道工序时间的情况下，设备就会出现间断性的停歇现象
平行顺序移动方式	结合了前两种方式的优点：消除了设备的间歇现象，同时减少了零件等待运输的时间，能使工作地的负荷相对充分，适当地缩短了零件的加工周期；不足的是，这种方式使得生产的组织工作变得复杂

表 1-6 选择三种移动方式应该考虑的因素

考虑的因素	适用性及描述
企业的生产类型	大量大批生产条件下，一般可按照产品专业化来组织，运输距离短，建议采用平行移动或平行顺序移动方式；在组织流水生产时，更适合采用平行移动方式。单件小批量生产条件下，一般可按照工艺专业化来组织，因为这种情况下，同一品种零件数量少、运输路线较长而又往返交叉，所以，适合采用顺序移动方式，以减少运输工作量，并且由于数量少，等待的时间也不长
生产单位的专业化原则	按照对象专业化原则组织的生产，因工作地是按照产品的工艺过程排列的，适合采取平行移动或者平行顺序移动方式；若是按照工艺专业化原则组织生产，考虑到运输条件的限制，更适合采用顺序移动方式
零件的重量及工序劳动量	如果零件质量轻，从有利于组织零件的运输、节约运输费的角度考虑，宜采用顺序移动方式。如果零件质量大、工序劳动量大、需要逐件地进行加工，则适合选择平行移动或者平行顺序移动方式
加工对象改变时调整设备所需要的劳动量	如果设备更换，工序调整设备所需要的劳动量小，可以考虑采用平行移动或者平行顺序移动方式。如果调整设备所需要的劳动量大、时间长，则应考虑优先采用顺序移动方式
生产任务的缓急程度	如果生产任务较急，应采用平行移动方式；如果生产任务不急，则应考虑采用顺序移动方式

五、流水生产线及自动线组织形式

1. 流水生产线

流水生产是生产效率较高的一种先进的生产组织形式，能有效地提高企业生产的产出效率。流水生产是指劳动对象按一定的工艺路线和设定匹配的生产速度一件接一件地、流水般地通过所有工序，顺序地进行加工并出产产品的一种生产组织形式。流水生产线的特征如表 1-7 所示。

😊小贴士4：

流水生产，又叫流水作业、流水线，是对象专业化形式的进一步发展。

表1-7　流水生产线的特征

特　　征	描　　述
生产过程的连续性	固定连续地生产一种或少数几种产品（零件）
单向移动、专业化	工作地按照产品生产工艺过程的顺序排列，产品按运输路线单向移动。每个工作地只固定完成一道或少数几道工序，工作地高度专业化
节拍	按规定的节拍进行生产，各工序单件作业时间等于节拍或节拍的倍数
一致性	各道工序的工作地设备数同各道工序单件作业时间的比例相一致
组织流水线生产的主要条件是：产品产量要大、产品结构要稳定；工艺要先进，且各个工序要便于分解与合并；各道工序的劳动量要近似相等；工作地的专业化程度要高	

😊小贴士5：

所谓节拍，是指流水线上前后两件制品出产的时间间隔。

1）流水生产线分类

工业企业中根据流水生产线的特点和组织流水线的条件可按照不同的标准进行分类。按照机械化程度可分为手动流水线、机械化流水线和自动流水线；按达到的节奏程度可分为强制节拍流水线、自由节拍流水线和粗略节拍流水线；按照生产过程的连续程度可分为间断流水线和连续流水线；按生产对象的移动方式可分为固定流水线和移动流水线；按照生产对象的数目可分为单一对象流水线和多对象流水线。归纳结果如图1-10所示。

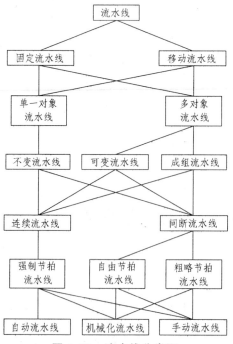

图1-10　流水线分类图

2）流水生产线设计

流水线的形式有很多种。这里以单一品种（对象）流水线的组织设计来说明流水线的设计计算：

（1）单一品种（对象）流水线的组织条件。

必须先做好流水线的设计，才能开始建立流水线。而且流水线设计正确与否，决定着流水线投入生产以后能否顺利运行并完成企业的技术经济指标。流水线组织设计的准备工作和设计工作内容见表1-8和表1-9。

表 1-8　流水线组织设计的准备工作

准备工作	具体内容
进行产品零件的分类	根据产品零件的加工工艺特征，将企业或车间内生产的产品、零部件进行分类，根据不同的标志进行分组，从而确定适于流水生产方式制造的产品、零件或部件及其所适合的流水线形式
改进产品结构	在产品和零件的结构上进行检查和改进以满足流水生产的条件
提高产品的工艺性	按规定的节拍进行生产，各工序单件作业时间等于节拍或节拍的倍数
审查工艺规程	按分类后的零件组进行工艺规程的审查

表 1-9　流水线的组织设计和技术设计

设计类别	详细描述
流水线的技术设计	通常是指流水线的"硬件"设计，设计内容包括工艺路线和工艺规程的制定、专用设备与专用工夹具的设计、设备改装设计、运输传送装置的设计、信号装置的设计等
流水线的组织设计	通常是指流水线的"软件"设计，设计内容包括流水线的节拍和生产速度的确定、工序同期化设计、设备需要量和负荷的计算、生产对象运输传送方式设计、工人数量的配置设计、流水线平面布置设计、流水线工作制度、服务组织和标准计划图表的设计等
总之，流水线的"硬件"设计和"软件"设计密不可分。"软件"设计是进行"硬件"设计的必要条件（"软件"设计时要充分考虑"硬件"设计实现的可能性），"硬件"设计应当保证"软件"设计的每一个项目的实现	

（2）单一品种流水线的组织设计步骤与计算过程。

具体有以下几个步骤和计算过程：

① 流水线节拍的计算。流水线的节拍，是指顺序生产两种相同产品之间的时间间隔。它表明了流水线生产率的高低。其计算公式为：

$$r = \frac{F}{N}$$

式中　r——流水线的节拍（min/件）；

　　　N——计划期的产品产量（件）；

　　　F——计划期内有效工作时间（min）。

当被加工的产品体积很小、节拍很短（只有几秒或几十秒时），不适于单件运输时，可以规定一个运输批量，按运输批量运输。这时，流水线上出现两个运输批量之间的时间间隔，称为节奏。其计算公式为：

$$r_g = Q_n \cdot r$$

式中　r_g——流水线节奏；

　　　Q_n——运输批量；

　　　r——流水线的节拍。

正确制定节奏，对于合理使用运输工具、减少运输时间等有重要意义。

② 工序同期化——计算设备或工作地需要量。工序同期化是组织连续流水线的必要条件，也是提高设备利用率和劳动生产率、缩短生产周期的重要方法。工序同期化的措施见表1-10。

表 1-10　工序同期化的措施

措　　施	具体描述
提高设备的生产效率	通过改装和改变设备、同时加工多个产品来提高生产效率
改进工艺装备	采用快速安装卡、模、夹具，减少装夹的辅助时间
改进布置	改进工作地布置与操作方法，减少辅助作业时间
培　　训	通过培训提高工人的工作熟练程度和效率
进行工序的合并与分解	先将工序分成几部分，然后根据节拍重新组合工序，以达到同期化的要求（这是装配工序同期化的主要方法）

根据工序同期化以后新确定的工序时间来计算各道工序的设备需要量，它可以用下列公式计算：

$$S_i = \frac{t_i}{r}$$

式中　S_i——第 i 道工序所需的设备或工作地数；

　　　t_i——第 i 道工序的单件时间定额（min/件），包括工人在传送带上取放制品的时间。

通常计算的设备数不是整数，所取的设备数量只能是整台数（S_{in}），用它们的比值表示设备的负荷系数（y）为：

$$y = \frac{S_i}{S_{in}}$$

如果 $y>1$，表明设备负荷过高，需转移部分工序到其他设备上或增加工作时间。流水线的总负荷系数（Y）为：

$$Y = \frac{\sum\limits_{i=1}^{m} S_i}{\sum\limits_{i=1}^{m} S_{in}}$$

式中　m——流水线的工序数。

流水线的负荷越高，生产过程的中断时间越小，当 y 为 0.75~0.85 时适合组织间断流水线；当 y 为 0.85~1.05 时适合组织连续流水线。低于 0.75 则不适合组织流水线生产。（工序同期化和流水线设备或工作地数量的计算往往是同时进行的，即是寻求每道工序及整个流水线设备或工作地数量最小的过程。）

☺**小贴士** 6：

工序同期化，就是采取措施使流水线上各工序的单件加工时间等于节拍或节拍的倍数。

③ 计算用工量，合理配备工人。流水线上工人需要量是根据流水线的工序数计算获得的。

第 1 种情况：在人主机辅（以手工劳动和使用手工工具为主）的流水线上工人需要量可用以下公式计算：

$$P_i = S_i \cdot g \cdot w_i$$

式中　P_i —— 第 i 道工序工人需要量；

　　　S_i —— 第 i 道工序工作地数；

　　　g —— 日工作班次；

　　　w_i —— 每个工作地同时工作人数（人）。

$$P = \sum_{i=1}^{m} P_i = \sum_{i=1}^{m} S_i \cdot g \cdot w_i$$

式中　P —— 流水线操作工人总数（人）。

第 2 种情况：在机主人辅（以设备加工为主）的流水线上工人需要量可采用下列公式计算：

$$P = \left(1 + \frac{b}{100}\right) \cdot \sum_{i=1}^{m} \frac{S_i \cdot g}{f_i}$$

式中　b —— 后备工人百分比；

　　　f_i —— 第 i 道工序每个工人的设备看管定额。

④ 流水线上传送带的速度与长度的计算（机主人辅）。

传送带运行的速度（v）可由下式计算：

$$v = \frac{\Delta}{r}$$

式中　Δ —— 产品间隔长度。

由上式可知，节拍节为定值时，产品间隔长度 Δ 越大，传送带运行速度越大；Δ 越小，传送带速度亦越小。

产品间隔长度的选取要根据具体情况来确定，其最小限度为 0.7~0.8 m，为照顾其他原因，还要给予附加的宽裕长度。

流水线传送带的长度公式可由下式计算：

$$L = mB + x$$

式中　L —— 传送带的长度；

　　　m —— 工序数；

　　　B —— 工序间隔长度；

　　　x —— 传送带两端附加宽裕量。

⑤ 流水线平面布置设计。流水线平面设计应综合考虑：流水线之间的相互衔接、零件的运输路线最短、作业方便、辅助服务部门协调顺畅，有效地利用生产面积。为此，在流水线平面布置时应考虑流水线的形状、流水线内工作地的排列方法等问题。

流水线的形状有直线形、直角形、开口形、环形等，如图 1-11 所示。

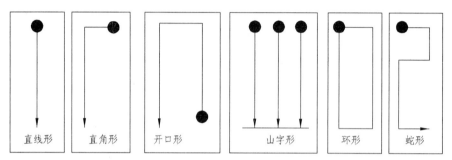

图 1-11　流水线平面布置形状示意图

流水线的位置要根据加工部件装配要求的顺序排列，整体布置要认真考虑物料流向问题，减少运输工作量。

⑥ 制定流水线标准计划指示图表。流水线上每一个设备或工作地都按一定的节拍重复地生产，可制订出流水线的标准计划指示图表（含期量标准、工作制度和工作程序等），为作业计划编制提供依据。

2. 自动生产线

在包装企业中，采用自动线的生产组织形式的居多，比如瓦楞纸箱生产线等。自动线是通过采用一套能自动进行加工、检测、装卸、运输的机器设备，组成高度连续的、完全自动化的生产线，来实现产品的生产。它是在连续流水线基础上发展形成的一种先进的生产组织形式。自动线的优缺点，采用条件及其分类详见表 1-11 和表 1-12。

表 1-11　自动生产线优缺点

项目	内　　容	采用自动线的条件
优点	能消除笨重的体力劳动，减少工人数量，缩短生产周期，提高生产效率，加强产品质量的稳定性，加快流动资金的周转速度，降低产品成本，其经济效益是非常明显的	产品产量要有相当的规模，产品结构和工艺要稳定。宜于在需要减少大批人工的场合采用，或者用于制造技术特别复杂，尤其是工作速度太快和产品有危险性的不易控制的场合采用
缺点	投资较大，回收期较长，自动线上出现一小故障，就会造成整条线停车	

表 1-12　自动生产线分类

分类方式	分　　　　类			
工件移动的方式	脉动式自动线		连续式自动线	
运输装置的性质	分配式自动线		工作式自动线	
工序集中程度	分散工序自动线		集中工序自动线	
工艺封闭程度	完全自动线	工艺阶段自动线	工种自动线	
连接方式	硬连接自动线	软连接自动线	混合连接自动线	转子连接自动线

　　实施自动生产线的过程，是一个企业工艺技术和组织管理水平不断提高的过程。一般是先从个别联动机与操作自动化开始，熟悉适应后过渡到部分生产过程自动线，再进一步发展成为生产过程的车间自动线或全厂自动线。

☺小贴士 7：
自动线是由自动化机器体系实现产品生产工艺过程的一种生产组织形式。

第二节　包装企业的生产计划

　　包装企业生产计划是包装企业经营计划的重要组成部分，也是企业组织和指挥生产管理的依据。它是根据对需求的预测，从企业能适应的生产能力出发，为有效地满足预测和订货所确定的在计划期内产品生产的品种、数量、质量和进度等指标及交货周期，制定应该在何时、何地、以何种方式生产的最经济合理的计划，也是对包装企业的生产任务作统筹安排。（企业的生产计划一般分为长期计划、中期计划和短期计划 3 种：长期计划为长远规划，一般可以按照五年或者十年编制；中期计划为近期发展规划，可以按照 2 年或者 3 年编制；短期计划为年度生产计划、季度生产计划或半年生产计划）

　　生产计划制定的基本原则：以需定产、以产促销；合理利用产能；综合平衡；生产计划安排最优化等"四项基本原则"。

一、生产指标

　　编制包装企业生产计划最主要的是确定生产指标。年度和季度的生产计划指标体系的主要指标详见表 1-13。

表 1-13 生产计划的主要指标

指标名称	指标概念	说　明
产品品种指标	指企业在计划期内应该生产产品的品种、规格名称和数量	品种的表示形式随企业、产品的不同而不同。例如，瓦楞纸箱厂可以按纸楞型将产品分为 A 型和 B 型；按瓦楞纸板层数将产品分为三层、五层、七层等；按产品用途可分为出口和内销等。包装机械厂可以有不同型号的机床、打包机、灌装机等。品种指标表明企业在品种方面满足社会需求的程度，反映企业的专业化水平、技术水平和管理水平
产品质量指标	指企业在计划期内所生产的每种产品应该达到的质量标准	在实际生产中可以通过产品品级指标（包括合格品率、一等品率、优等品率等）和工作质量指标（包括废品率、不良品率、成品一次交验合格率等）来衡量。例如，瓦楞纸箱厂的产品质量指标有抗压强度、耐破强度、戳穿强度、尺寸误差、脱胶面积等；这些指标有国家标准、行业标准，企业可根据自己的实际技术水平确定本年度的质量指标。产品质量指标是反映企业产品使用价值的重要标志，同时体现出企业的技术水平和管理水平
产品产量指标	指企业在计划期内应当生产的可供销售的包装产品的实物数量和工业性劳务数量	这个指标是企业进行产销平衡、计算成本和利润，以及编制生产作业计划和组织日常生产活动的重要依据。产量指标是以实物量来表示的。如瓦楞纸箱厂的瓦楞纸箱产量用平方米表示，包装机械企业的产品产量用台表示等
产品产值指标	综合反映企业生产成果的价值指标，即产值指标	企业产品的种类繁多，各种包装产品的实物计量单位不同，甚至差异很大（包装企业产值指标同其他企业一样，细分也有总产值、商品产值和净产值三种形式）
产品出产期指标	是指为了保证按期交货确定的产品出产日期	产品出产期是确定生产进度计划的重要条件，也是编制生产计划、物料需求计划、生产作业计划的依据

☺ 小贴士 8：

产值是指用货币表示的产量指标。

☺ 小贴士 9：

商品产值是指企业在计划期内生产的可供销售的产品和工业劳务的价值。

☺ 小贴士 10：

总产值是指用货币计量的计划期内企业完成产品劳务总量。

☺ 小贴士 11：

净产值是指企业在计划期内新创造的价值。

二、生产计划编制步骤

包装企业编制生产计划的主要步骤，大致可以归纳为如下 4 步。

第 1 步：调查研究，收集资料（见表 1-14）。

表 1-14　需要收集和研究的资料

资料内容	用　途
上级下达的国家计划指标	确定指标
企业长期战略、发展规划	确定产品产量
市场预测	确定产品、产量与进度
销售计划与协议、合同	确定产品与进度
库存储备量	确定产品产量
生产技术准备情况	落实准备工作
材料、外购件、配套件、外协件供应情况	落实准备工作
生产计划能力	平衡生产
劳动定额	核算依据
期量标准	确定批量与进度
外协情况	落实进度
统计资料	计算指标

第 2 步：统筹安排，拟定生产计划指标方案。

指标方案应着眼于更好地满足社会需要和企业实际生产能力，对全年的生产任务做出统筹安排。其中包括：

（1）产品品种、数量、质量和利润等指标的确定以及出产进度的合理安排。

（2）各个产品品种的合理搭配。

（3）将生产指标分解为各个分厂、车间的生产指标等。

计划部门拟定的指标和方案应该是多个，以便于通过定性和定量分析、评价选择确定优化后的可行方案

第 3 步：综合平衡，确定最佳方案。

对计划部门拟定的指标和方案，在充分考虑使企业的生产能力和现有的资源能够得到科学合理的利用的基础上，保障实施、获得良好的经济效益。为此，综合平衡的内容主要有：

（1）测算企业设备等条件对生产任务的保证程度，确保生产任务与生产能力的平衡。

（2）测算劳动力的工种、数量用以核查劳动生产率水平与生产任务是否适应，确保生产任务与劳动力的平衡。

（3）测算原材料、动力、工具、外协件等对生产任务的保证程度及生产任务同物资消耗水平的适应程度，确保生产任务与物资供应的平衡。

（4）测算产品设计、试制、工艺工装、设备维修、技术措施等与生产任务的适应和衔接

程度，确保生产任务与生产技术准备的平衡。

（5）测算流动资金对生产任务的保证程度和合理性，确保生产任务与资金占用的平衡。

第4步：编制年度生产计划表（报请上级主管部批准或备案）。

企业的生产计划，经过反复核算和平衡，最后编制出包装产品产量计划和企业产值计划表。包装企业的产品产量计划表和产值计划表的格式见表1-15和表1-16。

表 1-15 ××包装制品××××年产品产量计划

产品名称（型号及规格）	单位	上年预计		计划年度					备 注
		全年	1~9月实际	全年	一季度	二季度	三季度	四季度	
主要产品： 五层瓦楞板 三层瓦楞板 …… 合 计	m^2 m^2								

表 1-16 ××包装制品××××年产品产值计划

项 目	上年预计	本年计划					计划年度为上年预计的%	备 注
		全年	一季度	二季度	三季度	四季度		
一、总产值 包括：主要产品 　　　来料加工 …… 二、商品产值 三、净产值								

根据行业的不同情况，包装企业的生产计划，有的需要报请上级主管部门审查批准；有的则可由企业自主决定，报送上级备案。

第五步：实施计划，评价结果。

最后一个环节就是，将上述生产计划付诸实施，同时建立监控和评价指标或系统。在确保计划实施的基础上，还要进行各个阶段的结果的总体评价，为下一个计划周期奠定基础，使企业的生产计划的制订运行在一个良性循环不断发展并完善的过程中。

三、生产计划（任务）的统筹安排

包装企业生产任务的统筹安排、平衡调整的过程，要进行下列主要工作。

1. 产量选优

包装企业的产量任务的确定,同其他行业一样,利用盈亏平衡分析法来确定界限产量(保本点),也是通常所说的盈亏平衡点(见图1-12)。从而确定计划产量。

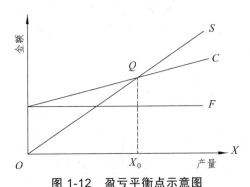

图1-12　盈亏平衡点示意图

Q—盈亏平衡点;X_0—界限产量;S—销售收入;C—总成本($C_v \cdot X + F$);F—固定费用

☺**小贴士12:**

盈亏平衡点(Break Even Point, BEP)又称零利润点、保本点、盈亏临界点、损益分歧点、收益转折点。通常是指全部销售收入等于全部成本时(销售收入线与总成本线的交点)的产量。产品产量小于这个界限,企业就要亏损;产品产量只有大于这个界限,企业才有盈利。

如图所示,盈亏平衡点是Q点,与其对应的产量X_0,叫界限产量。当企业的产量恰好为X_0时,生产收支相抵,不盈不亏;当产量小于X_0时,企业亏损;当产量大于X_0时,企业盈利。在产量为X_0时,有下列等式存在:

$$S = (P \times X_0) = C_v \cdot X_0 + F$$

$$X_0 = \frac{F}{P - C_v}$$

式中　P—— 产品销售价格;

S—— 销售收入;

F—— 固定成本;

C_v—— 可变成本;

X_0—— 界限产量。

根据计算,企业可选择一定的产品生产产量,以保证企业获得适当利润。

企业实际生产过程中,在确定产量与利润的关系时,还常常涉及人力、设备、材料供应、资金、时间等条件的制约,需要加以综合考虑。这种情况下,可以运用线性规划等决策方法来进行辅助选择,确定最优的产量方案。

☺**小贴士13:**

线性规划法,就是在一组多变量约束条件下寻求目标函数的最大值或最小值的方法。

2. 品种搭配

编制生产计划的重要环节之一就是确定产品品种的合理搭配生产。

多品种生产的企业，生产任务的安排不仅要确定产品品种，而且要搞好品种搭配工作。产品品种搭配要点见表 1-17。科学合理地计划各种产品搭配的生产，在有利于按期、按品种完成订货合同的同时，对稳定企业的生产秩序、提高企业生产的经济效果也有着很重要的作用。

表 1-17　产品品种搭配要点

要点	说　明
细水长流	对于安排经常生产的和产量较大的产品（本章中以下简称主要产品），采用"细水长流"的办法，在符合国家计划并满足订货合同要求的前提下，使各个季度、月度都能生产一些这种产品。即尽可能在年度计划周期内作比较均衡的安排以保持企业生产上的均衡稳定性
集中轮番	对于企业生产的其他品种（本章中以下简称次要产品），实行"集中轮番"的排产方式。例如，在生产全面的主要产品时，集中轮番搭配次要产品生产，可以在较短时间内完成一种（或几种）次要产品全年任务，然后轮换别的次要产品品种。这样可以做到在不减少全年总的产品品种的前提下，减少各季、各月甚至每周生产的品种数，而减少生产线因频繁更换产品品种导致的工艺调整的次数，简化生产管理工作，提高企业全年总体经济效益
新老交替	在新老产品交替过程中预留一定的交叉时间。可以避免由于"齐上齐下"带来的新老产品产量过大波动对生产各个环节带来的冲击和影响，也有利于工人逐步提高生产新产品的熟练程度。在交叉时间内，新产品产量逐渐增加，老产品产量逐渐减少；实现平稳过渡（各个品种轮换时，谁先谁后，应当考虑生产技术准备工作的完成期限、关键材料和外协件的供应期限等因素）
合理搭配	目的是使在全年的生产过程中企业的各种生产资源（各个工种、设备及生产面积）得到均衡负荷。通过搭配，即将尖端产品与一般产品、复杂产品与简单产品、大型产品与小型产品进行科学合理的搭配

☺小贴士 14：

多品种生产的搭配，就是在同一时期内，将哪些品种搭配在一起进行生产。

3. 产品出产期安排

编制生产计划，除了上述计划之外，还要根据能力状况，合理地进行分季、分月的合理安排产品出产期。为完成国家计划和用户订货合同提供数量和交货期限上的根本保证。产品出产期的安排方法，因企业的不同特点而有所不同，如表 1-18 所示。

表 1-18　出产期安排形式

需求特点	安排形式	说　　明
需求稳定或任务饱满	平均分配	将全年生产任务等量分配到各季、月，使各季、月的日均产量相同
	分期递增	每隔一段时间日均生产水平有所增长，产量分期分阶段增长，而在每个阶段内日均生产水平大致相同
	抛物线递增	从小批生产开始，随着市场需求逐步增多而逐渐扩大批量以至大量生产。初期阶段产量提高较快，随着市场需求的逐步稳定，日产量也逐步趋于稳定。这种抛物线递增法更适合新产品
产品需求有季节性	均衡排产方式	这种使各月产量相等或基本相等的安排方式的优点是：有利于充分利用人力和设备，有利于产品质量稳定，也有利于管理工作的稳定。其主要缺点有：成品库存量大，占用企业流动资金多
	变动排产方式	各月生产量的安排，随着市场销售量的变动而变动。销售量增长，生产量也随之增长。变动排产方式的优点是：成品库存量小，节省库存保管费用，占用企业流动资金少；能够加快企业对市场的响应速度并及时满足市场的需求。缺点是需要经常跟随市场变化的节奏调整企业产能（包括设备和人力等的调整），一方面不利于产品质量的稳定；另一方面要求企业的管理者具有很高管理水平
	折中排产方式	将均衡排产与变动排产相结合，根据一年中季节性变化的规律，分成几个阶段，每个阶段中是均衡排产，各个阶段之间是变动排产方式。这样就适当地减少了前两种排产方式的主要缺点对企业的不利影响

具体企业适合采用哪一种方式，需要进行成本（费用）上的比较。主要是比较生产调整费用和库存保管费用的大小。（生产调整费用需要考虑：设备和工艺工装的调整改装费用及其调整引起的停工损失和废品损失增加额、加班加点费用、人员培训费用等；库存保管费用需要考虑：资金占用的息费、仓库和运输工具的维修折旧费用、物资存储损耗费用、仓库人员工资等）

4. 分配车间生产任务

分季、分月安排的产品出产期，需进一步分解落实到各个车间，使各个车间等每个涉及生产的环节都能够及早地做好各种生产准备工作。

分派车间任务的三项基本原则是：

第一，必须保证整个企业的生产计划得以实现；

第二，缩短生产周期、减少资金占用量，提高经济效益；

第三，充分利用车间的生产能力。

车间生产任务的分派顺序，采用"先基后辅"原则，即先基本生产车间后辅助生产车间，辅助车间的任务要根据基本车间的任务来最后确定。安排任务的具体方法，取决于各基本生产车间在产品生产中的相互关联的方式。概括起来有两种：

（1）无紧前紧后工序关系。即各个车间平衡地完成相同的或不同的产品生产任务，彼此之间没有紧前或者紧后的工序关系。对于这种联系方式，只需根据各车间的产品分工、生产能力和各种具体生产技术条件，把不同的或相同的产品生产任务分配给各个车间即可。

（2）有紧前紧后工序关系。即各个车间之间顺序完成一种或几种产品，彼此之间有着紧前或者紧后的工序关系。在这种情况下，需用反工艺过程的连锁方法来安排，以保证各车间生产的品种、数量和时间的平衡衔接。

四、生产能力的核定及其与生产任务的平衡

1. 生产能力指标

包装企业的生产能力，是指一定时期（年度、季度、月度）内，企业的全部生产性固定资产在先进合理的生产技术组织条件下所能生产给定质量的一定种类的产品的最大数（或所能加工处理一定原材料的最大数）量。生产能力是表明企业生产潜力的一项综合性指标，核算生产能力对于企业挖掘潜力编制科学合理的生产计划，对提升企业生产的经济效益具有重要的意义。

生产能力分为设计能力、查定能力、实现能力（计划能力）三种。如图 1-13 所示。这 3 种能力是确定企业生产规模、编制长远计划、安排基建计划以及确定重大的技术改造措施项目的依据。计划能力则是企业编制年度生产计划，确定生产指标的依据。

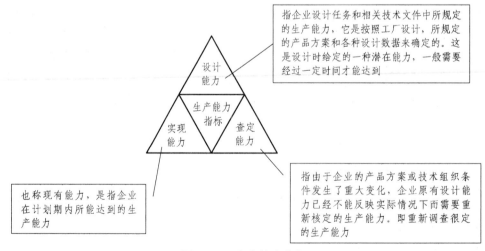

图 1-13　生产能力指标

影响企业生产能力的因素很多，也很复杂，但归纳起来决定企业生产能力水平的基本因素主要有三个，如图 1-14 所示。

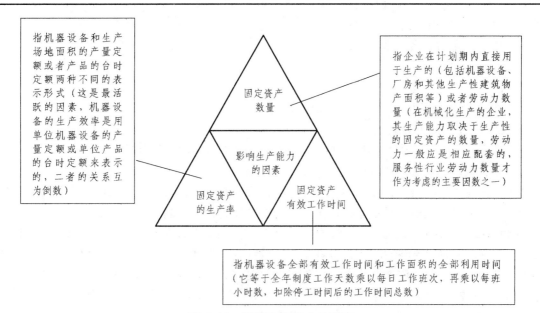

图 1-14　影响生产能力的因素

2. 核算生产能力的原理及生产任务的平衡

企业各个环节生产能力的综合构成其生产能力，因而企业应依次按主导环节由下而上地逐级分别核定小组、工段、车间等环节的生产能力，综合平衡后核定出企业的生产能力，即综合生产能力。

（1）生产能力的核算方法。

这里将企业常用的生产能力核算方法归纳为工艺导向和产品导向工作中心能力两大类。

① 工艺导向工作中心能力的核算。

特点：设备种类相同，各个工作地并联组合形成工作中心；设备之间可以相互替代，中心可以面对多品种生产。如图 1-15 所示。

内部流程：

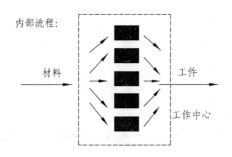

工艺导向的中心工作

图 1-15　工艺导向的工作中心示意图

工艺导向工作中心能力的核算可以分为单一品种和多品种两种情况进行核算。

单一品种生产能力的核算原理：

$$M = F_e \cdot S/T = F_o \cdot H \cdot \eta \cdot S/T$$

式中　M——工作中心生产能力；

　　　F_e——单位设备有效工作时间；

　　　F_o——设备全年制度工作日；

　　　H——每日制度工作小时数；

　　　η——设备利用率；

　　　S——工作中心设备的数量；

　　　T——产品工序时间定额（制造单位产品所需要的这种设备台时数）。

多品种生产能力的核算原理：

这种情况采用代表法：以某种产品为代表计算生产能力，其他产品按照工作量折算成代表产品。一般以企业的主导产品或产量最大的产品作为代表产品。

【例 1-2】　某包装设备生产企业的一个工作中心有 8 台设备，生产 A，B，C，D 4 种产品。全年有效工时为 4 650 h。先假设各个产品的计划产量和各产品在该中心加工的台时数分别如下（为便于计算，将实际生产数据作了调整）：$N_A = 280$ 台，$N_B = 200$ 台，$N_C = 120$ 台，$N_D = 100$ 台；$T_A = 25$ h/件，$T_B = 50$ h/件，$T_C = 75$ h/件，$T_D = 100$ h/件。设 A 产品为代表产品，核算生产能力并将其他产品换算成代表产品标示。

解：根据已知，代表产品 A 的生产能力 $M_A = M_o$

$$M_o = F_e \cdot S / T_o$$
$$= 4650 \times 8/25 = 1\,448\ （台）$$

为此，其他非主导产品的换算见表 1-19。

表 1-19　多品种生产能力核算表（换算表）

产　品	N_i	T_i	$\alpha_i = T_i/T_A$	$N_{0i} = N_i \cdot \alpha_i$	$\beta_i = N_{0i}/\sum N_{0i}$	$M_i = M_o \cdot \beta_i/\alpha_i$
A	280	25	1	280	0.194	289
B	200	50	2	400	0.278	206
C	120	75	3	360	0.250	124
D	100	100	4	400	0.278	103

② 产品导向工作中心能力的核算。

产品导向的工作中心的生产能力以关键工序（设备）的生产能力来核算，如图 1-16 所示。

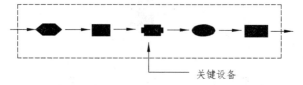

关键设备

图 1-16　产品导向工作中心关键工序（设备）

则

$$M = F_e \cdot S/t_0$$

式中　　M——工作中心生产能力；

　　　　F_e——有效工作时间；

　　　　S——关键工序的机床数；

　　　　t_0——关键工序的机床数。

　　【例1-3】　某包装机械生产流水线有7道工序。各个工序的单件定额时间如分别为：t_1 = 2.20，t_2 = 3.50，t_3 = 3.54，t_4 = 2.41，t_5 = 3.50，t_6 = 9.93，t_7 = 9.93（单位：min）。其中第6和第7道工序各有3台加工设备，其他工序均为1台加工设备；每天工作8 h，一年按300 d计算，设备利用率为$\eta = 0.9$。求此流水线每年的生产能力是多少？

　　解：根据题意可知，第3道工序为关键工序，那么按照第3道工序来计算的结果就是此流水线每年生产的能力。具体计算如下：

$$F_e = 300 \times 8 \times 60 \times 0.9$$

$$M = F_e \cdot S/t_0$$

$$= F_e \cdot S/t_3$$

$$= 300 \times 8 \times 60 \times 0.9 \times 1/3.54 = 36\,610（件）$$

　　③ 生产能力取决于生产面积时的生产能力的核算。

　　有一些包装企业的生产能力取决于生产面积，这时车间或工段的生产能力需要按照生产面积确定，其计算公式如下：

$$M = F \cdot A/(a \cdot T)$$

式中　　M——车间或工段的生产能力；

　　　　F——生产面积有效时间；

　　　　A——生产面积数量；

　　　　a——单位产品占用生产面积；

　　　　T——单位产品占用时间。

　　（2）企业生产能力的确定。

　　在各个生产环节的生产能力核定以后，需要根据企业生产实际需求进行综合平衡（包括：各个基本生产车间之间的能力综合、辅助生产部门的生产能力对基本生产部门的配合情况），核定企业的生产能力，即综合生产能力。

　　在各个基本生产车间（或生产环节）之间的能力不一致时，按主导的生产车间（生产环节）来核定。出现基本生产部门的能力与辅助生产部门的能力不一致时，按基本生产部门的能力来确定，同时查定验算辅助、附属部门的生产能力。辅助生产环节能力的同基本生产环节的能力计算方法原理是一样的。

　　（3）生产能力和生产任务之间的平衡。

　　为使生产能力得到充分利用，企业在编制年度、季度、月度生产作业计划时，都要核算现有生产能力并同计划的生产任务进行平衡、比较和落实。

　　进行各项核算的目的是发现生产任务与生产能力之间的不平衡状况，有计划地采取措施来保证计划任务的落实和生产能力的充分利用。在平衡时，应当注意把当前同长期结合起来。如果一家企业当前的生产能力不能满足生产任务需求，为此就盲目引进设备扩大产能，这只有在市场的长期预测一直保持需求旺盛的情况下才是可行的方案，但是一旦长期销售预测市场需求将趋于呆滞或不断下滑的情况，必然对未来生产经营活动带来灾难性的影响。表1-20用矩阵形式给出了短期与长期的生产能力同需求量之间的多种组合情况。针对表1-20的各种不同情况，可以相应采取下列一些方法和措施（见表1-21）。

表1-20　生产能力同需求量组合情况

长　期　＼　短　期	能力>需求	能力＝需求	能力<需求
能力>需求	A	D	G
能力＝需求	B	E	H
能力<需求	C	F	I

表1-21　方法和措施

代号	状态描述	方法和措施
A	当长期和短期的生产能力都大于需求量	考虑到充分利用生产能力，可采取部分改产（或者调出多余设备和工人）
B	当短期生产能力大于需求量，长期生产能力与需求量是基本适应	考虑到充分利用生产能力，可采取承接一些临时性协作任务或来料加工任务（或提前进行一些生产准备工作）
C与F	当短期生产能力富余或接近，长期生产能力小于需求	可采取承接一些临时性协作任务或来料加工任务（或提前进行一些生产准备）；同时抽出时间和力量进行职工培训、技术改造等，为今后扩大的生产能力打好基础
D	当短期生产能力与需求量基本相等，长期生产能力大于需求量	可将重心放在新产品的研制和开发，以便充分利用企业的生产能力，满足社会需求
E	当短期和长期的生产能力都同需求量相一致	这是最理想的情况
G与H	当短期生产能力不足，长期生产能力有富余或等于需求	为了解决当前能力不足问题，可以采取合理的加班、临时外协、同用户协商推迟交货期等措施来解决
I	当短期和长期的生产能力都满足不了需要	短期可以通签订产期外包合作合同等措施来解决。同时进行技术改造、（如果资金等各方面条件许可的情况下）引进先进生产设备或组织专业化生产等措施保障未来的产能与需求同步

第三节　包装企业的生产作业计划

生产计划还需进一步分解到各个生产环节、班组和各工作地，具体规定这些环节生产作业的品种、数量和期限，形成生产作业计划以利于生产计划的有效实施。企业组织日常生产活动都是围绕着生产作业计划这一中心环节进行的，作为执行计划，生产作业计划也是企业实现均衡生产，建立正常生产秩序和工作秩序，落实生产岗位责任制，调动职工积极性的重要手段。

一、生产作业计划内容、特点

核心内容：把企业的生产计划（年度、季度）规定的月度生产任务及临时性的生产任务具体分解到车间、工段、班组以至每工作地或个人，规定他们在月、旬、周、日、轮班（甚至到小时内）的具体生产任务；同时按照工作日历的顺序安排生产进度。

两大特点：

（1）计划周期短——规定了月、旬、周、日、轮班甚至到小时内的计划；

（2）任务具体明确——生产作业计划中详细规定了各种产品及其所需要的投入时间和产出日期与进度；一般采用图表的形式表达完成任务、各种资源利用情况或配置人力、设备的时间、进度、节点的详情。

二、期量标准制定

期量标准，也叫作业计划标准，是编制生产作业计划的重要依据。

由于包装企业的生产类型和生产组织形式不同，生产过程各个环节在生产期限和生产数量方面的联系形式也不同，其期量标准也有差异。具体分类见表1-22。

表 1-22　期量指标分类

规模	期量指标					
单件小批生产	产品生产周期			总工作日历进度计划		
成批生产	批量	生产间隔期	生产周期	提前期	标准计划	在制品定额
大量大批生产	节拍		在制品定额		流水线工作指示图表	

☺小贴士 15：

期量标准（standard of scheduled time and quantity）是指为制造对象在生产期限和生产数量方面所规定的标准数据。

1. 单件小批的期量标准

在单件生产条件下，企业主要是按照用户的订货要求来组织生产，生产计划安排的主要依据是产品的生产周期和产品的交货期的要求。因此，单件生产因品种多、产量少、专业化程度低，它的期量标准表示在产品生产周期图表和劳动量日历分配图表上（有的情况也有生产提前期），详见图1-17。

（1）劳动量日历分配图表

把产品的总劳动量按工种和生产日历进度分配到生产周期的各个阶段而编制的图表，用以平衡各车间的生产能力

（2）生产周期图表

产品生产周期图表是单件小批生产最基本的期量标准，它规定各工艺阶段的提前期、生产周期及其相互衔接关系等内容（具体就是对产品装配、零件加工、毛坯制造等的作业次序和作业日历时间进行总体安排的图表，是编制各工艺阶段作业计划的主要依据。对于结构复杂和零件种类繁多的产品，通常采用简化方法，即以关键件或成套件作为编制生产周期图表的单位）

图 1-17　单件小批的期量标准

2. 成批生产的期量标准

主要包括：批量和生产间隔期、生产周期、生产提前期、在制品定额等。

（1）批量和生产间隔期。

批量，就是相同产品（或零件）一次投入（或出产）的数量。生产间隔期，是指前后两批相同产品（或零件）投入（或出产）的时间间隔。影响批量的因素详见图1-18。

因素1：组织管理因素

如刀具寿命、作业制度、生产面积等都影响批量的确定

因素2：零件、部件和产品价值的高低

批量越小，在制品占用量越少，有利于加速资金周转

因素3：设备调整时间的长短和工人熟练程度

批量越大，单位零件所分摊的设备调整费用越少，越易于提高工人的熟练程度

图 1-18　影响批量的主要因素

批量与生产间隔期两者的关系可用下式表示：

$$批量 = 生产间隔期 \times 平均日产量$$

$$生产间隔期 = \frac{批量}{平均日产量}$$

$$平均日产量 = \frac{计划期产品产量}{计划期工作日数}$$

在生产任务已定的情况下，批量和生产间隔期只要有一个确定下来，另一个也随之而定，如表 1-23 所示。

表 1-23　确定批量和生产间隔期的方法

方　法	概　念	描　述
定期法	先确定生产间隔期，后求批量的方法	由于主要是凭经验按价值、体积、加工劳动量及生产周期等来确定各组零件的生产间隔期，未经过计算，经济效果较差。一般贵重零部件的生产间隔期应短些
经济批量法（最小批量法）	是从经济原则综合考虑各种因素对费用影响来确定批量的方法	经济批量法批量的大小对费用的影响主要有两个因素，设备调整费用和库存保管费用；前者和批量大小成反比关系，后者和批量大小成正比关系。用数学方法求得上述两项费用之和为最小的批量，即为经济批量

批量确定可以采用最小费用法，是指从经济原则综合考虑各种影响因素对费用的影响来确定批量的方法，也称经济批量计算法。如设：Q 为经济批量，N 为计划期产量，A 为每次设备调整费用（或采购一次所需要的采购费用），C 为产品单价（或单位成本），I 为在制品占用资金损失率，则最小费用法的计算公式如下：

$$Q = \sqrt{\frac{2AN}{CI}}$$

（2）生产周期。

生产周期是指从原材料或半成品投入生产开始到制品完工验收入库为止所经历的全部日历时间。缩短产品制造的生产周期，有利于缩短产品交货期、降低成本。

（3）生产提前期。

生产提前期是指一批产品在各车间的投入或出产的时间，比成品出产的日期所应提前的时间。又可分为投入提前期和出产提前期。生产提前期是以成品出产为起点，按反工艺顺序的方向加以确定。又可细分为两种情况：

① 前后车间生产批量相等。

此时每一工艺阶段投入提前期的计算公式为：

$$D_{投} = D_{出} + T$$

式中　$D_{投}$ —— 某工艺阶段的投入提前期；

　　　$D_{出}$ —— 同一工艺阶段的出产提前期；

　　　T —— 该工艺阶段的生产周期。

每一工艺阶段出产提前期的计算公式为：

$$D_{前出} = D_{后投} + T_{保}$$

式中　$D_{前出}$ —— 前一工艺阶段的出产提前期；

　　　$D_{后投}$ —— 后一工艺阶段的投入提前期；

　　　$T_{保}$ —— 两工艺阶段之间的保险期。

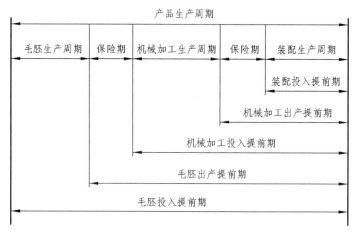

图 1-19　提前期与生产周期、保险期的关系图

表 1-24　期量标准列表（此处 $T_{保} = 2\,d$）

期量标准	装配车间	机加工车间	毛坯车间
批量/台	50	100	200
生产周期/d	5	5	10
生产间隔期/d	5	10	20
出产提前期/d	0	5＋（10－5）＋2＝12	17＋（20－10）＋2＝29
投入提前期/d	5	12＋5＝17	29＋10＝39

②　前后车间批量不等并且 $R_{前} = \theta R_{后}$，$n_{前} = \theta n_{后}$。

此时，每一工艺阶段投入提前期的计算公式为：

$$D_{投} = D_{出} + T$$

每一工艺阶段出产提前期的计算公式为：

$$D_{前出} = D_{后投} + R_{前} - R_{后} + T_{保}$$

（4）在制品定额。

在制品占用量定额是指在一定技术组织条件下，各生产环节上为了保证生产正常进行必须保有的在制品数量标准，简称在制品定额。成批生产中的在制品占用量，可分为车间内部在制品占用量和库存在制品占用量（含流动占用量和保险占用量）两个部分。车间在制品占用量包括正在加工、等待加工及处于运输或检验过程中的在制品数量。车间在制品占用量需按照各工艺阶段分别计算。

（5）标准计划。

根据生产间隔期、生产周期与提前期标准，确定各车间各种制品每批的投入和出产的标准日期，然后用编制成批生产的标准计划（即工作地负荷图表，它包括批量、生产间隔期、每个工作地加工批制品的工序时间、制品工序的进度表和机床负荷进度表）来指导生产。

3. 大量生产的期量标准

对于产品数量大、品种变化小、专业化程度高的大量生产，期量标准包括生产节拍、标准指示图表和在制品定额等。

（1）节拍。

节拍是流水线上每一产品或零部件在各道工序上投入或产出所规定的时间间隔。计算公式如下：

$$r = F/Q$$

式中　F —— 计划期有效工作时间；

　　　r —— 节拍；

　　　Q —— 计划期制品的投入量。

（2）标准工作指示图表。

连续生产的流水线通常是品种单一不变的流水线；间断生产流水线是指品种多变的可变流水线。流水线标准工作指示图表（见图 1-20）是为间断流水线编制的。间断流水

生产线名称		轮班数	每日出产量（件）	节拍（分/件）	节拍（分/件）	运输批量（件）	看管周期
中轴加工线		2	160	6	6	1	2小时

工序号	计算的轮班任务件	时间定额（分/件）	工作地号码	负荷百分率	工人号	该道工序完毕后工人转到哪一工作地（工作地号）	每一看管期内（2小时）的工作指示图表 10 20 30 40 50 60 70 80 90 100 110 120												每一看管期间的产量（件）
1	80	12	01	100	1	—														10
			02	100	2															10
2	80	4.0	03	67	3	06														20
3	80	5.2	04	87	4															20
4	80	5.0	05	83	5															20
5	80	80	06	33	3	03														5
			07	100	6															15
6	80	5.6	08	94	7															20
7	80	3.0	09	50	8	10														20
8	80	3.0	10	50	8	09														20
9	80	6.0	11	100	9	—														20

图 1-20　间断流水线工作指示图

线由于各工序节拍与流水线的节拍不同步，各道工序的生产率不协调，生产实际中常常规定一段时间（例如一个工作班或半个工作班），使流水线的各道工序能在该段时间内生产相同数量的在制品。这一事先规定的能平衡工序间生产率的时间，通常称为间断流水线的看管期。按照看管期来编制间断流水线的标准计划。

（3）在制品定额（见表 1-25）。

表 1-25　在制品定额分类表

分　类	流水线内在制品占用数量		流水线之间在制品占用数量
流水线类型	连续流水线	间断流水线	
占用量类型	①工艺占用量	①工艺占用量	①运输占用量
	②运输占用量	②周转占用量	②周转占用量
	③保险占用量	③保险占用量	③保险占用量
备　注	合理的在制品定额，应既能保证生产的正常需要，又能使在制品占用量保持较少的水平		

三、生产作业计划编制

企业的生产作业计划通常分为车间之间和车间内部生产作业计划两种。

1. 车间之间生产作业计划

车间之间生产作业计划是具体落实各个车间的生产任务和计划进度；保证各车间之间的生产任务在时间上和数量上的衔接。

编制作业计划时，需逐级安排作业计划的品种、数量与期限的任务，并规定各车间的数量任务。常用的数量任务的确定方法有在制品定额法、累计编号法、生产周期法、订货点法等。

（1）在制品定额法。

在制品定额法是根据在制品实际结存量的变化，按产品生产的工艺顺序，来确定各个车间的计划投入量和产出量的方法。该法可以发现前后车间可能发生的脱节情况，保持在制品定额水平，就能起到保证车间之间的协调衔接，适用于大批量生产。车间之间生产的联系主要表现在数量上，而且大批大量生产的在制品占用量比较稳定，可用在制品定额法计算各车间的产出量和投入量。具体计算公式如下：

$$\text{本车间投入量} = \text{本车间出产量} + \text{本车间可能发生废品量} + \left(\text{本车间期末在制品定额} - \text{本车间初期在制品结存量}\right)$$

$$\text{本车间出产量} = \text{后车间投入量} + \text{本车间（半）成品外销数量} + \left(\text{车间之间库存在制品定额} - \text{初期库存预计在制品结存量}\right)$$

（2）累计编号法。

累计编号法也叫提前期法，是根据各车间的生产提前期来规定车间应该比装配出产提前期完成的数量，从而确定各车间任务的方法。该方法适用于多品种成批轮番生产的企业，具体做法是：各种产品分别编号，每一成品及其对应的全部零部件都编为同一号码，并随着生产的进行，依次将号数累计，不同累计号的产品可以表明各车间出产或投入该产品的任务数量。计算公式（实际运用公式应注意：按各个零件批量进行修正，是车间出产、投入的数量和批量相等或是整数倍的关系）如下：

$$\frac{本车间出产}{(投入)累计号} = \frac{产品出产}{累计号数} + \frac{本车间出产}{(投入)提前期定额} \times \frac{本车间成品}{平均日产量}$$

$$\frac{计划期车间}{出产(投入)量} = \frac{计划期末出产}{(投入)累计号数} - \frac{计划期初已出产}{(投入)累计号数}$$

（3）生产周期图表法和网络图法。

适合单件小批生产条件。在单件小批条件下，不需要制定批量和在制品定额，主要的标识就是交货日期和生产周期。生产计划是根据用户订货的交货期来安排组织生产的。

2. 车间内部生产作业计划

车间内部生产作业计划则是把车间的生产任务和出产进度具体落实到工段、班组以至每个工人。其编制方法主要取决于车间生产组织形式和生产类型。

车间安排工段或小组的生产任务时：当工段（或小组）是按对象专业化组织生产的，工段（或小组）能够独立完成产品的全部工艺过程，车间就可以把月度计划任务直接分配到工段（或小组）；当工段（或小组）是按工艺专业化组织生产的，车间内部也要按反工艺顺序计算各工段（或小组）的生产任务。不论采用何种方法，都必须做到生产任务与生产能力相适应，尤其是关键的加工设备的负荷要均匀。

工段（或小组）安排各工作地的生产作业就是将生产任务具体落实到机台和个人。确定各机台和个人生产任务的基本方法有标准计划法、日常分配法与定期计划法等。

四、生产调度工作

生产调度是以生产作业计划为依据，对企业日常生产活动进行控制和调节的工作，即对生产作业计划执行过程中已出现和可能出现的偏差及时了解、掌握、预防和处理，保证整个生产活动协调地进行。有关内容、原则与制度见表 1-26。

表 1-26　生产调度工作的内容、原则与制度

1. 生产调度工作的主要内容
（1）检查各个生产环节的零部件、半成品的投入和出产进度，及时发现生产作业计划执行过程中的问题，并积极采取措施加以解决
（2）检查、督促和协助有关部门及时做好各项生产作业准备和相关服务工作
（3）根据生产需要合理调配劳动力，督查动力、原材料、工具等供应工作
（4）对轮班、昼夜、周、旬或月计划完成情况进行统计分析工作

续表 1-26

2. 生产调度工作遵循的原则	
（1）计划性	必须以生产作业计划为依据，保证作业计划规定的任务和进度
（2）统一性	各级调度部门根据生产作业计划和上级指示行使调度权力，下一级生产单位和同级的有关职能部门必须坚决执行
（3）预见性	生产调度工作要以预防为主。积极采取措施预防或缩小生产作业计划中可能发生的偏差和障碍造成的影响
（4）及时性	生产调度部门对生产中出现的有关问题及时采取措施解决，避免造成损失
（5）群众性	生产调度工作要从实际出发，贯彻群众路线
3. 加强生产调度工作的制度（或措施）	
（1）值班制度	建立和健全统一的强有力的生产调度系统，设置调度机构，各车间也要相应配备调度专职和兼职人员
（2）报告制度	如调度报告制度、调度会议制度、现场调度制度等
（3）会议制度与调度方法	生产调度部门每周开一次调度会议解决生产中的横向衔接问题；并坚持正确的调度工作方法，比如，以预防为主的工作方法和现场调度方法等
（4）专用制度	根据企业的条件配备各种必要的和先进的调度技术设备。例如专用调度电话、无线电话机、调度专用通讯网等

五、生产作业排序

周期性生产类型的生产组织形式是工艺专业化，车间往往就是生产过程中的某个工艺阶段，每个零件在车间内要经过某几个工序的加工。因此车间的作业计划中工件加工的排序问题是一个难点。其难处在于零件种类多，加工的工艺流程和加工工时差别较大。一般采取重点管住关键零件和关键设备的方法。一般情况下管理人员根据零件加工要求和交货期限以及企业现有的加工条件，凭自己的日常工作经验，综合考虑安排。这里介绍一下约翰逊法的基本原理和步骤：

（1）从工序时间中找出最短加工时间。

（2）根据最短加工时间所属工序，如果是属于先道工序，则把改零件安排在最先加工；如果是属于后道工序，则把改零件安排在最后加工。

（3）把已排定顺序的零件除外，余下的零件再重复以上两个步骤，直至全部零件的加工顺序完成排定为止。

【例 1-4】　某包装机械配件生产企业有 5 种零件：A、B、C、D、E，在两台机床上流水线加工，先车后磨，工序时间见表 1-27。

表 1-27 工序时间表　　　　　　　　　单位：min

工 序	零 件				
	A	B	C	D	E
车床加工	9	5	6	3	7
磨床加工	6	8	2	5	9

对于两台以上的设备，n 种零件流水型加工的顺序安排可用扩展的约翰逊法来解决。

按照约翰逊法安排加工顺序：

（1）找出最短的加工时间"2"（零件 C 在磨床上加工所需的工序时间）；

（2）因为属于后道工序，所以 C 安排在最后加工；

（3）排除 C 后，将 A、B、D、E 进行比较，重复（1）和（2）步骤，找出最短加工时间"3"，它属于前道工序时间，所以将零件 D 安排在最先加工。再重复进行，直到所有零件全部安排完毕为止。

本例中，最后的安排结果是：D-B-E-A-C，总的加工时间为 33 min，见图 1-21。

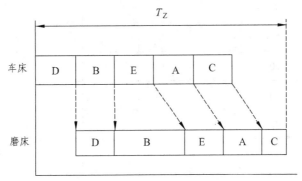

图 1-21 两台机床流水线加工排序

😊小贴士 16：

生产作业排序是指在一定条件下，使总的加工时间最短的一种安排加工顺序的方法。

😊小贴士 17：

约翰逊法，又名约翰逊规则，是作业排序中的一种排序方法。这种方法适用的条件是：n 个工件经过二、三台设备（有限设备）加工，所有工件在有限设备上加工的次序相同。

案例分析：包装生产计划编制

案例：产能确定方法与负荷平衡分析

在实际生产过程中，对生产设备加载超过产能的工作负荷，将造成过高的在制品库存；太少的工作负荷又会导致因产能的不足形成的成本上升。因此合理地决定产能对企业的生产是很重要的课题。下面就以一家成立已有二十多年的包装企业的数据为基础，说明产能决定的基本内容和步骤。

1. 决定毛产能（即设计产能）

最高产能确定：指所有条件都在最理想的状态下的产能。即假定所有的机器每周工作 7 d，每天工作 3 班，每班 8 h 且没有任何停机时间（每天 24 h 连续运转不停机），这是生产设备在完全发挥最理想的状态下的最高生产潜能。毛产能仅仅是个理论值（理想值）或者可以说是个制定实际产能的参考值，也是以后计算实际产能的基准。下面以确定 1 周毛产能的计算方法为例来说明。

以印刷机为例，可用印刷机 30 台（其中印刷 1 和印刷 2 是企业实际上在使用的不同型号印刷机，配套的不同的产品，对应的分切也是同理），每台配置操作工 3 人，总人数为 90 人。按每周工作 7 d，每天 3 班，每班 8 h，90 人 1 周毛产能标准工时为：$90 \times 7 \times 3 \times 8 = 15\ 120$ 工时，其余详见表 1-28。

表 1-28　一周毛产能的计算结果

部　门	可　用机台数	人　员编制	总人数	可用天数	每天班数	每班时数	毛产能标准直接工时
印刷 1	20	3	60	7	3	8	10 080
印刷 2	10	3	30	7	3	8	5 040
分切 1	20	1	20	7	3	8	3 360
分切 2	6	1	6	7	3	8	1 008
瓶　标	45	1	45	7	3	8	7 560
制袋三封	4	2	8	7	3	8	1 344
制袋背封	3	1	3	7	3	8	504
烫　金	1	2	2	7	3	8	336
复　卷	5	1	5	7	3	8	840
碗盖裁张	2	0.5	1	7	3	8	168
碗盖裁断冲模	3	1	3	7	3	8	504
复合 2	8	2	16	7	3	8	2 688
包装 2	2	1	2	7	3	8	336
合　计			201				33 768

2. 决定计划产能

基于每周计划的工作天数，每台机器计划排定的班数和每班计划的工作时数来确定计划产能，对前面计算的毛产能进行切合实际工作情况的修正，这个产能由于还没有考虑到停机检修等环节的因素，所以，仍不是生产设备在目前实际人力等资源配备下的有效产出的实际产能。同样，这里也只通过计算，决定 1 周计划产能。假设实际印刷机每周计划开 5 d（五天工作制），每天 2 班，每班开 8 h，因此计划产能标准工时为：$90×5×2×8＝7\,200$ 工时。见表 1-29。

表 1-29　一周计划产能的计算结果

部　门	可　用 机台数	人　员 编制	总人数	可用 天数	每天 班数	每班 时数	计划标准直接 工时
印刷 1	20	3	60	5	2	8	4 800
印刷 2	10	3	30	5	2	8	2 400
分切 1	20	1	20	5	2	8	1 600
分切 2	6	1	6	5	2	8	480
瓶　标	45	1	45	5	2	8	3 600
制袋三封	4	2	8	5	2	8	640
制袋背封	3	1	3	5	2	8	240
烫　金	1	2	2	5	2	8	160
复　卷	5	1	5	5	2	8	400
碗盖裁张	2	0.5	1	5	2	8	80
碗盖裁断冲模	3	1	3	5	2	8	240
复合 2	8	2	16	5	2	8	1 280
包装 2	2	1	2	5	2	8	160
合　计			201				16 080

3. 决定有效（可用）的产能（即实际产能）

有效产能是以计划产能为基础，考虑因停机和不良率等因素所造成标准工时损失后得出的产能。这里停机因素采用工作时间目标百分比来换算，不良率损失（包括可避免和不可避免的报废品的直接工时）用不良率百分比来换算。决定一周有效产能如下：

机器生产有机器检修、保养、待料等时间，实际的工作时间达不到计划时间，且生产的产品有不良品，因此有效产能标准直接工时为：$4\,800×85\%×99\%＝6\,058.8≈4\,039$ 工时，其余见表 1-30。

表 1-30 一周有效产能的计算结果

部 门	计划标准工时	工作时间目标百分比	不良率百分比	有效产能标准直接工时
印 刷 1	4 800	85%	99%	4 039
印 刷 2	2 400	88%	99%	2 091
分 切 1	1 600	95%	99%	1 505
分 切 2	480	95%	99%	451
瓶 标	3 600	95%	99%	3 386
制袋三封	640	95%	99%	602
制袋背封	240	95%	99%	226
烫 金	160	95%	99%	150
复 卷	400	95%	100%	380
碗盖裁张	80	95%	99%	75
碗盖裁断冲模	240	95%	98%	223
复 合 2	1 280	95%	99%	1 204
包 装 2	160	95%	100%	152
合 计	16 080			14 484

4. 产能分析

产能的分析主要针对以下几个方面（以下主要以生产 pop 产品为例）：

生产何种产品及该产品的制造流程；制程中使用的机器设备（设备负荷能力）；产品的总标准时间，每个制程的标准时间（人力负荷能力）；材料的准备前置时间；生产线及仓库所需要的场所大小（场地负荷能力）。

（1）人力负荷分析。

① 依据计划产量、标准工时计算所需总工时（这里以计划生产 300Tpop 为例进行说明，POP 产品所使用的工艺只涉及：印刷、切分、复合、包装这四个环节，下面以这 4 个环节为例来加以说明。值得注意的是：前面分析的数据都是企业实际使用过程中的两大类产品的生产工艺放到一个表格内一起的）。见表 1-31。

表 1-31　计划生产 300Tpop 的总工时数

部　门	标准工时单位产量	标准工时	计划产量	需要工时
印刷 1				
印刷 2	100 kgpop	4 min	300 Tpop	200 h
分切 1				
分切 2	100 kgpop	5 min	300 Tpop	250 h
瓶标				
制袋三封				
制袋背封				
烫　金				
复　卷				
碗盖裁张				
碗盖裁断冲模				
复合 2	100 kgpop	6 min	300 Tpop	300 h
包装 2	100 kgpop	5 min	300 Tpop	250 h
合　计		20 min	300 Tpop	1000 h

② 设定每周工作 5d，每天工作时间为 8d，则其人员需求为：

$$人员需求总数 = \frac{需要总工时数}{(每人每天工作时间 \times 每周工作日)} \times (1 + 时间宽放率)$$

时间宽放率 = 1 − 工作时间目标百分比（假设为 85%）= 15%

则：　　　　　$$人员需求总数 = \frac{1000}{(8 \times 5)} \times (1 + 15\%) = 28.75 \approx 29人$$

（2）机器负荷分析。

① 对机器进行分类，如印刷机、复合机、分切机、打包机等。

② 计算每种机器的产能负荷。

【例 1-5】　印刷机 4 min 印刷 pop100 kg，即 25 kg/min。

每天作业时间 = 24 h = 1 440 min

工作时间目标百分比 = 85%

时间宽松率 = 1 − 工作时间目标百分比 = 15%

总印刷机数 = 10 台（本例中这个总台数是指 10 台印刷 2 为 pop 产品配套的）

开机率＝90%

10 台印刷机 24 小时总产能

$\quad$＝每分钟生产量×每天作业时间÷（1＋时间宽松率）×印刷机台数×开机率

$\quad$＝25×1 440÷（1＋15%）×10×90%

$\quad$＝281 739.13（kg）

即 10 台印刷机 24 小时总产能为：281 739.13（kg）。

③ 计算出生产计划期间，每种机器的每日应生产数。

$\qquad$每日应生产数＝每种机器设备的总计划生产数÷计划生产日数

④ 比较现有机器设备生产负荷和产能调整。

每日应生产数小于此机器总产能者，生产计划可执行；每日应生产数大于此种机器总产能者，需要进行产能调整（加班、增补机器或外协等）。

有关瓶标和碗盖的产能分析，与 pop 产品的产能分析方法一样。这里就不再计算。

（3）短期的生产能力调整。

当出现临时的加单，生产数量有较大的变动，人力负荷与机器负荷均较为繁重时，调整的方法有：

① 加班、两班制或三班制，机器增加开机的台数、开机时间。

② 培训员工的熟练操作程度，增加临时性的工人。

③ 一些利润较低或制程较为简单的可以发外包。

第二章　包装企业资源计划

企业资源计划系统（Enterprise Resource Planning，ERP），是指建立在信息技术基础上，将企业内部所有资源整合在一起，对采购、生产、成本、库存、分销、运输、财务、人力资源进行整体规划，对企业物流、资金流、信息流等三大流进行全面一体化管理的信息管理系统，从而达到最佳资源组合，取得最佳经济效益；同时，企业资源计划系统也是实施企业流程再造的重要工具之一，属于大型制造业使用的公司资源管理系统。

企业资源计划由美国著名管理咨询公司 Gartner Group Inc 于 1990 年提出，最初被定义为应用软件，但迅速为全世界商业企业所接受，现已经发展成为现代企业管理理论之一。

第一节 企业资源计划发展历程

20 世纪 40—60 年代兴起的物料需求计划 MRP（Material Requirement Planning），经过 70—80 年代发展完善成为制造资源计划 MRPⅡ，到 1990 年又提出了以制造资源计划 MRPⅡ为核心的企业资源计划 ERP，反映了人们对资源管理认识不断深化和企业管理模式的不断进步。

☺小贴士 1：

企业资源计划 ERP：ERP 是英文 Enterprise Resourse Planning 的缩写。中文意思是企业资源规划。它是一个以管理会计为核心的信息系统，识别和规划企业资源，从而获取客户订单，完成加工和交付，最后得到客户付款。

一、物料需求计划 MRP

物料需求计划 MRP 的基本内容是依据产品的主生产计划、物料清单和库存信息编制零件的生产计划和采购件计划。其基本任务是：

😊小贴士 2：

物资需求计划 MRP：MRP 是英文 Material Requirement Planning 的缩写。它是一种推式体系，根据预测和客户订单安排生产计划。因此，MRP 基于天生不精确的预测建立计划，"推动"物料经过生产流程。也就是说，传统 MRP 方法依靠物料运动经过功能导向的工作中心或生产线（而非精益单元），这种方法是为最大化效率和大批量生产来降低单位成本而设计。计划、调度并管理生产以满足实际和预测的需求组合。生产订单出自主生产计划（MPS）然后经由 MRP 计划出的订单被"推"向工厂车间及库存。

（1）从最终产品的生产计划导出相关物料（原材料、零部件等）的需求量和需求时间。

（2）根据物料的需求对时间和生产（订货）周期来确定其开始生产（订货）的时间。

进入 1970 年，MRP 除物料需求计划外，又将生产能力（设备等）的需求计划、车间作业计划（工时等）和采购作业计划等纳入，从而形成一个封闭系统，称为闭环 MRP。

二、制造资源计划 MRP Ⅱ

闭环 MRP 使生产活动的各子系统信息得到统一，但生产仅是企业管理的一个方面，企业管理应包括人财物、销供产等子系统信息组成的综合系统，生产管理所涉及的仅仅是物流，而与物流密切相关的还有资金流和信息流。因此，在进入 20 世纪 70 年代后，人们把销售、采购、库存、生产、财务、工程技术、信息等各个子系统进行集成，并称该系统为制造资源计划（Manufacturing Resource Planning），英文缩写也为 MRP，为了区别物料需求计划 MRP，特称为 MRP Ⅱ。

😊小贴士 3：

制造资源计划 MRPII，这里的 MRP 是 Manufacturing Resources Planning 的英文缩写。它是以物料需求计划 MRP（Materials Requirements Planning）为核心、覆盖企业生产制造活动所有领域、有效利用制造资源的生产管理思想和方法的人－机应用系统。

自 18 世纪产业革命以来，手工业作坊迅速向工厂生产的方向发展，出现了制造业。随后，几乎所有的企业所追求的基本运营目标都是要以最少的资金投入而获得最大的利润。20 世纪 60 年代人们在计算机上实现了"物料需求计划 MRP"，它主要用于库存控制。可在数周内拟定零件需求的详细报告，可用来补充订货及调整原有的订货，以满足生产变化的需求；到了 70 年代，为了及时调整需求和计划，出现了具有反馈功能的闭环 MRP（CloseMRP），把财务子系统和生产子系统结合为一体，采用计划－执行－反馈的管理逻辑，有效地对生产各项资源进行规划和控制；80 年代末，人们又将生产活动中的主要环节销售、财务、成本、工程技术等与闭环 MRP 集成为一个系统，成为管理整个企业的一种综合性的制定计划的工具。美国的 OliverWight 把这种综合的管理技术称之为制造资源计划 MRPII。它可在周密的计划下有效地利用各种制造资源，控制资金占用，缩短生产周期，降低成本，实现企业整体优化，以最佳的产品和服务占领市场。

MRP Ⅱ 最大的特点是将企业经营的主要信息，而不仅是企业生产的信息进行了集成。

（1）在物料需求计划的基础上向物料管理延伸，实施对物料的采购管理，包括采购计划、进货计划、供应商账务和档案管理、库存账务管理等。

（2）在物料消耗、加工工时等制造信息基础上，扩展到产品成本核算、成本分析。

（3）制定主生产计划的依据是客户订单，据此又可扩展到销售管理业务。

MRP II 在国内外企业实践中效益显著，在提高生产率、缩短生产周期、减少库存产品、按时交货率、缩短新产品开发周期、降低生产成本等各方向均取得了可观的经济效益，故MRP II 被当成标准管理工具广泛应用于当今世界制造业。

三、企业资源计划 ERP

20 世纪 90 年代初美国加特纳公司（Gartner Group Inc）首先提出了 ERP 的概念报告：为使企业更有效地运作，需将企业内最常用的四方面信息：基础信息（如资金信息：现金流量和财务比率等）；生产信息（如成本信息，资源利用率和总体利润等）；能力信息（如企业相对于竞争者的专长和弱点）；资源分配信息（包括资源和人力等）用网络系统的各个功能模块有机地集成起来，共同运作，改变过去企业内主要通过纸张传递，各自为政、互相割裂的局面。ERP 应运而生。

ERP 作为先进的现代企业管理模式，其目的是将企业的各个方面资源（包括人、财、物、产、供、销等因素）合理配置，使企业在激烈的市场竞争中全方位地发挥能量，从而取得最佳经济效益。ERP 系统充分贯彻供应链管理（小贴士 4）思想，将用户的需求、企业内部的制造活动、外部供应商的制造资源等内外部资源有机结合在一起，体现了完全按客户需求制造的思想。

😊 小贴士 4：

供应链管理：英文是 Supply Chain Management。德鲁克最早提出"经济链"概念1，而后由波特发展成为"价值链"，最终日渐演变为"供应链"。供应链指由供应商、制造商、仓库、配送中心和分销商、消费者等构成的物流网络，同一企业可能构成这个网络的不同组成节点，但更多的情况下是由不同的企业构成这个网络中的不同节点，物料在供应链上进行了加工，包装，运输等过程而增加了其价值，从而给这条链上的相关企业带来了收益。供应链管理则指对整个供应链系统进行计划、协调、操作、控制和优化的各种活动和过程，其目标是要将顾客所需的正确的产品能够在正确的时间、按照正确的数量、正确的质量和正确的状态送到正确的地点，并使总成本达到最佳化。

ERP 系统还要求企业在业务流程和组织机构方面进行重组，使之符合 ERP 的实施要求，以能充分发挥 ERP 系统的作用。ERP 强调企业管理的事前控制能力，把设计、制造、销售、运输、仓储、人力资源、工作环境、决策支持等方面的作业，看作是一个动态的、可事前控制的有机整体。ERP 系统将上述各个环节整合在一起，有效地管理企业资源，合理调配和准确利用现有资源，为企业提供一套能够对产品质量、市场变化、客户满意度等关键问题进行实时分析和判断的决策支持系统。

第二节　企业资源计划管理思想

一、ERP 与 MRP Ⅱ 的内涵与区别

1. ERP 的概念与内涵

MRP Ⅱ 在 MRP 管理系统的基础上，增加了对企业生产能力、加工工时、物料采购、销售管理等方面的管理，实现了用计算机安排生产进度（生产排程）的功能，同时也将财务功能包括进来，在企业中形成以计算机为核心的闭环管理系统，这种管理系统已能动态监查到产、供、销的全部生产过程。

进入 ERP 阶段后，以计算机为核心的企业级资源管理系统更为成熟，系统增加了包括财务预测、生产能力、调整资源调度等方面的功能，成为企业进行生产管理及决策的平台工具；Internet 技术的成熟更为企业信息管理系统增加与客户或供应商实现信息共享和数据交换的能力，电子商务时代的 ERP 强化了企业之间、企业内外的联系，形成了共同发展的生存链和供应链管理思想，使企业的决策者及业务部门跳出企业内部、实现跨企业的联合作战。

ERP 在 MRP Ⅱ 资源概念的内涵上，有两个重要突破：

（1）ERP 中的资源管理范围已不局限于企业内部，而是把供应链上的供应商等外部资源也都看作是受控对象集成进来。MRP Ⅱ 主要侧重对企业内部的人、财、物等资源的管理，而 ERP 则是面向供应链的管理，对供应链上所有环节如订单、采购、库存、计划、生产、质量、运输、分销、服务与维护、财务管理、人事管理、实验室管理、项目管理、配方管理等进行集成和有效管理。

（2）时间被作为资源计划的一部分，且当作最关键的资源被考虑，这是 ERP 对资源内涵的另一个扩展。

2. ERP 与 MRP Ⅱ 的区别

（1）面向供应链管理的管理信息集成。ERP 除了传统 MRP Ⅱ 系统的制造、供销、财务功能外，在功能上增加了支持物料流通体系的运输管理、仓库管理（供需链上供、产、需各个环节之间都有运输和仓储的管理问题）；支持在线分析处理（Online Analytical Processing，OLAP）、售后服务及质量反馈；能实时准确地掌握市场需求；支持生产保障体系的质量管理、实验室管理、设备维修和备品备件管理。

（2）采用计算机和网络通信技术。网络通信技术的应用是 ERP 同 MRP Ⅱ 的又一个主要区别，网络通信技术的应用使 ERP 系统得以实现供需链管理的信息集成。

（3）与企业业务流程重组 BPR 密切相关。企业业务流程重组的核心是建立面向顾客的业务流程，是对企业进行战略性重构的系统工程。资源信息管理系统的发展加快了信息的传递速度和实时性，扩大了业务的覆盖面和信息的交换量，为企业进行信息的实时处理、作出相应的决策提供了极其有利的条件。为了使企业的业务流程能够预见并响应环境的变化，企业

的内外业务流程必须保持信息的敏捷通畅；同时，多层次臃肿的组织机构因不能迅速实时地对市场动态变化做出有效的反应，而必须进行精简。因此，为提高企业供应链管理的竞争优势，必然对企业业务流程、信息流程和组织机构进行改革。这个改革还不限于企业内部，而是把供需链上的供需双方合作伙伴都应包括进来，以能系统考虑整个供应链的业务流程。资源信息管理系统 ERP 应用程序使用的技术和操作也必须随着企业业务流程的变化而相应地调整。只有这样，才能把传统 MRPⅡ 系统对环境变化的"应变性"上升为 ERP 系统通过网络信息对内外环境变化的"能动性"。EPR 的概念和应用已经从企业内部扩展到企业与整个供需链的业务流程和组织机构的重组。

☺小贴士 5：

企业业务流程重组 BPR：是英文 Business Process Reengineering 的缩写。企业业务流程重组指对企业的业务流程进行根本性再思考和彻底性再设计，从而获得在成本、质量、服务和速度等方面业绩的戏剧性改善，使得企业能最大限度地适应以顾客、竞争和变化为特征的现代企业经营环境。

ERP 侧重于各种管理信息的集成，计算机集成制造系统 CIMS 则侧重于技术信息的集成，它们二者在内容上既重叠又互补。制造业是否实现 ERP 系统，什么时候实现，取决于企业的性质、规模以及发展的需要，但是不论如何，都应从 ERP 的高度来进行企业信息化建设；信息化建设的第一步仍应从实施 MRPⅡ 入手。对绝大多数企业来说，这是必要和可行的方案。

☺小贴士 6：

计算机集成制造系统 CIMS：是英语 Computer Integrated Manufacturing System 的缩写，指计算机集成制造系统。CIMS 是随着计算机辅助设计与制造的发展而产生的。它是在信息技术自动化技术与制造的基础上，通过计算机技术把分散在产品设计制造过程中各种孤立的自动化子系统有机地集成起来，形成适用于多品种、小批量生产，实现整体效益的集成化和智能化制造系统。集成化反映了自动化的广度，智能化则体现了自动化的深度，它不仅涉及物资流控制的传统体力劳动自动化，还包括信息流控制的脑力劳动的自动化。

二、ERP 管理系统主要特点

ERP 是信息时代的现代企业向国际化发展的更高层管理模式，它能更好地支持企业各方面的集成，给企业带来更广泛、更长远的经济效益与社会效益。ERP 系统功能十分强大，除包括 MRPⅡ 的企业内部的人、财、物等资源主要功能外，还包括供应链管理、销售与市场、分销、客户服务、财务管理、制造管理、库存管理、工厂与设备维护、人力资源、报表、制造执行系统 MES、工作流服务和企业信息系统等功能；此外还包括金融投资管理、质量管理、运输管理、项目管理、法规与标准和过程控制等补充功能。

☺小贴士 7：

制造执行系统 MES：是英语 manufacturing execution system 的缩写。MES 是美国 AMR 公司（Advanced Manufacturing Research，Inc.）在 90 年代初提出的，旨在加强 MRP 计

划的执行功能，充实了软件在车间控制和车间调度方面的功能，把 MRP 计划同车间作业现场控制，通过执行系统联系起来。这里的现场控制包括 PLC 程控器、数据采集器、条形码、各种计量及检测仪器、机械手等。MES 系统设置了必要的接口，与提供生产现场控制设施的厂商建立合作关系。

（1）强调市场快速响应。ERP 更加面向市场、面向经营、面向销售。除支持制造、采购、销售、财务等管理功能外，它还将供应链的管理功能包含进来，还支持整个供应链上物料流通体系中供、产、需各个环节的运输管理和仓库管理；支持生产保障体系的质量管理、实验室管理、设备维修和备品备件管理；支持对业务处理工作流的管理；强调了供应商、制造商、分销商之间新的伙伴关系。

（2）强调企业流程与工作流。通过工作流实现企业的人员、财务、制造与分销间的集成，支持企业过程重组。ERP 较多地考虑人的因素作为资源在生产经营规划中的作用，也考虑了人的培训成本等。

（3）强调完善的企业财务管理体系。这使价值管理概念得以实施，使资金流与物流、信息流能更加有机地结合，并具有了金融投资管理的附加功能。

（4）在生产制造计划中，ERP 支持重复制造、批量生产、按订单生产、小批量生产、按库存生产、看板式生产等混合型生产管理模式，也支持多种生产方式（离散制造、连续流程制造等）的管理模式，以满足企业多角化经营要求。

ERP 纳入了产品数据管理 PDM 功能，增加了对设计数据与过程的管理，并进一步加强了生产管理系统与计算机辅助设计/辅助制造 CAD/CAM 系统的集成。

（5）采用最新的计算机技术。如客户/服务器分布式结构、面向对象技术、基于 WEB 技术的电子数据交换 EDI、多数据库集成、数据仓库、图形用户界面、第四代语言及辅助工具，等等。

在事务处理上实时性较 MRP II 强，ERP 系统支持在线分析处理、售后服务即质量反馈，为企业提供对质量、适应变化、客户满意、绩效等关键问题的适时分析能力；它还支持跨国经营的多语种、多币制的应用要求。

三、ERP 管理系统核心管理思想

企业资源计划的核心管理思想是实现对整个供应链的有效管理，体现在以下 3 个方面：

1. 整个供应链资源管理

现代企业竞争不是单一企业与单一企业间的竞争，而是一个企业供应链与另一个企业供应链之间的竞争。在知识经济时代，仅靠自己企业的资源已不足以在市场竞争中取得优势地位，还必须把经营过程中的各有关方如供应商、制造工厂、分销网络、客户等纳入一个紧密的供应链中，才能有效地安排企业的产、供、销活动，满足企业利用全社会的市场资源快速高效地进行生产经营的需求。

2. 混合型生产方式管理

　　企业资源计划系统支持混合型生产方式的管理：其一是"精益生产 LP"，它是由美国麻省理工学院提出的一种企业经营战略体系，即企业按大批量生产方式组织生产时，把客户、销售代理商、供应商、协作单位纳入生产体系。企业同其销售代理、客户和供应商的关系不再是简单的业务往来，而成为利益共享的合作伙伴，并由这种合作伙伴关系组成了企业的供应链，这就是精益生产的核心思想。其二是"敏捷制造 AM"。当企业遇有特定市场和产品需求时，企业的基本合作伙伴不能满足新产品开发生产的要求，这时企业可组织一个由特定的供应商和销售渠道组成的短期或一次性供应链，形成"虚拟工厂"，把供应和协作单位看成是企业的一个组成部分，运用"并行工程 CE"组织生产，用最短的时间将新产品打入市场，时刻保持产品的高质量，多样化和灵活性，即"敏捷制造"的核心思想。

😊 **小贴士 8:**

精益生产 LP: 是英语 **Lean Production** 的缩写。精益生产方式，指以顾客需求为拉动，以消灭浪费和快速反应为核心，使企业以最少的投入获取最佳的运作效益和提高对市场的反应速度。其核心就是精简，通过减少和消除产品开发设计、生产、管理和服务中一切不产生价值的活动。

😊 **小贴士 9:**

敏捷制造 AM: 是英语 Agile Manufacturing 的缩写。敏捷制造的核心思想是：要提高企业对市场变化的快速反应能力，满足顾客的要求。除了充分利用企业内部资源外，还可以充分利用其他企业乃至社会的资源来组织生产。敏捷制造是在具有创新精神的组织和管理结构、先进制造技术（以信息技术和柔性智能技术为主导）、有技术有知识的管理人员三大类资源支柱支撑下得以实施的，也就是将柔性生产技术、有技术有知识的劳动力与能够促进企业内部和企业之间合作的灵活管理集中在一起，通过所建立的共同基础结构，对迅速改变的市场需求和市场进度作出快速响应。敏捷制造比起其他制造方式具有更灵敏、更快捷的反应能力。

😊 **小贴士 10:**

并行工程 CE: 是英语 Concurrent Engineering 的缩写。并行工程是集成地、并行地设计产品及其相关过程（包括制造过程和支持过程）的系统方法。这种方法要求产品开发人员在一开始就考虑产品整个生命周期中从概念形成到产品报废的所有因素，包括质量、成本、进度计划和用户要求。并行工程的目标为提高质量、降低成本、缩短产品开发周期和产品上市时间。并行工程的具体做法是：在产品开发初期，组织多种职能协同工作的项目组，使有关人员从一开始就获得对新产品需求的要求和信息，积极研究涉及本部门的工作业务，并将所需要求提供给设计人员，使许多问题在开发早期就得到解决，从而保证了设计的质量，避免了大量的返工浪费。

3. 集成管理

　　如果企业资源计划系统能够将客户关系管理 CRM 软件、供应链管理 SCM 软件集成起来，则构成了企业电子商务的完整解决方案。企业资源计划系统将企业业务明确划分为由多个业务结点联结而成的业务流程，通过各个业务结点明晰了各自的权责范畴，而各个结点之间的无缝联结，实现了信息的充分共享及业务的流程化运转，保证了资金流与物流的同步记录和数据的一致性，从而可追溯资金的来龙去脉和相关业务活动。所以企业实施 ERP 系统，根本的目的是运用 ERP 系统来对企业的业务进行重新梳理与优化，实现生产经营的精细化与集约化，实现业务流程管理，从而使成本降低、生产周期缩短、快速响应客户需求、为客户提供更好的服务。

第三节　企业资源计划信息管理系统构成

ERP 系统是将企业所有资源进行整合集成管理，也就是将企业业务流程的物流、资金流、信息流进行全面一体化管理的管理信息系统。企业资源计划信息管理软件的功能模块应贯穿"三大流"的管理工作，包括三方面主要内容：生产控制（计划、制造）、物流管理（分销、采购、库存管理）和财务管理（会计核算、财务管理）。三大模块相互之间有相应的接口，能够很好地整合在一起来对企业进行管理。另外，随着企业对人力资源管理重视的加强，已经有越来越多的 ERP 厂商将人力资源管理纳入，构成 ERP 系统的另一个重要模块。

一、生产控制管理模块

这是 ERP 系统的核心模块。生产控制管理是一个以计划为导向的生产管理方法，它将企业的整个生产过程有机地结合在一起，使得企业能够有效地降低库存，提高效率；同时又使各个原本分散的生产流程自动连接，使得生产流程能够前后连贯进行，而不会出现生产脱节，耽误生产交货时间。

为实现全企业的生产控制管理，首先应确定一个总的主生产计划，经过系统层层细分后，再下达到各部门执行，生产部门以此确定生产和物料、加工能力需求计划，采购部门按此确定采购计划等。

1. 主生产计划模块

它是根据生产计划，对历史销售分析得来的预测和客户订单的输入来安排各生产周期应提供的产品种类和数量。它是企业在一段时期内总的生产活动的安排，是一个稳定的计划。它将生产计划转为产品计划，在平衡了物料和需要的生产能力后，列出精确到时间、数量的详细的进度计划。

由于 ERP 系统将各个生产车间贯通连接起来，故制定出的主生产计划就不会因生产脱节造成延期交货；又由于 ERP 系统根据历史、客户订单和生产计划等来安排主生产计划，并通过市场模拟确定产品生产周期、批量、工时等进度计划，故可避免在旺季和淡季，因凭经验确定库存量不准确而带来断货、产品积压和占用资金的风险。

2. 物料需求计划模块

在主生产计划决定各生产周期应提供的产品种类和数量后，生产部门再根据物料清单，把要生产总的产品数量转变为需要生产的零部件数量，对照现有的库存量后，可确定还需加工多少零部件，需要采购多少物料的数量。这才是生产部门依照执行的计划。

3. 能力需求计划模块

初步确定物料需求计划后，将所有工作中心（指直接改变物料形态或性质的生产作业单元。工作中心是一种资源，可以是人，也可以是机器，或是整个车间）的总工作负荷与工作中心的能力平衡后产生详细工作计划，据此可确定生成的物料需求计划是否是企业生产能力上可行的需求计划。能力需求计划是一种短期的、当前实际应用的计划。

☺小贴士 11：

工作中心：英文是 Working Center。指直接改变物料形态或性质的生产作业单元。在 ERP 系统中，工作中心的数据是工艺路线的核心组成部分，是运算物料需求计划、能力需求计划的基础数据之一。如一条流水线，CNC 加工机床等。工作中心是一种资源，它的资源可以是人，也可以是机器。一个工作中心是由一个或多个直接生产人员，一台或几台功能相同的机器设备，也可以把整个车间当做一个工作中心，车间内设置不同的机器类型。它是工序调度和 CRP 产能计算的基本单元。

4. 车间控制模块

该模块将工作作业分配到各个具体的车间，进行作业排序、作业管理、作业监控；该作业是随时间变化的动态作业计划。

5. 制造标准模块

在编制生产计划中需要许多生产基本信息，这些基本信息就是制造标准，包括零件、产品结构、工序和工作中心，都用唯一的代码在计算机中识别。

（1）零件代码：对物料资源的管理，对每种物料给予唯一的代码识别。

（2）物料清单：定义产品结构的技术文件，用来编制各种计划。

（3）工序：描述加工步骤及制造和装配产品的操作顺序。它包含加工工序的顺序，指明各道工序的加工设备及所需要的额定工时和工资等级等。

（4）工作中心：由使用相同或相似工序的设备和劳动力组成，在 ERP 系统中用以安排生产进度、核算生产能力、计算成本的基本单位。

二、物流管理模块

1. 分销管理模块

销售管理从产品销售计划开始。分销管理模块对其销售的产品、销售的地区、销售客户的各种信息进行管理和统计，并可对销售数量、金额、利润、绩效、客户服务做出全面的分析。分销管理模块具有以下三方面的功能：

（1）对于客户信息的管理和服务。该模块建立了一个客户信息档案，对客户信息进行分类管理，并能有针对性地为客户服务，以达到保留老客户、争取新客户的目的。特别是将客户关系管理 CRM 软件与 ERP 结合，更将为企业带来明显的经济效益。

（2）对于销售订单的管理。销售订单是 ERP 的入口，所有的生产计划都是根据它下达并进行排产的。销售订单的管理贯穿了产品生产的整个流程，它包括：① 客户信用审核及查询（客户信用分级，来审核订单交易）；② 产品库存查询（决定是否要延期交货、分批发货或用代用品发货等）；③ 产品报价（为客户作不同产品的报价）；④ 订单输入、变更及跟踪（订单输入后，变更的修正及订单的跟踪分析）；⑤ 交货期的确认及交货处理（决定交货期和发货事物安排）。

（3）对于销售的统计与分析。系统根据销售订单的完成情况，依据各种指标做出统计，比如客户分类统计、销售代理分类统计等，再依据这些统计结果对企业实际销售效果进行评价：① 销售统计（根据销售形式、产品、代理商、地区、销售人员、金额、数量来分别进行统计）；② 销售分析（包括对比目标、同期比较和订货发货分析，并从数量、金额、利润及绩效等方面作出相应的分析）；③ 客户服务（客户投诉纪录，原因分析）。

2. 库存控制模块

该模块控制存储物料的数量，用来保证稳定的物流以支持正常的生产，同时又能最少占用资本。它是一种相关的、动态的、真实的库存控制系统，能依据相关部门的需求，随时间而动态地调整库存，精确地反映库存现状。其主要功能有：

（1）为所有物料建立库存控制数据，据此决定何时订货采购，并作为采购部门采购和生产部门制定生产计划的依据。

（2）收到订购的物料后，经过质量检验进入模块库存；生产的产品也同样要经过检验进入模块库存。

（3）收发物料的日常业务处理。

3. 采购管理模块

该模块可确定合理的物料定货量和供应商，保持最佳的物料安全储备，随时提供定购和验收的信息；跟踪和催促外购或委外加工的物料，保证货物及时到达；建立供应商的档案；用最新的成本信息来调整库存的成本等。具体的功能有：

（1）供应商信息查询（查询供应商的能力、信誉等）；

（2）催货（对外购或委外加工的物料进行跟踪和催促）；

（3）采购与委外加工统计（统计、建立档案，计算成本）；

（4）价格分析（对原料价格分析，调整库存成本）。

实施了 ERP 后，把销产供三项主要业务信息集成起来，同步地将生产和采购计划一次性生成，从而能随时查询到所采购料品的供应商、价格及交货日等信息；如果需求有变化，系统很快就可以把上千种物料的计划重新编排，并随时比对料品的动态库存数，以保持最佳的安全储备，并确定合理的定货量。这样既能把采购计划员从繁杂的事务中解脱出来，也提高了工作效率和质量。

三、财务管理模块

清晰分明的财务管理对企业极其重要。ERP 中的财务模块与一般的财务软件不同，它和系统的其他模块均有相应的接口，因而能够相互集成。例如：它可将生产活动或采购活动输入的信息自动计入财务模块生成总账和会计报表，从而取消了输入凭证的繁琐过程，完全替代了传统的手工操作。该模块分为会计核算与财务管理两大块。

1. 会计核算模块

会计核算模块主要用于记录、核算、反映和分析资金在企业经济活动中的变动过程及其结果。它由总账、应收账、应付账、现金、固定资产、多币制等部分构成。

（1）总账模块：其功能是处理记账凭证输入和登记，输出日记账和一般明细账及总分类账，编制主要会计报表等。它是整个会计核算的核心，其他应收账、应付账、固定资产核算、现金管理、工资核算、多币制等模块均以其为中心进行信息传递。

（2）应收账模块：应收账指企业应收的，而由于商品赊欠产生的客户欠款账。它包括发票管理、客户管理、付款管理、账龄分析等功能。它和客户订单、发票处理业务相联系，同时将各项事件自动生成记账凭证，导入总账。

（3）应付账模块：应付账指企业应付购货款的账。它包括发票管理、供应商管理、支票管理、账龄分析等。它能够和采购模块、库存模块进行集成以替代过去烦琐的手工操作。

（4）现金管理模块：它主要是对现金流入流出的控制及零用现金和银行存款的核算。它包括了对硬币、纸币、支票、汇票和银行存款的管理。在 ERP 中提供了票据维护、票据打印、付款维护、银行清单打印、付款查询、银行查询和支票查询等与现金有关的功能；此外它还和应收账、应付账、总账等模块集成，自动产生凭证，计入总账。

（5）固定资产核算模块：该模块完成固定资产的增减变动以及折旧有关基金计提和分配的核算工作。它能够帮助管理者对目前固定资产的现状有所了解，并能通过该模块提供的各种方法来管理资产，并进行相应的会计处理。它的具体功能有：登录固定资产卡片和明细账，计算折旧，编制报表，以及自动编制转账凭证并转入总账；它和应付账、成本、总账模块也能进行集成。

（6）多币制模块：该模块是为了适应当今企业的国际化经营，对外币结算业务的要求而编制的。多币制将企业整个财务系统的各项功能以各种币制来表示和结算，并且客户订单、库存管理及采购管理等也能使用多币制进行交易管理。多币制和应收账、应付账、总账、客户订单、采购等各模块都有接口，可自动生成所需数据。

（7）工资核算模块：该模块自动进行企业员工的工资结算、分配、核算以及各项相关经费的计提。它能够登录工资、打印工资清单及各类汇总报表，计算计提各项与工资有关的费用，自动做出凭证，导入总账。这一模块能和总账，成本模块集成。

（8）成本模块：它依据产品结构、工作中心、工序、采购等信息进行产品的各种成本计算，进行成本分析和规划；还能用标准成本或平均成本法按地点维护成本。

2. 财务管理模块

财务管理的功能主要是基于会计核算的数据进行分析、预测、管理和控制等活动。其主要功能有财务计划、控制、分析和预测等。

（1）财务计划模块：根据前期财务分析做出下期的财务计划、预算等。

（2）财务分析模块：提供查询功能，以及通过用户定义的差异数据图形显示，进行财务绩效评估、账户分析等。

（3）财务决策模块：财务管理的核心部分，中心内容是作出有关资金的决策，包括资金筹集、投放及资金管理等。

ERP 的财务管理系统由于能把传统的账务处理和发生账务的业务结合起来，同时产生实物和资金账，并将物流和资金流进行无缝管理，从而使经济活动信息数出一门而多方使用。另外取消了输入凭证的繁琐过程，故极大地降低了财务人员的工作量，同时提高了财务数据处理的及时性、准确性，改变了资金信息滞后于物流信息的状况，便于事中控制和及时做出决策。

四、人力资源管理模块

过去的 ERP 系统基本上以生产制造及销售过程（供应链）为中心，把与制造资源有关的资源作为企业的核心资源来进行管理。但近年来企业内部的人力资源越来越受到关注，被视为企业的资源之本。在这种情况下，人力资源管理被作为一个独立模块加入到了 ERP 系统中来，和财务、生产、物流系统共同组成一个高度集成的企业资源系统。它与传统方式的人事管理有着根本的不同。

1. 人力资源规划辅助决策模块

对于企业人员和组织结构编制的多种方案，通过模拟比较和运行分析，并辅以图形的直观评估，帮助企业决策管理者做出决定。

该模块通过制定职务模型，包括职位要求、升迁路径和培训计划，根据担任该职位员工的资格和条件，提出针对该员工的培训建议；一旦机构改组或职位变动，系统也会对该员工的职位变动或升迁提出建议。

该模块还可进行人员成本分析，通过 ERP 集成，为企业成本分析提供依据。

2. 招聘管理模块

人才是企业最重要的资源。优秀的人才才能保证企业持久的竞争力。招聘系统一般从以下几个方面提供支持：

（1）进行招聘过程的管理，优化招聘过程，减少业务工作量；

（2）对招聘的成本进行科学管理，降低招聘成本；

（3）为选择聘用人员的岗位提供辅助信息，也能有效帮助企业进行人才资源的挖掘。

3. 工资核算模块

（1）能根据公司跨地区、跨部门、跨工种的不同薪资结构及处理流程，制定与之相适应的薪资核算方法；

（2）与时间管理直接集成，对薪资结构及时更新，从而对员工的薪资核算动态化；

（3）回算功能：通过和其他模块集成，自动根据要求调整薪资结构及数据。

4. 工时管理模块

（1）根据本国或当地的日历，安排企业的运作时间及劳动力的作息时间表。

（2）运用远端考勤系统，将员工的实际出勤状况记录到主系统中，并把与员工薪资、奖金有关的时间数据导入工资系统和成本核算之中。

5. 差旅核算模块

系统能够自动控制差旅申请、差旅批准到差旅报销的整个流程，并且通过集成环境将核算数据导进财务成本核算模块之中。

第四节　企业资源计划实施过程

企业资源计划的成功实施有两方面基本条件：一方面要有合适的软件；另一方面要有有效的实施方法。有效的实施方法大致可归纳为 10 项内容：① 高级管理层的支持和承诺；② 有一支既懂管理又精通软件的实施和咨询队伍；③ 管理信息系统项目范围的重申和监督；④ 管理信息系统项目小组的组成；⑤ 管理信息系统项目工作的深入程度；⑥ 详细可行的项目计划；⑦ 详细可行的项目持续性计划；⑧ 项目必须有适当的资源；⑨ 不断进行经验总结，对所有有关部门应进行管理评估；⑩ 项目从建模、测试、试运行到正式投入运行的转换管理。具体的实施步骤有：

一、全员培训与数据规范化

企业实施 ERP 是一个循序渐进、不断完善的过程，只有员工技术素质不断提高，才能确保 ERP 系统实施的不断深入。为此，须对全体员工不断培训，并制定规章制度，把员工的经济效益与工作内容结合起来，提高全体员工熟悉业务的自觉性和完成规定工作的积极性。

ERP 项目是一个庞大的系统工程，不是只有软件就可以。ERP 更多的是一种先进的管理思想，它涉及面广，投入大，实施周期长，难度也大，存在一定的风险，需要采取科学的方法来保证项目实施的成功。进行 ERP 管理的领导层培训、全员培训和做好基础数据规范化是成功实施 ERP 最基本也是最重要的基础要求。

ERP 的实施关系到企业内部管理模式的调整、业务流程的变化及大量的人员变动，没有企业主要领导的参与难于付诸实行；但同时 ERP 是企业级的信息集成，没有全体员工的参与也不可能成功。

ERP 是信息技术和先进管理技术的结合，无论是决策者、管理者还是普通员工都要掌握计算机技术、通信技术，并将之运用到现代企业的管理中去。

ERP 系统实现了企业数据的全局共享，作为一个管理信息系统，它处理的对象是数据，数据规范化是实现信息集成的前提，在此基础上才谈得上信息的准确、完整和及时，所以实施 ERP 必须要花大力气准备基础数据。比如，产品数据信息、客户信息、供应商信息等。

二、ERP 软件选择

选择 ERP 软件必须遵循以下四个步骤：理解 ERP 原理，分析企业需求，选择软件，选择硬件平台、操作系统和数据库。前两项是做到"知己"，后两项是做到"知彼"，只有"知己知彼"，才能选好软件，做到"百战不殆"。

如果在购买 ERP 软件之前，对 MRP/MRP II /ERP 的原理不甚了解，认为可以通过培训来弥补，那就错了。在购买 ERP 软件之前，需要分析企业自身特点，了解企业当前迫切需要解决的问题，哪类软件能适应企业并帮助企业解决实际问题；选择软件功能也不能按企业的大小来区分，而要根据企业的产品特点、生产组织方式、经营管理特点的不同来选择适用的软件；此外，选择软件还需了解软件实施的环境，国情及适应的法令法规，是否已汉化以及行业（企业）的特殊要求等。

根据上述要求运行软件的流程和功能，从"用户化"和"本地化"来确定 ERP 软件的选择。

三、管理咨询公司选择与项目小组建立

选择一家富有经验的管理咨询公司十分重要。企业需聘请管理咨询公司负责总体规划设计，对企业领导和全体员工进行 ERP 理念的培训，进行流程调查分析和优化企业业务流程重组工作。

成立项目实施小组，由企业主要业务部门的领导和骨干组成，负责 ERP 项目的实施工作，制定项目的详细实施计划，并保证计划的实现；业务组一般有财务组、销售组、生产组、采购组和管理组等，它们的工作好坏是 ERP 实施能否贯彻到基层的关键，其主要工作是研究本部门流程、优化与重组的方法和步骤，掌握与本部门业务有关的软件功能并录入有关的数据；IT 职能组的主要工作是负责 ERP 的分步实施，负责数据的准备和导入，负责掌握和辅助维护 ERP 系统。

四、量化目标制定

实施 ERP 项目须有具体、量化、可考核的目标，以能在实施后与确定目标进行对比和评判，判断实施 ERP 后在经济等方面获得的效益。

实施方与 ERP 产品供应商在双方合作合同签订前，一定要在技术协议条款中明确 ERP 的实施目标、具体实施内容、实现的技术、实施的计划步骤、分阶段的项目成果和 ERP 项目的验收办法。

五、业务流程重组

业务流程重组（或称流程再造）是对企业现有业务运行方式的再思考和再设计。美国的哈黙和钱皮最早提出流程再造的概念，并提出流程再造的七个原则：① 围绕结果而不是任务进行组织；② 让使用流程最终产品的人参与流程的进行；③ 将信息加工工作合并到真正产生信息的工作中去；④ 对于地理上分散的资源，按照集中在一起的情况来看待和处理；⑤ 将并行的活动联系起来而不是将任务集成；⑥ 在工作被完成的地方进行决策，将控制融入流程中；⑦ 在信息源及时掌握信息。

一般地，在进行业务流程重组时应遵循以下基本原则：必须以企业目标为导向调整组织结构，必须让执行者有决策的权力，必须取得高层领导的参与和支持，必须选择适当的流程进行重组，必须建立通畅的交流渠道，组织结构必须以目标和产出为中心而不是以任务为中心。做法是由管理咨询公司在 ERP 实施前进行较长时间的企业管理状况调研，提出适合企业改进的管理模型，同时该管理模型必须考虑到企业的发展，并得到企业管理层的批准。

六、针对性实施

　　一个完整的 ERP 系统是一个十分庞杂的系统，它既有管理企业内部的核心软件 MRP Ⅱ，还有扩充至企业关系管理（客户关系管理 CRM 和供应链管理 SCM）的软件；既有管理以物流/资金流为对象的主价值链，又有管理支持性价值链——人力资源、设备资源、融资等的管理，以及对决策性价值链的支持。任何一个企业都不可能一朝一夕就实现这一庞大的系统，每个企业都有自己的特点和要解决的主要矛盾，需要根据自身实际情况确定实施目标和分阶段的实施步骤。

　　ERP 不仅是一种软件，更是一个企业合理利用企业资源的解决方案。因此，即使是同一套软件，不同的企业实施方法也有所不同，例如：实施哪些模块？如何进行分级培训？ERP 管理到哪一级？管理细到什么程度？与手工管理并轨时间需多长？什么时间甩掉手工管理？如何强化 MRP Ⅱ 计划的实施？这些都要根据企业的需求和管理基础来确定，认真分析和解决企业管理瓶颈，制定切实可行的目标和实施计划，才能确保 ERP 的成功实施。

第五节　企业资源计划实施问题与举措

一、ERP 应用存在的主要问题

　　我国实施 ERP 中存在的主要问题有：

1. 观念尚未更新，急于开发软件或选用软件，导致 ERP 实施失败

　　企业资源计划是一种新的现代供应链管理理念，国内有的企业对新理念尚未完全理解和消化，就急于启动，或仅着眼于企业当前的业务环境和竞争需求自行开发，起点较低，一旦业务发展突破原有的框架，软件就不再适用；或在没有很好了解企业的实际需要，没有弄清上 ERP 的目的，缺乏专业知识的情况下就购买商品软件，结果导致使用不成功，造成巨大的投资浪费。

2. 企业缺乏统一信息化规划，部门"各自为政"，形成信息孤岛

　　企业早期的信息化多是独自进行的，各业务部门如财务、人力资源、销售部门等都基于部门级的业务需要分别购买了相应的计算机软件系统，改变了原有手工操作的方式、加快了信息传递的速度和周期、提高了信息的质量和工作效率；但这种管理系统只是解决了纵向上或局部上的业务流程的问题，企业横向部门之间的业务来往，则无法有效地进行信息共享，

使这些系统成了条块分隔的孤立系统，成为"信息孤岛"。

ERP系统是企业级的整体信息化，必须要有统一的信息化规划，要求企业内各分散的子系统整合集成，建成全面管理的立体式交互系统；然而仅把现有的软件从前台界面到业务处理层再到后台数据库进行全面集成也是不易成功的，一些企业企图在原有"孤岛"的基础上，通过接口开发建成企业级的企业资源计划系统也导致了失败。

3. 对企业资源计划的期望值过高

在决策者对企业资源计划缺乏了解而培训又不到位的情况下，一些企业领导层往往对企业资源计划的期望值过高，认为企业资源计划投资大，应该解决企业的所有问题：如对企业战略制定、销售经营计划都不需再费心思考了；办公自动化、集团化财务管理、产品销售等也都应随之解决。他们没有认识到企业资源计划还仅属于企业管理的范畴，不能取代人脑进行决策；同时企业技术落后、产品没有市场，再好的管理技术也不能去提升产品的竞争力。故领导层不合理的想法不仅给企业资源计划软件的选择造成了困难，也影响到项目实施的过程和成败。

二、应用 ERP 的关键举措

1. 提高认识、更新观念，规范岗位职能和基础数据

（1）提高认识、更新观念。企业资源计划是一种企业管理的现代新理念，是面向供应链的管理，是实施电子商务的集成管理。为确保企业资源计划的顺利实施，全体员工须加强学习，更新观念，强化内部管理，强化执行力度，实现企业管理创新。

首先，对于企业管理者来说，必须充分了解企业资源计划的特点和优势，加强对企业资源的整合集成，加强系统运行的执行力度；其次，全体员工也须积极参与，更新知识、提高技术素质，只有全员的完美配合才能体现出新理念的优势；再次，应善于借助外部技术力量，搞好与咨询公司的合作，在 ERP 实施中少走弯路。实践表明：我国企业普遍存在舍得巨额投资购买 ERP 软件，却舍不得花钱购买咨询服务。这已成为影响 ERP 成功实施的一个重要因素。

（2）加强内部管理，规范基础数据。实施 ERP 前，必须花大力气加强企业的规范化建设，对企业的各个层次、各个部门、各个岗位的职能、责任、权限都须有明确的划分和规定；同时，对企业营运的产、供、销，人、财、物都须做好基础数据的采集和规范化，建立与操作流程相配套的审核系统和监控措施，以及制度严格的保障制度。

2. 正确选择适用的 ERP 软件

企业选择企业资源计划软件系统时，应坚持 3 项原则，考虑 5 方面要素，遵循 6 个步骤，关注 7 条注意事项。

（1）软件选择的三原则。

① 适用是最主要的原则。包含两层含义：首先是软件一定要满足企业现有业务运作的需要，不能超越现有业务发展阶段太远；其次，要能符合企业未来一定时期内业务发展的需要，有一定的扩展性，而不能好高骛远，贪大求洋。

② 考虑整体拥有成本：ERP 软件的成本要素主要由基础软件费用（不包括数据库费用）、第三方软件费用、开发工具费用、安装费用、软件系统实施费用及第一年维护费用等六部分组成；此外，与系统实施密切相关的费用可能还包括企业购买 PC、服务器、打印机与网络设备等硬件产品及操作系统和数据库产品的费用、人员培训费用以及很多无形的隐含成本，如参与项目实施的人员费用、业务停顿的损失、系统实施以后的运营维护、升级费用等。所以，必须系统地考虑整体拥有成本（Total Cost of Ownership，简称 TCO），不能单看一两项报价。

③ 选择服务与选择软件同等重要：大多数企业都需要第三方咨询服务机构的帮助，借助专业的 IT 应用咨询公司，从某种角度上讲，选择专业的服务商比选择具体的软件产品更为重要，很多 IT 服务商的服务内容包括 IT 战略设计、业务流程设计、功能分析与需求设计、软件选择与系统实施等。

（2）评价 ERP 软件系统的五方面要素。

① 功能：ERP 软件主要包括生产、销售和市场管理、采购、配送与仓储管理、财务管理、人事管理等功能。一般地，对功能的评价占对软件取舍 50% 左右的权重。

② 质量：软件系统的成熟、稳定、可靠及软件供应商的服务状况对于企业业务的顺利进行有着直接的影响。因此，企业需要认真考察软件的质量，包括软件的成熟度、可靠性，还要考察软件供应商的配合态度、软件演示情况、客户服务质量等软性的质量因素。

③ 技术的先进性：技术的先进性是评价软件的一个重要因素，对技术的评价需要从服务器平台、操作系统、数据库、技术结构、可控制的安全性、集成性、可开发性、INTERNET 功能等方面来评价。目前，国际上流行的趋势是从客户机-服务器架构（C/S 架构）转移到支持因特网远程操作的浏览器-服务器架构（B/S 架构）。

④ 软件和服务供应商的实力：ERP 软件需要配置、安装、测试等实施过程的服务以及持续的维护和升级的支持。因此，供应商的实力应作为一个重要因素考虑。体现供应商实力的指标一般包括：供应商的生存能力、支持能力、供应商在本行业的经验、软件是否通过地方财政部门评审。

⑤ 价格：需要根据软件整体拥有成本，考虑一个合适的价格。

（3）软件选择六步骤。

① 确定需求：在企业流程优化的基础上，确定企业管理系统中各业务子系统近期和长期的功能需求及其优先级，并形成功能需求结构树和功能需求表，软件选型小组再将经各部门经理确认的功能需求表同时分发给各候选软件供应商，以征询各软件对业务功能需求的满足程度。

② 确定软件评价的指标和权重：参照五方面评价要素，制定出适合本企业的软件选择指标体系及其权重，作为评价软件的标准。

③ 向备选供应商征集项目建议书：各软件系统供应商会根据企业需求，就候选软件向企业提供项目建议书。企业的软件选型项目组根据各供应商的项目建议书对候选软件对本企业需求的满足程度及实施建议进行评分。

④ 软件演示与评估：企业要针对各软件演示的功能对企业业务需求的满足程度、操作界面的友好性、演示的针对性和演示人员的服务态度、业务素质及对其解答问题的满意程度等方面给出评价意见。项目组统计和汇总各单位的评价意见，得出各候选软件在本选择指标上的得分。

⑤ 收集第三方资料：项目组通过多种方式，调查和研究候选软件及供应商的相关信息，对软件供应商软件本身的背景及其相关信息进行充分地了解。这些手段包括：向供应商发放调查问卷；在相关媒体、因特网等资源上查阅第三方权威评测机构对各候选软件和供应商的评价报告等多种方式。

⑥ 整体评估和选择：项目组对各候选软件及供应商的各方面表现进行评分，再根据企业确定的软件选择指标权重进行加权统计，得出各候选软件综合得分并据此做出软件选择建议。最后，由企业的最高领导和业务部门的主要负责人共同作出软件和服务商选择的决策。

（4）软件选择七条注意事项。

① 软件产品明细：由于软件产品更新快、版本多，必须明确软件产品、附加产品及第三方软件的名称、版本号和包括的详细功能模块；同时，软件的帮助资料也要配套、完整、齐备。

② 软件使用费：明确使用软件的用户数（软件一般按照用户数来购买，有些厂家也会考虑用户购买的功能模块等因素）；明确软件的报价和实际价格；明确未来每新增一个用户的费用等。

③ 年度支持和维护：按照行业惯例，软件供应商一般按照软件使用费的百分比（一般为15%）计算年度支持和维护费用。因此，需要明确年度支持和维护费用的收取方式，是固定费用还是根据物价指数进行调整，以及具体包括哪些服务内容，如升级服务、热线支持、远程诊断等。

④ 付款时间和方式：企业与软件供应商需要协商做出适合双方的付款方式，明确分期付款的时间、进度，并对付款的条件进行明确定义。

⑤ 实施支持服务：明确实施支持的具体内容和费用；明确负责主管和职责；明确未履行合同实施条款的惩罚措施；明确二次开发的具体内容，提供的服务，进行的方式和相应费用。

⑥ 培训：培训作为项目实施成功和实现知识传递的重要手段，需要引起企业的高度重视。在合同中，需要明确供应商提供的培训课程、相应的人员，资料、费用和时间安排。一般而言，软件供应商应提供一定数量的免费培训时间。

⑦ 其他：明确软件供应商如发生被收购、倒闭或最高领导层变更等情况时，对客户权益的保证以及补救措施；明确未履行合同培训条款的惩罚措施等。

3. 基于供应链管理完善运行机制，实施流程再造

为符合 ERP 的实施要求，ERP 系统要求企业在组织机构和业务流程方面进行重组，为此需要企业进一步完善运行机制，实施流程再造。

（1）完善运行机制。

企业资源计划实质是供应链管理。企业为从内部资源管理范围扩展到对内部和外部资源的管理，更好地满足用户需求，必须要进一步重组组织机构、完善企业的运行机制。为此，可从合作机制、决策机制、激励机制、自律机制等方面着手，进而完善供应链管理体系。

企业的合作机制体现在供应链中的战略伙伴关系和对内外资源的集成与优化利用，强化

与伙伴企业的合作，会使本企业的产品制造周期大大缩短，顾客导向化程度更高，满意度也更强，从而使企业在多变的市场中的敏捷性和柔性明显增强；同时在实施企业资源计划的条件下，企业决策信息的来源就不仅限于企业内部，而是在开放的信息网络环境下，与供应链各个部门不断进行信息交换，达到同步化信息共享，从而实现计划与控制，企业的决策模式也就相应成为开放性信息环境下的群体决策模式；为能用更少的成本获得更多的利润，不断提高对客户的售后服务水平，提高客户的满意度，就须重视对员工的激励机制，开发出员工的工作积极性，提高整体服务水平；自律机制要求供应链企业向行业领头企业或最具有竞争力的竞争对手看齐，不断对产品、服务和业绩进行评价，不断地自我超越和突破，使企业能保持竞争力和持续发展。

（2）实施流程再造。

企业实施企业资源计划，需要面对和解决供应链中存在的诸多问题，包括供应链的成本过高、库存成本过高、各企业之间的利益冲突、缩短产品的生命周期、应对激烈的外部竞争、应对经济发展的不稳定性、增加客户需求的多样性等，这就需要从供应链出发仔细考虑内部的结构优化问题。为此，企业须对内部实行组织重组和流程再造，对原有业务流程进行再设计，使其趋于合理化，使与供应链中相关企业实行优势互补、通力合作；同时转变思维模式，从传统的纵向一维思维向纵横一体的多维方式转变，建立分布的、共享的信息系统，保持信息渠道的畅通和透明度；企业内部各部门也应在同一目标下，排除部门障碍，相互协调，并行经营，风险共担，利益共享。

案例分析：ERP 的实施

案例 1：合兴包装实施ERP效益显著

合兴包装是我国以瓦楞纸箱为主要产品的大型包装企业，为戴尔、海尔、格力等国内外知名企业提供包装产品。该企业在国内设有若干子公司。

由于企业高层重视信息化工作，该企业在新世纪初就率先在包装行业中上了 ERP 项目，取得了显著的管理和经济效益。

ERP 帮助该企业有效地实现了总部与分公司之间动态、实时的信息交换，从而实现了整个企业集团的纵向集成和业务功能的横向集成，有力地推进全集团物流、资金流、信息流、工作流实现了高度集成和统一。

同时，由于 ERP 实行了对整个供应链的管理，有力地推进了该企业在全行业率先出色地实施了整体包装解决方案，显著地降低了包装物流总成本，增强了在国内包装市场上的竞争力。

案例 2：某企业实施ERP的主要步骤

1. 分析需求确定现实目标，购置适合的软件

该企业在准备应用 ERP 系统之前，理性地进行了需求分析：明确了企业当前最迫切需要解决的问题，ERP 系统应如何解决，明确了应理顺的基础管理工作，明确了员工应提高的素质，联系了协助上 ERP 项目的软件咨询公司，并准备了上 ERP 项目足够的资金。由于进行

了充分的准备，就大大降低了上 ERP 项目的风险。

2. 准备"驾照"，规范管理

在 ERP 高速公路上行驶，考取管理规范的"驾照"是最基本的保证。如果企业本身基础管理不规范，实施周期就会过长，企业和供应商信心也将受到打击，项目搁浅的风险就会加大。ERP 只是管理工具和先进思想，它不能改变管理模式和业务流程，能不能驾驭它要看企业本身管理的规范性和软件供应商的能力。

3. 全员参与的"一把手"工程

由于企业高层领导决定企业的经营目标，实施 ERP 是为了配合企业经营目标的实现，因此有人说 ERP 是"一把手工程"。但只有高层领导重视，没有做具体工作的业务团队和全体员工的积极参与，ERP 项目是很难推进的。只有将 ERP 项目的实施作为全员参与的"一把手"工程，成功才会成为可能。

4. 建立项目管理体系

ERP 项目是一个具有复杂系统、实施难度大、应用周期长的系统工程，因此须从系统工程和科学管理的角度出发建立健全 ERP 项目的管理体系和运作机制，才能确保 ERP 项目的成功实施。ERP 项目的项目管理体系包括：制订明确、量化的 ERP 应用目标，进行 ERP 等现代管理知识的培训教育，引入企业信息化咨询，实行业务流程重组，建立 ERP 的项目监理制度和项目评价制度等。

5. 加强培训，提高认识，发挥咨询作用

培训是成功实施 ERP 系统的重要因素。ERP 项目培训的主要目的是转变观念、提高认识。通过培训使各级管理者和全厂员工明确什么是 ERP，并明确实施 ERP 后各个岗位的人员应如何适应新的工作方式。培训应对不同层次的人员，在理论、软件系统功能、使用操作、数据采集等方面进行不同层次的授课。

实施 ERP 项目，还需要软件供应商和企业长期配合、共同努力；必要时还需要第三方专业咨询服务商的参与，并充分发挥咨询和顾问的作用，才能顺利实现 ERP 的预期目标。

6. 完善基础数据信息

基础数据信息必须完整准确，ERP 系统才能正常运行，基础数据不准确，输入后就会得到错误的输出结果。为了提高系统的运行效率，企业对相应的数据应进行合理编码，这样也有利于系统的信息跟踪与查询。

7. 建立 IT 职能组

IT 职能组是 ERP 的动力引擎，其成员应由熟悉计算机和有管理经验的人组成团队。IT 职能组须获得企业的足够授权，其位置应处在企业一把手和职能部门之间，如此才能使 ERP 顺利运作。

案例 3：某亏损企业实施 ERP 扭亏为盈

华北某企业 2005 年亏损 2 000 余万元，产品严重积压，面临着严峻的生死考验。

为寻求出路，新总经理决定引进新的生产线，扩大产品品种；同时决定上 ERP 项目，请神州数码 ERP 的专业顾问对职工进行培训，并成立项目组对培训结果进行考核。经过一系列的整改措施，该企业快速地从困境中走了出来。不仅扭亏为盈，还在 2006 取得年营业额超过 5 个亿的可喜成绩，产品也打破了以往单一供给国内企业的局面，开始远销欧美及东南亚等

国家。经过对 ERP 管理系统三年来的摸索、开发与深挖其潜能，该企业取得了显著的管理效果和经济效益：

1. 管理效益

（1）规范并加大物流管理力度，理顺公司物流管理流程，使得物流库存成本处于最佳成本底限。通过有效的日常监管，达到节约资金、降低库存成本的目的。杜绝物流方面违章、违法行为的发生，提高了员工工作效率，以此增加了管理效果。

（2）通过 ERP 管理系统与财务管理系统的相互核对、补充，不断寻求物流与资金流的最佳结合点，提高产品周转频次，加速流动资金的周转。并通过 ERP 系统的信用控制模块，加强对应收账款的分析与考核，以此加速资金周转，杜绝"坏账"发生。仅此一项就减少长期应收款 589 万元，减少坏账近 100 万元。

（3）随着 ERP 项目的开展，尤其是 ERP 流程的不断完善，克服了以往管理人员的管理随意性，使员工逐渐改变了以往的处理方式，明白自己所做的工作不仅仅是把现有的操作流程搬入系统，而是要发现原有工作的不合理处，把 ERP 中先进的管理思想和手段融入到将来的流程中。通过"为下道工序"及"客户至上"服务思想的不断巩固，提升了员工的团队意识，使得整个公司成为一支优秀的管理团队。

2. 经济效益

（1）库存下降 20%～30%，它可使企业的库存投资减少 40%～50%，库存周转率提高约 50%。

（2）延期交货现象减少 50%。

（3）采购提前期缩短 50%。

（4）停工待料现象减少 60%。

（5）制造成本降低 12%。

（6）管理水平得到提高：管理人员减少 10%，生产能力提高 10%～15%。

案例 4：日本 "血球计"中国总代理公司再造企业业务流程，实施ERP

某公司是一家专门经营医用器材的国有贸易公司，是日本一家著名厂商生产的"血球计"产品的中国总代理，拥有进出口权。总公司设有 4 个部门：销售部、技术部、财务部和一个配件仓库，并在全国建立了庞大的分代理商网络。每个省、自治区或直辖市都有一个分代理商，在分代理商之下有数量不等的分销商。

由于具有一定的垄断优势，总公司在短短的几年中发展壮大，但管理机制还远跟不上扩张的速度，因而引发了一系列问题：首先是销售网络出现混乱，分代理商出于利益考虑，接触最终客户并给予比分销商优惠的批发价格，引起分销商不满，导致分销商要求升至分代理级别，但又没有基本的技术力量和足够的销售网络以保证稳定的销售量，从而对业务流程造成一定混乱；其他问题还有分销商抬高价格，售后服务不善，财务系统没有制度化等。上述问题导改致总公司利润下滑，引发总公司从改善供应链管理着手，规范、改造企业业务流程，实施企业资源计划管理。

1. 分析企业的核心竞争力

为了改善供应链管理，剥离总公司的无效流程，经过对主要分代理商的调查访问，总公司认为自己的核心竞争力应是有"强而有力的分代理商"。强而有力的分代理商指具有高效的销售渠道和销售网络，顾客群庞大，可以确保稳定的销售收入；有一定的技术力量，可以自行解决大部分的技术问题；有稳健的资金流，可以保证货款的有效偿还。

2. 分析企业物资流、信息流、资金流存在的问题，加强供应链管理

总公司的物流存在销售环节过多的问题：产品从日本生产厂商运到总公司的配件仓库，配件仓库根据销售部要求发货给分代理商，分代理商再给分销商，分销商才把产品送到最终客户手里，共经过了3次存储4次运输，其中的无效步骤不可谓不多。

信息流不畅，部门各自为战，缺乏必要的联系是总公司存在的最主要问题：销售部、配件仓库和财务部均各忙自己的工作，一般不向外提供本部门的具体统计报告，因而总经理无法了解反映问题的统计数据和分析报告；销售部与配件仓库缺乏经常性的联络，因而库存不够时还在继续销售，产生交货不及时的后果；又由于配件仓库不能从销售部得到当前的销售状况和市场预期，因而也无法决定订货的数量和时间；技术部不能从分代理商得知产品具体的销售时间和顾客反馈，从而使客户得不到技术部良好的售后服务。正是因为大量信息丢失造成总公司处理不当。图2-1说明了总公司的各部门、分代理商、分销商和最终客户之间的信息流动情况，图中的实线代表现有的信息流，虚线代表受阻的信息流。

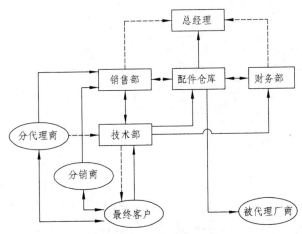

图2-1　总公司信息流图

资金流的运作也不理想：分代理商只需付20%的货款就可以提货，还款时限长达半年，总公司不得不为其进行多达80%的资金预付；另外不合理的库存数量也致使资金积压，致使机会成本和仓库管理费上升；同时维修过程中的差旅费和人工费也居高不下，甚至达到间接费用的50%。

3. 总公司的流程过程再造

找准了存在问题后，总公司决定进行业务流程再造：主要集中在销售渠道改造、账务部订货流程系统化以及信息流的合理安排上。

（1）销售渠道改造：为了改变原来的两级代理一级销售的混乱模式，总公司果断放弃分销商，或保持原有代理商，或把有实力的分销商提升为代理商，或再寻找其他的代理商，使一个地区中有3~4个代理商，直接面对最终客户，在同一地区的代理商中引入竞争机制。货款支付方式的还款时限减至一个季度。同时，代理商所能得到的价格也不再是一成不变的，总公司根据上一季度各个代理商的销售成绩和还款的情况制定不同的批发价格和预付额度；

销售数量越多，价格就越低，预付比例也越少。为了避免各分代理商之间的恶性价格竞争，总公司制定了统一的最终销售价，每个代理商只能在此基础上浮动百分之二。总公司还对最终客户进行定期的追踪调查，如果代理商违反价格规定，批发价格将因此提高。总公司并实施代理商的资格认定，每个代理商必须具有一定的经济和技术实力，保证货款的到位率和产品维修的能力；销售额也是考查代理商的重要方面，如果长期销售低迷，就进行更换。

（2）财务订货流程系统化：对财务流程做了系统改造，整理出各项数据，登记入册，并初步建立了数据库。原来的财务流程如图2-2所示：配件仓库发订单给日本产品生产商，同时订单的副本交给财务部；等卖方将货运抵后，配件仓库便将验货单送交财务部；同时日本产品生产商也开出发票送交账务部；如果订单、验货单及发票都符合规定，财务部便如数付款。实施财务流程改造后，如图2-3所示：配件仓库发订单给日本产品生产商的同时，将资料输入数据库；在日本产品生产商将货运抵验收单位时，配件仓库验收员便利用电脑查询，如货物和数据库中的资料吻合，便会签收货物，并将有关资料输入数据库；电脑在接到货物验收的信息后，财务人员则据此签发支票；另一方面，如货物不符合订单上的要求，验收员便会将它们退还给日本产品生产商。财务人员不必再拿着发票再去核对订单和验收单，从而显著提高了财务效率。

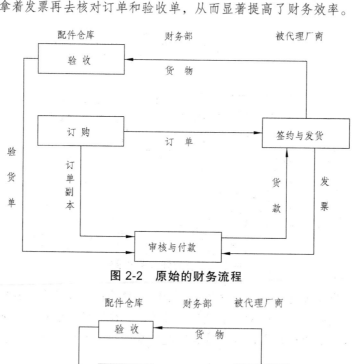

图 2-2　原始的财务流程

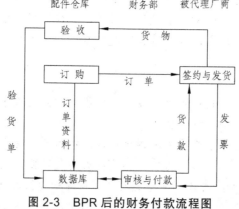

图 2-3　BPR 后的财务付款流程图

（3）信息流合理化：销售部和配件仓库之间遵循定量定时的原则建立起长期的联系，即在销售达到一定数量后或在一定时间内两个部门必须通气；销售部要把市场信息和预期及时交给配件仓库，配件仓库也要根据现有产品数量向销售部通告。对每个血球计出厂时，都有唯一的编号，总公司将其登记在表格中；分代理商从配件仓库提货时，编号也将记录在案；分代理商销售血球计时，总公司要求将编号及时传回，在表格中标出，即使代理商没有把编号传回，公司也可以从表格（在引入计算机系统后，表格由数据库代替）中找到前后两次出货的时间，大体上推算出血球计的销售时间。对售后维修，总公司规定每次维修记录必须送技术部，与销售记录比对；若没有维修记录，公司有权拒绝分代理商的销售要求。在最终客户和总公司之间也建立起通讯机制，除常用维修卡等形式外，公司还派专人对客户进行不定期访问，了解使用情况，向他们介绍产品的最新动态；特别是对那些有意见的客户，更要积极地了解情况，寻找原因，设法改善。

（4）人员培训：公司利用引入 ERP 时机，在员工中展开了各种形式的教育活动：要求特定岗位的职工明确任务，规范操作步骤，建立数据登记制度；特别是要让他们知道自己所处的是工作链中哪个环节，了解上下步工序的细节，从而理解整体的重要性；在日常工作中，给予部门经理们更多的交流机会，采用角色互换的方法，灌输协调互助的观念；同时进行短时间脱产学习，讲解 ERP 系统的使用，介绍 ERP 的管理思想；通过各种形式的讲座和培训，提高分代理商的销售水平和维修人员的技术实力，同时把先进的 ERP 系统介绍给他们。

（5）计算机系统的引入：ERP 的财务模块重点解决财务报表的制作，以便全面反映总公司的经济状况；同时在财务模块中加入资金裕量和预算模拟功能，在综合销售部、配件仓库和技术部的数据后对公司中远期资金流进行分析，避免传统的"拍脑子"估算。在计算机远程通讯上保持与日本产品生产商的联系，采用 EDI 结算，加快资金流动，实现无纸化操作。配件仓库的库存管理模块采用最优化库存理论，通过与销售部和技术部的数据交换，动态地计算当前最合适的库存保有量，选择合适的订货时机；由于配件仓库须要记录每个产品的编号，所以它的计算机系统也要与日本产品生产商的销售部联网，以便查询。销售部和技术部的 ERP 模块较简单，但也须与总公司内另外两个部的系统连成一体。为了提高工作效率，总公司对分代理商也提出了建立计算机系统的要求，主要的连接点定在销售部和技术部。由于日本公司已经具有相当的计算机系统，所以也很支持总公司的 ERP 改造，采用因特网的特殊技术连接。

参考文献

[1]　周三多，等. 管理学-原理与方法[M]. 4 版. 上海：复旦大学出版社，2007.7，332-363.

[2]　丁志丽. ERP 在企业管理中的作用浅析[J]. 企业管理，2011（3）.

[3]　陈延寿，宋萍，等. ERP 教程[M]. 北京：清华大学出版社，2009.7.

[4]　陈启坤. 成功实施 ERP 的规范教程[M]. 电子工业出版社，2009.3.

[5]　陈红玉，姚冠新. 对国内企业实施 ERP 过程中一些问题的思考[J]. 江苏理工大学学报（社会科学版）2001（2）.

［6］ 王金辉，张敏敏，窦凯滨.ERP 的延伸功能——供应链管理[J].商场现代化，2008（33）.

［7］ 黄水香.ERP 实施影响因素研究述评[J].江西蓝天学院学报.2008（2）.

［8］ 学海网，企业资源计划及其在中国企业的应用[J].www.xuehi.com/Article/3943.html
2009-12-8.

［9］ 华北制药集团企业资源计划实施案例[J]，www.chinapharm.com.cn/html/csdt/127794653
2010-7-1.

［10］ 赛迪网.如何选择企业资源计划系统[J].articles.e-works.net.cn/516/article35355.htm
2007-10-10.

［11］ 林纪荣，朱近.ERP 在企业中的实施与案例分析[J].工业工程案例，2002（2），55-59.

第三章　包装计划实施

　　计划指用文字和指标等形式所表述的组织以及组织内不同部门和不同成员，在未来一定时期内关于行动方向、内容和方式安排的管理文件。计划一般可分为时间长、范围广的战略性计划和时间短、范围窄的战术性计划。包装计划指生产计划或对供应链管理的企业资源计划。计划的实施（或称计划工作）是指把战略性计划转化为战术性计划，即把战略性计划所确定的总目标在时间和空间两个维度展开，具体规定各个部门按年、季、月或者是旬、周、日应从事何种活动，达到何种要求，因而为各组织成员使在近期内的行动提供了依据。战术性计划是对战略性计划的落实，保证战略性计划的总目标实现。

　　☺小贴士 1：

　　计划的内涵：无论是从名词或动词的意义上计划的内涵都包括"5W1H"，即 What（做什么？），Why（为什么做？），Who（谁去做？），Where（何地做？），When（何时做？），How（怎样做？）。包括了目标、原因、人员、地点、时间和方式手段等六要素。

　　实践中计划组织实施行之有效的方法主要有目标管理、滚动计划法、网络计划技术等方法，常用于生产计划或企业资源计划的编制。编制程序则一般有认识机会、确定目标、确定前提条件、拟定可供选择的可行方案、评价可供选择的方案、选择方案、制定派生计划、编制预算等步骤。

第一节　目标管理

　　美国管理大师彼得·德鲁克（Peter Drucker）于 1954 年在其名著《管理实践》中最先提出"目标管理"的概念，其后又提出"目标管理和自我控制"的主张。德鲁克认为，并不是有了工作才有目标，而是相反，有了目标才能确定每个人的工作。所以"企业的使命和任务，必须转化为目标"，如果一个领域没有目标，这个领域的工作必然被忽视。因此管理者应该通过目标对下级进行管理，当组织最高层管理者确定了组织目标后，必须对其进行有效分解，转变成各个部门及各个人的分目标，管理者根据分目标的完成情况对下级进行考核、评价和奖惩。

　　目标管理提出以后，在美国迅速流传，当时正值第二次世界大战后西方经济由恢复转向迅速发展的时期，企业急需采用新的方法调动员工积极性以提高竞争能力，目标管理的出现可谓应运而生，遂被广泛应用，并很快为日本、西欧国家的企业所仿效，在世界管理界大行其道，为世界经济迅速发展发挥了重大作用。

目标管理 MBO（Management by Objective）的定义：以目标为导向，以人为中心，以成果为标准，而使组织和个人取得最佳业绩的现代管理方法。目标管理俗称责任制，是在企业个体职工的积极参与下，自上而下地确定工作目标，并在工作中实行"自我控制"，自下而上地保证目标实现的一种管理办法。

一、目标管理的基本思想和特点

1. 目标管理的基本思想

（1）企业的任务必须转化为目标，企业管理层通过目标对下级进行领导，并以此保证企业总目标的实现。

（2）企业总目标可以按人或岗位进行逐级分解成分目标，分目标就是企业对每个职工或岗位的要求，也是企业管理层对下级进行考核和奖惩的依据。

（3）企业总目标由各级管理人员共同制定，并据此自上而下进行分解，确定上、下级的责任和分目标。职务越高，责任和贡献应越大，完成目标要求的工作也应越重。

（4）企业管理人员和工人依靠目标来管理。管理人员和工人的分目标就是企业总目标对他的要求，也是企业管理人员和工人对企业总目标的贡献。企业每个员工均以目标为依据，进行自我指挥、自我控制，而不是由他的上级来指挥和控制。

（5）企业管理人员根据达到分目标的情况对下级进行考核和奖惩。

2. 目标管理的特点

（1）重视人的因素。目标管理是一种参与的、民主的、自我控制的管理制度，也是一种把个人需求与组织目标结合起来的管理制度。在这一制度下，上级与下级的关系是平等、尊重、依赖、支持，下级在承诺目标和被授权之后是自觉、自主和自治的。

（2）建立目标锁链与目标体系。目标管理通过专门设计的过程，将组织的整体目标逐级分解，转换为各单位、各员工的分目标。从组织目标到经营单位目标，再到部门目标，最后到个人目标。在目标分解过程中，权、责、利三者已经明确，而且相互对称。这些目标方向一致，环环相扣，相互配合，形成协调统一的目标体系。只有每个人员完成了自己的分目标，整个企业的总目标才有完成的希望。

（3）重视成果。目标管理以制定目标为起点，以目标完成情况的考核为终结。工作成果是评定目标完成程度的标准，也是人事考核和奖评的依据，成为评价管理工作绩效的唯一标志，至于完成目标的具体过程、途径和方法，上级并不过多干预。所以，在目标管理制度下，监督的成分很少，而控制目标实现的能力却很强。

二、目标的性质及特征

目标表示最后结果，而总目标需要由子目标来支持。这样，组织及其各层次的目标就形成了一个目标网络。作为任务分配、自我管理、业绩考核和奖惩实施的目标具有如下特征：

1. 目标的层次性

整个组织的目标是一个有层次的体系。该体系的顶层是组织的远景和使命；第二层次是组织的任务，组织的使命和任务须要转化为组织的总目标和战略，总目标和战略为组织的未来提供行动框架；实现组织的总目标和战略则须要进一步地细化为更多的具体的行动目标和行动方案，因此在目标体系的下面层次，应有分公司的目标、部门和单位的目标、个人或岗位的目标等。

在组织的层次体系中，不同层次的主管人员参与不同层次目标的建立。董事会和最高层主管人员参与确定企业的使命和任务等战略目标，也参与确定关键领域中更多的具体的总目标。中层主管人员如副总经理、营销经理或生产经理，主要是参与确定关键领域目标、分公司目标和部门目标。基层主管人员则主要关心部门和单位的目标以及制定下级人员的目标。

2. 目标的网络性

目标体系是从组织目标的整体考察而言，而目标网络则是从实现组织总目标的整体协调来考察，由各层次目标、计划方案与获得的结果形成一种网络。如果各层次目标互不关联，互不协调，互不支持，则组织的各部门或成员为实现各自的目标，就往往会采取对本部门有利而对整个组织不利的举措，从而不利于组织总目标的实现。目标网络的内涵表现为以下4点：

（1）目标和计划很少是线性的，即并非一个目标实现后接着去实现另一个目标。各层次目标和计划是一个有机联系着的整体。

（2）部门主管人员在实现本部门目标时，应注意和目标网络中其他目标的联系，在执行举措和时间上均要协调进行。

（3）组织中的各个部门在制定目标时，也应与其他部门的目标相协调，避免出现与另一个部门目标相矛盾的情况。

（4）组织制订各层次目标时，必须要考虑各约束因素；不仅各目标之间要互相协调，而且还要注意与制约各目标的因素相协调。

3. 目标的多样性

组织要实现的目标往往是多种多样的，各层次实现的目标也可能是多种多样的。一般认为目标的数量以 2~5 个为宜，因为过多的目标会使主管人员应接不暇，从而顾此失彼，甚至可能会使主管人员过多注重于小目标而有损对主要目标的实现。故在考虑追求多个目标时，须对各目标的相对重要程度进行区分。

4. 目标的可考核性

目标的可考核性是将目标尽量的量化。目标的量化对组织活动的控制、成员的奖惩会带来很多方便。如获取合理利润的目标，对"合理"的解释可能是不同的，下属人员认为是合理的利润，但可能不被上层接受；如将目标明确定量为"在本会计年度终了实现投资收益率10%"，那么它对"多少？""什么？""何时？"都作出了明确回答。有时要用可考核的措辞来说明结果会有困难，但只要有可能，就应规定明确、可考核的目标。

5. 目标的可接受性

根据美国管理心理学家维克多·弗鲁姆（Victor Vroom）的期望理论，人们在工作中的积极性或努力程度（激发力量）是效价和期望值的乘积，其中效价指一个人对某项工作及其结果（可实现的目标）能够给自己带来满足程度的评价，即对工作目标有用性（价值）的评价；期望值是指人们对自己能够顺利完成这项工作可能性的估计，即对工作目标能够实现概率的估计。因此一个目标对接受者要产生激励作用，那么这个目标对接受者须是可接受、可完成的；相反，如果目标超过其能力所及的范围，则该目标对接受者是没有激励作用的。

6. 目标的挑战性

同样根据弗鲁姆的期望理论，如果完成一项工作对接受者没有多大挑战，轻而易举就能实现目标，那么接受者也没有动力去完成该项工作。目标的可接受性和挑战性是对立统一的关系。在实际工作中，我们必须把二者统一起来。

7. 目标的伴随信息反馈性

信息反馈是在目标管理过程中，把目标的设置、目标的实施情况不断地反馈给目标设置和实施的参与者，让有关人员时时知道组织对自己的要求和自己对组织的贡献。因此建立目标后再加上反馈，就能更进一步调动员工的工作热情。

综上所述，目标的数量不宜太大（多样性），内容应包括工作的主要特征、须完成什么和何时完成，如有可能应尽量将期望的目标实现量化（可考核性），目标还应促进个人和职业上的成长和发展，对员工具有挑战性（可接受性、挑战性），并适时地向员工反馈目标完成情况（伴随信息反馈性）。

三、目标的分类及制定原则

1. 目标的分类

根据不同的标准，企业的目标可划分为以下三类：

（1）按照管理特点划分：可分为经营目标和管理目标。经营目标包括销售额、费用额、利润率等指标；管理目标包括客户保有率、新产品开发计划完成率、产品合格率、料体报废控制率，安全事故控制次数等。常根据企业发展的成熟程度来选择合适可行的目标：一般中小型公司主要选择销售额、费用率、利润率等为经营目标；选择经销网络拓展、采购成本控制、新产品开发成功率、产品质量合格率、制度建设、团队建设等为管理目标。

（2）按照管理层级划分：划分为公司目标、部门目标和个人目标。

（3）按评价方法的客观性划分：可分为定量目标和定性目标。定量目标包含销售额、产量、成本等；定性目标包含制度建设、团队建设和工作态度等。

2. 目标的制定原则

（1）SMART 原则。

☺小贴士 2：

SMART 原则：Specific——具体的；Meaureable——可以量化的；Actionable——执行性强的；Realistic——可实现的；Time_limited——有时间期限的。

根据目标的性质及特征，制定目标时应符合 SMART 原则。其中：S 是指要具体明确，尽可能量化为具体数据，如年销售额 5 000 万元、费用率 25%、存货周转一年 5 次等；不能量化应尽可能细化，如对文员工作态度的考核可以分为工作纪律、服从安排、服务态度、电话礼仪、员工投诉等。M 是指可测量的，要把目标转化为指标，指标可以按照一定标准进行评价，如主要原料采购成本下降 10%，即在原料采购价格波动幅度不大的情况下，同比去年采购单价下降 10%；完善人力资源制度可以描述成"某月某日前完成初稿并组织讨论，某月某日前讨论通过并颁布施行，无故推迟一星期扣 5 分"等。A 是指可达成的，要根据企业的资源、人员技能和管理流程配备程度来设计目标，保证目标是可以达成的。R 是指合理的，各项目标之间有关联，相互支持，符合实际。T 是指有完成时间期限，各项目标要订出明确地完成时间或日期，便于监控评价。

（2）沟通一致原则。

制定目标既可以采取由上到下的方式，也可以采取由下到上的方式，还可以两种方式相结合。并且要全面沟通，认可一致。公司总经理要向全体员工宣讲公司的战略目标，向部门经理或关键员工详细讲解重要的经营目标和管理目标，部门之间相互了解、理解、认可关联性的目标，上司和下属要当面沟通，确认下属员工的个人目标。

经过上下沟通后即可分解目标，将公司目标分解成部门目标，部门目标分解为个人目标，并尽量量化为经济指标和管理指标，如把公司销售额目标分解为销售大区、省、市、县的销售额目标成本；公司成本下降目标分解到采购成本下降指标、生产成本下降指标、货运成本下降指标或行政办公费用下降指标等；采购成本下降又可以再分解成原料成本下降指标、包材成本下降指标、促销助材成本下降指标等。目标分解后，公司目标和部门分目标就形成了目标网络，也即形成目标体系图，通过目标体系图把各部门的目标信息显示出来，就像看地图一样，任何人一看目标网络图就知道工作目标是什么，遇到问题时需要哪个部门来支持。

四、目标管理的过程

1. 目标设置过程

这是目标管理最重要的阶段，可以细分为四个步骤：

（1）高层管理预定目标。这是一个暂时的、可以改变的目标预案，可由高层提出，再同下级讨论；也可以由下级提出，上级批准。无论哪种方式，必须共同商量决定；其次，领导必须根据企业的使命和长远战略，估计客观环境带来的机会和挑战，对本企业的优劣有清醒的认识，对企业应该和能够完成的目标心中有数。

（2）重新审议组织结构和职责分工。目标管理要求每一个分目标都有确定的责任主体。因此预定目标之后，需要重新审查现有组织结构，根据新的目标分解要求进行调整，明确目标责任者和协调关系。

（3）确立下级的目标。首先应由下级明确组织的规划和目标，然后商定下级的分目标，在讨论中上级要尊重下级，平等待人，耐心倾听下级意见，帮助下级发展一致性和支持性目标；分目标要具体量化，便于考核，分清轻重缓急，以免顾此失彼，既要有挑战性，又要有实现可能；每个员工和部门的分目标要和其他的分目标协调一致，支持本单位和组织目标的实现。

（4）上级和下级就实现各项目标所需的条件以及实现目标后的奖惩事宜达成协议。分目标制定后，要授予下级相应的资源配置的权力，实现权责利的统一。由下级写成书面协议，编制目标记录卡片，整个组织汇总所有资料后，绘制出目标图。

2. 实现目标的过程管理

目标管理重视结果，强调自主、自治和自觉。但这并不等于领导可以放手不管，相反由于形成了目标体系，一环失误，就会牵动全局。因此领导在目标实施过程中的管理是不可缺少的。首先进行定期检查，利用双方经常接触的机会和信息反馈渠道自然地进行；其次要向下级通报进度，便于互相协调；再次要帮助下级解决工作中出现的困难问题，当出现意外、不可测事件严重影响组织目标实现时，也可以通过一定的手续，修改原定的目标。

推行目标管理的过程中还要注重信息管理。在目标管理体系中，信息的管理扮演着举足轻重的角色，确定目标需要以获取大量的信息为依据；实施目标需要加工和处理信息，实现目标的过程也就是信息传递与转换的过程，所以信息工作是目标管理正常运转的基础。

3. 测定与评价所取得的成果

目标管理以达到目标为最终目的，同时也要十分重视实现目标过程中对成本的核算。要避免当目标运行遇到困难时，责任人采取一些应急的手段或方法去实现目标，导致实现目标的成本不断上升；所以管理者在督促检查的过程中，必须对运行成本作严格控制，既要保证目标顺利实现，又要把成本控制在合理的范围内。

任何一个目标的达成还必须有一个严格的考核评估。考核、评估、验收工作必须选择执行力很强的人员进行。考核评估须严格按照目标管理方案或项目管理目标，逐项进行考核并作出结论，对目标完成度高、成效显著、成绩突出的团队或个人按章奖励；对失误多、成本高、本位主义、影响整体工作的团队或个人按章处罚。

达到预定期限后，下级首先进行自我评估，提交书面报告；然后上下级一起考核目标完成情况，决定奖惩；同时讨论下一阶段目标，开始新循环。如果目标没有完成，应分析原因总结教训，切忌相互指责，以保持相互信任的气氛。

第二节　滚动计划法

一、滚动计划法的特点

滚动计划法是一种定期修订未来计划的方法。滚动计划法是按照"近细远粗"的原则制定一定时期内的计划，然后按照计划的执行情况和环境变化，调整和修订未来的计划，并逐期向后移动，把短期计划和较长期计划结合起来的一种计划方法。

滚动计划（也称滑动计划）是一种动态编制计划的方法。它不像静态分析那样，等一项计划全部执行完了之后再重新编制下一时期的计划，而是在每次编制或调整计划时，均将计划按时间顺序向前推进一个计划期，即向前滚动一次。按照制订的项目计划进行施工，对保证项目的顺利完成具有重要的意义，但是由于各种原因，在项目进行过程中经常出现偏离计划的情况，因此要跟踪计划的执行过程，以发现存在的问题、进行相应地调整。滚动计划法最适用于品种比较稳定情况下的生产计划和销售计划的调整。

滚动计划法既可用于编制长期计划，也可用于编制年度、季度生产（或库存等）计划和月度生产作业计划。不同计划的滚动期不一样，一般长期计划按年滚动；年度计划按季滚动；月度计划按旬滚动，等等。滚动计划法虽然使得计划编辑工作的任务量加大，但在计算机已被广泛应用的今天，其优点十分明显。

（1）把计划期内各阶段以及下一个时期的预先安排有机地衔接起来，而且定期调整补充，从而从方法上解决了各阶段计划的衔接和符合实际的问题。

（2）较好地解决了计划的相对稳定性和实际情况的多变性这一矛盾，使计划更好地发挥其指导生产实际的作用。

（3）采用滚动计划法，使企业的生产活动能够灵活地适应市场需求，把供产销密切结合起来，从而有利于实现企业预期的目标。

（4）滚动间隔期的选择，要适应企业的具体情况，如果滚动间隔期偏短，则计划调整较频繁，好处是有利于计划符合实际，缺点是降低了计划的严肃性。一般情况是，生产比较稳定的大量大批企业宜采用较长的滚动间隔期，生产不太稳定的单件小批生产企业则可考虑采用较短的间隔期。

（5）滚动计划法可以根据环境条件变化和实际完成情况，定期地对计划进行修订，使组织始终有一个较为切合实际的较长期计划作指导，并使较长期计划始终与短期计划紧密衔接。

二、滚动计划的编制方法及流程

1. 编制方法

滚动计划的编制方法是：在已编制出的计划的基础上，每经过一段固定的时期（例如一年或一个季度，这段固定的时期被称为滚动期）便根据变化了的环境条件和计划的实际执行情况，从确保实现计划目标出发对原计划进行调整。每次调整时，保持原计划期限不变，而将计划期顺序向前推进一个滚动期。

2. 滚动计划的制定流程

滚动计划法是根据一定时期计划的执行情况，考虑企业内外环境条件的变化，对原来的计划进行调整和修订，同时将计划期相应地顺延一个时期，从而把近期计划和较长期计划结合起来的一种计划编制的方法。在计划编制过程中，尤其是编制较长期计划时，为了能准确地预测影响计划执行的各种因素，可以采取近细远粗的办法，即将近期计划订得较细、较具体，较长期计划订得较粗、较概略；同时保持各期计划的灵活性，各期的计划指标根据环境变化灵活调整；还要注意保持各期计划之间的连续性，每期计划都以上一期计划为基础制定，在一个计划期终了时，根据上期计划执行的结果和产生条件、市场需求的变化，对原订计划进行必要的调整和修订，并将计划期顺序向前推进一期，如此地不断滚动、不断延伸。例如，某企业在 2008 年年底制定了 1~5 月的库存计划，如采用滚动计划法，到 1 月底，根据当月库存完成的实际情况和客观条件的变化，对原订的库存计划进行必要的调整，在此基础上再编制 2~6 月的库存计划。其后依此类推（见图 3-1）。

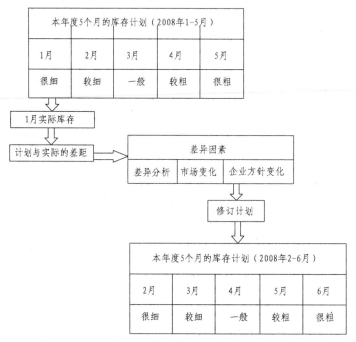

图 3-1　滚动计划法示意图

可见，滚动式计划法能够根据变化了的组织环境及时调整和修正计划，体现了计划的动态适应性。而且，它可使中长期计划与年度计划，或年度计划与月度计划紧紧地衔接起来。

一般企业生产计划常采用按季度滚动，因为随着时间的变化，很多客观条件也会跟着变化，很难确定三个月以后具体生产计划是什么；季度滚动计划则可根据现有的一些条件，如客户下单意愿，企业具体的生产、库存等条件等做出一个大致的预测计划，指导有关部门根据这个预测作好生产准备，并按变化后的条件及时调整工作方向。

第三节　网络计划技术

一、网络计划技术的发展及原理

网络计划技术是指用于工程项目的计划与控制的一项管理技术，起源于美国，是项目计划管理的重要方法，也称为计划评审技术 PERT。1956 年美国一些数学家和工程师开始探讨这方面的问题；1957 年美国杜邦化学公司首次采用了一种新的以网络为基础的计划管理方法——关键路线法 CPM，第一年就节约了 100 多万美元，相当于该公司用于研究发展 CPM 所花费用的 5 倍以上；1958 年，美国海军武器局特别规划室在研制北极星导弹潜艇时，应用了同样以网络为基础的计划评审技术 PERT 的计划方法，使北极星导弹潜艇比预定计划提前两年完成。统计资料表明，在不增加人力、物力、财力的既定条件下，采用 PERT 就可以使进度提前 15%～20%，节约成本 10%～15%。CPM 和 PERT 是 50 年代后期几乎同时出现的两种计划方法。随着科学技术和生产的迅速发展，出现了许多庞大而复杂的科研和工程项目，它们工序繁多，协作面广，常常需要动用大量人力、物力、财力。因此，如何合理而有效地把它们组织起来，使之相互协调，在有限资源下，以最短的时间和最低的费用，最好地完成整个项目就成为一个突出的重要问题。CPM 和 PERT 就是在这种背景下出现的。这两种计划方法是分别独立发展起来的，但其基本原理是一致的，即用网络图来表达项目中各项活动的进度和它们之间的相互关系，并在此基础上，进行网络分析，计算网络中各项时间参数，确定关键活动与关键路线，利用时差不断地调整与优化网络，以求得最短周期。然后，还可将成本与资源问题考虑进去，以求得综合优化的项目计划方案。由于这两种方法都是通过网络图和相应的计算来反映整个项目的全貌，所以又叫做网络计划技术。

☺小贴士 3：

网络计划技术：包括各种以网络为基础制定计划的方法，如关键路径法 CPM、计划评审技术 PERT、图示评审技术 GERT、风险评审技术 VERT、组合网络法以及网络计划技术的新发展——项目关键链管理（CCPM），等等。

☺小贴士 4：

关键路线法（Critical Path Method，CPM）：又称关键线路法，是一种计划管理方法。

它是通过分析项目过程中哪个活动序列进度安排的总时差最少来预测项目工期的网络分析。

😊小贴士5：

计划评审技术（Program evaluation and review technique，PERT）：将工程项目当作一种系统，用网络图或者表格或者矩阵来表示各项具体工作的先后顺序和相互关系，以时间为中心，找出从开工到完工所需要时间的最长路线，并围绕关键路线对对系统进行统筹规划，合理安排以及对各项工作的完成进度进行严密的控制，以达到用最少的时间和资源消耗来完成系统预定目标的一种计划与控制方法。

美国国防部和国家航空署1961年规定凡承制军用品必须用计划评审技术制定计划上报，从那时起，网络计划技术就开始使在各类组织管理活动中被广泛地应用。上世纪八十年代网络计划技术传入我国，并在三峡工程、航天工程等各类大、中型工程项目的管理中得到了普遍应用。

网络计划技术是一个组织生产和进行计划管理的科学方法。它的基本思想是"统筹兼顾"，其基本原理是将企业计划任务（或工程项目）看作一个由若干项作业组成的系统，作业和作业之间存在着相互制约、相互依存的关系，通过网络（计划）图直观地反映出企业计划任务书中各项工作的进度安排、先后顺序和相互关系（即作业和作业间的相互关系）；并通过网络分析和网络时间的计算，找出计划中（或项目中）的关键作业和关键线路，以确定管理的重点；再通过对网络计划的优化，求得任务、时间、财、物诸因素的平衡和合理利用；最后通过网络计划的实施，对工作过程实行监督与控制，以保证达到预定的计划（或工程项目）目标。

二、网络计划技术涉及的基本概念

（1）网络图。网络图是网络计划技术的图解模型，是表达一项计划中的各项工序（作业）之间的排列顺序、相互关系和所需作业时间的图形。它反映了整个计划（工程）任务的分解和合成：分解指对计划（工程）任务的划分，合成指解决各项任务的协作与配合，分解和合成是各项任务之间按逻辑关系的有机组成。绘制网络图是网络计划技术的基础工作。

（2）时间参数。在实现整个计划（工程）任务过程中，包括人、事、物的运动状态、均是通过转化为时间参数来反映的。反映人、事、物运动状态的时间参数包括：各项作业的作业时间、开工与完工的时间、工作之间的衔接时间、完成任务的机动时间及计划（工程）任务的总工期等。

（3）关键路线。通过计算网络图中的时间参数，求出计划（工程）任务的总工期并找出关键路径。在关键路线上的作业称为关键作业，这些作业完成的快慢直接影响着整个计划的工期。在计划执行过程中关键作业是管理的重点，在时间和费用方面要严格控制。

（4）网络优化。根据关键路线法，通过利用时差，不断改善网络计划的初始方案，在满足一定的约束条件下，寻求管理目标达到最优化的计划方案。网络优化是网络计划技术的主要内容之一，也是较之其他计划方法优越的主要方面。

三、网络图的绘制

网络图是以箭线和结点连接而成的一种网状图形，它是表示一项计划（工程）中各项工作或各道工序的先后衔接关系和所需要时间的图解模型。根据工作或各道工序在时间上的衔接关系，用箭线（或称箭杆）表示它们的先后顺序，画出一个由各项工作的相互联系并注明所需时间的箭线图，这个箭线图就被称为网络图（见图3-2）。

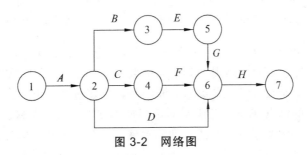

图 3-2　网络图

1. 网络图的构成

网络图由作业、事项（结点）、线路3个要素组成。

（1）"→"表示作业，也称工序。作业是指在计划或工程项目中需要消耗一定资源并占用一定时间完成的独立工作项目，如自然状态下冷却、干燥等，在网络图中用箭线"→"表示。一项工程是由若干个表示工序的箭线和结点（圆圈）所组成的网络图形，其中某个工序可以某箭线代表，也可以某箭线前后两个节点的号码来代表。如图3-2所示，B工序也可称为②③工序，E工序也可称为③⑤工序。图中箭线下的数字表示完成该项工序（作业）的时间，有一些工序既不占用时间也不消耗资源，称为虚工序。

箭线的使用规定如下：①一支箭线只能表示一道工序。②一支箭杆的前后都要连接结点圈。③两个同样编号的结点间不应有两个或两个以上的箭线同时出现。④箭线方向只能向右、向上或向下，不得向左偏。⑤不可出现双向箭头，也不可出现无箭头的线段。⑥绘制网络图应尽量避免箭线的交叉。

（2）"---→"表示虚箭杆。它表示一种虚作业或虚工序，即作业时间为零，实际上并不存在的作业或工序。在网络图中引用虚箭线后，可以明确地表明各项作业和工序之间的相互关系，消除模棱两可的现象。特别在运用电子计算机的情况下，如果不引用虚箭线，就会产生模棱两可的情况，导致计算机无法工作，如图3-3所示：箭杆②→③既是养护工序又是搬砖工序，没有按无法把两个作业区别开来，计算机就无法进行工作。正确的画法应增加一个结点，画一条虚箭线予以区别，见图3-4。

（3）"○"表示事项，或称结点（节点）。事项表示某一项作业开始或结束的瞬间，是两项工序（作业）间的连接点，用"○"表示，并编上号码。结点的持续时间为零，箭尾的结点也叫开始结点，箭头结点也叫结束结点。网络图的第一个结点叫起点结点，它意味着一项工程或任务的开始；最后一个结点叫终点结点，它意味着一项工程或任务的完成；其他节点叫中间结点。

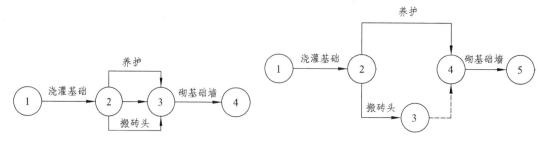

图 3-3　错误的画法　　　　　　　　图 3-4　正确的画法

结点的使用规定如下：① 在一个网络图中只允许有一个起点结点。② 在一个网络图中一般（除多目标网络外）只允许出现一个终点结点。③ 结点编号均用数码编号，表示一项工作开始结点的编号应小于结束结点的编号，即始终要保证箭尾号小于箭头号。④ 在一个网络图中不允许出现重复的结点编号。⑤ 编号时可以从小到大、由左向右、先编箭尾、后编箭头地按顺序编号；也可采用非连续编号法，即跳着编，当中空出几个编号，这是为了在修改网络图过程中如果遇到结点有增减时，可以不打乱原编号。⑥ 起点结点编号可从"1"开始，亦可从"0"开始。⑦ 网络图中要尽量减少不必要的结点和虚箭线。

（4）线路，又称路线或路径。在网络图中，线路是指从始点结点开始沿着箭线方向，连续不断地到达终点结点为止的一条通道。在一个网络图中，一般有所需时间不同的多条路线，其中所需时间最长的路线叫关键路线。关键路线决定着整个计划任务或工程项目所需的时间（工期）。如图 3-5 所示，共有①→②→③→④→⑤→⑥，①→②→③→④→⑥、①→②→③→⑤→⑥……等多条线路，其中用双线标注、持续时间最长的①→②→④→⑤→⑥称为关键线路。

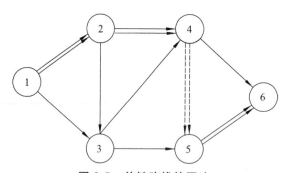

图 3-5　关键路线的画法

确定关键线路，并据此合理安排各种资源，对各工序活动进行进度控制，是利用网络计划技术的主要目的。

在网络图中，不允许出现循环线路，同时要能正确反映工艺流程。

2. 网络图的绘制步骤

（1）确定目标。确定目标，是指将网络计划技术应用于哪一个计划（工程）项目，并提出对计划（工程）项目和有关技术经济指标的具体要求，如在工期、成本费用等方面应达到什么要求，从而能在企业现有管理基础上，依据各方面的信息和情况，利用网络计划技术为工程项目寻求最合适的方案。

（2）将计划任务（工程项目）分解为具体作业。一个计划任务（工程项目）是由许多作业组成的，在绘制网络图前就要将计划（工程）项目分解成各项作业。作业项目划分的粗细程度视工程内容及不同单位的要求而定，通常情况下，如作业包含的内容多、范围大，可分粗一些，反之则分细一些；作业项目分得越细，网络图的结点和箭线就越多。

对于上层领导机关，网络图可绘制粗一些，主要是通观全局、分析矛盾、掌握关键、协调工作、进行决策；对于基层单位，网络图则可绘制得细一些，以便具体组织和指导工作。

（3）进行作业分析，确定所有作业的作业时间。在将计划任务（工程项目）分解成作业的基础上，要按各项作业之间的逻辑关系进行作业分析，以便明确先行作业（紧前作业）、平行作业和后续作业（紧后作业），即在该作业开始前，哪些作业必须先期完成，哪些作业可以同时平行地进行，哪些作业必须后期完成，或者在该作业进行的过程中，哪些作业可以与之平行交叉地进行。

（4）编制作业时间明细表。在划分作业并进行作业分析后便可计算和确定作业时间。一般采用单点估计或三点估计法（下面会详细介绍），然后一并填入明细表中。明细表的格式如表3-1所示。

表 3-1　作业时间明细表

作业名称	作业代号	作业时间	紧前作业	紧后作业成绩

（4）绘制网络图，进行结点编号。根据作业时间明细表，可绘制网络图。网络图的绘制方法有顺推法和逆推法：① 顺推法是从始点时间开始根据每项作业的直接紧后作业，顺序依次绘出各项作业的箭线，直至终点事件为止。② 逆推法是从终点事件开始，根据每项作业的紧前作业逆箭头前进方向逐一绘出各项作业的箭线，直至始点事件为止。

同一项任务，用上述两种方法画出的网络图是相同的。一般习惯于按反工艺顺序安排计划的企业，如机器制造企业，采用逆推较方便，而建筑安装等企业，则大多采用顺推法。按照各项作业之间的关系绘制网络图后，要进行结点的编号。

四、网络时间参数计算及关键路线确定

根据网络图和各项作业的作业时间，就可以计算出全部网络时间参数和时差，并确定关键线路。具体计算网络时间参数并不太难，但比较繁琐，因为在实际工作中影响计算的因素

很多，要耗费很多的人力和时间，采用电子计算机就能较方便地对计划进行局部或全部调整。网络时间参数包括：各项作业的作业时间，结点的最早开始和最迟结束时间，作业的最早开始和最早结束时间，作业的最迟开始和最迟结束时间及时差等。

1. 作业时间

作业时间是完成一项作业所需要的时间，也称为工序时间、工作时间。其确定方法有以下两种：

（1）单一时间估计法：对作业完成所需要的时间，凭经验或统计资料，结合现实生产条件，确定一个时间。这种方法适用于不可知因素较少，有先例可循的情况。

（2）三点时间估计法：完成一项作业估计三种时间：① 最乐观时间（最短时间）是指在最有利的情况下，完成该项作业可能需要的最短时间，以 a 表示。② 最保守时间（最长时间）是指在不利的情况下，完成该项作业可能需要的最长时间，以 b 表示。③ 最可能时间（正常时间）是指在正常情况下，完成该项作业可能需要的时间，以 c 表示。则该项作业完成时间的平均值（T）为；

$$T = \frac{a + 4c + b}{6}$$

2. 结点时间参数的计算

（1）结点最早开始时间（T_j^E）。它是指从该结点开始的各项作业最早可能开始工作的时间。结点最早开始时间从网络图始点开始计算，一般将始点的最早开始时间规定为零，然后按结点编号顺序依次计算其他各结点的最早开始时间，直至终点。其计算公式为：

$$T_j^E = \max |T_i^E + t_{ij}|$$

式中　　T_j^E —— 结点 j 的最早开始时间；

　　　　T_i^E —— 结点 i 的最早开始时间；

　　　　t_{ij} —— 作业 $i-j$ 的作业时间。

（2）结点最迟结束时间（T_i^L）。它是指进入该结点的所有作业最迟必须完成的时间。在此时间如果不完成作业，就会影响后续作业的按时开工。

结点最迟结束时间的计算是从网络图最后一个结点开始，逆箭线方向依次计算。而网络图终点的最迟结束时间就等于它的最早开始时间。终点最迟结束时间的计算公式为：

$$T_i^L = \min |T_j^L + t_{ij}|$$

式中　　T_i^L ——结点 i 的最迟结束时间；

　　　　T_j^L ——结点 j 的最迟结束时间；

　　　　t_{ij} —— 作业 $i-j$ 的作业时间。

如图 3-6 所示，结点最早开始时间用□表示，结点最迟结束时间用△表示。

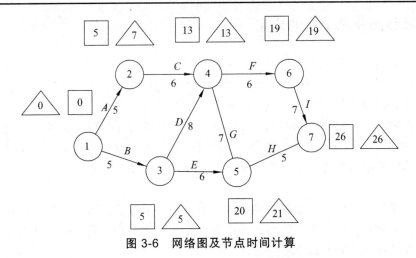

图 3-6　网络图及节点时间计算

3. 作业时间参数的计算

（1）作业的最早开始时间（T_{ES}^{ij}）。它是指作业最早可以在什么时间开始。它等于代表该项作业的箭线的箭尾结点的最早开始时间，即

$$T_{ES}^{ij} = T_i^E$$

（2）作业的最早结束时间（T_{EF}^{ij}）。它是指作业最早可以在什么时间结束。它等于代表该项作业的箭线的箭尾结点的最开始时间加上该作业时间。其计算公式为：

$$T_{EF}^{ij} = T_{ES}^{ij} + t_{ij}$$

（3）作业的最迟结束时间（T_{LF}^{ij}）。它是指该项作业最迟在什么时间结束。它等于代表该项作业的箭线的箭头结点的最迟结束时间。即

$$T_{LF}^{ij} = T_j^L$$

（4）作业的最迟开始时间（T_{LS}^{ij}）。它是指该项作业最迟应在什么时间开始。它等于代表该项作业的箭线和箭头结点的最迟结束时间减去该项作业本身的作业时间。其计算公式为：

$$T_{LS}^{ij} = T_j^L - t_{ij}$$

4. 作业总时差的计算

作业的总时差，是指在不影响整个工程项目完工的条件下，某些作业在开工时间安排上可以机动使用的时间，即宽裕时间。作业的总时差等于作业的最迟开始时间与最早开始时间之差，或者等于作业的最迟结束时间与最早结束时间之差。其计算公式为

$$R_{ij} = T_{LS}^{ij} - T_{ES}^{ij} \quad 或 \quad R_{ij} = T_{LF}^{ij} - T_{EF}^{ij}$$

5. 关键线路及总工期的确定

计算总时差的目的是确定关键作业和关键线路。总时差为零的作业称为关键作业，将关键作业连线就构成某一项计划任务（或工程项目）的关键线路。关键线路上各项关键作业的作业时间之和构成整个计划任务（或工程项目）的总工期。因此，整个计划任务（或工程项目）的完工期取决于关键线路的时间，要缩短整个工程的总工期就必须缩短关键线路上各项作业的作业时间。由于关键线路上各项作业的总时差为零，故每项作业必须按预定的时间完工，否则将影响其后续作业的按期开工和完工，最终影响整个计划任务（或工程项目）的按时完成。

掌握了关键线路，可以使指挥者和执行者都做到心中有数，指挥人员可将管理重点放在关键线路上，有效地安排人力、物力，保证计划任务（或工程项目）按时完成。

关键线路的确定一般有以下三种方法：

（1）周期比较法。它是指从网络图始点到终点有多条线路，而持续时间周期最长的线路就是关键线路。

（2）时差法。大网络图中，计算各项作业的时差，时差为零的作业就是关键作业，而由这项时差为零的关键作业组成的线路即为关键线路。

（3）破圈法。从网络图的始点出发，沿着箭线方向到达另一结点，若存在两条线路就形成了一个封闭的环，即形成一个圈。如果形成圈的两条线路的作业时间不等，可以将其中作业时间较短的一条线路删去，剩下作业时间较长的线路，这个过程叫做破圈。破圈从始点开始，一直到终点为止，最后剩下的就是关键线路。

例如，某企业一个工程项目包括 9 项作业，已知其作业时间，则计算结果如表 3-2 所示。

表 3-2　计算结果

作业名称	紧后作业	作业时间	T_{ES}^{ij}	T_{EF}^{ij}	T_{LS}^{ij}	T_{LF}^{ij}	R_{ij}	关键路线
A	C	5	0	5	2	7	2	
B	DE	5	0	5	0	5	0	√
C	FG	6	5	11	7	13	2	
D	FG	8	5	13	5	13	0	√
E	H	6	5	11	15	21	10	
F	I	6	13	19	13	19	0	√
G	H	7	13	20	14	21	1	
H	—	5	20	25	21	26	1	
I	—	7	19	26	19	26	0	√

由总时差为零的关键作业 BDFI 连接组成的线路即关键线路。

五、网络计划方案的优化

　　找出关键路径，就初步确定了完成整个计划任务所需要的总工期。但这个总工期是否符合合同或计划规定的时间要求，是否与计划期的劳动力、物资供应、成本费用等计划指标相适应，还需要进一步综合平衡，对此方案进行一系列的调整，通过优化最后择取一个最优方案。然后再正式绘制网络图，编制各种进度表，以及工程预算等各种计划文件。

　　根据资源限制条件不同，网络计划的优化可分为时间优化、时间-费用优化和时间-资源优化 3 种类型：

　　（1）时间优化：在人力、物理、财力等条件基本上有保证的前提下，寻求缩短工程周期的措施，使工程周期符合目标工期的要求。主要包括压缩活动时间、进行活动分解和利用时间差三条途径。

　　（2）时间-费用优化：找出一个缩短项目工期的方案，使得项目完成所需总费用最低，并遵循关键线路上的活动优先、直接费用变化率小的活动优先、逐次压缩活动的作业时间以不超过赶工时间为限等三个基本原则。

　　（3）时间-资源优化（分为两种情况）：一是在资源一定的条件下，寻求最短工期；二是在工期一定的条件下，寻求工期与资源的最佳结合。

六、网络计划的贯彻执行

　　编制网络计划仅仅是计划工作的开始。计划工作不仅要正确编制计划，更重要的是组织计划实施。网络计划的贯彻执行，首先要发动群众讨论和积极参与；同时加强生产管理，采取切实有效措施保证计划任务的完成；在应用计算机的情况下，可利用计算机对网络计划的执行进行监督、控制和调整，只要将网络计划及执行情况输入计算机，它就能自动运算、调整，并输出结果以指导生产，保证达到预定的计划目标。

　　网络计划技术就是利用网络图来表达计划任务的进度安排及各项活动（或工作）间的相互关系，在此基础上进行网络分析，计算网络时间参数，找出关键活动和关键线路，并利用时差不断改善网络计划，求得工期、资源与费用的优化方案。在计划执行过程中，通过信息反馈进行监督与控制，以保证达到预定的计划目标。

七、网络计划技术在我国的应用

　　我国对网络计划技术的研究与应用起步较早。我国从 20 世纪 60 年代中期，在著名数学家华罗庚教授的倡导下，就开始在国民经济各部门应用网络计划技术，一些高科技部门、大型工程取得了十分明显的提高工效成绩；在一些中小型工程建设、项目管理领域，由于网络计划技术符合工程施工的要求，特别适用于工程施工的组织和管理，因而也获得了推广和应用。从国内外情况看，应用最多的均是工程施工单位，同国外发达国家相比，我国在网络计划技术的理论水平与应用方面相差无几；但在应用管理上，特别是计划执行中的监督与控制以及跟踪调整方面却比较落后，基本上停留在计划的编制上。网络计划方法不仅是一种编制计划的方法，而且是一种科学的施工管理方法，如何在施工管理中提高网络计划技术的应用水平仍是迫切需要解决的问题。

目前存在的主要问题有：

（1）应用普及率还不高：我国现有施工企业，企业素质差别很大，发展也不平衡：中央直属和省级施工企业，管理水平较高，每年应用网络计划组织施工面达40%左右；地市级施工企业，每年应用网络计划组织施工面在15%左右；而县级及以下施工企业，技术管理水平较差，每年应用网络计划组织施工面在5%左右。

（2）应用管理水平低：绝大部分施工企业网络计划技术的应用只停留在编制计划上，对计划执行过程的监督与控制及计划调整缺少有效的管理方法。

（3）应用的深度不够：施工网络计划的编制往往只能反映整个工程项目中各工序的事项，根据施工方法确定工序中各项工作的相互关系则编制深度不够，更谈不上网络计划的优化。

分析其原因主要有：

（1）外部环境的影响有：工程设计多变，工期的确定受行政干扰多，工程进度付款没有和网络计划紧密联系，工程款拖欠等；尤以工程设计经常变化给网络计划的制定和调整带来很大困难，使施工企业应接不暇，无法使用网络计划实行施工管理。

（2）企业自身素质的制约：传统的依靠经验、手工管理方式的阻碍；施工管理粗放，缺乏现场跟踪检查制度，进度数据收集不完整，对进度数据的整理、统计、加工、分析能力差；缺乏高素质管理人员缺乏，对网络计划技术知识的掌握不够系统等。

提高网络计划技术在施工管理中的应用水平，可从下述方面采取对策：

（1）首先是规范建筑管理体制，为应用网络计划技术提供良好的环境，包括：

① 加强工程设计管理，合理确定建设工期，严禁设计的频繁变更和建设工期的主观确定；

② 完善项目监理制度，保证进度控制、质量控制和投资控制的一致性和协调性；

③ 建立严格按网络进度计划拨付工程款的机制，工程款拨付与网络进度计划紧密结合，不仅提高企业应用网络计划进行施工管理的自觉性，也促使网络计划编制更可行，故在签订施工合同时，应将进度计划中的主要工作与工程款拨付建立对应关系。

（2）加强科学管理的基础工作。

① 加强标准化工作、结合国情和行业特点，制定网络计划技术编制和管理规程，统一网络图画法、术语和各种类型的网络模型，便于推广和应用；

② 编写实用的培训教材、举办网络计划技术和计算机应用技术培训班，对施工企业的技术领导和施工管理人员进行培训，学习和掌握网络计划技术；

③ 开发实用的网络进度计划和控制的通用软件。

（3）扎实提高企业使用网络计划的管理水平。

① 充分认识应用网络计划技术的重要性，网络计划方法的最大特点是能够提供施工管理

所需的多种信息，有助于管理人员合理地组织生产；认识施工管理中推广应用网络计划方法必将取得多快好省的全面效果；

② 在使用网络计划技术编制和调整进度计划后，可将其转换成目前工程技术人员熟悉的横道图形式去实施，这样做既具有网络的严密性，又兼有横道图简单易懂的优点，以减少网络计划实施中的阻力；

③ 强调管理人员和技术人员的紧密结合，施工管理人员除了熟知网络计划方法，还应了解各项工作的工艺和组织；网络计划方法不能任意缩短工程期限，只能给管理人员提供哪些工作合理赶工以及工期和成本等关系的信息，能否实现赶工最终还是取决于施工方法及设备条件，因此管理人员制定科学合理的工程进度控制计划必须与工程技术人员紧密结合；

④ 循序渐进，注重实效：从工程规模上讲，应先从较小的工程项目或分部分项工程做起，逐步积累总结经验；从编制和调整深度上讲，应先粗后细，逐步深入，不断积累管理信息，形成规范的信息收集、整理、统计和加工方法。

另外，推广应用网络计划技术，企业领导重视是关键，提供良好的工作环境和加强引导是企业提高应用水平的有效途径。

案例分析：包装计划实施

案例 1：包装机械厂实施生产目标管理

某包装机械厂推行目标管理：为了充分发挥各职能部门的作用，充分调动一千多名职能部门人员的积极性，该厂首先对厂部和科室实施了目标管理。经过一段时间的试点后，逐步推广到全厂各车间、工段和班组。多年的实表明，目标管理改善了企业经营管理，挖掘了企业内部潜力，增强了企业的应变能力，提高了企业素质，取得了较好的经济效益。按照目标管理的原则，该厂把目标管理分为三个阶段进行。

第一阶段：目标制订阶段

1. 总目标的制订

该厂通过对国内外市场包装机械需求的调查，结合长远规划的要求，并根据企业的具体生产能力，提出了"三提高"、"三突破"的总方针。所谓"三提高"，就是提高经济效益、提高管理水平和提高竞争能力；"三突破"是指在新产品数目、创汇和增收节支方面要有较大的突破。在此基础上，该厂把总方针具体化、数量化，初步制订出总目标方案，并发动全厂员工反复讨论、不断补充，送职工代表大会研究通过，正式制定出全厂年生产的总目标。

2. 部门目标的制订

企业总目标由厂长向全厂宣布后，全厂就对总目标进行层层分解，层层落实。各部门的分目标由各部门和厂企业管理委员共同商定，先确定专层层案，再制订各项目标的指标标准。其制订依据是厂总目标和有关部门负责拟定、经厂部批准下达的各项计划任务，原则是各部门的工作目标值只能高于总目标中的定量目标值，同时，为了集中精力抓好目标的完成，目标的数量不可太多。为此，各部门的目标分为必考目标和参考目标两种。必考目标包括厂部明确下达目标和部门主要的经济技术指标；参考目标包括部门的日常工作目标或主要专案：其中必考目标一般控制在 2~4 项，参考目标专案可以多一些。目标完成标准由各部门以目标卡片的形式填报厂部，通过协调和讨论最后由厂部批准。

3. 目标的进一步分解和落实

部门的目标确定了以后，接下来的工作就是目标的进一步分解和层层落实到每个人。

（1）部门内部小组（个人）目标管理，其形式和要求与部门目标制订相类似，拟定目标也采用目标卡片，由部门自行负责实施和考核。要求各个小组（个人）努力完成各自目标值，保证部门目标的如期完成。

（2）该厂部门目标的分解是采用流程图方式进行的，具体方法是：先把部门目标分解落实到职能组，任务再分解落实到工段，工段再下达给个人。通过层层分解，全厂的总目标就落实到了每一个人身上。

第二阶段：目标实施阶段

该厂在目标实施过程中，主要抓了以下三项工作。

1. 自我检查、自我控制和自我管理

标卡片经主管副厂长批准后，一份存企业管理委员会，一份由制订单位自存。由于每一个部门、每一个人都有了具体的、定量的明确目标，所以在目标实施过程中，人们会自觉地、努力地实现这些目标，并对照目标进行自我检查、自我控制和自我管理。这种"自我管理"，能充分调动各部门及每一个人的主观能动性和工作热情，充分挖掘自己的潜力，因此，完全改变了过去那种上级只管下达任务、下级只管汇报完成情况，并由上级不断检查、监督的传统管理办法。

2. 加强经济考核

虽然该厂目标管理的循环周期为一年。但为了进一步落实经济责任制，即时纠正目标实施过程与原目标之间的偏差，该厂打破了目标管理的一个循环周期只能考核一次、评定一次的束缚，坚持每一季度考核一次和年终总评定。这种加强经济考核的做法进一步调动了广大职工的积极性，有力地促进了经济责任制的落实。

3. 重视资讯反馈工作

为了随时了解目标实施过程中的动态情况，以便采取措施、及时协调，使目标能顺利实现，该厂十分重视目标实施过程中的资讯反馈工作，并采用了两种资讯反馈方法：

（1）建立"工作质量联系单"来及时反映工作质量和服务协作方面的情况，尤其当两个部门发生工作纠纷时，厂管理部门就能从"工作质量联系单"中及时了解情况，经过深入调查，尽快加以解决，这样就大大提高了工作效率、减少了部门之间不协调现象。

（2）通过"修正目标方案"来调整目标，内容包括目标专案、原定目标、修正目标及修正原因等，并规定在工作条件发生重大变化需修改目标时，责任部门必须填写"修正目标方案"提交企业管理委员会，由该委员会提出意见交主管副厂长批准后方能修正目标。

该厂长在实施过程中由于狠抓了以上三项工作，因此，不仅大大加强了对目标实施动态的了解，更重要的是加强了各部门的责任心和主动性，从而使全厂各部门从过去等待问题找上门的被动局面，转变为积极寻找和解决问题的主动局面。

第三阶段：目标成果评定阶段

目标管理实际上就是根据成果来进行管理的，故成果评定阶段显得十分重要。该厂采用了"自我评价"和上级主观部门评价相结合的做法，即在下一个季度第一个月的 10 日之前，每一部门必须把一份季度工作目标完成情况表报送企业管理委员会（在这份报表上，要求每一部门自己对上一阶段的工作做一恰如其分的评价）。企业管理委员会核实后，也给予恰当的评分，如必考目标为 30 分，一般目标为 15 分。每一项目标超过指标 3%加 1分，以后每增加 3%再加 1 分。一般目标有一项未完成而不影响其他部门目标完成的，扣一般专案中的 3 分，影响其他部门目标完成的则扣分增加到 5 分，加 1 分相当于增加该部门基本奖金的 1%，减 1 分则扣该部门奖金的 1%。如果有一项必考目标未完成则扣至少10%的奖金。

该厂在目标成果评定工作中深深体会到：目标管理的基础是经济责任制，目标管理只有同明确的责任划分结合起来，才能深入持久、才能具有生命力，达到最终的成功。

案例 2：某家电制造厂实施旬滚动生产计划的设想

国内大部分的家电制造厂家原来多采用 2 个月的滚动生产计划，随着国内市场经济的不断发展，家电行业从卖方市场进入成熟的买方市场，各生产厂家之间的竞争日趋白热化。面对瞬息万变的市场竞争形势，2 个月滚动计划已不能适应不断变化的市场需求：

一是滚动计划准确率长期偏低。编制滚动生产计划的重要依据是滚动销售计划，而受各种因素影响，市场预测准确率偏低，导致销售计划变动频繁，时间跨度越长，偏差越大，准确率越低，导致滚动生产计划准确率长期偏低的主要原因；

二是 2 个月滚动计划已失去对生产和物资供应应有的指导作用，甚至造成误导。滚动计划本来是月度生产计划编制和物资采购的重要依据，但由于滚动计划准确率长期偏低，造成采购的物资因计划调减或临时停产而大量积压，占用大量流动资金；或因临时增加产量，却因无计划采购无法保证生产。

为提高生产计划对市场的快速应变能力，减少因计划变动而资供应等方面的损失，需从缩短生产计划周期入手，将原滚动生产计划 2 个月的周期缩短为 10 天，即旬滚动生产计划。

旬滚动计划时间运作及流程如下：每月（$N-1$ 月）20 日前，根据市场部提供的 $N+1$ 月需求预测计划编制并下发 $N+1$ 月上旬生产预测计划（此计划仅明确 $N+1$ 月 1～10 日生产的产品品种及产量，并无日排产计划，以下中旬预测计划亦一样）；$N-1$ 月 30 日前，根据市场部提供的 $N+1$ 月需求预测计划（修正一）编制并下发 $N+1$ 月中旬生产预测计划，中旬预测计划可根据当时的销售及库存情况对上旬预测计划的产品品种产量作必要调整；N 月 10 日前，根据市场部提供的 $N+1$ 月需求预测计划（修正二）编制并下发 $N+1$ 月下旬生产预测计划，下旬预测计划亦可对中旬预测计划作调整。以后各旬计划依此类推。

实施旬滚动生产计划的关键是要确保物资供应，对采购周期超过 40 天的物资可采用安全库存量和采购提前期相结合的方法指导采购。

旬滚动生产计划具有如下主要的优点：

（1）旬滚动计划的时间跨度大大缩短，能更好地提高对市场的快速应变能力，更好地满足市场的需求。

（2）提高计划的准确率，减少了因预测不准而造成的计划调整，能更好地发挥计划对生产和供应的指导作用，减少因计划调整造成的物资短缺或积压的风险。

（3）有效降低物资库存，减少库存资金占用，为公司争取更好的经济效益。

（4）有利于计划的平衡和生产组织的优化，既兼顾了计划的灵活性，又能使生产保持一定的均衡性与连续性。

案例3：滚动计划让某公司插上成功的翅膀

每逢岁末年初，各企业的领导者都会暂时放下手中的其他工作，与自己的核心团队一同踏踏实实地坐下来，专门花些时间制定来年的工作计划，以求为下一年插上希望和成功的翅膀，让企业各项事业在当年业绩的基础上更上一层楼。但外部环境千变万化，内部条件变数难料，怎样"高明"的计划才能让企业来年12个月的"漫长"计划科学合理、高效务实，所有的工作都能按部就班、一帆风顺呢？

某公司是中国东部地区一家知名企业，原有的计划管理水平低下，粗放管理特征显着，计划管理与公司实际运营情况长期脱节。为实现企业计划制定与计划执行的良性互动，在管理咨询公司顾问的参与下，该公司逐步开始推行全面滚动计划管理。

首先，该公司以全面协同量化指标为基础，将各年度分解为四个独立的、相对完整的季度计划，并将其与年计划度紧密衔接。在企业计划偏离和调整工作中，该公司充分运用了动态管理的方法。

所谓动态管理，就是该公司年度计划执行过程中要对计划本身进行三次定期调整：第一季度的计划执行完毕后，就立即对该季度的计划执行情况与原计划进行比较分析，同时研究判断企业近期内外环境的变化情况，根据统一得出的结论对后三个季度计划和全年计划进行相应调整；第二季度的计划执行完毕后，使用同样的方法对后两个季度的计划和全年计划执行相应调整；第三季度的计划执行完毕后，仍然采取同样方法对最后一个季度的计划和全年计划进行调整。

该公司各季度计划的制定是根据近细远粗、依次滚动的原则开展的。即每年年初都要制定一套繁简不一的四季度计划：第一季度的计划率先做到完全量化，计划的执行者只要拿到计划文本就可以一一遵照执行；第二季度的计划要至少做到50%的内容实现量化；第三季度的计划也要至少使20%的内容实现量化；第四季度的计划只要做到定性即可。同时，在计划的具体执行过程中对各季度计划进行定期滚动管理——第一季度的计划执行完毕后，将第二季度的计划滚动到原第一计划的位置，按原第一季度计划的标准细化到完全量化的水平；第三季度的计划则滚动到原第二季度计划的位置并细化到至少量化50%内容的水平，依次类推。第二季度或第三季度计划执行完毕时，按照相同原则将后续季度计划向前滚动一个阶段并予以相应细化。本年度四个季度计划全部都执行完毕后，下年度计划的周期即时开始，如此周而复始，循环往复。

其次，该公司以全面协同量化指标为基础建立了三年期的跨年度计划管理模式，并将其与年度计划紧密对接。

跨年度计划的执行和季度滚动计划的思路一致。该公司每年都要对计划本身进行一次定期调整：第一年度的计划执行完毕后，就立即对该年度的计划执行情况与原计划进行比较分析，同时研究判断企业近期内外环境的变化情况，根据统一得出的结论对后三年的计划和整个跨年度计划进行相应调整；当第二年的计划执行完毕后，使用同样的方法对后三年的计划和整个跨年度计划进行相应调整，依次类推。

该公司立足于企业长期、稳定、健康地发展，将季度计划—年度计划—跨年度计划环环相扣，前后呼应，形成了独具特色的企业计划管理体系，极大地促进了企业计划制定和计划执行相辅相成的功效，明显提升了企业计划管理、分析预测和管理咨询的水平，为企业整体效益的提高奠定了坚实的基础。

案例 4：网络计划技术在焦化厂黄血盐工段大修中的应用

焦化厂黄血盐工段大修具体施工内容为：2 座吸收塔原地大修；1 座解吸塔易地大修；4 台泵更新并增加 2 台，共计 6 台；3 台 300 m² 换热器改成 4 台 120 m² 螺旋板换热器，楼顶 120 m² 换热器更新；所有管道更新；电器更新；仪表大部分更新。

该工段处理含氰废水，允许停产大修，但必须在长江丰水季节，即 4~9 月，当然停产时间越短越好。由于当时公司资金十分紧张，5 月份才开始设备请购，6 月份设备外委制作，8 月份设备才陆续到货，因此只能在 9 月份停产大修，而且管道以 Dg200 以上的居多，虽然解吸塔易地，东吸收塔也可和系统脱开并先更新，但解吸塔顶的 Dg200 原料水管和东吸收塔顶新的 Dg350 尾汽管必须等停产后旧解吸塔和西吸收塔拆除，新的西吸收塔吊装后才能安装；4 台螺旋板换热器也必须等原先 300 m² 换热器拆除后才能安装，很多工作都集中在一起进行。因此，该工程大修应用网络技术，绘出网络图（见图 3-7）。

其基本思路如下：由于新解吸塔易地，可先行安装；老吸收塔有 2 座（一开一停），可短期停产，将东面一座老的吸收塔和原系统脱开，拆除后安装新塔，这样整个工段仍能进行生产污水处理而不受影响。在网络图上即节点①至㉗，待关键性节点㉗完成后，整个工段停产大修；至关键性节点㊵完成后，整个工段基本具备开车条件。

由此可见，在网络图中节点㉗至关重要，只有该节点以前的工作全部结束后，后面的工作才能展开。原先准备 9 月 10 日开始停产大修，由于组织实施好，提前到 9 月 8 日即停产扫汽，9 日开始拆除。在节点㉗至㊵的施工过程中，按网络进度完成了本次施工任务，9 月 24 日下午工段即开车试运行。

化工装置工段性大修，网络编制者必须做到以下几点：

（1）熟悉工艺流程，这样才能理出施工顺序并抓住主要矛盾；

（2）必须了解主要工种的劳动定额；

（3）在实际施工中一定要注意关键路线的进展情况，对发生的问题应及时调节。

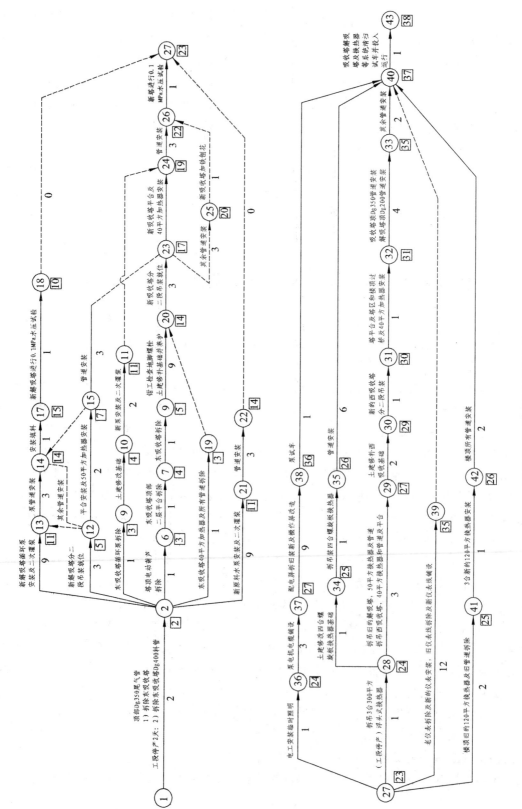

图 3-7 工程大修网络技术

参考文献

[1]　周三多，等. 管理学——原理与方法[M]. 上海：复旦大学出版社，2003.

[2]　梁武荣. 实施旬滚动生产计划的设想[J]. 机电工程技术，2002（1）.

[3]　滚动计划法. zhidao.baidu.com/question/333487891.html. 2011-11-16.

[4]　祝尚福. 计算机网络计划技术在建筑施工中的应用[J]. 广东工业大学学报，2000（4）.

[5]　杨乃定. 企业管理理论与方法导引[M]. 北京：机械工业出版社，2010.

[6]　李万庆. 工程网络计划技术[M]. 北京：科学出版社，2009.

[7]　高福聚. 工程网络计划技术[M]. 北京：北京航空航天大学出版社，2008.

[8]　李建忠. 网络技术在工程施工管理中的应用[J]. 网络与信息，2011（5）.

[9]　网络计划技术在施工管理中应用研究. www.jianshe99.com/new/201010/li8674154530.
　　　2011-7-3.

[10]　胡金良. 网络技术在大修中的应用[J]. 梅山科技，2000（1）.

[11]　斯蒂芬·P. 罗宾斯. 管理学[M]. 4 版. 北京：中国人民大学出版社 1998.

[12]　F. X. 贝尔. 企业管理学（第二卷）[M]. 上海：复旦大学出版社，1998.

第四章　包装清洁生产

第一节　清洁生产概念及内涵

一、清洁生产由来及发展

20 世纪 60 年代和 70 年代初，发达国家经济快速发展，但忽视对工业污染的防治，致使环境污染问题日益严重，公害事件不断发生，如日本的米糠油事件（多氯联苯引起，1968 年）、日本的富山骨痛病（镉废水引起，1931—1972 年）、意大利维索化学污染（二恶英引起，1976 年）以及更早的美国洛杉矶光化学污染（汽车尾气在紫外线作用下引起，1943 年）、英国的伦敦烟雾（烟尘、SO_2 引起，1952 年）均对人体健康、生态环境造成极大危害，社会反响非常强烈。工业环境问题逐渐引起各国政府的重视和关注，相继采取了增大环保投资、治理建设污染、制定污染物排放标准、实行环境立法等环保措施和对策，取得了一定成效。

但是，这种出了问题再治理，着眼于控制末端排污口，使排放的污染物通过治理达标排放的办法，虽在一定时期内或在局部地区起到一定的作用，但并不能从根本上解决工业污染问题，这是因为：

（1）一般末端治理的办法是先通过预处理，再进行生化处理后排放，而有些污染物不能生物降解，只能稀释排放，造成二次污染；有的末端治理只是将污染物进行形态转移，如使废气变废水，废水变废渣，废渣堆放填埋，最终仍要污染土壤和地下水，形成恶性循环，故仅靠末端污染治理很难达到彻底消除污染的目的。

（2）随着生产的发展和产品品种的增加，排放污染物的种类也越来越多，规定控制的污染物，特别是有毒有害污染物的排放标准也越来越严格，从而对污染治理与控制的要求越来越高，企业为达到排放标准的要求就要花费大量资金，同时还会使一些可以回收的资源包括未反应的原料得不到有效的回收利用而流失，致使企业原材料消耗增高，产品成本增加，经济效益下降，从而影响企业治理污染的积极性和主动性。

一些工业国家的实践已证明：预防优于治理。日本环境厅 1991 年的报告表明治理全日本硫氧化物造成的大气污染，排放后不采取对策所产生的受害金额是现在预防这种危害所需费用的 10 倍；另据美国环保署 EPA 统计，美国 1972 年用于空气、水和土壤等环境介质污染控制的总费用（包括投资和运行费）为 260 亿美元（占 GNP 的 1%），1987 年猛增至 850 亿美元，80年代末更达到1 200亿美元（占GNP的2.8%）；杜邦公司处理每磅废物的费用以20% ~ 30%年增速迅速增加，焚烧一桶危险废物的费用高达300 ~ 1 500美元。即使如此之高的花费也仍未能达到预期的污染控制目标，末端处理在经济上已不堪重负。发达国家通过长期污染治理的实践，认识到防治工业污染绝不能只靠治理排污口（末端）的污染，而必须实行"预防为主"的策略，将污染物消除在生产过程之中。

为此，美国环保署EPA于20世纪70年代提出污染预防和废物最小化的策略，其主要含义是最大限度减少生产厂家产生的废物量，改变产品和改进工艺，从源头减少废物量，同时提高能源资源效率，重复使用投入的原料。1989年联合国环境规划署在"污染预防""废物最小化"和"无废工艺"的基础上提出了"清洁生产"概念，迅速得到国际社会普遍响应，从而使环境保护战略由被动转向了主动的新潮流；1992年在巴西里约热内卢召开的"联合国环境与发展大会"又通过《21世纪议程》，号召工业提高能效，开展清洁技术，更新替代对环境有害的产品和原料，推动工业实现可持续发展；1995年经济合作与开发组织（OECD）又针对产品环境战略，引进生命周期分析理论，以确定产品在生命周期（包括制造、运输、使用和处置）全过程中哪一个阶段有可能削减原材料或使用替代原材料投入以及采取最有效和最低费用的方法去消除污染物和废物，这一战略刺激和引导生产制造商和政府政策制定者去寻找更富有想象力的途径来实现清洁生产和生产清洁产品。

二、清洁生产定义及内涵

清洁生产在不同的发展阶段或者不同的国家有不同的叫法，例如"废物减量化""污染预防""无废工艺"等。但其基本内涵是一致的，即对产品和产品的生产过程、产品及服务采取预防污染的策略来减少污染物的产生。

1. 联合国环境规划署定义

清洁生产是指将综合预防的环境策略持续地应用于生产过程和产品中，以减少对人类和环境的风险性（伤害性）。

对生产过程而言，清洁生产包括节约原材料和能源，淘汰有毒原材料并并在全部排放物和废物离开生产过程以前减少它的数量和毒性。

对产品而言，清洁生产旨在减少产品在整个生命周期过程中对人类和环境的影响（包括生产、使用、处置、原材料提取）。

对服务和管理而言，要求将环境因素纳入设计和提供的服务之中。

2. 美国环保署EPA的定义

清洁生产在美国又被称为"污染预防"或"废物最小量化"。"废物最小量化"是美国清洁生产的初期表述，后用"污染预防"一词代替。

美国对污染预防的定义:污染预防是在可能的最大限度内减少生产场地所产生的废物量，它包括通过源削减，提高能源效率，在生产中重复使用投入的原料以及降低水消耗量来合理利用资源。

源削减指在进行再生利用、处理和处置以前，减少流入或释放到环境中的任何有害物质、污染物或污染成分的数量；减少对公共健康与环境的危害。常用的两种源削减方法是改变产品和改进工艺，包括设备与技术更新、工艺与流程更新、产品的重组与设计更新、原材料的替代以及促进生产的科学管理、维护、培训或仓储控制。

污染预防不包括废物的厂外再生利用、废物处理、废物的浓缩或稀释以及减少其体积或有害性、毒性成分从一种环境介质转移到另一种环境介质中的活动。

3.《中国 21 世纪议程》的定义

清洁生产是指既可满足人们的需要又可合理使用自然资源和能源并保护环境的实用生产方法和措施，其实质是一种物料和能耗最少的人类生产活动的规划和管理，将废物减量化、资源化和无害化，或消灭于生产过程之中。

同时，对人体和环境无害的绿色产品的生产亦将随着可持续发展进程的深入而日益成为今后产品生产的主导方向。

综上所述，清洁生产的定义包含了两个全过程控制：生产全过程控制和产品整个生命周期全过程控制。对生产过程而言，清洁生产包括节约原材料与能源，尽可能不用有毒原材料并在生产过程中就减少它们的数量和毒性；对产品而言，则是从原材料获取到产品最终处置过程中，尽可能将对环境的影响减少到最低。

三、清洁生产与循环经济

清洁生产与循环经济的关系密不可分，清洁生产是循环经济的重要构成部分，而循环经济模式则须在实现清洁生产基础上建立。循环经济涉及三个层面：企业层面（实施清洁生产）、企业之间层面（即工业园区，上流企业排出的废料作为下流企业的工业原料使用）、社会层面（废资源的回收利用）。

实施循环经济的操作原则是"3R"原则：即减量化（Reduce）、再利用（Reuse）、再循环（Recycle）。它也是实施清洁生产的重要原则。

减量化原则（Reduce）：减量化原则针对输入端，旨在减少进入生产和消费过程中物质和能源流量。循环经济强调源削减，对废弃物产生通过预防方式而不是末端治理的方式来加以避免。对包装工业而言，在生产中，从结构设计开始就要注意减量化、尽量减少材料用量；要大力开发轻量化、薄壁化的材料和制品。在消费中，则要提倡购物时使用耐用的可循环使用的包装袋而不是一次性包装袋，更要抵制过分包装。

再利用原则（Reuse）：再利用原则属于过程性方法，目的是延长产品和服务的时间长度，延长使用寿命，避免商品过早成为垃圾。包装制品如瓦楞纸箱、钢桶、玻璃瓶、塑料瓶等要尽量设计成可回收再利用，增加能循环使用次数；对一些复杂结构的包装件还可按模块化及可拆卸式设计。在消费中，则要大力提供消费者配合回收再利用，将包装废弃物按规定要求分类丢进回收箱。

再循环原则（Recycle）：资源再循环原则是输出端方法，其目的是把废弃物再次变成资源，减少排出的废弃物。在包装工业中可将排放的废物或边角材料再循环用作原材料，或生产副产品，或作为下游企业的生产原料；或将回收使用后的废弃物通过再生工艺生产再生制品。从而使排出的废弃物最大限度地再资源化。消费者则应增强购买再生制品的意识，以促进整个社会循环经济的实现。

循环经济强调的"减量化、再利用、再循环"三原则的重要性是不一样的，三者的顺序也不能变动，减量化是三个原则中最重要的原则，首先是要减少进入生产和消费过程的物质量，再利用和再循环都必须建立在经济过程进行了充分源削减的基础之上。

典型的包装循环经济如：重庆玖龙纸业兴建了一个全封闭、自动化、以废纸为原料实现了循环造纸的环保生产线，其年产纸能力已达80万吨，其中的90%原材料是收购来的废纸；北京盈创资源再生公司2003年成立，从欧洲引进生产线，每年回收废旧聚酯瓶，生产3万吨洁净聚酯碎片和2万吨瓶级聚酯切片，实现了聚酯瓶—消费后废瓶—食品级聚酯切片—再生聚酯瓶的闭环反馈式再利用、再循环模式，每年可节约石油30多万吨。

第二节　清洁生产理念及实现途径

一、清洁生产理念

清洁生产与末端治理在理念上的不同之处：末端治理考虑环境影响时，把注意力集中在污染物产生之后如何处理；而清洁生产则重在预防，要求把污染物消除在它产生之前。清洁生产不包括末端治理技术，如空气污染控制、废水治理、固废物焚烧或填埋等最终处置技术。

☺小贴士1：

末端污染治理是指对工业污染物产生后实施的物理/化学/生物方法治理。其着眼点是在企业层次上对生成污染物的治理。20世纪70年代以来，我国主要执行的工业污染防治方针就是末端治理，其主要措施有：

（1）通过颁布污染物排放浓度标准、征收超标准排污费，促使企业进行治理；

（2）②采取限期治理和关、停、并、转、迁等强制手段，解决严重的污染问题；

（3）对新、扩、改建项目实行"三同时"和环境影响评价制度，控制新污染源的发展；

（4）通过技术改造，提倡并鼓励大搞原材料综合利用，提高资源利用率，采用先进工艺，减少污染物的排放量；

（5）推行污染物排放总量控制和试行排污许可证制度。通过末端治理大大减轻了环境污染的程度，也使我国"三废"治理技术得以迅速发展，成绩是巨大的，但是存在的弊病已不能适应可持续发展的需要。故调整污染防治战略势在必行，清洁生产就是在这种情况下脱颖而出。

清洁生产从本质上说，是对生产过程与产品采取整体预防的环境策略，是减少或者消除它们对人类及环境的可能危害，同时充分满足人类需要，使社会经济效益最大化的一种生产模式。具体措施包括：从源头上不断改进产品或工艺的设计，减少污染物的产生；使用清洁的能源和原料，提高资源能源利用效率；采用先进的工艺技术与设备；改善管理，综合利用，减少或者避免生产、服务和产品使用过程中污染物的产生和排放。清洁生产是实施可持续发展的重要手段。

☺小贴士 2：

清洁生产：Cleaner Production，20 世纪 70 年代起源于美国，是取代末端污染治理、基于预防思想的环境治理新理念和新的环境治理战略，也是实施循环经济的重要组成部分。

清洁生产理念强调三个重点：清洁生产的内涵核心是实现"清洁"，即清洁的能源和原材料、清洁的生产工艺过程、清洁的产品。其中清洁的生产工艺过程最为关键，技术含量也最高。

（1）清洁的能源和原材料：包括开发节能技术，开发利用再生能源以及合理利用常规能源。① 利用清洁的能源，如石油、天然气的燃油轻制品、太阳能、水能和风能等可再生资源；而少用煤这种污染大又不可再生的资源。② 现有能源的清洁利用，如城市采用煤气，乡村则发展沼气。③ 节约能源使用，采用各种节能技术，少用或不用有毒有害的材料作为原材料，如用则需研究代替品。④ 减少使用稀有原材料。

（2）清洁的生产工艺过程：包括尽可能不用或少用有毒有害原料和中间产品。对原材料和中间产品进行回收，改善管理、提高效率。具体而言，清洁的生产工艺就是要在生产工艺过程中建立生产闭合圈，对加热中挥发或沉淀的物料，或在生产过程中由管道或设备中滴漏或流失的物料必须回收，返回到工艺流程中或经适当的处理后作为原材料回用，或将废料经处理后作为其他企业或其他生产过程的原料应用。

（3）清洁的产品：指产品在全生命周期中节能节料，对环境和人身无毒无害，易于回收复用、再生或能自行降解，使用的功能和寿命合理，获取环境标志。

二、清洁生产与末端治理比较

末端治理耗费企业大量的人力和财力，不仅不能为企业创造经济效益，而且还可能产生二次污染。对于企业来说，末端治理是被动接受、不得已而为之的行为。因此，企业难有积极性，偷排、漏排和治理设备运行率低等诸问题十分严重。

清洁生产采用生产周期全过程的污染控制方式，通过循环使用、重复利用，使原材料最大限度地转化为产品，把污染消灭在生产过程中，使污染最小化；清洁生产是在追求经济效益的前提下解决污染问题，既重视经济效益又重视环境效益，故受到企业的欢迎；清洁生产减少了末端治理的压力和二次污染的可能性。但清洁生产还不能完全消灭污染物，因而末端治理仍将是辅助手段，"三废"治理技术的开发和研究也应该不断加强。

三、包装清洁生产实现途径

包装工业实施清洁生产，应从产品的整个生命周期采取污染预防措施，除在消费环节对废弃物采取回收利用外，在整个生产过程，包括原料准备、加工工序、产品成型、产品包装等均应从工艺、设备、操作、管理等几个方面采取措施，实现节能、降耗、减污的目的。其具体途径有以下几方面：

1. 推行节能技术，提高资源和能源利用率

包装工业中应用的能源，以电和燃煤为主。燃煤燃烧中释放大量的 CO_2、SO_2 和灰尘，对大气及人身造成严重污染及伤害；且能效利用率低，单位产值能耗高，故应大力推行各种节能技术和清洁能源，对锅炉（窑炉）进行节能改造，采用洁净煤或天然气，努力降低能耗，减少对环境的污染。

包装企业中消耗水资源大，应充分回用中水，对各种工艺废水进行沉淀后循环再用，既能节约水资源，又减少对环境的污染。

在生产过程中，应对生产过程、原料及生成物情况进行全面检测，对物料流向、物料产生及废弃物产生的状况进行科学分析，据此优化生产程序，改进和规范操作过程，提高每一道工序的原材料和能源利用率，减少生产过程中资源的浪费，同时也减少了污染物排放。

2. 选用环保原材料，对产品进行可拆卸、减量化、易回收的绿色设计

企业实行清洁生产，在产品设计过程中，一要考虑环境保护，减少资源消耗，实现可持续发展战略；二要考虑商业利益，降低成本、减少潜在的责任风险，提高竞争力。具体做法是，在产品设计之初就注意未来的可修改性、可拆卸性，做到只需要重新设计一些零件就可更新产品，从而能减少固体废物；产品设计时还应考虑在生产中使用更少的材料或更多的节能成分，优先选择无毒、低毒、少污染的原辅材料替代原有毒性较大的原辅材料，防止原料及产品对人类和环境的危害。

产品设计还要十分重视从源头减量化，如我国一直采用 1.2 ~ 1.5 mm 厚的钢板制造 200 L 钢桶，而国外已采用 0.8 ~ 1.0 mm 钢板制造 200 L 钢桶；我国北京奥瑞金制罐有限公司已成功将制造三片罐的马口铁薄板从原 1.8 mm 降至 1.5 mm。

生产过程中排出的废物能否回收和产品的生产规模存在一定的关系，如日产 50 吨的草浆厂为碱回收的最小规模，日产 100 吨和更大规模的草浆厂才能产生碱回收的经济效益。这样合理的生产规模称为规模经济，它在投资效益、能源资源利用、污染预防和生产管理等方面都具有明显的优势。

原辅材料在选用上应易回收利用或能自行降解，同时又应是无毒无害的。如纸包装或塑料包装，在满足使用功能的前提下，应尽量避免选用不易回收利用的复合材料；对不易回收的塑料袋，农用薄膜或医疗塑料器材，则应用在短期内能自行降解的降解塑料作原材料，食品包装则不能选用在高温条件下能自行析离出有毒元素的聚氯乙烯作材料；选用辅助材料如黏接剂、油墨、涂料时，应采用水溶剂型，而不用对人体有害的有机溶剂型。

生产过程中污染物的产生量和原材料的选择也有一定的关系，如生产聚氯乙烯，选用电石（乙炔）为原材料，就会产生大量的电石渣，对环境危害很大，且加重了末端治理的负担，应予避免。

3. 实施生产全过程控制，建立生产闭合圈

清洁的生产过程要求企业采用少废、无废的生产工艺技术和高效生产设备；尽量少用、不用有毒有害的原料；减少生产过程中的各种危险因素和有毒有害的中间产品；使用简便、可靠的操作和控制；建立良好的卫生生产规范（GMP）、卫生标准操作程序（SSOP）和危害分析与关键控制点（HACCP）；组织物料的再循环；建立全面质量管理系统（TQMS），优化生产组织。

工业产生"三废"的来源是生产过程中物料输送，加热中的挥发，或沉淀、跑冒滴漏，以及误操作所造成物料的流失。因此包装企业要重视将流失的物料加以回收，返回到流程中或经适当的处理后作为原料回用，建立起从原料投入到废物循环回收利用的生产闭合圈，让流失的物料或废物减至最少，从而使包装企业的生产不对环境造成危害。

包装企业内的物料循环，建立生产闭合圈一般可采用以下三种形式：
（1）将回收流失的物料作为原料，返回到生产流程中；
（2）将生产过程中产生的废料经过适当处理后再作为原料，返回到生产流程中；
（3）废料经过处理后作为其他生产过程或其他企业的原料应用，或作为副产品收回。

4. 实施材料优化管理，实现材料闭环流动

材料优化管理是企业实施清洁生产的重要环节，选择材料、评估化学成分变化、估计生命周期是能提高材料管理的重要方面。企业实施清洁生产，应选择易再使用和可循环使用的材料，具有再使用与再循环性的材料可以通过提高环境质量和减少成本获得经济与环境收益；要重视实现材料的合理闭环流动，包括原材料和产品的回收处理过程的材料流动、产品制造过程的材料流动和产品使用过程的材料流动。

原材料和产品回收处理过程的材料流动是指对自然资源开采和加工过程中产生的废弃物的回收利用所组成的一个封闭过程；产品制造过程的材料流动，是材料在整个制造系统中的流动过程（制造过程的各个环节直接或间接地影响着材料的消耗）以及在此过程中产生的废弃物的回收处理所形成的循环过程；产品使用过程的材料流动是在产品的生命周期内（包括产品使用、维修、保养及服务等过程和在这些过程中产生的废弃物的回收利用过程）的材料流动，其组成主要包括：可重用的零部件回收，可再生的零部件回收，不可再生废弃物的填埋处置等。

在材料消耗的所有环节里，都要将废弃物减量化、资源化和无害化，或消灭在生产过程

之中，实现生产过程的无污染或不污染。

5. 建立环境管理体系，加强企业环境管理

包装企业推行清洁生产的过程应与 ISO 14000 的贯彻达标结合起来，建立起企业的环境管理体系。实践表明，凡建立起环境管理体系，加强环境与生产管理的企业，一般可削减 40% 的污染物产生。

强化企业的环境与生产管理，还可收到如下的效果：

（1）通过安装必要的高质量监测仪表，加强计量监督，从而可以及时发现物料流失的问题；

（2）加强设备的检查维护，杜绝设备及管道的跑、冒、滴、漏损失；

（3）建立起有环境考核指标的岗位责任制，强化岗位的环境及生产管理责任，从而有效地防止环境及生产事故的发生。

第三节　包装清洁生产实施步骤

包装企业实行清洁生产是以节能、降耗、减少污染排放物为目的，实施清洁生产的过程也是发现和寻找新的清洁生产机会的过程。包装企业实行清洁生产，包括准备、审计、制订方案、实施方案和报告书编写五个阶段。实施程序如图 4-1 所示。

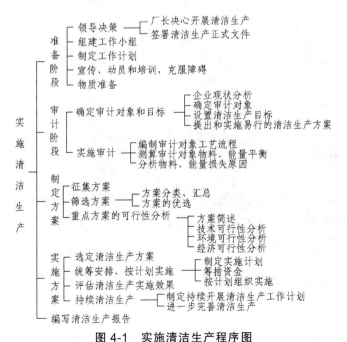

图 4-1　实施清洁生产程序图

一、准备阶段

本阶段是通过宣传教育使职工群众对清洁生产有一个初步和正确的认识，清除思想上和观念上的一些障碍，为企业高层领导作出实行清洁生产决策铺垫一个较好的基础。一旦领导决策，就应建立清洁生产工作班子，制定清洁生产实施工作计划（见表 4-1），并作好必要的规章、资金和物质准备。

表 4-1　企业清洁生产工作计划表

步　骤	工　作　内　容	启动时间	完成时间	负责部门/人	备注
准备阶段	① 领导决策 ② 组建工作小组 ③ 制定工作计划 ④ 宣传、动员和培训 ⑤ 物质准备				
审计阶段	① 企业现状分析 ② 确定审计对象 ③ 设置清洁生产目标 ④ 编制审计对象工艺流程图 ⑤ 测算物料和能量平衡 ⑥ 分析物料和能量损失原因				
制订方案	① 介绍物业和能量平衡 ② 提出方案 ③ 分类、优化方案 ④ 可行性分析 ⑤ 选定方案				
实施方案	① 制定实施计划 ② 组织实施 ③ 评估实施效果 ④ 制定后续工作计划 ⑤ 报告编写				

二、审计阶段

本阶段是实行清洁生产的核心阶段。主要内容有：对企业现状全面调查了解；确定审计对象，并查清其能源和物种的使用量及流失量，污染物的排放量及产生的根源；寻找清洁生产的关键点并提出清洁生产方案。

1. 企业现状主调查及现场考察

现状调查包括：

（1）企业发展历史；

（2）企业所在地理位置、地形地势、气象、水文和生态环境；

（3）企业规模、产值、利税及发展规划；

（4）企业生产、排污情况，包括工艺技术路线、能耗、物耗、废物产生部位、排放方式和特点，污染物形态、性质、组分和数量；

（5）涉及的有关环保法规 、排放标准及要求（排污许可证、区域总量控制、行业排放标准等）；

（6）污染治理现状（已治理项目方法投资、效果、时间等）；

（7）废物综合利用回收及循环利用情况；

（8）同类产品及其生产工艺的国内外水平状况及可供借鉴的清洁技术和设备等。

现场考察是在正常生产和状况条件下，进行全厂性的宏观调查及发现问题，考察的重点有：

（1）在生产工艺过程中，最明显的废物产生点和废物流失点；

（2）耗能和耗水量多的环节和数量；

（3）原料的输入和输出状况，原料库和产品库的物料管理状况；

（4）生产量、成品率和损失率；

（5）生产过程的管道、仪表、设备的跑冒滴漏状况及维修和清洗状况。

2. 确定审计对象

选准审计对象是企业成功实施清洁生产的良好开端，首先是要确定备选审计对象。

（1）确定备选审计对象。备选审计对象的范围可以是产品的生产线、车间、工段、操作单元等，初选可选择 3~5 个。选择的重点为：超标严重部位；污染物毒性大和难于处理的部位；生产效率低，构成生产"瓶颈"的部位；能耗、水耗明显过大的部位；容易见到经济、环境效益的部位；公众反映大的部位。

（2）确定审计对象。对 3~5 个备选对象物耗、能耗、排放量进行科学分序后，排出顺序，最后确定一个优先清洁生产审计对象。对于生产工艺较简单的企业，可采用审计小组成员投票方式确定；对于生产工艺较复杂的企业，可采用权重加成排序法确定，其作法为：由行业和环保专家按清洁生产关注因素的重要程度列出权重值 W，范围为 1~10；再对每一清洁生产重要因素进行评分 R，范围也为 1~10 分，然后计算每一备选对象所得分数 W·R，再将各备选对象重要因素得分相加，得出总分 $\sum RW$，选其总分值最大者作为开展清洁生产的审计对象，见表 4-2。

表 4-2　清洁生产中重要因素及权重值

清洁生产中重要因素	权重值（W）	备选对象 1		备选对象 2		备选对象 3	
		评　分	得　分	评　分	得　分	评　分	得　分
排废物量	10	5	50	7	70	2	20
环境影响	9	10	9	5	45	3	27
废物毒性	7	6	42	3	21	3	21
清洁生产潜力	6	8	48	5	30	4	24
车间积极性	3	5	15	8	24	6	18
发展前景	3	5	15	4	12	4	12
总分		260		202		122	
排序		1		2		3	

3. 设置清洁生产目标

审计对象确定后，即要制定明确的清洁生产要达到的目标，长期目标列入企业发展规划，短期目标是某一阶段或某一项目要达到的具体目标，包括环保目标和能耗、水耗、物耗、经济效益等方面的目标。制定清洁生产目标时要考虑的因素主要有：环保法规和标准，区域或行政区总量控制规定，企业生产能力发展远景，审计对象的生产工艺水平，以及与国内外先进水平的差距等。

4. 实施审计

实施审计是以生命周期评价 LCA 为工具，对已确定的对象进行物料、能量、废物等的输入、输出的定量计算，对从原料投入至产品出厂的生产全过程入进行全面评估，寻找原材料、产品、生产工艺、设备及其运行、维护管理等方面存在的问题，分析物料、能量损失和污染物排放的原因。具体做法是：

☺小贴士 3：

生命周期评价 LCA：Life Cycle Assessment，起源于 20 世纪 60 年代，是评价产品（或制造工艺）环境性能的重要工具。国际环境毒理学与化学学会 1990 年提出了 LCA 的基本技术框架由目标和范围界定，数据清单分析，影响评价，结果解释（改善评价）四部分组成。

（1）绘制审计对象工艺流程图。工艺流程图是产品从原料投入到产品产出、废品生成的生产全过程，其中要列出工艺流程中每一操作单元的名称和功能；

（2）测算每一操作单元的物料和能量平衡（见图 4-2），编制物料和能量平衡图，这是分析物料和能量流失的依据，从中可定量确定废弃物的数量、成分、去向，为制定清洁生产方案提供科学依据。物料、能量平衡要满足"输入 = 输出"的物质守恒定律。

常见物料能量损失原因见表 4-3。

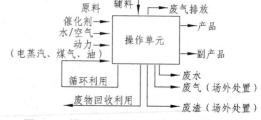

图 4-2　操作单元输入和输出物料示意图

表 4-3　物料能量损失原因分析

项　目	物料能量损失原因分析
原辅料和能源	原辅料纯度是否符合要求 原辅料储存、发放、运输、投料过程的流失 原辅料投入量、配比量的合理程度 原辅料及能源超定额消耗有毒、有害原辅料的使用 未利用清洁能源和二次能源
生产工艺设备	工艺参数没有准确控制，且没得到优化 技术工艺落后，原材料转化率低，连续生产能力差；生产稳定性差 设备选型、管线布局不合理 设备落后、陈旧，自动化程度低 设备缺乏有效的维护和保养

续表 4-3

项 目	物料能量损失原因分析
管理	计量检测，分析仪表不齐全，质量差，监测精度、准确度达不到要求，缺乏严谨的监测制度 不能有效执行清洁生产管理条例和岗位操作员工素质不够，管理人员不尽职，缺乏合格的技术人员和熟练的操作人员
产品	产品储存、搬运中破损、漏失 产品的产量、质量、不稳定与先进水平差距大 产品使用后处置，污染环境且无替代产品
废弃物	随意丢弃废弃物、未开发其可循环利用功能 废弃物的物化性能不利于后续处理、处置 因物料没得到有效利用，单位产品废弃物产生量大

三、制定方案阶段

1. 征集方案

在能量物料平衡计算及能量物料损失分析基础上，可从以下几方面提出清洁生产方案：

（1）采用无毒无害的原辅材料，掌握投料配比；

（2）充分利用能源，使用清洁能源，提高能源利用率；

（3）提高产品产量、质量，降低物耗，提高产品的使用寿命；

（4）改革工艺，实现最佳工艺路线；更新设备，提高自动化控制水平；

（5）循环利用原辅料和水资源，努力提高资源利用率。

常见的清洁生产方案见表 4-4。

表 4-4 常见的清洁生产方案

项 目	实施清洁生产方案内容
原料	订购高质量、不易破损、有效期长、易购、存、搬运，包装成形的原料。进厂原料要无破损、漏失，储罐要安装液位计，储槽应有封闭装置，管道输送原料要确保封闭性。准确计量原料投入量，严格按规定的质量、数量投料
产品	产品的储存、输送、搬运、控制、处置应符合企业规定的要求。产品包装要用便于回收及易于处置处理的材料，要有规范的产品出厂和搬运制度
能耗、物耗	采用先进的节能节水措施，杜绝跑、冒、滴、漏，检查废物收集、储存措施，减少废物混合，实现清、污水分流 对回收废物采取净化后利用，液体废料要沉淀、过滤，固体废料要清洗、筛选，废蒸气要冷凝回收 采用闭合管道装置进行循环利用

续表 4-4

项 目	实施清洁生产方案内容
生产工艺、设备维修	所有设备实行定期检查、维修、清洗，增添必要的仪器仪表及自动监测装置，建立严格的监测制度，建立临时出现事故的报警系统 合理调整工艺流程和管线布局，使之科学有序，建立严格的生产量与配料比的因果关系，控制和规范助剂、添加剂的投入
生产管理	操作人员严守岗位，按操作规程作业，确保生产正常、稳定、减少停产 保证水、气、热正常供应 定期对不同层次人员进行培训、考核，不断进行素质教育

征集方案可按表 4-5 进行分类，以便比较选优。

表 4-5　清洁生产方案分类表

分 类 原 则		说 明
按技术类型分	源削减	减少有毒、有害物料使用，原材料代替，产品更新
	废物利用	物料循环利用，技术改造
按可实施性分	投资回收期	短期方案　1~5个月 中期方案　5个月~3年 长期方案>3年
	投资	A 类：无费、低费方案，可行 B 类：需要投资，基本可实施 C 类：投资大，效益低，暂不能行

2. 方案优选

对表 4-5 中的 A 类和 B 类方案进行进一步选择，共有 10 种方案可进行优选，方案优选中所选权重因素和权重大小见表 4-6。再由评审小组成员及专家对筛选方案打分，范围为 1~10 分，评分×权重 = 得分，选出得分高的 3~5 个方案进行下一步的可行性论证。

表 4-6　清洁生产方案优选评估表

序号	权重因素	权重值	十种方案评分及得分									
			一	二	三	四	五	六	七	八	九	十
1	环境保护	10	4(40)	6(60)	4(40)	4(40)	8(80)	9(90)	10(100)	6(60)	6(60)	9(90)
2	经济可行	8	5(40)	2(16)	6(48)	2(16)	1(8)	2(16)	3(24)	9(72)	9(72)	4(32)
3	技术可行	8	6(48)	7(56)	5(40)	6(48)	6(48)	6(48)	5(40)	8(64)	8(64)	7(56)
4	易于实施	6	5(30)	5(30)	6(30)	6(36)	4(24)	6(36)	6(36)	5(30)	7(42)	6(36)
5	节 能	5	1(5)	1(5)	1(5)	1(5)	1(5)	1(5)	2(10)	10(50)	8(40)	3(15)
6	发展前景好	4	6(24)	4(16)	4(16)	2(8)	8(32)	6(24)	7(28)	8(32)	7(28)	8(32)
7	总 分		187	183	179	153	197	205	238	308	306	261
8	排 序		7	8	9	10	6	5	4	1	2	3

3. 重点方案的可行性分析

（1）方案简述：写明方案的名称、类型、基本内容，实施要求及实施后对生产的影响（原材料改变使产品、能耗和水耗变化等），实施后对环境的影响（污染物产生量和排放量的变化）及可能产生的经济效益等。

（2）技术可行性分析：在预定的条件下，为达到投资目的而采用的工程技术是否有其先进性、实用性和可实施性。

（3）环境可行性分析：在方案实施后对资源的利用和对环境的影响是否符合可持续发展。要具体分析方案实施前后产生的废气、废水、固废、噪声和能源（电、煤）的差别。

（4）经济可行性分析：从企业角度，按照国内现行的市场价格，计算出方案实施后在财务上的获利能力和偿还能力；对各拟选方案的实施成本与取得的效益比较，确定其盈利能力，再最后确定投资少、经济效益最佳的方案。经济可行性分析主要看投资回收期，净现值、内部收益率等几个指标。

☺ 小贴士 4:

节能减排: energy-saving and environmental protection。节能减排有广义和狭义定义之分，广义而言，节能减排是指节约物质资源和能量资源，减少废弃物和环境有害物（包括三废和噪声等）排放；狭义而言，节能减排是指节约能源和减少环境有害物排放。"节能减排"出自于我国"十一五"规划纲要。

☺ 小贴士 5:

节能降耗: 节能降耗是企业的生存之本，树立一种"点点滴滴降成本，分分秒秒增效益"的节能意识，以最好的管理，来实现节能效益的最大化。

四、实施方案阶段

对选定可执行的方案，须制定切实可行的实施计划和进度安排，同时要安排好资金筹措计划（自有资金、货款、滚动资金等），然后按计划组织实施。

清洁生产方案实施后，还要全面跟踪、评估，评估内容见表 4-7，为调整和制定后续方案积累可靠的经验和数据。

表 4-7　已实施清洁生产方案评估内容

评估项目	内　　　容
技术评估	评价各项技术指标是否达到原技术要求，对没达到技术要求的要及时提出改进意见
环境评估	方案实施前后各种污染物排放量的变化及物耗、水耗、电耗等资源消耗的变化
经济评估	对比企业产值、原材料的费用、能源费用、公开设施费用、水费、污染控制费、维修费、税金及净利润等经济指标在方案实施前后的变化
综合评估	对每一清洁生产方案进行技术、环境、经济三方面的评价，对已实施的各方案的成功与否做出综合、全面的评价结论

五、编写清洁生产报告

清洁生产报告分为清洁生产阶段报告和总结报告。

阶段报告按清洁生产实施的过程和步骤编写，以随时汇总数据，评价实施效果。总结报告在阶段报告基础上编写，按实行清洁生产的准备、审计、制定方案、实施方案四个阶段的工作成果，评估实施清洁生产取得的经济、环境和社会效益。

第四节　包装清洁生产典型工艺

包装企业实施清洁生产，除可按表 4-5 采用常见的清洁生产方案外，还可根据包装产品特点，采用以下的清洁生产技术。

一、节能节水技术

1. 燃煤锅炉（窑炉）改造技术

对中小燃煤锅炉（窑炉），进行循环流化床和粉煤燃烧等先进技术改造，并实施燃用优质煤、洁净煤、筛选块煤、可提高燃气效率，减少对环境的排放污染。

2. 热电联产技术

对耗能大的企业，可采用热电联机组，利用企业回收的煤气、蒸气或余热进行发电，同时还可向厂区和居民区供热。

3. 循环用水技术

建设具有先进排污水处理技术和冷却降温技术的循环水系统，以循环利用企业生产工艺中排出的废水及中水，使工业废水资源化，实现工业废水"零"排放。

二、纸包装清洁生产技术

1. 源削减技术

采用低克重、高强度的纸和纸板，或改进包装制品结构设计，减少材料用量，以从源头削减废物的产生量。

2. 采用无毒无害的原辅材料和新型绿色包装材料

采用水溶剂型的黏合剂取代有机溶剂型的黏合剂,进行纸箱纸盒的黏合或书封等的覆膜。有机溶剂型黏合剂的溶剂系汽油、甲苯、煤油、醇类等芳香族物质,在生产过程中干燥时,或在使用过程及废弃后处置时,均会挥发出有毒的碳氢化合物气体而污染环境,伤害人身,故应予逐步淘汰,而以无毒无害的水溶剂型黏合剂取代之。

采用由两层面纸和形似六面六角蜂窝状的蜂窝芯纸黏合而成的蜂窝纸板制成的蜂窝纸板箱,或用竹胶板制作竹胶板包装箱取代木包装,均具有强度较高、刚度较高、承重较大的优点,并具有优良的缓冲隔振性能,可作机电设备的运输包装。

采用以废纸浆为原料、在模塑机上脱水成型的纸浆模塑制品或模压成形的植物纤维制品,取代破坏臭氧层、又不易降解的发泡聚苯乙烯 EPS 制作缓冲衬垫,可供缓冲包装使用。

3. 清洁工艺——无氯或少氯漂白新技术

无氯漂白（TCF）也称无污染漂白,是用不含氯的物质如 O_2、H_2O_2、O_3 等作为漂白剂对纸浆在中高浓度条件下进行漂白;少氯漂白（ECF）是用 ClO_2 作为漂白剂对纸浆在中浓度条件下进行漂白。无氯和少氯漂白旨在代替低浓度纸浆氯化漂白和次氯酸盐漂白,后者对环境和人体均有严重污染。

（1）氧漂白:氧无毒、对环境没有污染,经氧脱木质素后,后段的漂白剂和漂白废水量可降低 50%,还可大大降低漂白废水中的 BOD、COD、色度和总有机氯的含量,它对减少现代纸浆漂白废水的污染起了重要的作用。

（2）过氧化氢漂白:过氧化氢经常用于化学浆多段漂白的后段,以提高纸浆的白度和漂白后纸浆白度的稳定性,此外还用于机械浆的漂白。H_2O_2 漂白化学浆主要用在中段以加强漂白效果或用在终段使纸浆白度稳定。

（3）二氧化氯漂白:二氧化氯具有优良的漂白性能,其漂白能力强、效率高、白度稳定,二氧化氯漂白的最大特点是漂白时有选择地去除木质素,而对碳水化合物的降解作用小,浆料的强度好,因此二氧化氯在纸浆的漂白中目前仍居重要地位,与全氯漂白剂漂白纸浆相比,漂白废水不仅减少了 AOX（可吸附的有机卤化物）和极毒物质,而且还减少了树脂障碍,但纸浆强度基本不变。

（4）臭氧漂白:臭氧的脱木质素和漂白作用均很强,在纸浆漂白系统中,可单独使用,也可与过氧化氢、氧气等其他漂白剂结合组成多段漂白,臭氧漂白对环境无污染,臭氧漂白段的纸浆浓度也有中、高浓之分,即中浓臭氧漂白和高浓臭氧漂白。

三、塑料包装清洁生产技术

1. 源削减技术

日本松下电器公司通过对缓冲包装缓冲垫结构的改进设计,减少材料用量,在两年内减少了聚苯乙烯发泡缓冲材料（EPS）用量30%，从而减少了废弃物产生量。

通过改变材料配方或开发改性塑料，使塑料包装产品轻量化、薄壁化，既减少资源消耗，又减少废弃物数量，减轻对环境的负载。又如采用高淀粉含量的生物降解塑料或高填充量无机材料的光降解塑料制作薄膜袋，其淀粉或碳酸钙含量达30%以上，最高可达51%，从而节约了聚乙烯原料消耗的30%～51%。

2. 采用新型可降解塑料

欧美日等工业发达国家认为完全生物降解塑料是目前降解塑料的重要发展趋势，应尽可能使用天然可循环的降解塑料；而共混型完全生物降解塑料是目前最有发展前途的生物降解塑料。目前在欧美日广为流行应用的聚乳酸（PLA）正是近几年崛起的一种以玉米淀粉为原料，天然可循环的共混型完全生物降解塑料。

聚乳酸具有一般可降解塑料不具备的机械力学性能，其性能和一般塑料类似，有较好的机械强度和抗压性能，还具有较好的缓冲、防潮、防菌、耐油脂等性能，价格又与一般塑料相当，因此可用以制造各种包装和其他产品；废弃后能在大自然的水和微生物作用下以较快的速度完全分解，最终生成 CO_2 和 H_2O，无毒无害，不对环境造成污染；尤其是聚乳酸不含石油基物质，因而摆脱了一般塑料对石油资源的依赖，同时在外贸中也避开了欧盟对包装材料不能检测出烯烃类石油高分子物质的规定。

3. 清洁工艺——热熔胶预涂薄膜干式复合工艺

传统的印后精加工覆膜工艺都是使用有机溶剂型溶液作胶黏剂，完成纸/塑或塑/塑的复合。为了保证复合效果，胶黏剂的内聚强度必须加大，这就要增大胶黏剂材料相对分子质量，但相对分子质量增加会降低分子链的活动能力，减弱胶黏剂对 BOPP 薄膜和印刷品油墨印层、纸张（或内衬其他材质的薄膜）的湿润渗透能力，复合受力时就会发生黏合破坏，反而造成黏结强度下降。为此在复合时需将胶黏剂按1∶（0.3～1）的比例掺入苯类有机溶剂才能正常进行涂敷操作，接着必须通过烘干隧道使苯类有机溶剂挥发后才可进行复合。由于苯类有机溶剂挥发气体有毒性，会使操作工人的脑、肾、肝、血液受到损伤，同时，还会改变复合薄膜或纸张的油墨色相，影响外观质量，甚至使产品质量出现起泡和脱膜的事故。

因此，传统的有机溶剂型胶黏剂的生产工艺必须摒弃。近年经国内包装及印刷专家研究，一项印后精加工覆膜的清洁工艺，即运用新型热塑性高分子材料和新型熔融合成工艺生产的热熔胶，和以这种新型热熔胶黏剂为黏结材料的预涂薄膜干式复合工艺的清洁生产流程（见图4-3）研制成功。这种新型工艺无毒无味，操作简便，黏结迅速，因而受到许多覆膜厂的欢迎。覆膜厂只需在原有工艺（见图4-4）上摒弃、淘汰有毒有害的有机溶剂型胶黏剂后，就可在原涂胶湿式覆膜机上运用热熔胶预涂薄膜，开始新的清洁工艺的操作。

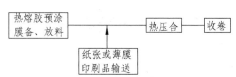

图4-3　传统涂胶湿式覆膜工艺过程

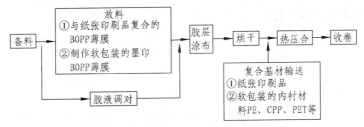

图 4-4　传统涂胶湿式覆膜工艺过程

四、金属包装清洁生产技术

1. 源削减技术

（1）采用包装专用马口铁薄板及专用钢桶钢板。国内外制作金属包装罐桶均大量使用马口铁落板，由于在国内使用的马口铁薄板大多没有用途的区分，因而制造罐桶等容器时经常出现质量不稳定的问题，金属包装产品的质量问题、废次品问题在很大程度上都与马口铁材料有关。目前欧洲已研制开发出包装专用马口铁薄板并投入市场，使应用范围更加明确和专一，针对性强，大大促进了金属包装轻量化和质量的提高。

欧洲和美国等发达国家，不仅开发专用马口铁薄板，而且也为企业量身定制钢桶钢板，使材料厚度、含碳量、硬度、镀锌层厚度更加符合制桶、制罐工业的需要。这样不仅提高了金属包装产品的质量，而且经济性也更好，材料尺寸按需要裁定，边角废料几乎为零，从而使钢桶等金属包装的质量、成本均为最佳，也符合适度包装及包装减量化原则。因而使用钢桶等专用钢板也是我国金属包装的发展方向。

（2）制作钢桶薄型化。近年来，国外一些发达国家率先采用超薄型的钢板制造一次性使用的钢桶，这样做主要是为了达到环境保护的目标，其次才是为了节约原材料。我国一直采用 1.2～1.5 mm 厚的钢桶制造 200 L 钢桶，使钢桶可重复使用多次，但每次使用前，钢桶都必须进行内外清洗，旧桶翻新清洗和脱漆，因此排出了大量的有毒有害液体、气体，污染了环境。而国外采用 0.8～1.0 mm 钢板制造的 200 L 钢桶，使用后直接将钢板回收利用，不许钢桶再次使用，从而既杜绝了环境污染，又减少了包装的重量，降低了包装成本。

2. 改进及完善结构设计

国标《包装容器·钢桶》（GB 325—91）中所规定的钢桶结构，在用户使用后普遍存在着残留余物。钢桶内容物倒不干净，不仅造成很大的浪费，而且当留有残余物的钢桶被废弃后，有些残余物还可能对环境造成污染；如果钢桶翻新利用，则清洗钢桶会带来更大的污染；留有残余物的钢桶对回收利用也将造成麻烦。

一些发达国家从环保出发对钢桶结构进行改进，研制了几种不留残余物结构，如沟槽引流结构、不留残余物钢桶结构。后者是将现在桶顶的平面型改进为流线拱顶型，在钢桶倾倒液体时，内容物会全部流出。

3. 清洁的焊边处理工艺

传统的焊边处理采用磨边工艺，即采用 4~8 组砂轮机对焊边进行磨削。磨边工序的工作环境十分恶劣，有震耳欲聋的噪声，飞扬的粉尘和烟雾缭绕的毒气，导致工人患上尘肺、支气管炎、气喘等病症。

近年，国内外已出现了多种新的焊边处理工艺，这些新的工艺有铣边工艺、全自动高频焊接工艺等。铣边工艺消除了噪声和粉尘，是一种比较适应一般小型制桶厂的过渡工艺，较为简单可行。全自动高频焊接工艺由于其焊机先进，焊边一般不需要严格处理就能焊接，去掉了处理工序过程，从而减轻了劳动强度，降低了生产成本，对环境污染也有所改善。这是钢桶焊接的换代工艺。

4. 清洁的涂装工艺

为了保护金属防止腐蚀，作为桶与内容物之间防止相互作用的阻隔层，或为获得较好的钢桶外观质量，均需安排涂装工序，喷涂涂料，而在钢桶涂装前又需要对钢桶表面进行除油、防锈、磷化、钝化等化学处理。在涂装的过程中，有机溶剂油剂的飞散、漆雾的飞散、涂料干燥过程中的溶剂挥发等，都将产生大量的废水、废渣和废气；尤其是挥发性有机化合物排放到大气中，当遇到氧化氮时会发生光化学反应，在地表附近形成臭氧，过量的臭氧会伤害到人和植物。因此涂装生产是金属包装生命周期中对环境造成污染最主要的污染源之一，必须认真加以治理。现代涂装技术为减少对环境的污染，正在使钢桶涂装技术向着全面"绿色化"的方向发展，重点是要改变目前先污染后治理的现状。

（1）螯合剂除油技术。涂装前的金属钢桶表面，由于经过冷轧、弯曲、焊接、冲压、卷封等加工工序，形成一层油污。除油的传统方法是用有机溶剂除油或化学碱液除油，污染都相当大。不论哪种除油配方都使用了足够的磷酸盐，对人体危害较大。目前钢桶表面处理技术的发展趋向是不用或少用磷酸盐，而采用各种螯合剂或吸附剂。如氨基螯合剂、羟羧酸螯合剂、沸石及亚氨二硫酸三钠等。

（2）机械除锈技术。钢桶在热轧、焊接、试漏等生产过程中表面易产生氧化皮，在涂装前需除锈，机械除锈比化学除锈更有利于环境。机械除锈有以下 5 种：

① 喷砂处理：用压缩空气或电动叶轮把一定粒度的细砂硬颗粒喷射到金属表面上，利用砂粒的冲击力除去钢桶表面的锈蚀、氧化皮或污垢等。

② 抛丸处理：以 80 m/s 的速度向被处理表面喷射粒径为 0.51~1.0 mm，多达 130 kg/min 的丸粒，处理钢桶表面的氧化皮和铁锈效果最佳。

③ 刷光处理：利用弹性好的钢丝或钢丝刷搓刮钢桶表面的锈皮和污垢。

④ 滚光处理：利用钢桶的转动使钢桶表面和磨料之间进行磨搓。

⑤ 高压水处理：高压水除锈是一种较新的工艺，具有机械化、自动化程度高、效率高、成本低等优点。

（3）采用新型环保涂料。涂装过程使用的涂料材料由于多属油剂溶剂，因而给生产环境造成污染。近年国内外出现了许多新型环保涂料，使钢桶涂装生产在绿色化道路上跨上一大步。

预涂料是涂料的一大变革，它把产品从最后的成品涂装转向原材料的涂装，从而减少了涂装过程的污染。目前的预涂钢板中镀锌钢板、镀锡钢板和彩印钢板占主导位置。预涂涂料主要是有机复合涂料，它首先由日本开发成功，有机复合涂料主要以有机高分子聚合物、氧化硅等制成有机复合树脂，再加入交联剂、功能颜料制成。我国印铁板只限于马口铁，但在国外钢桶业普通板料的印刷中早已出现。

自泳涂料是继阴、阳极电泳涂料之后开发的一种新型水性涂料。此类新涂料是泳丙烯酸系乳液与炭黑、助剂等混合制成，其乳液由丙烯酸单体及苯乙烯在引发剂、乳剂存在下共聚而成，其特点是以水作分散剂，不含任何有机溶剂，符合国际管理法规，有利于环境保护。此外配成的槽液性能稳定，便于施工操作，故属于清洁工艺，有利职工的健康安全。

黏贴涂料是一类涂有彩色涂料和黏结剂的高分子薄膜，由于具有良好的耐久性、耐候性，可以方便地黏贴在桶外表面。由于它取代了溶剂型液状涂料，所以在环境保护上是带有变革意义的新型涂料。由于此种涂料使用方便、操作简单，故在日本和美国已大量投入使用，我国也将很快普及。

粉末涂料首次实现了无溶剂的干法涂装生产，从根本上消除了有害溶剂的飞散，不仅涂装质量好、效率高，更重要的是减少和消除了环境污染，改善了劳动条件，节省能源，是钢桶涂装发展的新趋势。

（4）采用先进的环保技术。治理"三废"污染除涂料和材料外，涂装工艺技术对环境的影响也很大。目前国内外涂装生产中对废渣的治理方法很多：对地含碱废水，一般采取中和法，向含碱废水中加入乏酸（也称废酸）以调整 PH 值，达到 PH 值为 6~9 的排放标准。治理含酸废水的方法很多，一般可归结为两大类：一类是有效妥善治理后符合国家排放标准时排放，主要采用中和法；另一类是废物回收再利用，主要有结晶回收法、溶剂萃取法、蒸发法等。磷化处理废水的治理方法一般采用氧化还原的过滤和中和塔阶梯治理法等。钝化产生的重铬酸盐含铬废水，主要采用氧化还原法等。

喷涂过程中废气的治理方法有吸附治理法，即在吸附装置中装入活性炭、氧化铝、硅胶和分子筛物质，对废水进行循环吸附处理；另一种是吸收法，即在吸收塔设备中装有液体吸收剂，要求吸收剂应无毒、不燃、易于再生和无腐蚀性。治理烘干炉产生的废气，主要采用催化燃烧法，还可以把低浓度的有机溶剂进行浓缩后分解利用，或者采取吸附法。

涂装过程中产生的废渣治理方法比较简单，涂装前表面处理产生的废渣中有很多可以回收利用，如硫酸亚铁、磷化沉淀物可经处理变成磷肥等，而其他有害废渣用直接燃烧法烧掉即可，烧掉时要在密封的容器中进行，燃烧时产生的有毒气体可在密封的燃烧容器内一并烧掉。

（5）采用先进的涂装新技术。目前国内外的环保涂装技术发展很快，现已相继广泛采用了高压无气喷涂、静电喷涂和粉末涂装等先进涂装技术，采用机械化、自动化流水线的多种涂装方法生产线。这些现代化先进涂装方法引进了微机过程控制和闭路电视控制的自动涂装和机器人操作的最新涂装技术。新型高保护、高装饰、低毒、低污染的涂料和稀释剂与半机械化、机械化和自动流水线生产的浸涂、淋涂、滚涂以及光固化、辐射固化涂装等涂装方法相配套，构成了现代涂装生产高效、高质、低耗、节能、减少环境污染和改善劳动条件的新型涂装体系。

① 高压无气喷涂技术：高压无气喷涂技术是通过高压无气喷涂机使涂料以很高的压力喷出，被强力雾化喷至钢桶表面上。此种技术因雾化涂料与溶剂飞散少，因此，环境污染和劳动条件得到了改善。

② 静电喷涂技术:静电喷涂技术是在传统的空气喷涂技术的基础上把高压静电应用于喷涂技术上，它易形成机械化、自动化流水线生产，效率高、质量好，涂料利用率比空气喷涂高 30% ~ 40%，且雾化涂料、有机溶剂受电动力吸引不飞散，改善了操作者的劳动条件。

③ 粉末涂装技术:粉末涂装技术首次实现了无溶剂、无毒的干法涂装生产，一次性涂装可达溶剂型涂料多次涂装的涂层厚度，过量的粉末涂料可以回收，基本上无环境污染。目前粉末涂装多采用粉末静电喷涂法和粉末静电振荡涂装方法。近年来，粉末涂装特别是粉末静电喷涂技术应用正呈上升趋势，无污染的干法粉末涂装新工艺已向传统的溶剂型涂装技术提出了强有力的挑战，成为一次涂装技术革命，粉末涂装技术比电泳、静电喷溶剂型涂装等先进涂装技术具有更强大的生命力。

五、玻璃包装清洁生产技术

1. 设计轻量化

玻璃容器在保证强度的前提下薄壁化、减轻质量是实施玻璃容器设计减量化、绿色化的一个重要发展方向，也是提高玻璃包装竞争能力的重要手段。因此从 1970 年起世界上许多国家均大力开展研究，取得了许多可喜成果。瓶罐轻量化在目前世界发达国家已相当普遍，德国的 ORERLAN 8% 的产品为轻量化一次性用瓶。玻璃包装容器轻量化可采取如下三方面措施。

（1）生产工艺改进研究。生产工艺改进研究主要依靠玻璃生产技术的改进。它对生产工艺过程的各环节，从原料、配料、熔炼、供料、成型到退火、加工、强化等必须严格控制。小口压吹、冷热端喷涂是实现轻量化的先进技术，已在德国、法国、美国等发达国家广泛应用。轻量化和薄壁化是可提高玻璃容器强度的方法，除采用合理的结构设计以外，主要是采用化学的和物理的强化工艺，以及表面涂层强化方法，提高玻璃的物理机械强度。

（2）运用优化设计方法降低原料耗量。运用优化设计，探讨玻璃最佳瓶型，使玻璃容器的质量小而容量大，降低原料耗量，这对回收瓶来讲意义更大。

（3）研究合理的结构使壁厚减薄。玻璃容器的壁厚减小后，垂直荷重能力减小，但可使应力分布均匀、冷却均匀和增加容器的"弹性"，使耐内压强度和冲击强度反而得以提高。可采取如下措施以保证垂直荷重强度稍微降低或不被降低。① 瓶罐的总高度要尽量低；② 瓶罐口部的加强环要尽量小或取消加强环；③ 小口瓶的瓶颈不要细而长；④ 瓶罐肩部不要出现锐角，要圆滑过渡；⑤ 瓶罐底部尽量少向上凸出。

2. 清洁生产工艺

我国玻璃企业装备水平普遍落后，生产工艺的各环节效率低、能耗大，生产的"三废"污染严重。表 4-8 对比了我国玻璃生产的工艺技术和装备与世界先进水平的差距，这也是我国玻璃工业实施清洁生产的努力方向。

表 4-8　我国玻璃生产与世界发达国家工艺技术、装备的差距

项　目	我国状况	世界先进水平
配含料设备及装备	1. 最高质量原料基地，石英石成分粒度、水分波动大，多数为轻碱 2. 碎玻璃破碎工艺装备落后，缺洗选、磁选先进装备，原料中杂质较大，不利于熔化和料液纯净 3. 混合料秤大多使用玻璃杆秤，使用精度在10%左右 4. 缺少沙、碱、石等关键指标的测定装置 5. 多数使用小型混料机，配合料均匀度差 6. 原料结块，配合料分层较多，配合料质量低 7. 除尘装备笨重，效率低	1. 原料已专业化生产，质量稳定，多使用颗粒重玻 2. 有专门碎玻璃处理工厂或车间，碎玻璃料度均匀，有去杂质和铁质的先进装备 3. 多数采用电子秤量，微机控制，使用精度 0.1%～0.2%，配合料配比精确 4. 测定装置先进，对关键原料、水分进行自动测定和补偿 5. 多数使用制式大型配料机，配合料均匀度在98%以上 6. 水分严格控制，工艺合理密封，配合料质量高 7. 广泛在单台机上使用小型除尘器，效率高
熔制工艺及装备	1. 多为经验型设计，缺少现代化设计和试验手段 2. 窑炉多为 30～80 t/d 出料量，能耗高，不经济 3. 多为常规温度控制，熔制质量低，有气泡结石现象 4. 工作池不分隔，料液温度不稳定 5. 油枪品种规模少，效果差	1. 采用 CAD 辅助设计，结合模拟试验进行教学模型的研究 2. 多采用日出料量 150～200 t 大型窑炉，能耗低 3. 多采用微机控制，熔制稳定，质量高 4. 工作池分隔单独控制，料液稳定 5. 油枪系列化，专业化生产
退火表面装饰加工	1. 退火炉多为无环或明火加热，能耗高，网带寿命短 2. 多数无冷端喷涂装备，无印花设备制造和使用	1. 广泛使用循环退火炉，保温性能好、能耗低，制品退火质量好 2. 广泛使用冷热端喷涂工艺装备，制品强度高，光洁度好，适应轻量化技术应用 印花等表面加工设备推广使用较多
检验、包装工艺装备	1. 无冷端检验设备，多采用人工检验，漏检率10%左右 2. 多采用麻袋加人工，带子捆扎包装，运输破损率 7%～10% 3. 装备设计、制造工程承包等专业化程度较低 4. 模具材质差，加工精度低，使用寿命一般 20万～30万次，模具生产周期长 5. 质量控制、试验室设备，仪器少水平低 6. 加料机炒堆分布不匀，加料器热量损失大 7. 窑炉寿命短，一般 3a 左右 8. 耐火材料品种少，质量差，加工制作尺寸误差差大 9. 窑炉控制多为常规仪表、检测仪器不配套，性能差	1. 广泛使用各种自动检验设备，漏检率控制在万分之几 2. 广泛采用托盘、捆扎、热塑、纸箱塑柜箱等包装和运输，破损率在 0.10%左右 3. 专业化协作生产，有专业公司总承包 4. 计算机辅助设计与制造，使用寿命一般50万次之间，模具品种多，加工周期长 5. 对整个工艺实施微机控制，实验室设备仪器齐全 6. 加料机密封好，料层分布均匀，热耗小 7. 多采用高质量耐火材料，窑炉寿命一般在 5～7a 8. 耐火材料品种全，质量好，加工尺寸精度高 9. 窑炉均采用微机控制，控制精度高

续表 4-8

项　目	我国状况	世界先进水平
供料设备	1. 料道偏短、燃烧系统不合理，温度控制精度低，波动大。电加热理入室、辐射室料道应用较少 2. 供料机品种少，多为凸轮、链条传动，调节精度低，专用耐火材料寿命短	1. 供料道系列，电加热料道应用广泛，温度控制采用微机，温度波动达±1 °C 2. 产品系列化，用电气传动取代机械传动，调节精度高，专用耐火材料使用寿命长
成　型	1. 制瓶机多为单滴型，少量采用六、八组双滴设备，多为机械传动转鼓定时，停机率高，更换时间长 2. 无小口压吹技术、瓶重、壁厚，不均匀 3. 机械制造多为仿制 4. 双滴制瓶设备停机率高，稳定性差，零件磨损快，尚待完善，大修周期 2～3a 5. 配套设备故障多，一条线生产设备成套性能差	1. 多采用双滴或三滴设备，多为电气传动，电子定时，操作方便，更换产品品种迅速 2. 广泛采用 NNPB 生产量瓶 3. 新机型、新技术、新装置变化快 4. 停机率低，运行稳定，零部件质量高，大修周期 5～7a 5. 配套设备性能与手机一致，适应连续生产
劳动生产率	平均 40 t/（人·a），少数企业可达到 215 t/（人·a）	一般 200 t/（人·a），少数企业可达到 300～500 t/（人·a）
熔制单耗	平均 200～250 kg/t 玻璃液，少数企业可达到 150～160 kg/t 玻璃液	平均 110～130 kg/t 玻璃液，少数企业可达到 90～100 kg/t 玻璃液
吨成品单耗	平均 250～350 kg，较好 200 kg	平均 130～160 kg
熔化率	一般 1.4～1.6 t/（d·m） 较好 2.0～2.2 t/（d·m）	一般 2.5～3.0 t/（d·m） 较好 3.0～3.5 t/（d·m）
瓶　重	以 640 mL 啤酒瓶为例 一般约 520 g/只 较好约 430 g/只	容量近 640 mL 容量瓶； 一般 410～430 g/只（瓶型粗短型）
机　速	六组单滴为主要设备 一般 15～90 只/min 八组单滴制瓶机 一般 20～120 只/min 八组双滴行列制瓶机 一般 40～170 只/min	八组双滴制瓶机 一般 40～197 只/min
合格率	人工检验一般 80%～85% 人工检验少数 90% 保温瓶盖人工检验一般 65%	自动检验一般 90% 自动检验一般 90%
包装破损率	一般 3%以下	一般 1%以下

案例分析：包装清洁生产的实施

案例 1：生产和包装工序实施清洁生产的示范工程项目

某化工厂位于中国安徽阜阳，主要生产碳铵和尿素。1996 年被加拿大国际开发署（CIDA）列为中—加清洁生产化肥行业合作示范工厂，主要实施情况如下：

1. 宣传培训

为了成功实施清洁生产项目，该化工厂一方面利用厂内的各种宣传工具进行清洁生产的宣传教育，使企业员工深刻地认识到了清洁生产实施的必要性和重要性；另一方面对工厂的管理和技术人员进行了过程改进培训和由加方专家进行的在职培训，并组织工厂的经理参加技术考察团去加拿大进行了考察。

2. 准备工艺流程图

清洁生产审计的基本步骤是准备工艺流程图。工艺流程图是找出清洁生产解决办法的关键。作为化工厂清洁生产审计的一部分，中加双方的技术人员画出了 28 幅阜阳化工总厂的工艺流程图。每幅图描述一个特定的工艺流程，包括主要的工艺设备（压力容器、反应器、清洗塔、冷却器、泵等）和工艺流体。利用来自于工艺流程图的技术信息，系统地评估从每个装置中排放的废水、废气和固体废弃物，并据此编写了污染物排放清单，该清单主要包括污染源（设备号）、性质（流体号）、排放点、组成和排放频率（如连续或间歇、排污、维修期间等）等内容。

3. 采样和流量测量

准备工艺流程图后进行的第一步工作是从合成氨/尿素生产工艺中找出对环境有重大影响的污染排放物，第二步是选择采样计划中的主要流体。

采样点设置的合理性和测量的准确性是进行定量分析的基础。采样点选择是根据工艺流程图决定的，技术人员在污染源头和下水道管网设置了多个采样点，进行了采样和流量测量，并在实验室或利用便携式仪器对样品进行了分析。

4. 物料平衡

根据工艺流程图和采样分析结果，进行物料平衡和污染负荷分析，通过清洁生产审计发现企业实施清洁生产的重点区域、污染物产生的重点生产工艺，提出清洁生产解决办法。

通过物料平衡分析，发现了两个重点生产工序（母液槽和包装工序）和七股流体，这七股流体包含了排放到大气或下水道的氨污染负荷总量的 60% 以上。氨是工厂生产的主要最终产品，氨的流失意味着工厂收入的损失，因此在这两个重点生产工序和七股主要流体中找出清洁生产方案是项目实施的关键。

5. 清洁生产方案清单

在发现环境问题之后，又依据工艺流程图，采用先进的计算机工艺模拟程序，研究循环和/或回收这些流体的可能性，提出一系列的清洁生产解决办法，如表 4-9 所示。

6. 中费清洁生产方案的实施

中加清洁生产合作项目为表 4-9 所列的第 6 和第 7 两个中费清洁生产方案的实施提供财政支持。中加双方技术小组共同推荐这两个清洁生产方案的实施步骤为：

（1）中加技术小组确定了工程和设备规格；

（2）中方技术小组估算的设备、土建、结构和电气费用；

（3）设备的制造准备和提出招标文件；

（4）选标和购买设备；

（5）化工厂做土建、结构和电气工作；化工厂做设备安装。

表 4-9　化工厂中加清洁生产合作项目实施的清洁生产措施清单

编号	流体描述	清洁生产措施	目　标	费　用
1	母液槽气体中氨的排放	收集废气，送到洗气塔	减少废气排放 提高职业健康 从气体中回收氨	低　费
2	包装工序中气体的排放	通风，收集废气，送到洗气塔	少废气排放 提高职业健康 从气体中回收氨	低　费
3	清洗液	在其他工艺中循环	禁止排入下水道	低　费
4	综合塔排放液	在其他工艺中循环	禁止排入下水道	低　费
5	精炼排放液	在其他工艺中循环	禁止排入下水道	低　费
6	等压吸收塔排放液	在其他工艺中循环	禁止排入下水道	中　费
7	脱硫工序中的硫泡沫	安装新设备回收硫，提取和循环利用稀氨水	变硫废物为可销售的产品 减少氨排入到大气中 阻止氨排入下水道	中　费
8	在包装工序中收集的被污染了的气体的氨冷凝液	在其进入下水道前，手工收集冷凝液后送去回收	阻止排入下水道 回收和重新利用氨	无　费

7. 完成及效益评估

化工厂实施清洁生产项目后，不仅提高了该厂的产量，增加了效益，而且降低了生产成本，提高了能量利用率，减少了对环境的污染物排放量。表 4-9 中第 7 项清洁生产方案就为该厂带来如下的环境效益和经济效益：

（1）减少氨排入到环境中（大气或水）：250 吨/年；

（2）从回收流失的氨和销售硫黄中获得的收入：40 万元人民币/年。

案例 2：纸包装行业清洁生产技术

某地纸包装行业采用了如下清洁生产技术，取得了好的经济效益和环境效益。

1. 变频控制技术

变频控制技术采用电力电子技术和自动控制技术，对瓦楞纸板生产线上的电机进行改造，达到节省用电的目的。常规电机工作在 50 Hz 的交流电源下，转速是固定的，但负载经常变化，固定转速能耗较高；采用变频控制技术不但能实现无级调速，而且根据负载特性的不同，通过适当调节电压和频率之间的关系，可使电机始终运行在高效区，并保证良好的动态特性，是目前节电的一种有效方式。把瓦楞纸板生产线上原来滑差电机改成变频电机，节电可达一半以上；另外整线改造可使原用电高峰值电流从高达 350 A 降低到 200 A 左右，最高不超过 250 A，改造后对纸板生产不造成任何影响。

2. 蒸汽冷凝水回收系统

一般纸包装企业能源紧缺，随着锅炉使用的煤炭、水电等物料价格上涨，已经成为制约企业经济发展越来越重要的因素。锅炉产生的饱和蒸汽被送往纸板生产线后，真正被利用的一般只是蒸汽热量的 70% 左右，而剩余的热量如果不采取回收措施的话，则经疏水阀被白白地排放到大气和地沟中去。蒸汽冷凝水的回收系统把生产线上所产生的冷凝水及废蒸汽，以活塞式气缸压缩原理加压后，把水汽混合物直接压入锅炉，使锅炉用汽点及蒸汽回收机形成一个密闭的循环系统，每月可节煤 15% 以上。采用蒸汽冷凝水回收系统，不仅具有节能作用，还能避免锅炉缺水事故的发生。

3. 提高原纸利用率

纸箱生产企业原纸大约占产品成品的 60%~80%，具体要视纸箱产品的附加值而定：异型箱的原纸大约占产品成本的 60%，纸板的原纸大约占成本的 80% 或更高。按照 70% 来计算，原纸利用率每提高 1 个百分点，就意味着增加 0.7% 的利润，对于一个年销售额 5 000 万元的纸箱企业来讲，原纸利用率提高 1 个百分点就等于增加利润 35 万元。这也是在纸箱行业进行清洁生产审核时，原材料的使用率所占权重比较高的原因所在（权重值为 35）。提高原纸利用率的途径有：

（1）对瓦楞纸板生产线进行改造，如将锥状形原纸夹头改造成自动膨胀式纸夹头、改传统的手工接纸为自动接纸机接纸等；

（2）合理配材，减少代纸现象；

（3）集中排单，减少更换门幅次数；

（4）对生产过程中坏片加以收集并充分利用，大箱改小箱，坏片改成衬板、衬垫等。

4. 污染物的控制

纸箱生产过程中产生的污染物主要有废弃黏合剂、印刷油墨、有机溶剂、油漆等，通过自身回收、卖给供应方、卖给有资质的第三方等方式回收，使之能够重复循环利用或集中对其处理。为便于回收利用纸箱，减少对环境的污染，防止包装对食品造成污染，国外已对食品包装用瓦楞纸箱提出了一系列的新要求：如外箱不能有蜡纸或油质隔纸；尽可能用胶水封箱，不能用 PVC 或其他塑料胶带，如果不得不用塑料胶带，也要用不含 PE/PB 的胶带；外纸箱不能用任何金属钉针，只能用胶水黏接各面等。

对于印刷及印后加工生产中产生的大量挥发性气体，国外一般采用回收装置进行收集，再集中焚烧，或者回收后再重复利用，以降低能源的消耗；对箱面印刷也大量以水性油墨替代油性油墨，以柔性版印刷来替代胶印，达到箱面美观、清晰鲜艳，提高商品附加值，并符合环保要求。

案例 3：北京啤酒厂实施清洁生产后的效益与末端污染处理的效益比较

北京啤酒厂 1990—1992 年用于环境保护、进行末端处理的投资费见表 4-10。

表 4-10 环保投资情况统计（万元）

项 目	1990 年	1991 年	1992 年	小 计
全年环保工作经费	33.50	512.50	125.11	671.11
年交纳废水排污费	12.15	15.48	11.90	39.53
合 计	45.65	527.98	137.01	710.64

由表 4-10 可知，这 3 年的环保投资高达 710 万元，其中 1991 年最高，为 527.98 万元，投资最小的年份也有 45.65 万元，由此可见，环境治理费用是相当庞大的。1993 年该厂参加了预防污染的清洁生产的审计，经过几个月的时间，共提出 27 个清洁生产方案，这些方案可归纳为四个方面：调整产品结构，生产清洁产品；控制原辅材料投入；良好的内部管理；技术改造，选用清洁工艺。其经济效益见表 4-11。

表 4-11　北京啤酒厂实施清洁生产的效益

	内 容	材料数量/kg			收益		年产 12 万 t 啤酒收益小计
		实施前	实施后	差额	元/kg	元/t	
输入	麦 芽	187.2	175	−12.2	−1.70	20.74	
	大 米	72					
	硅藻土	4.0	2.0	−2.0	−3.00	6.00	
	胶 水	0.67	0.56	−0.11	−3.30	0.363	
	新鲜水	15.000	10.000	−5000	−0.000 03	1.50	
	链道润滑剂	2.00	1.70	−0.30	3.30	0.99	
输入收益总计 = 3 551 160 元							
输 出	啤 酒	1 000	1 040	40	700	28.00	3 360 000
	酒 糟	108	99	−8	0.000 5	−0.004	−480
	废酵母	0.375	0.4	0.025	2.20	0.055	6 600
	废硅藻土	5.0	2.5	−2.5	−0.02	0.05	6 000
	废 水	12.000	7.500	−4 500	−0.000 06	2.7	324 000
输出收益总计 = 3 696 120 元							
削减方案全部实施后，年产 12 万 t 啤酒总收益 7 247 280 元							

由表 4-11 可知，该清洁生产方案的实施不仅在输入方面减少了原材料的投入，每年可节省约 355 万元，而且减少了主要废物的输出（如废硅藻土和废水，这 2 项即可节约 330 000 元/a）和增加了产品（啤酒）、副产品（废酵母）的输出，可增加人民币 370 万元。由此，该厂共增加收益约 725 万元，又大大减轻了末端治理的费用和减少了环境污染的可能性，充分体现了清洁生产给企业带来的经济效益、环境效益和社会效益。

参考文献

［ 1 ］ 周中平，赵毅红，朱慎林. 清洁生产工艺及应用实例[M]. 北京：化学工业出版社，2002.

［ 2 ］ 徐新华，吴忠标，陈红. 环境保护与可持续发展[M]. 北京：化学工业出版社，2000.11，164-168.

［ 3 ］ 戴宏民. 绿色包装[M]. 北京：化学工业出版社，2002. 8，141-254

［ 4 ］ 戴宏民. 新型绿色包装材料[M]. 北京：化学工业出版社，2005.1，52-54.

［ 5 ］ Nastas P T，Warner J C，Green Chemistry：Theory and Practice[M]. New York：Oxford University Press，1998.

［ 6 ］ 杨作精. 认清形势，转变观念，建立工业污染防治新战略：清洁生产论文集（第一辑）. 北京：中国环境科学出版社，1999.

［ 7 ］ 从末端治理转向污染预防[J]. 南方日报，2009-5-25.

［ 8 ］ 南京化学工业园区环境保工作会议传来令人振奋的消息[J]. 南京日报，2009-6-19.

［ 9 ］ 纸包装行业实施清洁生产的技术和工艺综述[J]. 中华印刷包装网，2007-09-04.

［10］ 于秀玲. 清洁生产在中国的潜力：清洁生产论文集（第 1 辑）. 北京：中国环境科学出版社，1999.

第五章　包装设备管理

　　包装设备是包装企业进行生产的物质基础。包装设备多属单体自动化或机电一体化、数控化生产线、自动生产线的设备。包装设备管理的好坏直接影响到企业产品的品质以及经济效益。包装设备管理是指对所使用的包装设备，从设备的选择、评价、使用、维护、维修、更新改造直至设备的报废处理的全过程所进行的一系列组织管理工作。本章介绍设备管理的内容，设备的选择与评价，设备的使用及维护，设备的检查与预防修理，设备的综合管理。

第一节　包装设备管理概述

一、包装企业设备类型

　　包装设备大致可分为工艺设备、动力设备、传导设备、运输设备、仪器仪表设备以及各种工具等。工艺设备是包装企业直接改变原材料属性、形态或结构功能的设备。动力设备是指用于包装生产电力、热力、风力的各种设备。传导设备指用于传送电力、热力、风力和其他动力的各种设备。运输设备是指各种运输工具。

　　包装企业的设备种类繁多，大小不一，功能各异。为了设计、制造、使用及管理的方便，必须对设备进行分类。分类的标准一般分为包装设备使用性质、包装设备的自动化程度、包装产品的类型及包装设备的功能等。

1. 按包装设备使用性质分类

　　这种分类以现行会计制度为依据，按设备使用的性质进行分类。分类如下：

　　（1）生产用机器设备。指发生直接生产行为的机器设备，如动力设备、起重运输设备、电气设备、工作机器设备、测试仪器和其他生产工具等。

　　（2）非生产用机器设备。指企业中福利、教育部门和专设的科研机构等单位所使用的设备。

　　（3）生产用机器设备。指按规定出租给外单位使用的机器设备。

（4）未使用机器设备。指未投入使用的新设备和存放在仓库准备安装投产或正在改造、尚未验收投产的设备。

（5）不需用设备。指已不适合本企业需要、已报请上级等待处理的各种设备。

（6）租赁机器设备。指企业租赁的设备，有时以融资的方式租赁。

2. 按包装设备的自动化程度分类

（1）全自动包装机，指自动供送包装材料和内装物，并能自动完成其他包装工序的机器。

（2）半自动包装机，指由人工供送包装材料和内装物，但能自动完成其他包装工序的机器。

3. 按包装产品的类型分类

（1）专用包装机。指专门用于包装某一种产品的机器。

（2）多用包装机。指通过调整或更换有关工作部件，可以包装两种或两种以上产品的机器。

（3）通用包装机。指在指定范围内适用于包装两种或两种以上不同类型产品的机器。

4. 按包装设备的功能分类

（1）充填机。将包装物料按预定量充填到包装容器内的机器。有容积式充填机、称重式充填机、计数充填机等类型。

（2）灌装机。将液体产品按预定量灌注到包装容器内的机器。有等压灌装机、负压灌装机、常压灌装机、压力灌装机等类型。

（3）封口机。将产品盛装于包装容器内后，对容器进行封口的机器。常见的封口机有热压式封口机、熔焊式封口机、压盖式封口机、压塞式封口机、旋合式封口机、卷边式封口机、压力式封口机、滚压式封口机、缝合式封口机、结扎式封口机等类型。

（4）裹包机。用挠性包装材料裹包产品局部或全部表面的机器，有半裹式裹包机和全裹式裹包机两种。全裹式裹包机包括折叠式裹包机、扭结式裹包机、接缝式裹包机、覆盖式裹包机、缠绕式裹包机、拉伸式裹包机、收缩包装机、贴体包装机、现场发泡设备等类型。

（5）多功能包装机。在一台整机上能完成两个或者两个以上包装工序的机器。常见的多功能包装机如成型—充填—封口机，包括箱（盒）成型—充填—封口机、袋成型—充填—封口机、冲压成型—充填—封口机、热成型—灌装—封口机等。其他的多功能包装机还有真空包装机、充气包装机、泡罩包装机等。

（6）贴标签机。采用黏合剂或其他方式将标签展示在包装件或产品上的机器。常见的包装贴标签机如黏合贴标机、套标机、订标签机、挂标签机、收缩标签机、不干胶标签机等。

（7）清洗机。对包装容器、包装材料、包装物、包装件进行清洗以达到预期清洁度要求的机器。常见的包装清洗机如干式清洗机、湿式清洗机、机械式清洗机、电解清洗机、电离清洗机、超声波清洗机、组合式清洗机等。

（8）干燥机。对包装容器、包装材料、包装辅助物以及包装件上的水分进行去除，并进行预期干燥的机器。常见的包装干燥机如热式干燥机、机械干燥机、化学干燥机、真空干燥机等。

（9）杀菌机。对产品、包装容器、包装材料、包装辅助物以及包装件上的有害生物进行杀灭，使其降低到允许范围内的机器。常见的包装杀菌机如高温杀菌机、微波杀菌机等。

（10）捆扎机。使用捆扎带或绳捆扎产品或包装件，然后收紧并将捆扎带两端通过热效应熔融或使用包扣等材料连接好的机器。常见的包装捆扎机如机械式捆扎机、液压式捆扎机、气动式捆扎机、穿带式捆扎机、捆结机、压缩打包机等。

（1）集装机。将包装单元集成或分解，形成一个合适的搬运单元的机器。常见的集装机如堆码机、拆卸机等。

（12）辅助包装机。对包装材料、包装容器、包装辅助物和包装件执行非主要包装工序的有关机器，如打印机、整理机、检验机、选别机、输送机、投料机等。

（13）包装材料制造机。专门直接用于包装材料制造的机器，如瓦楞纸板生产线上的开槽机、压痕机、分切机等，生产塑料材料的吹塑机等。

（14）包装容器制造机。用于制造包装容器如桶、罐、盒、箱、瓶、袋等的机器，如制盖机、制瓶机、制罐机、制桶机、制箱制盒机、制袋机等。

（15）无菌包装机。在无菌的环境下对产品完成全部或部分包装过程的机器。常见的无菌包装机如砖型无菌包装机、枕型无菌包装机、三角形无菌包装机、屋形无菌包装机、大袋无菌包装机等。

二、包装企业设备分类管理

企业为了将有限的维修资源集中使用在对生产经营起重要作用的设备上，提高企业的经济效益，按照设备的重要程度采用不同的管理对策和制度，这种方法叫做设备分类管理法。设备分类管理法一般分为重点设备管理法和效果系数法。这里主要介绍重点设备管理法。

重点设备管理法是 ABC 管理法在设备管理中的应用，它按照设备在生产经营中的不同地位，将设备分为重点设备（一般是 A 类设备）与非重点设备（一般是 B 类与 C 类设备），然后再加以分类管理。

☺小贴士 1：

ABC 管理法（ABC Analysis）也称 ABC 分析法、分类管理法、重点管理法。它将管理对象，按比重大小顺序排列，将各组成部分分为 ABC3 类，A 类是管理的重点，B 类是次重点，C 类是一般。

1. 重点设备评定方法

对重点设备的评定，一般采用综合评价法。它是一种在定量分析基础上，从系统的整体观点出发，综合各种因素的评定方法，由以下几部分组成。

（1）评价因素（标准）。确定重点设备的基本因素是设备在综合效率（Productivity—产量；Quality—质量；Cost—成本；Delivery—交货期；Morale—劳动情绪）方面的影响程度。一般来说，在选定重点设备时都需要参考成本、质量、安全等因素，具体内容如表 5-1 所示。

表 5-1　选定重点设备的参考依据

影响因素	选定依据
生产方面	1. 单一设备、关键工序的关键设备（包括加工时间较长的设备） 2. 多品种生产的专业设备 3. 最后精加工工序无法代用的设备 4. 经常发生故障、对产量有明显影响的设备 5. 产量高、生产不均衡的设备
质量方面	1. 影响质量很大的设备 2. 质量变动大、工艺上粗精不易分开的设备 3. 发生故障、影响产品质量的设备
成本方面	1. 加工贵重材料的设备 2. 多人操作的设备 3. 消耗能源大的设备 4. 发生故障、造成损失大的设备
安全方面	1. 严重影响人身安全的设备 2. 空调设备 3. 发生故障、对周围环境保护及作业有影响的设备
维修方面	1. 技术复杂程度大的设备 2. 备件供应困难的设备 3. 易出故障且不好修理的设备

（2）评分标准。在同一评价因素内部，根据重要程度、影响程度分别给予相应的分数。由于每个因素情况不同，可以分别规定几个档次及其相应的分数。

（3）设备分类。依据评价因素和评分标准对每台设备进行评定。

2. 不同设备管理方法

针对不同类型的设备，应采用不同的管理方法，包括规定不同的完好标准要求，不同的日常管理标准、维修对策，以及不同的备件管理、资料档案、设备润滑等标准。设备日常管理标准如表 5-2 所示。

表 5-2　设备日常管理标准

设备类别 项目	A	B	C	D
日常检点	√	×	×	×
定期检点	按高标准	按一般要求	×	×
日常保养	检查合格率100%	检查合格率95%	检查合格率90%	定人清洁保养
一级保养	检查合格率95%	检查合格率90%	检查合格率80%	定期保养
凭证操作	严格定人定机检查 合格率100%	定人定机检查 合格率95%	定人定机检查 合格率90%	×
操作规程	专用	通用	通用	通用
故障率（%）	≤1	≤1.5	≤2.5	≤3
故障分析	分析维修规律	一般分析	×	×
账卡物	100%	100%	100%	100%

3. 重点设备管理规程

企业可以制定重点设备的管理规程，对其进行有效管理。

第二节　包装企业设备管理环节及内容

一、包装企业设备管理环节

包装设备管理就是对包装设备整个生命周期全过程的管理。包装设备的生命周期是指设备的一生，是从设备的调研开始，直至报废的全过程。其中，从调研到验收的这段时间称为设备的前半生，从验证到报废的这段时间称为设备的后半生，具体环节如图 5-1 所示。

☺小贴士 2：

包装设备的生命周期是指设备的一生，是从设备的调研开始，直至报废的全过程。

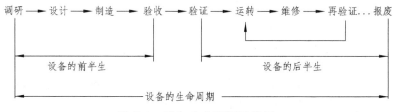

图 5-1　设备生命周期示意图

二、包装企业设备管理内容

设备管理包括技术管理与经济管理两部分。设备技术管理是对设备的物质运动形态的全过程，即从设备的选购、验收、安装调试、使用、维护、维修、改造更新直至报废等环节进行的管理。设备经济管理是对设备的价值运动形态全过程，即设备的最初投资、维修费用的支出、折旧、更新，改造资金的筹措、积累、支出等环节进行的管理。设备的技术管理和经济管理是有机联系、相互统一的。具体而言，设备管理的基本内容如下：

☺小贴士 3：

设备管理包括设备技术管理和设备经济管理两部分。

1. 实行设备的全过程管理

企业设备管理部门往往只注重设备后半生的管理，忽视了设备前半生的管理，这样设备一生的最佳效益就没有充分发挥出来，根据设备的生命周期理论，要做到对设备的有效、经济管理，就必须实行设备全过程管理，这是现代化设备发展规律的客观要求。

全过程就是要求对设备的整个生命周期过程进行系统的管理。如果设备先天不足，即研究、设计、制造上有缺陷，单靠后天的维修也无济于事。因此，应该把设备的整个生命周期的全过程作为管理对象，打破传统设备只集中在使用过程的维修管理上的做法。对设备实行全过程管理，应克服两个脱节，并加强维修工作。

（1）克服前半生与后半生管理的脱节。为了克服这个脱节，应加强设备制造（包括设备的研发）单位与使用单位之间的横向联系，并进行信息反馈。

（2）克服后半生管理内部各环节之间的脱节。为了克服这个脱节，应加强设备使用单位内部各部门之间的协调、联系、配合，明确分工协作关系，共同把设备管理好。

（3）加强设备的维修工作。设备管理必须打破把设备管理局限于维修的传统观念，但绝不是否定设备维修工作的重要作用。相反，还要进一步做好设备的维修工作。设备的维修工作是设备管理的日常主要工作内容。开展设备的综合经营管理，是用综合经营管理的观点来指导、带动设备维修工作。

2. 设备效益与技术状况管理

设备管理的目标是追求设备使用寿命周期费用最经济、综合效益最高。设备的使用寿命周期费用，是设备一生的总费用，也是与设备物质运动过程对应的一个经济指标。要求在设备经营决策的方案论证中，追求设备的寿命周期费用最优化，而不是单纯地只考虑某一阶段（如制造、采购或维修）的经济性。在此基础上，还要求设备的综合效益最高。

设备技术状况的管理包括对所有设备按设备的技术状况、维护状况和管理状况分类，即分为完好设备和非完好设备，并分别制定具体考核标准。企业各部门生产设备的管理必须完成企业下达的技术状况指标。设备管理部门要分别制定出年、季、月度设备综合完好率指标，并层层分解、逐级落实到各个岗位。

3. 开展设备经营工作

设备的经营工作是经济发展的客观要求。设备管理是企业管理的一项重要内容，它的一切活动都要为贯彻企业的经营方针服务。因此，要求设备管理工作在为生产服务的基础上，进一步发展为贯彻企业经营方针服务。

企业经营工作的一项重要内容是依据市场与用户需要安排产品的品种、质量、数量、成本。随着科技的进步、经济建设的发展和人民生活水平的提高，产品品种在不断增多，质量要求在不断提高，要求设备部门及时提供能够满足生产发展需要、先进适用的技术装备。因此，为企业经营方针服务的设备管理，必然是能够保证技术进步的动态型的设备管理。

4. 开展设备管理研究工作

开展设备管理研究，主要是对设备从工程技术、财务经营与组织措施三个方面进行综合管理的研究，这是管好现代化设备的客观需要。换言之，要管好现代化设备必须具备和掌握三个方面的知识和技能。

（1）掌握多种科学技术。要掌握多种科学技术，要求把各门类的科学技术，在横向层面上综合起来。

（2）掌握与设备相关的经营知识。要学习、掌握与设备相关的经营知识，提高设备管理的经济效果。在设备管理的每一个环节中都存在经营问题，因此，要进行技术经济论证和分析，提高经济效益，包括追求设备寿命周期费用最经济，设备选择的经济分析，合理使用的经济标准，预防检查与修理的经济界限等。

（3）掌握现代管理的理论知识。因为现代设备管理本质上是现代管理理论、方法以及科技成果同现代化设备相结合，所以应努力掌握其理论知识。

5. 实行设备的全员管理

在现代化企业中，设备数量众多、型号规格复杂，分散在企业生产、科研、管理、生活等各个领域，单纯依靠专业管理机构与人员是难以管理好的。因此，企业要把与设备有关的机构、人员组织起来参与管理设备，使设备管理建立在广泛的群众基础上。

（1）纵的方面。从企业最高领导到生产操作人员，全部参加设备管理工作，可以采用生产维修小组的组织形式。

（2）横的方面。把凡是与设备规划、设计、制造、使用、维修等有关部门都组织到设备管理中来，分别承担相应的职责，具有相应的权利。

第三节　包装企业设备选择

一、设备选择因素

现代设备管理范围较传统设备管理范围扩大了，涵盖了设备的整个生命周期，从购置设备开始就要反复研究论证，按照技术上的先进性与经济上的合理性相统一的原则进行选择，避免盲目选择。机器设备寿命的长短，效率的高低，精度的高低，除了取决于机器本身，还取决于包装企业生产的特点和工艺的要求。合理地选购设备，能够更好地发挥设备的投资效益。

☺小贴士4:

设备选择应遵循技术上的先进性与经济上的合理性相统一的原则。

选购设备时，应考虑以下因素。

1. 设备的生产性

设备的生产性是指设备的生产效率，即单位时间内生产的产品数量。设备的生产率主要由设备的功率、行程、速度等技术参数决定的。企业在进行设备选型时，首先应能满足生产的要求，如设备效率应能满足成组单元、加工流水线统一节拍的要求；其次，还要考虑在可预见的将来对设备效率的要求。设备效率过低或过高都会影响设备的综合效率。

生产节拍是指生产一个产品所需的时间，即一天的工作时间除以一天所生产产品的数量，即：

$$T = \frac{T_a}{T_d} \tag{5-1}$$

式中　　T_a——Time Available，可用工作时间（剔除了休息时间和所有预期停工时间，如维护、交接班时间），分钟数/天；

T_d——Time Demanded or Customer Demand，客户需求件数/d。

2. 设备的可靠性

设备的可靠性是指设备对产品质量和工程质量的保证程度，它主要是由设备的精度、准确度的保持性及零件的耐用性等因素决定的。设备可靠性的高低，会影响设备的综合效率。如果可靠性不好，设备故障率就高，影响企业的生产和经济效益。因此，企业应选择能够生产高质量产品且可靠性高的设备。

3. 设备的可修性

设备的可修性是指设备维护、保养和维修的难易程度。选择可修性好的设备，有利于减少设备维修的工作量，缩短设备的维修周期，节约维修费用，减少设备故障停机时间，提高设备利用率。可修性好的设备，是指设计结构简单，零部件组合合理，标准化、通用化程度高，售后服务好的设备。

☺ 小贴士 5：
设备的可修性也称设备的维修性，是指设备维护、保养和维修的难易程度。

4. 设备的安全性

设备的安全性是指设备对生产安全的保障能力。随着设备生产效率的提高，往往也会产生一些新的不安全因素。因此，选购设备必须考虑设备的安全性，尽可能选择安装有自动控制装置和安全保护装置的设备，防止设备在操作不当时发生事故。

5. 设备的成套性

设备的成套性是指设备在性能、能力方面的配套水平。设备不成套，就不能形成生产能力或者不能充分发挥设备的性能，从而造成经济上的浪费和损失。选购设备时，应考虑设备的成套性，尽量成套购买，以便于提高生产效率。

6. 设备的节能性

设备的节能性是指设备节约能源、原材料资源消耗的性能。能源消耗一般以设备单位开动时间的能源消耗量来表示，如耗电量等。设备对原材料的消耗以设备加工时对原材料的利用程度来评价。节约能源和原材料资源，不仅可以降低设备的寿命周期费用和产品的成本，还有利于资源的合理利用和社会的可持续发展。因此，企业在保证产品质量的前提下，尽可能选择能耗低、原材料加工程度高的设备。

7. 设备的环保性

设备的环保性是指设备的环保指标达到规定的程度，这些指标包括噪声、排放的有害物质等。随着工业现代化的发展，环境污染的问题已成为社会发展的重要问题。因此，企业选购设备时，应考虑噪声与"三废"排放少，达到国家有关法规性文件规定的环保要求的设备。

8. 设备的适应性

设备的适应性也称柔性，是指设备适应不同工作条件、加工不同产品、完成不同工艺的能力。现代社会产品更新换代速度快，产品市场寿命周期日益缩短，要求生产设备也应具有相应的适应性。对于工作环境易变、工作对象可变的企业在选购设备时应着重考虑该因素。

9. 设备的时间性

设备的时间性包括设备的自然寿命和技术寿命。设备的自然寿命过短，不利于设备的充分利用，不利于设备投资效益的提高。但这并不意味着，设备的自然寿命越长越好。设备寿命的长短取决于技术进步造成的设备无形磨损和其经济寿命。优良的设备使用期限较长，技术上较先进，不易在短期内被淘汰，企业应尽可能选用。

二、设备选择经济评价方法

企业创建、扩建或对原有设备进行更新时均需添置新的设备，都必须对所购置的设备进行科学的投资评价，进行可行性研究。设备选购前进行经济评价是为了取得良好的投资效益，达到设备寿命周期费用的最佳化。选择设备的经济评价常用下列几种方法。

☺小贴士6：

选择设备的评价方法有投资回收期法、投资年费用法和投资现值法。

1. 设备投资回收期法

设备投资回收期法又称归还法或还本期法，常用于设备购置投资方案的评价和选择。它是指企业用每年所得的收益偿还原始投资所需要的时间。这种方法是把财务流动性作为评价基准，用投资回收期的长短来判定设备投资效果，最终确立投资回收期最短的方案为最优方案。

由于对企业每年所得的收益应包括的内容有不同的见解，因而投资回收期有以下3种不同的计算方法。

（1）用每年所获得的利润或节约额补偿原始投资。我国大多数企业常用这一方法计算投资回收期。计算公式为：

$$投资回收期 = \frac{设备投资额（元）}{年利润或节约额（元/年）} \qquad (5\text{-}2)$$

（2）用每年所获得的利润和税收补偿原始投资。计算公式为：

$$投资回收期 = \frac{设备投资额（元）}{年利润 + 年上缴税金（元/年）} \qquad (5\text{-}3)$$

（3）用每年所获得的现金净收入，即折旧加税后利润补偿原始投资，这种方法常被西方企业所采用。计算公式为：

$$投资回收期 = \frac{设备投资额（元）}{年现金净收入（元/年）} \qquad (5\text{-}4)$$

式（5-4）中，若各年收入不等，可逐年累计其金额，与原始投资总额相比较，即可算出投资回收期。

投资回收期法评价设备也有其缺点：

（1）没有考虑货币的时间价值；

（2）只强调了资金的周转和回收期内的收益，忽略了回收期之后的收益。就某些设备投资在最初几年收益较少的长期方案而言，如果只根据回收期的长短来做取舍，就可能会做出错误的决策。

2. 设备投资年费用法

设备投资年费用法是把不同方案的年平均费用总额进行比较，以评价其经济效益的方法，它是从设备的寿命周期角度来评价设备的。年平均费用总额是指每年分摊的原始投资费用与每年平均支出使用费用之和。设备原始投资费用包括外购设备原价、设备及材料运杂费、成套设备业务费、备品备件购置费、安装调试费等；对于自制设备，包括研究、设计、制造、安装调试费等。设备使用费用是指设备在整个寿命周期内所支付的能源消耗、维修费、操作工人工资及固定资产占用费、保险费等。年平均费用总额用公式表示为：

$$年平均总费用=年使用费用+（设备最初投资费用×投资回收系数） \qquad （5-5）$$

其中：

$$投资回收系数=\frac{i(1+i)^n}{(1+i)^n-1} \qquad （5-6）$$

式中　i——年利率，%；

　　　n——设备使用年限，年。

投资回收系数既可按式（5-6）计算，也可通过查表求得。例如，某企业需购置某种设备，有 A、B 两个方案可供选择，资料见表 5-3。

表 5-3　A、B 方案比较

项　　　目	A 方案	B 方案
最初投资费用（元）	8 000	10 000
每年使用费用（元）	1 000	800
使用年限（年）	10	10
年利率（%）	10	10
残存价格	0	0

根据表 5-3 中的数据，代入公式（5-6），得出投资回收系数为 0.162 745。

A 方案的年平均总费用为：1000 +（8 000×0.162 745）= 2 302（元）

B 方案的年平均总费用为：800 +（10 000×0.162 745）= 2 427（元）

由于 A 方案年平均总费用比 B 方案年平均总费用低 125 元，因此应选择 A 方案设备。

3. 设备投资现值法

设备投资现值法是把不同投资方案设备的每年使用费用，用利息率折合为"现值"，再加上最初投资费用，求得设备使用年限中的总费用（也称现值总费用），据此进行比较，从而判断设备投资方案优劣的一种方法。

设备投资现值法总费用的计算公式为：

$$设备使用年限中的总费用=最初投资费用+（每年使用费用×现值系数） \qquad （5-7）$$

其中：

$$现值系数=\frac{(1+i)^n-1}{i(1+i)^n} \qquad （5-8）$$

式中　i——年利率，%；

　　　n——设备使用年限，年。

设备投资现值法与设备投资年费用法相反，后者是把投资成本转化为年值后与每年维持费相加组成设备的年度总费用，再进行比较；而前者则是在每年的维持费转化后与当初的投资费相加，组成总现值，再进行比较。二者可以互相验证。

以表 5-3 资料为例，说明设备投资现值法的评价方法如下：

将表 5-3 中的数据代入公式（5-8），得出现值系数为 6.144 567。

A 方案的现值总费用为：8 000+（1 000×6.144 567）= 14 144（元）

B 方案的现值总费用为：10 000+（800×6.144 567）= 14 916（元）

结果表明，A 方案设备现值总费用比 B 方案设备现值总费用低 772 元，因此应选择 A 方案设备，决策方案与设备投资年费用法相同。

第四节　包装企业设备使用维护

一、合理使用设备要求

设备的合理使用是设备管理的重要内容，直接影响设备的使用寿命和精度、性能的保持，进而影响设备产出的数量、质量、成本和企业的经济效益。设备使用合理，能够减轻磨损，延长寿命并能保持良好的性能和精度，发挥设备应有的工作效率。企业要想合理使用设备，就应做好以下几点。

1. 合理安排生产任务

企业设备主管人员应根据设备的性能、结构和技术经济特点，结合包装的生产技术特点和工艺过程的要求，合理安排加工任务和设备工作负荷，使各种设备相互协调匹配。对设备的使用要遵循科学规律，要使各种设备物尽其用，避免"大机小用"、"精机粗用"等现象。各种设备的性能、精度、结构、使用范围、工作条件、能力等各不相同，根据每种设备的技术条件来安排生产任务，才能保证机器设备正常运转，减少维修次数及费用，延长使用寿命，提高生产效率。

2. 合理配备操作人员

为了充分发挥设备的性能，使设备在最佳状态下使用，设备管理人员应和生产主管人员协商，配备与设备相适应的操作人员，必须要求操作人员熟悉并掌握设备的性能、结构、工艺加工范围和维护保养技术。对于新上机人员，一定要进行技术考核，合格后方可允许独立操作。对于精密、复杂、稀有等关键设备，应指定具有专门技术的人员去操作，实行定人定机，凭证操作。

3. 创造良好的运转条件

设备管理人员应为机器设备的使用、维护、保养等创造良好的工作条件。一般情况下，设备所处的工作环境应清洁整齐、通风良好，以便设备能在良好的环境下运行，这是保证设备正常使用的前提。对于精密设备，其工作的温度、湿度、防尘、防震等工作条件应有严格的要求。

4. 严格执行作业制度

设备管理人员应协同上级有关部门制定设备使用和维修方面的规章制度，建立健全设备使用的责任制度。这些制度应包括设备操作规程、岗位责任制、包机制、设备维护保养制度、交接班制度、事故分析报告制度、计划预防修理制度等。通过制度使设备操作人员做到"三好"（管好、用好、修好）、"四会"（会使用、会保养、会检查、会排除故障）。正确制定和贯彻执行这些规章制度，是合理使用设备的重要保证。

☺小贴士 7：

"三好"即管好、用好、修好；"四会"即会使用、会保养、会检查、会排除故障。

5. 合理配置闲置设备

强化购置设备的经济责任制及企业的设备有偿占有制，同时大力开展对外的协作生产，提高精密、大型设备的利用率，避免设备的闲置或设备的低利用率。

二、设备磨损与故障发生规律

设备管理和其他管理一样，首先必须掌握设备出故障的规律，这样才能对症下药，比较准确地判断设备发生故障的原因，有利于安排生产与维修的时间，避免生产与维修的冲突。

1. 设备的磨损

机器设备在使用或闲置过程中会逐渐发生磨损而降低其原始价值，这种磨损主要分为有形磨损和无形磨损两种。

（1）有形磨损。

有形磨损又称物质磨损，是指设备在实物形态上的磨损。按其产生的原因不同，有形磨损可分为以下两种。

① 第 1 种有形磨损。这种磨损是在设备使用过程中产生的，表现为设备零部件原始尺寸、形状发生变化，公差配合性质改变以及精度降低、零部件的损坏等。这种磨损有一般性规律，大致可分为三个阶段，如图 5-2 所示。

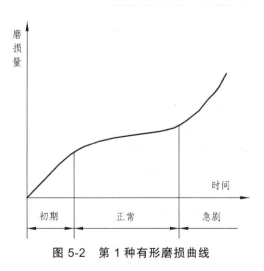

图 5-2　第 1 种有形磨损曲线

第 1 阶段为初期磨损阶段。在这个阶段，设备各零部件表面的宏观几何形状和微观几何形状都发生明显变化。原因是零件在加工制造过程中，其表面不可避免地具有一定的粗糙度。此阶段磨损速度很快，一般发生在设备调试和初期使用阶段。

第 2 阶段为正常磨损阶段。在这个阶段，零件表面上的高低不平及不耐磨的表层已被磨去，故磨损速度减慢，磨损情况稳定，磨损量基本随时间均匀增加。此时，设备处于最佳技术状态，生产的产品质量稳定。这个阶段延续时间较长。

第 3 阶段为急剧磨损阶段。在这个阶段，零部件的磨损达到一定限度，有些零部件的疲劳强度已达到极限，设备的磨损急剧增加，磨损量急剧上升，设备的性能和精度迅速降低，生产效率明显下降。

② 第 2 种有形磨损。设备在闲置或封存过程中，由于自然力的作用而腐蚀，或由于管理不善和缺乏必要的维护而自然丧失精度和工作能力，使设备遭受有形磨损，这种磨损为第 2 种有形磨损。

在实际生产中，除去封存不用的设备，以上两种有形磨损形式往往不是以单一形式表现出来，而是共同作用在机器设备上。有形磨损的后果是机器设备的使用价值降低，到一定程度可使设备完全丧失使用价值。设备有形磨损的经济后果是生产效率逐步下降，消耗不断增加，废品率上升，与设备有关的费用也逐步提高，从而使所生产的单位产品成本上升。当有形磨损比较严重时，如果不采取措施，会引发事故，进而造成更大的经济损失。

有形磨损的程度可用式（5-9）计算：

$$\alpha_p = \frac{R}{K_1} \tag{5-9}$$

式中　α_p——设备有形磨损的程度；

　　　R——设备的修理费用；

　　　K_1——设备磨损时该设备的重置价值。

（2）无形磨损。

无形磨损又称经济磨损，是指由于出现性能更加完善、生产效率更高的设备，而使原有设备价值贬值的现象。设备的无形磨损分为两种形式。

① 第 1 种无形磨损。也被称为经济性无形磨损，是指由于相同结构设备重置价值的降低而带来的原有设备价值的贬值。设备的价值是由制造它所花费的社会必要劳动量来决定的。随着科技的进步，新工艺的采用和劳动生产率的提高，虽然机器设备的结构没有改变，但是再生产这种设备所花费的社会必要劳动量却相应地减少了，因而使原有设备的价值相应贬值。

② 第 2 种无形磨损。也被称为技术性无形磨损，是指由于不断出现性能更完善、效率更高的设备而使原有设备在技术上显得陈旧和落后所产生的无形磨损。一般来说，技术进步越快，技术性无形磨损也就越快。

在实际生产中，无形磨损表现为设备原始价值的降低，通常用价值损失来度量设备无形磨损的程度，即：

$$\alpha_j = \frac{K_0 - K_1}{K_0} = 1 - \frac{K_1}{K_0} \tag{5-10}$$

式中　α_j——设备无形磨损的程度（无形磨损系数）；

　　　K_0——设备的原始价值；

　　　K_1——确定设备无形磨损时设备的重置价值。

由于在实际生产中，这两种无形磨损往往不是以纯粹的形态表现出来，而使交错发生的，因此，在计算无形磨损 α_j 时，K_1 必须反映技术进步的两个方面的影响：其一是相同设备重置价值的降低；其二是具有更好性能和更高效率的新设备的出现。故 K_1 可用式（5-11）计算：

$$K_1 = K_n \left(\frac{q_0}{q_n} \right)^{\alpha} \left(\frac{c_n}{c_0} \right)^{\beta} \qquad\qquad (5\text{-}11)$$

式中　K_n——新设备的价值；

　　　q_0、q_n——使用相应的旧设备、新设备时的年生产率；

　　　c_0、c_n——使用相应的旧设备、新设备时的单位产品成本；

　　　α——劳动生产率提高指数，β 是成本降低指数，α 和 β 的数值范围在 $0 \sim 1$。

（3）设备磨损的补偿。

机器设备遭受磨损以后，应当进行补偿。设备磨损形式不同，补偿的方式也不一样。常见的补偿方式如表 5-4 所示。

表 5-4　设备磨损补偿方式

磨损形式	具体磨损种类	补偿方式
有形磨损	可消除性的有形磨损	对零部件进行修理
	不可消除性的有形磨损	更换磨损零件或设备
无形磨损	第1种无形磨损	对原有设备进行现代化改装使之得到局部补偿
	第2种无形磨损	采用结构相同的设备或更先进的设备来更换原有设备

2. 设备故障发生的规律

由于设备磨损各阶段磨损速度的不同，设备故障率也随之不同。一般机器设备故障的发生也是有规律的，机器设备典型故障率曲线如图 5-3 所示，其图形类似浴盆，故又称为浴盆曲线，设备的故障率变化可分成三个阶段。

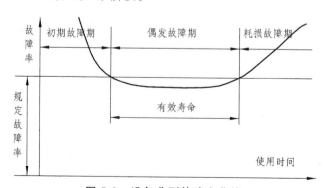

图 5-3　设备典型故障率曲线

第 1 阶段为初期故障期。通常表示设备装配后调整或试运行阶段的故障特征。这段时期的故障主要是由于设计上的原因、操作上的不熟悉、新装配的零件没有跑合、质量不好、制造质量欠佳、搬运和安装的大意以及操作者不适应等原因引起的。开始时故障率较高，随后逐级降低，再过一段时间故障率就比较稳定了。这一阶段的特点是由于零部件磨损的速度较快，零部件易松动，设备的故障率较高，但呈逐渐下降的趋势。减少这段时期故障的措施是：慎重搬运及安装设备，严格进行试运转并及时消除缺陷；细致研究操作方法；将由于设计和制造造成的缺陷情况反馈给设备制造单位以便改进。这一时期的主要工作是抓好岗位培训，让操作者熟悉设备的操作。

第 2 阶段为偶发故障期。设备正常运行后的故障特征属于正常磨损，故障率比较低，接近常数。故障发生是由于设备维护不好和操作失误引起的。设备的故障率取决于组成设备各个零件的故障率。零件的可靠性越高，故障率越低，偶发故障期越长，设备使用寿命越长，利用率越高。偶发故障期反映了设备设计水平和制造质量，但与操作、日常保养和工作条件也有关，操作和保养不当或超负荷运行都会加速故障的出现。这一阶段持续的时间较长，主要管理工作是抓好日常维护和保养工作，掌握设备性能，定期维修。

第 3 阶段为耗损故障期。这段时期，设备经过长时间运行的磨损，磨损强度急剧增加，零件配合间隙和磨损量急剧增加，故障率很快上升。这时设备经过很长时间的使用，某些零件开始老化，故障率逐渐上升，而后加剧。此时，应采取调整、维修和更换零件等措施来阻止故障上升，延长设备或零件的使用寿命，防止发生事故性故障。

故障发生率的统计描述是决定设备维修管理的重要依据。在初期故障期，主要找出设备可靠性低的原因，进行调整和改进，保持设备故障率稳定。在偶发故障期，应注意提高操作人员与维修人员的技术水平。在耗损故障期，应加强设备的日常维护保养、预防检查和计划修理工作。把设备故障分成三个不同的阶段，有助于对设备管理起到指导作用，管理人员可以根据设备故障在不同时期的特点和规律，采取不同的措施。

三、设备检查

设备检查是对设备的运行情况、工作精度、磨损或腐蚀程度进行检查和校验。通过检查可以全面掌握设备的技术状况和磨损情况，及时查明和消除设备的隐患，防止突发故障和事故。因此，它是保证设备正常运行的一项重要工作，是做好修理准备并安排好修理计划的基础。

设备检查的类型有很多种，具体分类如下。

1. 按检查时间分类

（1）日常检查。日常检查由设备操作人员负责，是设备日常维护保养的一项重要内容，结合日常维护保养共同进行，目的是及时发现设备运行的不正常情况并予以排除。日常检查手段是利用人的感官、简单的工具或装在设备上的仪表和信号标示等。日常检查主要针对重点设备，其内容一般以选择对产品重量、质量、成本、设备维修费用、安全卫生这五个方面会造成较大影响的部位作为检查项目较为恰当。

（2）定期检查。定期检查由专业维修人员负责，操作人员参与。其目的是发现并记录设备的隐患、异常、毁坏及磨损情况，记录的内容作为设备档案资料，经过分析处置后，以便确定修理的部位、更换的零件、修理的类别和时间，据此安排修理计划。设备定期检查是一项有计划的预防性检查，检查间隔期一般在 1 个月以上，如 1 个月、3 个月或 6 个月等。检查手段除了人的感官外，主要是用检查工具和测试仪器。实际生产中，定期检查常与定期维护保养结合同时进行。

2. 按检查技术功能分类

（1）精度检查。精度检查是对设备的几何精度及加工精度定期、有计划地进行检查，以确定设备的实际精度。其目的是为设备的验收、调整、修理及更新报废提供依据。

（2）机能检查。机能检查是对设备的各项机能进行检查和测定。如是否漏油、漏水、漏气，防尘密封性如何，零件耐高温、高速、高压的性能如何等。

3. 按检查方式分类

（1）人工检查。人工检查是指用目视、耳听、嗅味、触摸等感官和简单工具进行的检查。

（2）状态检测。状态检测是指在设备的特定部位安装仪器仪表，对运行情况进行自动检测或记录，以便能全面、准确地把握设备的工况。在此基础上进行早期预报和跟踪，有利于把设备的定期维护保养制度改为有针对性、比较经济的预防修理制度。设备状态检测技术是在检查基础上发展起来的一种在运动过程中进行动态检查的方法，是设备检查的发展方向。

4. 按检查对象的运行状况分类

（1）开机前检查。开机前检查就是要确认设备是否具备开机的条件。

（2）运行中检查。运行中检查是确认设备运行的状态、参数是否良好。

（3）停机检查。也称周期性检查，是指停机后定期对设备进行的检查和维护工作。

不论哪种检查，均应做到"六定"，即：

☺小贴士 8：

设备检查"六定"，即定点、定人、定期、定标、定法、定记录。

（1）定点。根据设备的特性预先设定设备故障点，尤其是潜在的故障点，明确设备的检查部位、项目和内容，以便有目的、有方向地进行检查作业。

（2）定人。确定由何人实施检查，检查人员一经确定后，不应轻易变动。

（3）定期。对于设备的一些检查部位、项目和内容，均需预先设定检查周期，并根据实际可以进行不断调整完善。

（4）定标。要制定好检查标准，检查标准是指一个检查项目测量值的允许范围，它是判定一个检查项目是否符合要求的依据。

（5）定法。要明确检查方法，即完成一个检查项目的手段，如目视、仪表检测等。

（6）定记录。对检查的结果必须有相应的记录，以便为以后设备的维修提供有价值的数据资料。

四、设备维护保养

设备的维护保养是设备管理的重要内容。设备的维护保养是指设备使用人员和专业维护保养人员，在规定的时间及维护保养范围内，分别对设备进行预防性的技术护理。通过设备的维护保养，可以减少设备的磨损，提高企业生产效率。设备维护保养应坚持"预防为主，保、修并重"的原则，达到"整齐、清洁、润滑、安全"的维护保养要求。

1. 设备维护保养的内容

设备维护保养工作有日常维护保养和定期维护保养两类。

（1）日常维护保养。包括每班维护保养和周末维护保养两种，由设备操作人员负责进行。每班维护保养要求操作人员在每班生产中对设备各部位进行检查，按规定进行维护保养。周末维护保养主要是在周末和节假日前对设备进行较彻底的清扫、擦拭和润滑等维护保养。

（2）定期维护保养。它是在维修人员辅导配合下，由操作人员进行的定期维护保养工作。定期维护保养是由设备管理部门以计划形式下达执行的，一般两班制连续生产的设备 2 ~ 3 个月进行一次，作业停机时间按每一修理复杂系数为 0.3 ~ 0.5 小时计算。精密、重型、稀有设备另有规定。

2. 设备维护保养的级别

设备维护保养的级别是按维护保养工作的深度、广度和工作量来划分的。我国目前多数企业实行"三级保养制"，即日常维护保养、一级维护保养和二级维护保养。

☺ 小贴士 9：

"三级保养制"，即日常维护保养、一级维护保养和二级维护保养。

（1）日常维护保养。也称日保或例行保养，即操作人员每天在班前、班后进行的日常保养。班中出现的故障应及时排除，并做好交接班工作。

（2）一级维护保养。一级维护保养以操作人员为主，维修人员为辅，对设备进行局部检查、清洗及定期维护。设备一般运行 500 ~ 700 小时，进行一次一级维护保养。其主要内容是根据设备使用情况，确定维护范围和间隔期，对零部件进行拆卸清洗，清理油污，畅通润滑油路，更换油毡、油线，调整设备各部位配合间隙，使防护装置安全可靠，紧固设备有关部分等。

（3）二级维护保养。二级维护保养以维修人员为主，操作人员参加。其主要工作内容是根据设备使用情况，对设备进行部分解体检修，局部恢复精度、润滑和调整。一般设备运行 2 500 ~ 3 500 小时，进行一次二级维护保养。

第五节　包装企业设备维修定额

设备技术状态劣化或发生故障后，为了恢复其功能和精度，采取更换或修复磨损、失效的零件，并对局部或整机检查、调整的技术活动，称为设备维修。造成设备需维修的原因很多，有机械的原因、人为的原因、电器的原因以及其他原因等。

一、设备维修方式与类型

1. 设备维修方式

（1）预防维修。设备的预防维修，是为了防止设备的功能、精度降低到规定的临界值或降低故障率，按事先预定的计划和技术要求所进行的修理活动。预防修理的方法一般有标准修理、定期修理和检查后修理等三种。

（2）事后维修。也称故障维修，是指设备发生故障，或性能、精度降低到合格水平以下，因不能再使用所进行的非计划性维修。

设备发生故障后，往往会给生产造成较大损失，也给维修工作造成困难和被动。但对有些故障停机后再维修而不会给生产造成损失的设备，采用事后维修方式可能更经济。例如，对某些结构简单、利用率低、维修技术不复杂，以及能及时获得维修配件且发生故障后不会影响生产任务的设备，就可以采用事后维修的方式。

2. 设备维修类别

（1）小修。设备小修是工作量最小的维修。小修通常只需修复、更换部分磨损较快和使用期限等于或小于修理间隔期的零件，并进行必要的局部解体，排除故障或清洗设备，紧固与调整松动的零部件等。

小修的特点是：修理次数多，工作量小，每次修理时间短，可结合日常检查与维护保养一起进行。

（2）中修。也称项修，即项目维修。中修是根据设备的实际情况，对状态劣化、已难以达到生产工艺要求的部件进行有针对性的维修。一般要进行部分拆卸、检查、更换或修复失效的零件，必要时，对基准进行局部维修和调整精度，从而恢复所修复部分的精度和性能。中修的工作量视具体情况而定，一般介于小修和大修之间。

☺小贴士 10：

项修，也称中修，即项目维修。

中修的特点是：发生的次数较多，修理间隔期较短，工作量不大，每次修理时间短，维修费用低，安排灵活等。对于大型设备、流水线或单一关键设备，可根据日常检查、检测中发现的问题，利用生产间隙安排中修，从而保证生产的正常进行。

（3）大修。设备大修是工作量最大的计划维修。大修是对设备进行全面的修理，即将设备进行全部拆卸，更换或修复全部的磨损零件，校正和调整整体设备，恢复设备原有的精度、性能和生产效率。设备的大修一般不改变设备的结构、性能和用途，不扩大设备的生产能力。

大修的特点是：修理次数较少，修理间隔期较长，工作量大，修理时间长，修理费用高。所以，进行设备大修要精心设计好。结合设备的大修，可同时进行设备的改装和技术改造，消除缺陷，改善设备的性能和结构，扩大工艺使用范围，提高效率。

二、设备维修定额构成

设备维修定额是指在进行设备维修活动时，在人力、物力和费用方面所规定的限额。设备维修定额大致有维修复杂系数、维修周期定额、维修工时定额、维修停歇时间定额、维修费用定额与维修材料消耗定额等。设备维修定额是制定维修计划、开展维修工作、分析维修经济效益的重要依据。

1. 设备维修复杂系数

设备维修复杂系数是衡量设备修理复杂程度的假设单位，是用来衡量设备修理复杂程度和修理工作量大小的指标，用符号 F 表示。它是由设备结构的复杂程度、规格、尺寸、工艺特点和维修性等因素决定的。设备越复杂、精度越高、尺寸越大，其修理复杂系数就越大，所耗用的修理工作量也越大。

机械维修复杂系数是以标准等级（五级修理工）的机修钳工，彻底检查（大修）一台标准机床（中心高 200 mm，顶尖距 1 000 mm 的 C620 车床）所耗用劳动量的修理复杂程度，假定为 10，其他机床的维修复杂系数都与标准机床进行比较而定。电气设备的维修复杂系数是以标准等级的电修钳工（电工）彻底检修一台额定功率为 0.6 kW 的防护式异步鼠笼电动机为标准，规定其维修复杂系数为 1，其他电气设备的维修复杂系数则与此标准进行对比确定。热工（热力）设备维修复杂系数是以标准等级的热工工人彻底检查一台 IBA6（IK6）水泵所耗用劳动量的复杂程度假定为 1 个热工维修复杂系数，作为相对基数。

常用设备维修复杂系数可查阅相关资料来确定。

2. 设备维修周期定额

（1）维修周期。维修周期是指相邻两次大修之间的工作时间，对新设备而言，就是从投产到第一次大修的工作时间（用实际开动台时或产量表示）。维修周期是根据设备结构、工艺特性、生产类型、零件允许磨损极限和维修水平等因素综合确定的，其中决定性的因素是主要零件的使用期限和工作班次。设备类型不同，生产条件不同，其维修周期就不同。

（2）维修周期结构。维修周期结构是指一个维修周期内应该采取的各种计划检修的类别、次数和顺序。不同的设备或不同的维修制度，维修周期结构也不同。

（3）维修间隔期。维修间隔期是指相邻两次维修（不论大修、中修、小修）之间的间隔时间。间隔期主要根据设备的实际开动台时和易损件的使用期限，以及日常维护、检查的情况而定。

3. 设备维修工时定额

设备维修工时定额即维修劳动量定额，是指企业为完成设备的各种维修所需要的劳动量，常用一个维修复杂系数所需的工时数来表示。一个维修单位的劳动量就等于 C620 车床维修劳动量的 1/10。通常以完成一个维修复杂系数的大修钳工为 40 小时，机加工为 20 小时，其他工作为 4 小时，总工时为 64 小时。维修复杂系数的工时定额是根据统计资料、测定资料、生产水平、技术条件和维修特点等具体确定的，条件不同，定额也就不同。有了设备维修工时定额之后，就能计算出各种设备维修的总劳动量，及所需要的维修员工数和维修费用。

设备维修工时定额可查阅相关资料或标准来确定。

4. 设备维修停歇时间定额

设备维修停歇时间定额，是指从设备停机维修到完毕，经验收后重新投产所经历的时间标准。它是根据设备的维修复杂系数确定的。维修一台设备的停歇时间定额的计算公式如下：

$$T = \frac{F \times t}{L \times g \times m \times k} + T_0 \quad\quad\quad (5\text{-}12)$$

式中　T——停歇时间（工作日）；

　　　F——设备维修复杂系数；

　　　t——一个复杂系数的维修劳动量定额（小时）；

　　　L——一个班内同时维修该设备的人数；

　　　g——每班工作时间（小时）；

　　　m——工作班次；

　　　k——设备维修工时定额完成系数；

　　　T_0——其他停机时间。

设备维修停歇时间定额一般由企业主管部门统一制定。

5. 设备维修费用定额

设备维修费用定额是指设备维修所发生的费用（包括料、工、费等）定额，是根据维修复杂系数和维修劳动量，结合企业的具体情况而确定的。设备维修费用定额包括维护费用定额和修理费用定额两大内容。

（1）维护费用定额。维护费用定额是指每一个 F 每班每月维护设备所需耗用的费用标准，单位是元/（F×每班每月）。

（2）修理费用定额。修理费用定额是指每一个 F 进行某种修理所耗用的费用标准，单位是元/F。成本结算，对二级维护保养包括：维修工人的工资及附加费、材料费（包括备品配件费用、自制备件一次摊销费）、其他部门协作的劳务支出。中修和大修费用除上述项目外，还包括车间经费。

设备维修费用定额由各企业根据具体情况决定。

6. 设备维修材料消耗定额

设备维修材料消耗定额是指完成设备维修所规定的材料消耗标准，包括维修用的各类金属和非金属材料的消耗定额。按设备类别不同，以耗用材料的质量计算，计量单位为 kg/F，如表 5-5 所示。

表 5-5　设备维修材料消耗定额

设备类别	维修类别	一个维修复杂系数主要材料消耗定额（kg/F）							
		铸铁	铸钢	耐磨铸铁	碳素钢	合金钢	锻钢	型钢	有色金属
金属切削机床	大修	12	0.25	1	13.5	6.6			1.6
	中修	7	0.2	0.3	8	3	—	0.5	1
	定期检查	1	0.05	0.1	2	1			0.5
锻造设备、汽锤、剪床、摩擦压力机	大修	11	15		12	20	30		4
	中修	5		—	4	8	7	—	2
	定期检查	2	3		2	3			0.4
起重设备运输设备	大修	6.5	7		10	6		40	2
	中修	2.5	4		4	3	3	20	1
	定期检查	0.7	1		1.5	1		8	0.4
空压机	大修	3			钢材 8				铸件 2
	中修	2	—	—	钢材 4	—	—	—	铸件 1.5
	定期检查	1			钢材 1.5				铸件 0.5

第六节　包装企业设备综合管理

一、设备综合工程学概念及特点

1. 设备综合工程学的概念

设备综合工程学是指以设备一生为研究对象，是管理、财务、工程技术和其他应用于有形资产的实际活动的综合，其目标为追求经济的寿命周期费用。

😊 小贴士 11：

设备综合工程学是为了求得经济的寿命周期费用而把适用于有形资产的有关工程技术、管理、财务及其业务工作加以综合的学科。

1967年，英国政府设立了维修保养技术部。为了有力地推行设备综合工程学这一新兴学科在工业中的应用，1970年，英国政府在工商部下设置了"设备综合工程学委员会"，作为政府行为对设备工程进行计划、组织、领导。这个委员会曾对515家企业作了调查，并对其中80家企业进行了详细调查，写出了调查报告。调查结果表明，英国制造业在1968年间设备维修保养直接费用总额约为11亿英镑，而且由于故障停机造成了10亿英镑的损失。该年度全英维修费用总额为110亿英镑，占全国总产值的8%，比英国制造业年度新投资总额的2倍还多。报告认为，每年因维修保养不良，英国每年损失约为2亿~3亿英镑。如果对设备管理工作加以改善，每年可以节约2亿~2.5亿英镑。

1970年，在美国洛杉矶召开的国际设备工程年会上，英国维修保养技术杂志社主编丹尼斯·巴克斯发表了题为《设备综合工程学——设备工程的改革》的著名论文，第一次提出了"设备综合工程学"这个概念。

1974年，英国工商部给这门学科作出了如下的定义："为了求得经济的寿命周期费用而把适用于有形资产的有关工程技术、管理、财务及其业务工作加以综合的学科，就是设备综合工程学，涉及设备与构筑物的规划和设计的可靠性与维修性，涉及设备的安装、调试、维修、改造和更新，以及有关设计、性能和费用信息方面的反馈"。1975年4月，英国政府还成立了"国家设备综合工程中心"，该中心通过刊物介绍设备综合工程典型实例，并召开各种研讨会以推动设备综合工程学科的发展。

2. 设备综合工程学的特点

设备综合工程学具有如下特点：

（1）设备工程学以寿命周期费用作为经济指标，并追求寿命周期费用最低。

设备寿命周期费用是由设备的设置费和设备的使用费两部分组成。设备的设置费一般包括研究、设计、试制、安装、试验以及设备使用和维修技术资料的制作等费用的总和。设备的使用费是在整个设备周期内必须支出的与设备有关的费用。有些设备的设置费较高，但维持费却较低；而另一些设备，设置费虽然较低，但维持费却较高。对于企业来说，在选购设备时，不能只考虑设备的几个，而且要考虑到使用期间的各种费用支出，即应当从设备寿命周期总费用最低的角度，经济地全面地评价设备的优劣。

（2）设备综合工程学是关于固定资产的技术、管理、财务等方面的综合性学科，要对设备从技术、经济和组织管理方面进行综合管理。

在工程技术方面，高度自动化、高速化的设备，正是综合了机械、电气、电子、化学、环保技术等各专门技术的产物，要对设备进行技术研究，以提高设备的工作效率，使其保持最佳的技术状态。在组织管理方面，就是在设备管理中运用管理工程、运筹学、质量控制、价值工程等科学管理技术和方法。在经济方面，就是要讲求经济效果，严格计算和控制与设备有关的各种费用，合理选择与确定设备维修、更新与改造的经济界限，从设备整个寿命周期综合管理，降低费用开支。

（3）设备综合工程学进行设备的可靠性、维修性设计，提高设计的质量和效率。

为逐步接近理想的"无维修设计"，必须不断提高设备的可靠性、维修性，即进行设备的可靠性、维修性设计。设备综合工程学是在维修工程的基础上形成的，它把设备可靠性和维修性问题贯穿到设备设计、制造和使用的全过程，即在设计、制造阶段就争取赋予设备较高的可靠性和可维修性，使设备在后天使用中长期可靠地发挥其功能，力求不出故障或少出故障，即使出了故障也要便于维修。设备综合工程学把可靠性和可维修性设计，作为设备一生管理的重点环节，它把设备先天素质的提高放在首位，把设备管理工作立足于最根本的预防。

（4）设备综合工程学以设备的寿命周期为设备管理范围，改善与提高每一环节的机能，充分发挥设备一生各个阶段的效能。

设备管理是整个企业管理系统中的一个子系统，它是由各式各样的设备单元组合而成的。每台设备又是一个独立的投入产出单元。从空间上看，每台设备是由许多零部件组成的集合体；从时间上看，设备一生是由规划、设计、制造、安装、使用、维修、改造、报废等各个环节组成，它们互相关联，互相影响，互相作用。运用系统工程的原理和方法，把设备一生作为研究和管理的对象，从整体优化的角度来把握各个环节，充分改善和发挥各个环节在全过程中的机能作用，才能取得最佳的技术经济效果。

（5）设备综合工程学是关于设计、使用和费用的信息反馈的管理。

为了提高设备可靠性、可维修性设计和做好设备综合管理，必须注重信息反馈。设备使用单位向设备设计、制造单位反馈设备使用过程中发现的性能、质量、可靠性、维修性、资源消耗、人机配合、安全环保等方面的信息，帮助设备设计、制造单位改进设计和工艺，提高产品质量。设备制造单位也可通过用户访问、售后服务、技术培训等，帮助使用单位掌握设备性能、正确使用产品，同时收集用户的意见和建议。另外，设备使用单位内部职能部门之间、基层车间之间也要有相应的信息反馈，以便做好设备综合管理与决策。

二、全员设备维修体系

全员设备维修体系也称全员生产维修体系、全员生产维修制，英文缩写为 TPM（Total Productive Maintenance）。TPM 就是以提高设备的综合效率为目标，建立以设备整个生命周期为对象的生产维修体系，实行全员参加管理的一种设备管理制度。它是日本在学习美国生产维修经验的基础上，结合日本的管理传统，逐步形成的一套以 PM 活动为核心，以 5S 活动为基础的设备管理与维修制度。

☺小贴士 12：
TPM，Total Productive Maintenance 的缩写，即全员设备维修体系、全员生产维修体系、全员生产维修制。

1. TPM 的内容及特点

TPM 的作用主要是围绕产量（Productivity）、质量（Quality）、成本（Cost）、交货期（Delivery）、安全（Safety）、士气（Morale）展开的。具体为：提高人和设备的生产效率，降低不良品率，缩短生产及交货期，改善设备效率，减少库存量与资金的积压，降低各类损耗与减少各种浪费，减少顾客投诉与提升顾客满意度，提升员工提案和发明创造能力。

（1）TPM 的内容。

TPM 是以 5S 活动为基础，以自主维护为核心，包含各种改善活动的设备管理机制。其内容如下：

① 自主维护活动。自主维护（PM）活动是通过员工自主参与对场所、设备、工厂的维护活动，追求工作场所的高水平维护，即自己的设备自己维护，自己的工厂自己管理。具体包括：其一，采取全系统的维修方式，在设备的寿命周期各个阶段分别采取一系列的维修方式；其二，对设备进行分级管理，突出重点设备；其三，对设备维修管理工作要达到的具体目标进行管理；其四，对设备运行、维修及故障进行系统的记录并进行统计分析。

😊 小贴士 13：

PM，Productive Maintenance 的缩写，即自主维护活动，自己的设备自己维护。

② 5S 活动。5S 活动包括整理（Seiri）、整顿（Seiton）、清扫（Seiso）、清洁（Seiketsu）、素养（Shitsuke）等 5 项内容。由于它们在日文的罗马拼音中，均以"S"开头，故简称 5S。

😊 小贴士 14：

5S 活动即整理（Seiri）、整顿（Seiton）、清扫（Seiso）、清洁（Seiketsu）、素养（Shitsuke）。

③ 专业维护活动。为了完善企业及设备的维护体制，必须提高专业设备维护部门的水平，建立一支值得信赖的专业设备维护队伍，以指导和帮助自主维护活动的开展。专业设备维护队伍的建立，不排除外部专业机构实施某些特殊的维护业务。

④ 个别改善。个别改善是为了达到企业的经营方针和经营目标，需要进行的一些具体且重要的大课题改善活动。开展个别改善活动，需解决以下 3 个问题：其一，有效把握自己部门及岗位存在的问题和损耗；其二，对照企业或部门目标，决定在某个时期内需要解决的改善课题；其三，以最短的时间完成课题改善活动，达到改善目标。

⑤ 初期改善。设备的初期改善是指实现易于制造的产品设计过程，如何将顾客的需求和生产现场的需求反映到设计中去，是设备初期管理的重要内容。设备及生产技术的初期管理指的是通过生产技术革新，达到新产品的垂直导入（即在极短的时间内完成新产品的试验，快速开展生产活动）以及设备的维护设计。

⑥ 品质改善。品质改善活动是将通过检查来确保产品质量的现行做法，改为以控制生产制造过程的各项条件来达到质量目标的新方法。它是实施标准化管理的过程，目的是建立一套健全的质量保证体系，以达到向客户做出产品和服务质量承诺的目的。检查效率的提升也是品质活动的内容之一。

⑦ 事务改善。事务改善主要是间接部门效率改善活动。活动的内容包括生产管理、销售管理、行政后勤管理以及其他间接管理业务的改善活动。其目的主要是消除各类管理损耗，减少间接人员，改进管理系统，提高办事效率，更好地为生产活动服务。

（2）TPM 的特点。

TPM 的特点是"三全"，即全效率、全系统和全员参加。

😊 小贴士 15：

TPM 的"三全"，即全效率、全系统和全员参加。

① 全效率。全效率也称设备的综合效率，是指设备整个寿命周期的输出与输入之比。要

求设备一生的寿命周期费用最小，寿命周期输出最大，即设备综合效率最高。

②　全系统。全系统是指以设备的整个寿命周期作为对象进行系统的研究和管理，并采取相应的生产维修方式。

③　全员参加。凡是涉及设备的各方面有关人员，从经理到生产员工都参加设备管理。纵的方面，从企业最高领导到生产操作人员，全都参加设备管理工作，组织形式是生产维修小组。横的方面，把凡是与设备规划、设计、制造、使用、维修等有关部门都组织到设备管理中来，分别承担相应的职责，具有相应的权利。

2. 5S 活动的开展

5S 活动不仅是 TPM 的基础，还是企业管理的基础，也是开展各项改善活动的前提条件。

（1）5S 活动的具体内容。

①　整理。将工作场所内的物品分类，区分要与不要的物品，将不要的物品坚决清理掉。其目的是腾出空间，防止物品混用，创造干净工作环境，提高生产效率。

②　整顿。将必要的物品以容易找到的方式放置于固定场所，并做好适当的标志，最大限度消除寻找工作。

③　清扫。工作场所、设备彻底清扫干净，使工作场所保持一个干净明亮的环境。其目的是维护生产安全，保证品质。

④　清洁。经常做整理、整顿、清扫工作，并对以上 3 项活动进行定期与不定期的监督检查，使现场保持干净整洁。

⑤　素养。每个员工都养成遵章守纪的良好工作习惯，并且具有积极主动、富有团队合作精神。

（2）5S 活动的开展程序。

5S 活动的开展程序如图 5-4 所示。

（3）检查监督 5S 活动。

定期举行研讨会、集思广益，以达到事半功倍的效果。不定期、不定时组织现场巡查，发现缺失，做好记录。由推行委员会针对不同的部门，提出改善点，以推动活动深入开展。

3. PM 活动的开展

PM（Productive Maintenance）活动即自己的设备自己维护，由操作人员参加对自己的设备的维护工作。PM 活动是 TPM 活动的核心，企业推行 PM 活

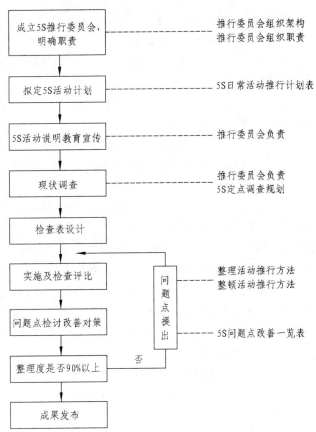

图 5-4　5S 活动的开展程序

动的目的，是不断扩展自主维护的范围，减少专业维护的分量，降低对外委托维护的费用。

（1）PM 小组。

PM 活动的开展以 PM 小组活动的开展为基础。PM 小组即生产维修小组，它是由工人、管理人员、技术人员为减少设备故障、提高设备利用率而自动组织起来主动活动的集体。PM 小组的主要活动，不受上级命令、指示，自主地为设备一生的各个阶段分担责任，为设备生产率达到最高水平开展活动。

选题是 PM 小组活动能否开展起来的关键问题。因此，选择课题时，要考虑问题的紧迫性、可行性、效果等。

（2）PM 活动开展的步骤。

PM 活动开展的步骤如下：

① 初期清扫（5S 活动）。

② 找出发生源头与难点问题的对策。

③ 总检查。

④ 提高检查效率（目视管理）。

⑤ 自主管理体制的建立。

4. TPM 活动的推进

TPM 活动的推进，可以分为导入准备阶段、启动实施阶段和总结升华阶段等三个阶段。

（1）TPM 活动的导入准备。

① 企业高层宣布导入 TPM 活动。企业高层的认识、意志、热情是决定 TPM 活动能否成功开展的关键，同时，还会影响到企业全体员工的推进 TPM 活动的热情。

② 制定 TPM 的基本方针及目标。TPM 的基本方针及目标的确定，取决于企业生产经营上的需要，确定质量、成本、产量、安全、环境哪个为重点，据此再决定相关的问题。

③ 建立 TPM 推行组织。企业需建立 TPM 的各级委员会，确定相应的负责人。TPM 活动组织应包括全企业范围的推进委员会（主要由高层和各部门负责人组成）、推进事务局、各分部推进组织及各部门内部的活动推进组织。

④ 建立 TPM 体制。建立以设备一生为对象的"无维修设计"的体制，即进行 MP（维修预防）、PM（生产维修）、CM（改善维修）系统管理。具体内容包括：MP 为可靠性、维修性检验单、入厂检查验收单、初期生产管理表等；PM 为预防维修、润滑、修理施工、维修技术、费用预算的管理；CM 为故障原因分析表、改进意见书、改善维修计划书等。

⑤ 制定 TPM 活动计划。制定一个为达到 TPM 目标的活动计划是相当重要的。

⑥ 培训 TPM 成员。让成员理解 TPM 活动的基本内容和推进程序，理解开展 TPM 活动的重要性，重点是提高操作人员和维修人员的技术水平。

（2）TPM 活动的启动实施。

① TPM 活动的正式启动。准备阶段是以管理层为主体开展活动的，而活动的正式启动则需要对全员进行说明和动员，为日后的 TPM 活动推进打下良好的基础。

② 开展 5S 活动。

③ 开展提案改善活动。在 5S 活动取得初步成果之后，应立即推出提案活动，通过各种

办法激励全体员工积极参与，促进所有员工关注身边的问题并提出改善方案。

④ 开展自主维护活动。作为 5S 活动的延续，可以继续推进自主维护活动，逐步提升自主维护水平，最终达成在工厂建立自主管理体系的目的。

⑤ 推进效益改善活动。随着提案改善活动和自主维护活动的进一步开展，员工的改善意识和改善能力将逐步得到提高，时机成熟的时候，就要不失时机推出效率改善活动。效率改善活动的推进要与企业的方针（目标）管理活动进行必要的整合。有的企业还没有开展方针管理或目标管理活动的话，可以在这个过程中逐步建立起来。效率改善活动要取得预期的成果，建立一套课题登录、活动推行、进度管理以及总结提高的体系非常重要。

（3）TPM 活动的总结升华。

TPM 活动成果的体现形式是多方面的，因此在总结活动成果的时候，总结的模式也是多样化的。常用做法有：

① TPM 活动事例收集成册。

② TPM 活动专栏制作。

③ 优秀 TPM 活动交流。

④ TPM 活动课题的总结及报告会。

⑤ 改善财务统计。

TPM 活动总结的目的，是为了提升企业的管理水平。由于不同部门负责人和员工认识水平的不同，以及各部门的客观条件所限，改善水平肯定是参差不齐的。企业管理层应认识到这一点，并且学会运用这种差异，督促并激发后进部门赶超先进部门的热情。在这个过程中，一方面，企业要不断总结优秀事例，推广先进经验，促进更多的部门提升水平；另一方面，企业应设定更高的挑战目标，促进先进部门的持续提升。

总之，改善活动是无止境的，要追求优良企业的企业管理水平，保持改善活动的持续和活动水平的不断提高是关键。而建立企业自主管理、自主改善的机制，更是推进 TPM 活动的最终目的。

案例分析：海尔设备管理案例

海尔集团的设备管理工作大胆创新，与企业生产环境与企业文化相融合，形成独具特色的"流程再造"中的设备管理模式。在设备的采购、安装、预防、维护和维修的服务体系中，走以设备效率为目标，以全时间、全空间、全系统为载体，全体成员参与为基础的设备保养、维修路线，主要任务是保持设备完好，追求设备零停机，充分发挥设备效能，从而取得良好的投资效益。

1999 年，海尔集团根据业务流程再造，将全集团所有的设备管部门以及设备资源进行彻底整合，成立了青岛海尔设备管理有限公司，专门负责全集团设备的预防维护和管理。同时，集团引入全员设备维护管理（TPM）的管理方法，制定了相应的方针、目标和管理方案。在设备管理过程中，引进市场竞争机制，以内部市场为导向，以效益为中心，紧紧围绕企业发展方向，优化组合各种生产要素。

海尔集团的设备维护体系包括 TPM 现场设备管理和全系统生产维修体制。TPM 现场设备管理是将 OEC 管理（Overall Every Control and Clear，即全面质量管理法）、5S 现场管理融入了 TPM 设备管理中，形成一套设备现场管理的新模式，使设备的操作工、维修人员根据各自 TPM 支持系统搭建的操作平台互相制约。具体管理措施有：

1. 建立起以区域承包为基础的市场链机制

海尔设备管理部以设备的区域承包为基础，建立起了对停机时负责的市场链机制，即所有的设备都承包给具体负责人，无论何时，只要设备停机，就向责任人索赔。同时，建立相应的即时激励机制，每天考评停机时间，并通过排序找出最优及最劣案例，每天班前会剖析讨论，使维修工在服务意识和方法上都有所改进。

2. 开展流程咬合，搭建基础管理平台

通过搭建平台进行流程咬合，使设备达到零停机。设备管理部与各事业部横向签订了现场设备管理的 SST（索赔索酬跳闸）操作平台合同，纵向与各设备处长、设备管理人员及维修工签订了停机时承包合同，将市场目标转化到内部每个人，使每个人都有它的市场和市场目标。设备管理人员每天必须进行技术分析，提出预防检修计划，对其承包区域的停机时负责；维修工每天必须进行预防检查，并根据设备的维护标准对操作工进行检查考核；操作工每天必须按平台要求维护、保养、润滑、使用好设备。维修工与操作工通过两张 3E 卡联系在一起、为了更好地培训操作工，维修工在发放索赔单时，必须写明索赔原因与正确的操作方法，把索赔单变成培训单。

3. 启动 TPM 互动小组活动

由现场维修工和操作工共同成立 TPM 互动小组，要求所有人员必须自主面对市场，主动与操作工沟通，从完好、节拍等项着手抓好存在停机隐患设备的维护及预防工作。

实施"设备例保市场链"，重点抓设备现场工作，按照 TPM 工作思路，从设备事业部、设备处、维修工到产品事业部、分厂管理员、操作工，全员开展设备现场工作，分别从横向制定标准平台并坚持考核。制定"海尔集团设备维护保养 9A 评价平台"，每周由审核队对集团所有产品事业部进行设备例保检查，设备处组织产品事业部各分厂每周进行现场联检，在事业部范围内排序，并制定考核平台进行优劣考评，根据每台设备的完好标准进行检查，将红黄牌挂在设备上，依据红黄牌机台考核平台激励操作工和班长、车间主任。

公司各组人员均以 30% 的工资作为设备现场状况考核的奖励基金，设备处根据每台设备的考评结果对维修工打分，再乘以 30% 工资作为设备完好率考核结果。同时维修工对操作工继续通过索赔培训单进行考核。

4. 开展"节拍经理"和"维修工人星级技能评定"活动

随着市场竞争的日趋激烈，谁能快速响应用户的需求，谁就能赢得客户，所以设备的生产速度即节拍变得越来越重要。公司在每个产品事业部处设置一名专职"节拍经理"，依据设备节拍的提高效果拿工资。从工艺流程入手研究设备生产节拍，通过解决设备瓶颈问题，直接带动整个工序和产品事业部产量的提高。

维修工人星级技能评定的目的是完善对维修工的考核机制，合理确定维修技师的技术等级，并与工资挂钩，以激发维修人员的学习热情，提高全体维修人员的技能水平。评定星级分为一至五星级，工资待遇上星级的技师工资为岗位基本工资加星级技能工资，工资总额差距可达 50%。

5. 评选"绿色机台"，外聘尖端技术维护专家

为提高现场管理水平，海尔设备管理部还推出了"设备绿色机台评选"。组织联检小组对设备完好、润滑、例保进行联检，以零停机为考核附加条件，建立控制台账，责任人分操作工和维修工，对每周检查进行排序，每月排名，将前10%设备命名为"RPM造势先锋机台"，后10%设备命名为"TPM造势落后机台"，并悬挂标识牌，并对先锋机台和落后机台进行奖惩。

创新用人机制，青岛海尔设备管理有限公司整合国内、国际上的技术专家为公司所用，实现高精尖设备维修的技术保障。引进形式多种多样，可以加盟公司成为海尔正式员工，可以合同形式短期合作，可以星期天工程师的形式或每月、每季度来进行检修服务和故障维修。

6. 依托科技进步和技术创新实现设备管理工作

实现设备现场信息化管理，运用计算机信息网络管理企业设备及维护维修业务，自动采集、处理各类原始信息，有效地进行设备维护和各类定检，减少人为错误，提高设备运行效率。利用互联网进行设备远程诊断，借助国外发达国家的技术力量，对设备进行远程诊断，实时检修故障、检测运行、修改程序等，节约抢修时间和资金。

通过设备管理的技术创新，在2000—2002年，海尔集团仅设备维修费就降低了数百万元。成套处利用TPM软件协助采购工作，减员50人，工作效率提高300%。2002年全集团的设备故障停机时间较2001年下降18.8%，2001年较2000年下降30%，而2000年较未整合的1999年下降60%，2003年基本做到全集团设备零停机。2002年设备平均节拍为36.5s，较2001年提高24%，设备完好率和例保达标率都达到100%，维修费用较2001年下降42%，并保持全年零事故。2003年度荣获全国设备管理优秀单位称号。

参考文献

[1]　钱静. 包装管理[M]. 北京：中国纺织出版社，2008.

[2]　赵有青，王春喜. 现代企业设备管理[M]. 北京：中国轻工业出版社，2011.

[3]　朱春瑞. 做优秀的设备管理员[M]. 广州：广东经济出版社，2008.

[4]　陈延德. 图说工厂设备管理[M]. 北京：人民邮电出版社，2011.

[5]　http：//baike.baidu.com/view/403349.htm.

[6]　http：//www.baoku168.com/guanli/zhishi/lilun/shengchan/b1/z3/j3/0501.htm.

[7]　http：//wenku.baidu.com/view/7662c8fd700abb68a982fb67.html.

[8]　http：//baike.baidu.com/view/1424839.htm.

[9]　http：//wenku.baidu.com/view/bc9b41e2524de518964b7d44.html.

[10]　http：//baike.baidu.com/view/1479170.htm.

[11]　[日]平野裕之. 5S 在制造业的应用[M]. 日刊工业出版社，1994.

[12]　Sueo Yamaguchi.TPM in Japan its Status and Issues.The Proceeding of the International Conference on Engineering，Guangzhou'97. China Machine Press Beijing China，1997.

[13]　DunnR.Advanced Maintenance Technologics[J].Plant Engineering，1987：80-82.

[14]　Erry Wireman.World Class Maintenance Management. U.S.A：Industrial Press，1990.

[15] Joel Levit. Managing Factory Maintenance. U.S.A：Industrial Press，1996.

[16] Peter Willment. Total Productive Maintenance. The Westen Way，Butterworth Heinemann Ltd，1994.

[17] 罗斯·肯尼迪，可靠性维修 RCM 和全员设备维修 TPM[M]. 澳大利亚 TPM 中心，2007.

[18] Seiichi Nakajima. TPM Development Program，Implementing TPM[M]，Portland Oregen，Productivity Press，1989.

[19] Tajiri Masaji. Introduction to TPM[M].Cambridge Productivity Press，1998.

[20] Robert C.Hansen.Overall Equipment Effectiveness.Industrial Press，Inc.，2002.

第六章　包装企业质量管理

伴随着近年来我国经济的快速发展，人们的生活水平从温饱逐步迈向小康，尤其是生活质量的提高使得人们对购买的产品（以及产品的包装）质量的要求越来越高，这也就对那些为社会提供包装产品的包装企业提出了更高的要求。本章将从包装产品质量的基本概念及其发展过程入手，介绍全面质量管理的相关知识；然后结合案例对质量管理常用的统计分析方法进行应用加深对包装产品质量概念的进一步理解；最后将企业常用的ISO9000族标准作一简单介绍。

第一节　包装产品质量和质量管理

一、包装产品质量的概念

正确而全面地理解产品质量的概念，提高对企业产品质量重要意义的认识，有助于在开展质量管理工作中，认真贯彻执行"质量第一"的方针，树立"一切为用户服务"的观念；对于不断改善和提高产品质量具有重要的指导意义。

包装产品质量就是包装产品的适用性。包装产品靠自身的质量属性和用途来满足社会和消费者的需要，这决定了包装产品质量好坏的主要标志应从包装产品是否物美价廉地满足了用户的需要，以及满足的程度来衡量。包装产品的质量属性见表6-1。

表 6-1　包装产品的质量属性

质量属性类别	举　　例
使用方面	如使用是否方便、安全、可靠等
外观方面	如满足用户需要的外形、颜色、装饰等
经济方面	如效率、成本等
时间方面	如耐用性、可靠性等

续表 6-1

质量属性类别	举　　例
结构方面	如结构轻便，便于加工等
物质方面	如物理性能、化学成分等
环境方面	如包装物品的回收，对环境的污染等

　　这些属性并非一成不变的，它将随着社会、科技的不断进步，尤其是人们生活水平的提高而对质量意识增强而不断变化。因此，包装产品质量标准是在一定时期和范围内，人们对包装产品质量的要求和现实生产技术水平的统一，并需随技术的进步和用户需要的提高而不断修订完善。

二、包装产品质量的形成过程

　　好的包装产品的质量，是经过生产的全过程产生和形成的；首先是设计和生产出来的，不是单纯检验出来的。通常，包装产品质量产生和形成大致经过如图 6-1 所示的 17 个环节，是一个螺旋形上升循环的过程；产品质量在产生、形成和实现的过程中的各个环节之间相互依存，互相制约，互相促进；每经过一次循环产品质量就提高一步。

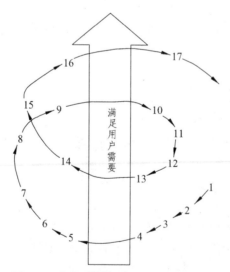

图 6-1　产品质量螺旋形上升循环过程

1—市场调研；2—概念设计；3—实验研究；4—产品设计；5—工艺设计；6—外协采购；7—测试与鉴定；8—生产准备；
9—样品试制；10—测试改进；11—加工制造；12—质量检验；13—仓库保管；14—包装运输；15—产品销售；
16—售后服务；17—报废后回收处理；18—市场调研

　　不难看出，质量管理要对分散在企业各部门的质量职能活动进行有效的组织、协调、检查和监督，从而保证产品质量和提高产品质量。可见质量管理必然是全过程的、全员的管理。

☺**小贴士** 1:

为了实现产品的质量，企业的各个部门都应当发挥自己的作用和尽到自己的职责，这就是质量职能。

三、质量管理的发展阶段

20 世纪初美国开始抓质量管理，20 世纪 50 年代日本逐步引进美国的质量管理，并结合日本自己的国情有所发展。质量管理这个概念，是随着现代工业生产的发展逐步形成、发展和完善起来的。科学技术的进步，生产力水平的提高，管理科学化、现代化的实现都不同程度地促进着质量管理的发展。从解决产品质量问题所涉及的理论和所使用的技术和方法的发展变化来看，质量管理大致经历了以下三个发展阶段：

1. 质量检验（Quality Inspect）阶段（1920—1940）

二十世纪初，泰罗提出了"科学管理"理论。泰罗主张企业内部专业分工，实现计划职能与执行职能分开，因而需要有"专职检验"这一环节来判明执行情况是否偏离计划和标准。随着企业生产规模的扩大，对零件的互换性、标准化的要求的提高，企业开始设置专职检验人员负责产品（零部件）质量的检验和管理工作。但是，当时的"质量管理"还是以剔除不合格品为目的的"事后检验"，这种"事后把关"的方法无法从根本上解决产品质量的问题，属于一种消极被动的管理方式。这一阶段质量管理的基本特征见图 6-2。值得一提的是，1924年，休哈特（W.A.Shewhart）首先将数理统计概念和方法应用到质量管理中，剔除了控制生产过程进行产品缺陷预防的做法，即"3σ"图，也就是现在应用比较普遍的质量控制图。但是由于 30 年代初期世界的经济危机，使得该方法在当时没有能够得到及时的推广和应用（但其为第二阶段质量管理奠定了基础），大多数企业依然沿用"事后检查"的质量管理方法。

质量管理基本特征	（1）半成品、零件、部件和成品验收合格的决定权属于检查人员及其职能机构。强调检查工作的监督职能。
	（2）采用对产品实行全数检查及筛选为主的检查方法。
	（3）对整个生产涉及的环节实行层层把关，防止不合格品流入下一道工序或出厂。

图 6-2　质量检验阶段的基本特征

2. 统计质量控制（Statistical Quality Control，SQC）阶段（1940—1960）

20 世纪 40 年代，美国生产民用品的大批公司转为生产各种军需品。然而，军需品大多不允许事后全检。例如，在欧洲战场上，美军炮弹炸膛事件层出不穷，造成大量的伤亡事故。面对质量差、不能及时交货等难题，美国防部特邀请休哈特、道奇、罗米格、华尔特等专家研究解决这一问题。并在 1941—1942 年先后制订和公布了一系列强调要求生产军需品的各公司和企业需实行统计质量管理的"美国战时质量管理标准";将"事后把关"转入到"事先预防",使得统计质量管理方法成为当时预防废品的一种有效工具。在成功解决了武器等军需品的质量问题的同时,美国军工生产在数量和质量上都步入一个新的台阶,助推着美国经济站在世界领先地位。但这一阶段在质量管理中过分强调数理统计方法的应用,而忽视了组织管理和生产者能动性这些因数的重要作用,影响了管理作用的发挥和数理统计方法在质量管理中的普及和运用。这一历史时期,质量管理的基本特征见图 6-3。

质量管理基本特征	(1)实行传统质量检查的同时,在有条件的地方广泛推行抽样检查,显著降低了检查费用。 (2)采用控制图对大量生产的工序进行动态控制,有效地防止了废品的产生。 (3)借助数理统计工具,把过去那种以评价加工结果的质量管理体制转化到重点追究影响产品质量的原因的管理体制上来,提倡以预防为主一道工序或出厂。

图 6-3 统计质量阶段的基本特征

3. 全面质量管理(Total Quality Management,TQM)阶段(1960 至今)

20 世纪 50 年代末到 60 年代初,随着社会生产力的迅速发展,管理理论和质量管理科学也快速向前发展,特别是航天军工产业以及大型系统工程的需要,在质量管理中引进了"可靠性"、"无缺陷运动"等一系列新的内容;对质量的要求不断提高。如,美国的"阿波罗"飞船和"水星五号"运载火箭,零件数量多达 560 万个,如果零件的可靠性只能达到 99.9%,则飞行过程中就存在 5 600 个零件可能发生故障,后果不堪设想。为确保安全,就必须保障全套设备的可靠性达到 99.9999%,也就是在 100 万次的动作中,最多只允许有一次失灵。连续安全作业时间换算出来是要求在 1 亿~10 亿小时。很显然,为达到这一要求,单纯依靠统计方法控制生产过程来保证产品质量是很难实现的,需要对生产过程的各个环节都进行质量管理。在这种新的历史条件下,质量管理向更高阶段发展的三大因素已然形成,如图 6-4 所示。

全面质量管理促成因素	(1)产品性能的高级化,产品结构的复杂化以及产品品种规格的多样化,都对产品的质量,尤其是产品的可靠性和安全性提出了越来越高的要求。 (2)管理科学的各个学派,比如,梅约的"行为学派"、西蒙的"决策理论"越来越受到世人的重视,这些学派的思想也开始对现代企业的质量管理产生更大的影响(前述的"无缺陷运动""质量管理小组活动"等)。 (3)"保护消费者利益"运动,是制造业不但要提供性能符合质量标准要求的产品,而且还要保证售后使用过程中的安全性和可靠性等产品质量的原因的管理体制上来,提倡以预防为主一道工序或出厂。 要求企业必须建立一套贯穿产品质量生命周期内全过程的质量保体系。

图 6-4 全面质量管理阶段的促成因素

美国的质量管理专家费根堡(A. V. Feigenbaum)和朱兰(J. M. Juran),先后提出了"全面质量管理"这一概念。当时，全面质量管理的"全面"是相对于统计质量控制中的"统计"而言的。但是，全面质量管理的理论和方法的提出，促进了世界各国对产品质量管理体系的深入研究和不断完善。发展至今，全面质量管理无论其内容和方法都形成了完整的科学体系。

需要注意的是：质量管理发展的每一阶段不是前一阶段的简单否定和代替，而是在前一阶段基础上的继续发展和完善。

☺小贴士 2：

全面质量管理就是指企业中涉及产品质量工作的全过程和全范围的总体活动。它包含着质量保证、预防、提高、协调和用户服务的广泛含义。

第二节　全面质量管理

一、全面质量管理的理念

全面质量管理要求企业全体成员牢固树立"质量第一"的思想，形成强烈的质量意识，以适应市场经济的发展。为此，必须建立如图 6-5 所示的理念。

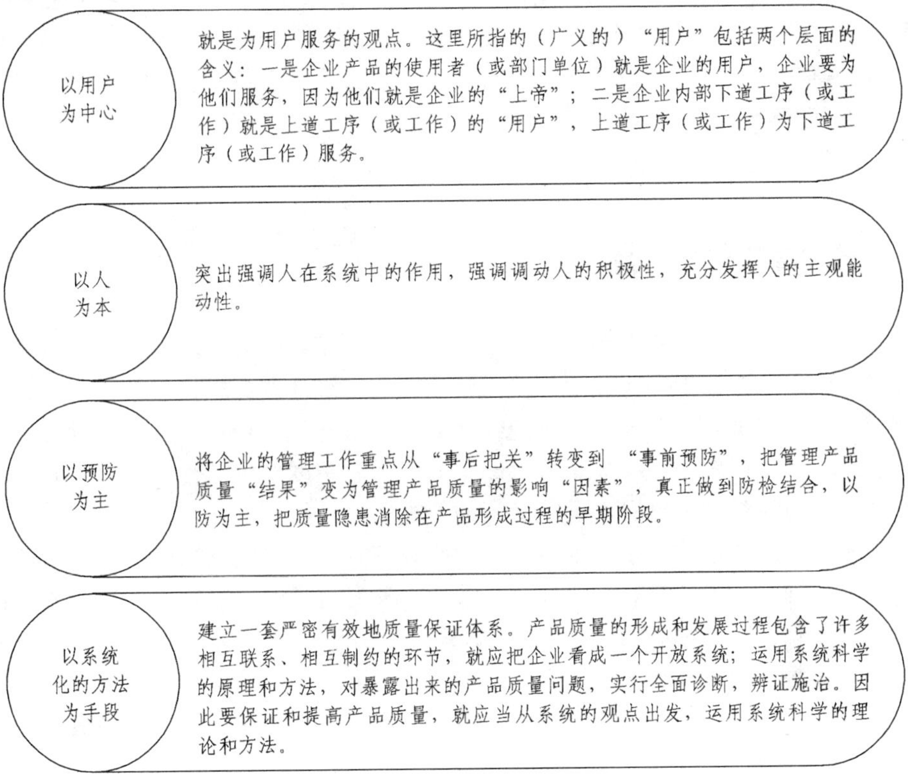

以用户为中心	就是为用户服务的观点。这里所指的（广义的）"用户"包括两个层面的含义：一是企业产品的使用者（或部门单位）就是企业的用户，企业要为他们服务，因为他们就是企业的"上帝"；二是企业内部下道工序（或工作）就是上道工序（或工作）的"用户"，上道工序（或工作）为下道工序（或工作）服务。
以人为本	突出强调人在系统中的作用，强调调动人的积极性，充分发挥人的主观能动性。
以预防为主	将企业的管理工作重点从"事后把关"转变到"事前预防"，把管理产品质量"结果"变为管理产品质量的影响"因素"，真正做到防检结合，以防为主，把质量隐患消除在产品形成过程的早期阶段。
以系统化的方法为手段	建立一套严密有效地质量保证体系。产品质量的形成和发展过程包含了许多相互联系、相互制约的环节，就应把企业看成一个开放系统；运用系统科学的原理和方法，对暴露出来的产品质量问题，实行全面诊断，辨证施治。因此要保证和提高产品质量，就应当从系统的观点出发，运用系统科学的理论和方法。

图 6-5　全面质量管理的理念

二、全面质量管理的主要特点

企业的全体员工人人都要树立质量观念，贯彻"质量第一"的方针，运用质量管理的科学理论、技术和方法，提高工作质量。建立从研发设计到使用的全过程的质量保证体系，生产出用户满意的产品。全面质量管理的主要特点如下。

1. 全面质量管理的范围是全面的

全面质量管理即全过程的质量管理。产品质量是企业生产经营活动中各个相关环节综合形成的重要成果之一。实行全过程的管理，以防为主，将质量管理扩大到过程质量、服务质量和工作质量。一方面要把管理工作的重点，从事后的产品质量检验转到控制事前的生产过程质量上来；在设计和制造过程中的各个环节的管理上下工夫，在生产过程的每个环节都加强质量管理，保证生产过程中的产品质量良好，消除所有环节的隐患，做到"防患于未然"。另一方面，要建立一个包括从市场调查、研制设计到销售使用的全过程的确保稳定地生产合格产品的质量保证体系。

2. 全面质量管理参与者是全员的、全企业的质量管理

工业产品质量的优劣，取决于企业全体人员对产品质量的认识和与此密切相关的工作质量的好坏。提高产品质量需要依靠全体员工以自己优异的工作质量来确保产品质量的产生、形成和实现的基础上来共同完成。因此，首先必须对企业的全体成员进行质量管理教育，强化质量意识，使每个成员郡树立"质量第一"的思想；其次，广泛地发动全体员工参加质量管理活动。不但从思想上，而且在行动上都保持一致。

3. 全面质量管理的方法是科学的、全面的

全面质量管理是集管理科学和多种技术方法为一体的一门科学。不仅要运用质量检验、数理统计等方法，还要求把专业技术、组织管理和数理统计方法有机地结合起来，全面综合地管好质量，形成多因素、多样化的质量管理方法体系。伴随着科学技术的发展，企业的生产规模日益扩大，生产效率日益提高，对产品的性能、精度和可靠性等方面的质量要求也不断提升。同时，对质量管理也提出了很多新的要求，质量管理必须科学化、现代化，在质量管理工作中必须运用先进的科学技术结合科学的管理方法。在建立严密的质量保证体系的同时，还应充分地利用现代科学的一切成就，采用一整套科学的质量管理方法（比如：计划—执行—检查—处理（PDCA）的工作方法、数理统计方法、价值分析法、运筹学方法以及因果分析图法等一些实用的方法）。广泛运用以数理统计方法为主的科学的管理方法来找出产品质量存在问题的关键，控制生产过程的质量，提高各部门的工作质量，最终达到提高产品质量的目的。

三、全面质量管理的基础工作

企业开展质量管理必须先做好一些以产品质量为中心的基础工作（如质量教育、标准化、计量、质量信息、质量责任制以及质量管理部门或小组建立等），形成全面质量管理的基础工作体系。

1. 质量教育工作

质量管理教育工作的目的，贯彻"质量第一"的方针，树立全心全意为用户服务的思想。质量教育工作包括的主要内容如表 6-2 所示。

表 6-2　质量教育工作的内容

项　目		内　容
质量教育工作内容	（1）技术培训和业务学习	员工的技术水平以及各方面管理工作的水平决定着产品的质量；要把人的因素放在首位，规划并组织好员工的技术和业务培训，使员工的技术水平和管理水平持续提高的同时，协调好人、物、技术等各项因素之间的关系
	（2）质量管理知识的普及	全面质量管理涉及企业内各个部门，人人有责，贯穿整个生产技术经营活动的全过程。企业全体员工都必须接受全面质量管理的教育和培训，普及全面质量管理的基本知识、学习现代化的管理方法

2. 标准化工作

国外有所谓"企业的一切工作都是从标准化开始，到标准化告终"的说法。全面质量管理工作中涉及的质量目标的制订、贯彻执行、检查比较、总结提高，步步离不开标准。标准化工作范围与应注意的问题见表 6-3。

表 6-3　标准化工作范围与应注意的问题

（1）标准化工作的范围		
范围	标准分类	说　明
企业标准	技术标准	主要是工业标准的具体化（如：产品质量标准和检验标准等），是直接衡量产品质量和工作质量的尺度
	管理标准	各种程序、职责、手段、规章制度等，这类标准是企业为了保证与提高产品质量，实现总的质量目标而制定的
工业标准	工业标准是制订企业标准的重要依据	

续表 6-3

（2）标准化工作中应注意的问题	
项目	内　容
①科学性	标准要在实践和科学研究的基础上制订或修订；标准制订后应根据社会的进步及科学技术的发展，适时进行修订和完善
②严肃性	标准制订后，一定要严格执行，不能任意改动
③明确性	标准要形成文件，内容具体，要求明确，不宜抽象和模棱两可
④连贯性	各部门、各方面的标准要连贯一致，互相配套
⑤群众性	要依靠群众在总结经验的基础上制订和执行标准

😊 **小贴士 3：**

标准化（Standardization），是指为了在一定范围内获得最佳秩序，对现实问题或潜在问题制定共同使用和重复使用的条款的活动。

😊 **小贴士 4：**

工业标准一般指的是为简化产品品种，统一产品规格、质量及性能而制订的一列规范和规定。

😊 **小贴士 5：**

根据企业生产技术活动和经营管理工作要实现规格化、统一化制度的要求而制订的一系列规格、规范、规则、业务指导、条例等准则，统称为企业标准。

3. 计量工作

计量工作是保证零件互换，确保产品质量的重要手段和方法，具体内容主要包括测试、化验、分析等。企业必须设置专门的计量管理机构和理化试验室，保证并充分发挥计量器具在质量管理中的效用。表 6-4 给出了做好计量工作的主要环节。

表 6-4　计量工作必需的主要环节

序号	环　节
（1）	计量器具的检定
（2）	计量器具及仪器的妥善保管
（3）	计量器具及仪器的及时维修和报废
（4）	计量器具及仪器的正确、合理使用
（5）	改进计量理化工具和计量方法，实现检验测试手段现代化

4. 质量信息工作

质量信息，指的是反映产品质量和产供销各环节工作质量的原始记录和基本数据，以及产品使用过程中反映出来的各种情报资料。质量信息是企业进行产品质量调查研究的第一手资料，是保证和提高产品质量提供重要的科学依据。质量信息来源见表6-5。

表 6-5　质量信息来源

序号	来　源	说　明
（1）	内部信息	主要是产品准备过程中与制造中的各种原始记录。例如，原材料入厂检验记录，工艺操作记录，工序之间流转及废次品检验情况记录等
（2）	外部信息	是指用户在使用过程中对产品质量、经济性等方面的反映，以及国外发展情况，国内同行业产品质量的发展动向

5. 质量责任制

质量责任制作为工业企业中建立经济责任制的首要环节，要求明确规定企业员工在质量工作中的具体任务、责任和权力，以便做到质量工作事事有人管，人人有专责，办事有标准，工作有检查，检查有考核。这样才能提高企业各项专业管理工作的质量，有效预防产品质量缺陷的产生。

6. 质量管理小组活动

质量管理小组活动是总结我国的经验，与学习国外先进的科学管理方法相结合的产物。开展质量管理小组活动，应当有目标、有选题、有活动、有成果，真正成为员工参加企业管理，全面解决质量问题的一种持续长久的有效方式。

第三节　质量分析方法

质量分析，是指对产品质量和工程质量状态进行分析。质量管理工作中最为重要的一个方面就是根据事实进行实时有效的管理。要做到这一点，就要第一时间了解和掌握事实，事实的主要信息是数据（质量管理中数据的种类和基本属性见表6-6和表6-7），数据是质量分析的基础。要根据事实（即数据）做出及时正确的判断，必须用适当的方法对数据信息进行整理、筛选和分析找出质量波动的规律，把正常的波动控制在最低的限度，采取措施消除各种原因造成的质量异常波动。通过收集数据、整理数据，以数理统计学为基础，总结出诸如直方图、排列图、因果图、控制图、矩阵图等14种常用的工具和方法（习惯上称新7种工具和老7种工具）。这些工具和方法在企业质量管理中作为基础工作已得到了广泛的应用。它们之间的关系和运用的时机参见图6-6。

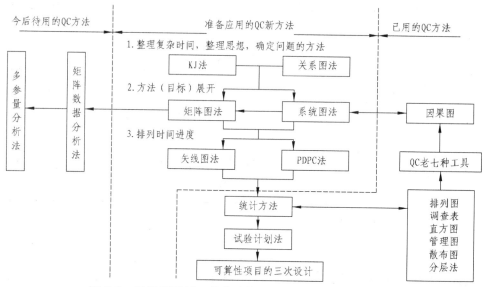

图 6-6　质量管理新7种方法与其他质量管理方法的关系

表 6-6　质量数据种类

序号	种　类	定义及说明
（1）	计量数据	可量化的数据，数据可不断细分，称为计量型数据，如某尺寸长度、重量、强度、湿度等可用不同精度量具测量出不同数据
（2）	计数数据	不计数型数据，可数型的数据，不可分割的只能以整数表示数据，称为计数型数据。如，一匹织物有几处疵点、电镀表面有几处锈斑、合格品的数量、废品的数量、事故的次数等

表 6-7　质量数据的基本属性

序号	属　性	定义及说明
（1）	波动性	实践证明，在同样的条件下，无论多么精密的机器，多么熟练的技术，生产出来的产品质量都不可能绝对的相同，总会存在一定的差异（误差），这种差异就叫做波动性，这种源于正常因素和异常因素产品的波动性也称作为离散性（或散差）
（2）	集中性	在生产条件稳定的情况下，产品质量分布具有规律性，即所谓集中性。对产品质量分布的研究表明，在产品要求的质量标准值（平均值）附近是数据次数多，对质量标准值远离的数据出现的次数就很少

下面将逐一介绍常用的一些方法。

一、主次因素排列图法

主次因素排列图简称排列图，因它是由意大利经济学家帕雷托（Pareto）博士1906年分析意大利的社会财富分布状况时首先采用的，所以又叫帕雷托图。他发现了"关键的少数和次要的多数"的关系。其后，美国质量管理专家朱兰博士把这一原理应用到质量管理中来。排列图作为寻找关键因素的常用的有效工具发展延续至今，是用来找出影响产品质量主要因素的一种常用统计分析工具。

具体原理（见图6-7）：横坐标表示影响产品质量的因素或项目，以直方的高度表示各因素出现的频数，并从左到右按频数的多少，由大到小顺序排列；设置两个纵坐标，左边表示因素出现的频数（件数、金额等）；右边的表示因素出现的频率。将各因素出现的百分数顺序累计起来，即可求得各因素的累计百分数（累计频率）。通常将影响因素分为三类，第一类累计百分数在 0%～80%范围内的因素为 A 类因素（主要因素）；第二

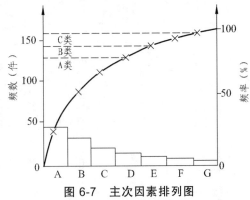

图 6-7　主次因素排列图

类累计百分数在 80%～90%范围内的因素为 B 类因素（次要因素）；第三类累计百分数在90%～100%范围内的为 C 类因素（一般因素）。为了有利于集中精力解决主要问题，首先应重点解决影响产品质量的 A 类因素，这也符合二八原则基本规律。

在实际应用过程中，通常需要找出影响质量的因素有哪些？主要因素有哪些？以及各种因素对质量的影响程度又有多大？主次因素排列图法逐步发展成为找出影响质量的主要因素的一种有效方法。

1. 排列图的做法

下面以实例具体说明排列图的制作和分析方法。

【例 6-1】　某纸箱生产企业对瓦楞纸板进行抽查，发现其中瓦楞纸板不合格的有 2130处，经过对抽样数据的整理归类，按各因素对质量的影响程度由大到小汇总于表6-8。

表 6-8　某纸箱厂纸板质量问题统计表

序　号	影响因素	频　数	频率（%）	累计频率（%）
1	高低楞	1529	71.8	71.8
2	瓦楞折皱	201	9.4	81.2
3	瓦楞裂纹	181	8.5	89.7
4	带毛刺	149	7.0	96.7
5	其他	70	3.3	100
合　计		2130	100	

解：作两个纵坐标，一个横坐标；将数据按原因分层、按频数的大小不同，从大到小依次排在横轴上；左边的纵轴表示频数，即件数或价值指标；右边纵轴表示频率，即相对百分数；每个矩形的高度表示该因素影响大小的数量；由矩形端点的累积数连成的折线即为帕雷托曲线，如图 6-8 所示。

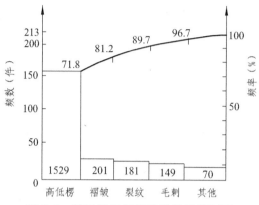

图 6-8　某纸箱厂纸板质量问题排列图

2. 注意事项

在绘制和分析排列图的过程中应注意下列问题：

（1）通常按累计百分数把各影响因素划分为三类：如前所述。主要因素一般为两个，不宜超过三个，否则就失去了抓主要矛盾的意义了。

（2）当横轴上的一般因素过多时，为避免冗长杂乱，可将其归并为"其他"类。

（3）抓住了主要矛盾、找出了主要因素后，要采取有效措施，解决实际问题。然后再根据质量管理影响因素主次的变化，重画排列图，以求在更高层次上发现和解决新的问题，使产品质量和工程质量水平不断提高。

二、因果分析图法

因果分析图也称特性因素图、鱼刺图或树枝图。它是分析、寻找质量问题产生的根本原因与结果之间关系的一种有效的质量分析方法。

因果分析图的原理：将影响产品质量的复杂原因归纳成两种互为依存的关系，即平行关系和因果关系。在实践过程中，如果能够通过直观方法找出属于同一层有关因素的主次关系（平行关系），就可以进一步借助排列图对它们进行统计分析。但是由于因素在各层还存在着纵的因果关系，这就需要有一种方法能同时整理出这两种关系。在生产过程中人、机器、原材料、加工方法、检测方法和环境条件六个方面构成影响产品质量的主要因素；它们之间存在着因果关系，又各自平行地影响着产品的质量。这些因素的特点是表面性的大原因一般是由一系列中间原因构成，逐级分层可以找出构成中间原因的小原因及更小原因等。要想根除问题，就需要继续分析下去，逐步把影响质量的主要、关键、具体原因找出来，才能有针对性地采取措施彻底解决问题。因果分析图的基本格式如图 6-9 所示。

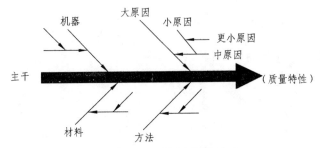

图 6-9　因果分析图基本格式

因果分析图的绘图步骤：

（1）明确分析研究对象，即明确解决怎样的质量问题；

（2）原因归类，把所要分析的质量问题产生的原因按生产工艺过程中的几大质量问题因素进行归类；

（3）将归类后的各个原因用箭头绘制在因果图上；

（4）找出关键或重要的原因，并根据重要程度编序号或用清晰方法标记出来。

例如：某纸箱生产企业对瓦楞纸板不合格的原因做了分析，并最后绘制了不合格因果分析图，如图 6-10 所示。

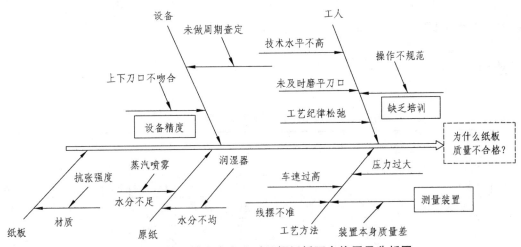

图 6-10　某纸箱生产企业对瓦楞纸板不合格因果分析图

三、直方图法

直方图法是用来整理质量数据，分析质量运动规律和预测工序质量好坏的一种常用方法。直方图的绘制，首先要将测得的数据进行分组并整理形成频数表，然后据此绘制直方图。随机抽取一定数值分成几组，如果以纵坐标为频数，这些数值总是围绕某数值左右波动，如图

6-11 所示。一定的分布规律反映着一定的工序质量，根据这个事实，在生产实践中取出一定数量的质量特性值作直方图，与标准分布进行比较，就能反映出生产是否正常。直方图可以起到预先发现问题，防止出现异常现象，控制工序质量，达到保证产品质量目的的作用。下面结合实例说明直方图的做法和使用方法。

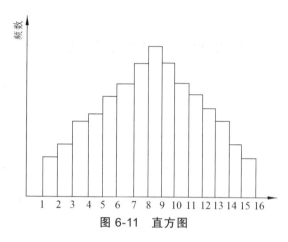

图 6-11　直方图

☺小贴士 6：

直方图法是用来整理质量数据，分析质量运动规律和预测工序质量好坏的一种常用方法。直方图反映了在一定工序质量下产品特性的分布状态，所以又称为质量特性分布图。

1. 直方图的做法

（1）收集数据。一般要求在 50 个以上（超过 100 个效果更好），表 6-9 是在轧板机上取 $N = 100$ 个铜板厚度的数据。

表 6-9　铜板厚度数据

数　　据										行的 X_L	行的 Xs
3.56$^\triangle$	3.46	3.50	3.42$^\times$	3.43	3、52	3.49	3.44	3.50	3.48	3.56	3.42
3.48	3.56$^\triangle$	3.50	3.52	3.47	3.48	3.46	3.50	3.56	3.38$^\times$	3.56	3.38
3.41	3.37$^\times$	3.47	3.49	3.45	3.44	3.50$^\triangle$	3.49	3.46	3.46	3.50	3.37
3.55$^\triangle$	3.52	3.44$^\times$	3.50	3.45	3.44	3.48	3.46	3.52	3.46	3.55	3.44
3.48	3.48	3.32	3.40	3.52$^\triangle$	3.34	3.46	3.43	3.30$^\times$	3.46	3.52	3.30
3.59	3.63$^\triangle$	3.59	3.47	3.38	3.52	3.42	3.48	3.31$^\times$	3.46	3.63	3.31
3.40$^\times$	3.54	3.46	3.51	3.48	3.50	3.68$^\triangle$	3.60	3.46	3.52	3.68	3.40
3.48	3.50	3.56$^\triangle$	3.50	3.52	3.46$^\times$	3.48	3.46	3.52	3.56	3.56	3.46
3.52	3.48	3.46	3.45	3.46	3.54$^\triangle$	3.54$^\triangle$	3.48	3.49	3.41$^\times$	3.54	3.41
3.41	3.45	3.34$^\times$	3.44	3.47	3.47	3.41	3.48	3.54$^\triangle$	3.47	3.54	3.34
$\triangle$：各横行的最大值		×：各横行的最小值				$N = 100$				$X_L = 3.68$	Xs = 3.30

（2）确定全部数据中的最大值和最小值：最大值 $X_L = 3.68$，最小值 Xs = 3.30，

（3）计算全部数据的分布范围。

$$R = X_L - X_s = 3.68 - 3.30 = 0.38 \tag{6-1}$$

（4）把 N 个数据分成若干组。组数一般按表 6-10 靠经验确定，本例取 $K = 10$。

表 6-10　数年据个数与组数

数据个数与组组数	组数（K）
50 以内	5～7
50～100	6～10
100～250	7～12
250 以上	10～20

（5）计算组距，即组之间隔（h）。一般按式 6-2 计算：

$$h = R/K = 0.38/10 = 0.038 \tag{6-2}$$

（6）将 h 修正为测量单位的整数倍。本例中最小测量单位为 0.01，此例中可取 $h = 0.04$，但为了计算方便取 $h = 0.05$。

（7）确定组界。为了不使数据漏掉和确定各组频数，将组界值末位数取为测量单位的一半（本例为 0.01 mm/2 = 0.005 mm）。

（8）计算各组中心值。

某组的中心值

$$X_j = （该组上限 + 该组下限）/2 \tag{6-3}$$

本例中：　$X_1 = （3.325 + 3.275）/2 = 3.30$

$X_2 = （3.375 + 3.325）/2 = 3.35$

……

（9）记录各组的数据，整理成频数分布表。

（10）画直方图。根据表 6-11 绘成直方图，如图 6-12 所示。

表 6-11　数据分布表

级号	级　边　界	代表值	频　　数	累计频率 N=100
1	3.275～3.325	3.30	下	3
2	3.325～3.375	3.35	下	3
3	3.375～3.425	3.40	正下	9
4	3.425～3.475	3.45	正正正正正正下	32
5	3.475～3.525	3.50	正正正正正正正下	38
6	3.525～3.575	3.55	正正	10
7	3.575～3.625	3.60	下	3
8	3.625～3.675	3.65	一	1
9	3.675～3.725	3.70	一	1

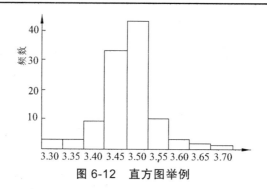

图 6-12　直方图举例

2. 直方图的观察分析

（1）看分布形态。直方图反映了在一定工序质量下产品特性的分布状态，所以又称为质量特性分布图。当直方图以中间位峰顶，左右对称地分散呈正态分布时，说明生产过程正常；如果分布状态不正常，则工序不稳定，需要确定它属于哪一类不稳定进而采取措施加以改善。

图 6-13 所示是常见的几种类型质量特性分布图，具体分析见表 6-12。

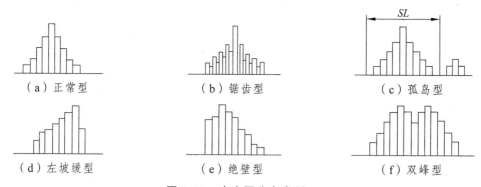

图 6-13　直方图分布类型

表 6-12　常见类型质量特质分布规律

图序号	类型	分　　析
图 6-13（a）	正常型	为正常型的特性分布图，基本上是左右对称的山峰型，呈正态分布的规律
图 6-13（b）	锯齿型	锯齿型特性分布图形成的基本原因，往往是测量方法、读数不当或组的宽度没有取为测量单位的整数倍的关系而造成的
图 6-13（c）	孤岛型	这种类型的分布图，是由于有些数据超出而引起的；或由于生产过程中条件发生变动引起的
图 6-13（d）	左坡缓型	用理论值、标准值控制上限时，多形成此类型的特性分布图。或由于生产过程中某种缓慢的倾向在起作用造成的，如，器材量件的磨损、工具的破损
图 6-13（e）	绝壁型	在剔除小于下限的不合格品时做出的直方图为绝壁型直方图，另外，加工过程中的习惯也可以导致这种情况发生
图 6-13（f）	双峰型	这往往是两个不同分布混在一起所致。比如，两组工艺、两个工厂或两台不同类型、不同工艺条件加工的产品混合在一起做成的直方图为双峰型直方图

（2）将直方图与标准（如公差等）进行比较。直方图与标准公差、规格或目标进行比较，看直方图是否都落在标准范围之内，从而判断生产过程是否出现异常。一般有图 6-14 所示的

6种情况，比较分析见表6-13。

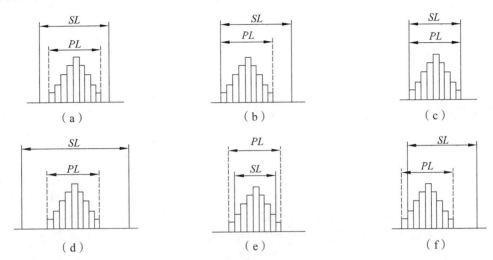

图 6-14　直方图分布与标准比较

SL—标准范围；PL—直方图分布范围

表 6-13　直方图与标准比较分析

图序号	分　析
图 6-14（a）	PL 在 SL 中间，PL 两边尚有一定余地，平均值与标准中心重合，这样的工序质量是很理想的，不会出现不合格的产品
图 6-14（b）	PL 的分布虽然在标准内，但偏向一边，图中下限分布正好与标准下限重合，稍不注意，质量特性低于下限，产品就会作废；这种情况有出现不合格产品的可能性，需要及时找出原因予以解决，消除隐患，使直方图移到中间来
图 6-14（c）	PL 的分布上下限全与标准的上下限重合，没有余地，稍不注意，上下限都可能超出标准造成废品；必须及时采取措施，缩小分散性，设法提高工序能力
图 6-14（d）	此分布都在标准范围内，且余地很大，即工序质量精度很高。如果考虑经济性，应放宽 PL 分布范围，如果实际需要高精度，应缩小标准范围（缩小公差）
图 6-14(e)、(f)	PL 分布超出了上限或下限，或上下限同时超出界限，即出现了废品。需及时解决，减少分散性或者放宽标准范围（公差）

　　通过上述6种情况的观察分析，后5种都不理想，欲使它们都成为理想状态（a）型，改善思路归纳为以下三个主要方面：一是标准不变，对工序影响因素采取措施；二是在无法改变工序响因素的情况下，可以改变标准；三是同时调整标准和工序因素。

　　（3）用于调查能力（详见本节中有关工序能力和工序能力系数部分）。

四、工序能力和工序能力系数

1. 工序能力的概念

工序能力，是指工序能够满足产品质量要求的能力。换言之，就是工序处于稳定状态下，加工产品质量正常波动的经济幅度，通常用质量特性值分布的 6 倍标准偏差来表示。用符号 B 表示工序能力，那么 $B = 6\sigma$。

通常在工序处于稳定状态下，产品质量波动的大小，以它形成的概率分布的平方差 σ^2 来表示。σ^2 综合反映了工序 6 大因素各自对产品质量产生的影响。因此，σ^2 是工序能力大小的质量基础。通常，为了与测定值单位一致，而使用标准偏差 σ 来度量。

工序能力是通过它所加工的产品质量的正常波动来反映的，表明在一定条件下，工序的质量波动不会再减小了，这是工序能力波动的极限。

2. 工序能力系数

工序能力系数表示一道工序的工序能力满足质量要求的程度。工序能力是工序自身实际达到的质量水平，而工序的加工部是在满足特定的标准下进行的。自然可以想到，必须把实际存在的能力与给定的技术要求加以比较，才能全面地评价工序的加工情况。为此，将两者的比值作为衡量工序能力，满足工序技术要求程度的指标。这个比值称为工序能力系数，记作 C_p：

$$C_p = T/6\sigma = (T_V - T_L)/6\sigma \tag{6-4}$$

式中　　F——公差范围；

T_V——上偏差（公差上限）；

T_L——下偏差（公差下限）；

σ——母体的标准偏差。

从式（6-4）中不难看出，工序能力系数与工序能力不同。对于同一工序而言，工序能力是一个比较稳定的数值，而工序能力系数是一个相对的概念，即便是同一工序，C_p 值也会因加工对象的质量要求不同（公差不同）而变化。

3. 工序能力系数的计算

从式（6-4）中可以知道，C_p 值的大小是 T 与 6σ 的相对比较，实际上是指 T 的中心（公差中心）与 6σ 中心（分布中心）相一致的情况。这仅是实际生产中的一种理想状态。因为在生产过程中往往很难保持公差中心恰好与分布中心一致。所以，还必须考虑两者不一致的情况下 C_p 的计算问题。

（1）分布中心与公差中心重合的情况。分布中心与公差中心重合的情况如图 6-15 所示。

这时，可直接利用 C_p 值的定义式进行计算，即

$$C_p = T/6\sigma = (T_Y - T_L)/6S \tag{6-5}$$

式中　S——样本的标准差。

【例 6-2】　某工序加工外径为 $\phi 8_{-0.100}^{-0.050}$ mm 的螺栓坯料，抽取样本 $n = 100$，得出样本的平均尺寸为 $X = 7.925$ mm，样本的标准偏差 $S = 0.005\ 19$ mm，试求 C_p 值。

解　公差中心值

$$M = (T_V + T_L)/2 = (7.9 + 7.95)/2 = \overline{X}$$

$$C_p = T/6\sigma = (T_Y - T_L)/6\sigma = (7.95 - 7.9)/(6 \times 0.005\ 19) = 1.61$$

（2）分布中心与公差中心不重合的情况。分布中心与公差中心不重合发生偏移是因为工序中存在系统因素影响的结果。从工序能力系统的含义来说，应当消除系统因素，将分布中心调整到公差中心，才能使计算的 C_p 值真正代表工序能力的实际水平。但在实际生产中，做到这一点并不容易，往往是技术上难以做到，或者从经济上考虑也不允许做到，这就是经常存在的"有偏"情况，如图 6-16 所示。

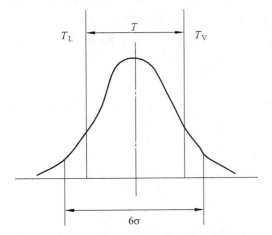

图 6-15 分布中心与公差中心重合　　　图 6-16 分布中心与公差中心不重合

图 6-16 中公差中心 M 与分布中心件的偏移量记为 ε，则 $\varepsilon = |M - \mu|$。

有偏情况下，工序能力系数的计算不能直接利用式（6-5），必须对该式进行适当的修正。设有偏情况下的工序能力系统为 C_{PK}，则 C_{PK} 的计算公式为：

$$C_{PK} = C_p \cdot (1 - K) \tag{6-6}$$

式中　K——相对偏移量或偏移系数，$K = 2\varepsilon/T$，则式（6-6）可写成：

$$C_{PK} = (T/6\sigma)[1 - (2\varepsilon/T)] = (T - 2\varepsilon)/6\sigma \approx (T - 2\varepsilon)/6S \tag{6-7}$$

从式（6-7）可知，当 μ 恰好位于公差中心 M 时，$|M - \mu| = 0$，从而 $K = 0$，则 $C_{PK} = C_P$，这是"无偏"的情况，即理想状态。

当 H 恰好位于公差上限或下限时，$|M - \mu| = T/2$，则 $K = 1$，当 μ 位于公差界限之外时，$K > 1$。所以，$K \geqslant 1$ 时，$C_{PK} < 0$。通常规定此时的 C_{PK} 值为 0。

当 $C_{PK} = 0$ 时，工序加工过程中的不合格率等于或大于 50%，对于不合格品率这样大的工序，已远远不能满足加工的质量要求，故认为此时的工序能力系数为 0。

【例 6-3】某工序加工的零件尺寸要求为 $\varPhi 20 \pm 0.023$mm，现经随机抽样，测得样本平均尺寸 $\overline{X} = 19.997$ mm，标准偏差 $S = 0.007$ mm，求 C_{PK}。

解：
$$M = (T_V + T_L)/2 = (20.023 + 19.977)/2 = 20（\text{mm}）$$
$$T = T_V - T_L = 20.023 - 19.977 = 0.046（\text{mm}）$$
$$\varepsilon = |M - X| = |20 - 19.997| = 0.003（\text{mm}）$$
$$K = 2\varepsilon/T = 2 \times 0.003/0.046 = 0.13$$
$$C_P = T/6\sigma = 0.046/(6 \times 0.007) = 1.095$$
$$C_P = C_P \cdot (1 - K) = 1.095 - (1 - 0.13) = 0.95$$

4. 工序能力分析

工序能力分析是研究工序质量状态的一种活动。因为工序能力系数能较客观地、定量地放映工序满足技术要求的程度，因而可以根据它的大小对工序能力进行分析评价。通过工序能力系数对工序能力进行分析的。

由式 $C_P = T/6\sigma$ 可知，在公差一定的情况下，过高的 C_P 值，意味着 σ 很小，则加工成本必然很高，则会出现粗活细作的现象。但 C_P 值太小，意味着 σ 很大，则工序所生产出产品质量波动大，必然满足不了技术要求。因此，C_P 值的大小为验证工艺和修改设计提供了科学的依据，使公差取值更为经济合理。所以，确定工序能力系数的合理数值的基本准则是：在满足技术要求的前提下，使加工成本越低越好。

从直观上看，C_P 值大小，取决于 T 与 6σ 相对大小的比值，它大体上有三种情况，如图 6-17 所示。

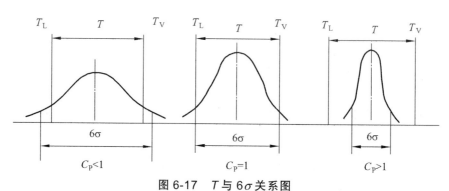

图 6-17 T 与 6σ 关系图

$C_P < 1$，显然是应极力避免的。因为它意味着工序一般不能满足技术要求。

$C_P = 1$，表面上看似乎最为理想，但生产过程稍有波动，就可能产生较多的不合格品。因为，这种工序状态没有留有余地。

$C_P > 1$，从技术看较为合理，但如果 C_P 值较大，意味着精度的浪费，经济上不合理，自然也应当加以改进。从我国多数企业的实际情况看，一般 C_P 值在 $1 \sim 1.33$ 较适宜。

具体取值应从生产的实际出发，综合考虑技术与经济两个方面进行确定。利用工序能力系数来判断工序能力满足技术要求的程度及处置办法，可参考表 6-14。

表 6-14 工序能力等级、分析与处置参照表

C_P 或 (C_{PK})	工序能力等级	工序能力判断标准	工序能力评价	处理建议
$C_P(C_{PK}) \geq 1.67$	特级	过高	非常充裕	一般零件可考虑使用更经济的工艺方法，放宽检验。一些非关键的零件，也可以不检查
$1.67 > C_P(C_{PK}) \geq 1.33$	一级	足够	充足	可用于重要工序，对于一般工序，可放宽检查
$1.33 > C_P(C_{PK}) \geq 1.00$	二级	尚可	可以	一般可用，但要加强控制，注意检查
$1.00 > C_P(C_{PK}) \geq 0.67$	三级	不足	不足	查明原因，采取措施，挑选
$0.67 > C_P(C_{PK})$	四级	严重不足	严重不足	追查原因，采取措施，全捡

五、控制图法

控制图又称管理图，是一种标有控制界限值的、按照规定时间记录控制对象质量特性值随时间推移发生波动情况的统计图。前述直方图所反映的工序质量是静态的，这里介绍的控制图不仅能反映静态的工序质量，而且还能反映动态的工序质量。利用控制图可以监视控制产品质量波动的动态，判别与区分正常质量波动与异常质量波动，分析工序是否出于控制状态，预报和消除工序失控。

图 6-18 所示为控制图的基本格式，一般有 3 条线：中心线 CL（Central Line）用一条细实线表示，上控制界限 UCL（Upper Control Limit）和下控制界限 LCL（Lower Control Limit）均用虚线表示；上下控制线一般取在特性值分布的 $\pm 3\sigma$ 处。通常控制图分为三个区域：Ⅰ为正常区，Ⅱ为警戒区，Ⅲ为废品区。

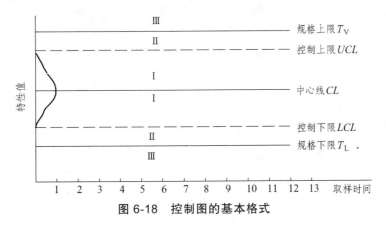

图 6-18　控制图的基本格式

实际应用过程中，按规定抽测 n 个样品特性值顺序地标在图上：当特性值落在Ⅰ区时，表示工序处在稳定状态；当特性值落在Ⅱ区时，表示工序已发生异常，应及时查清原因，采取措施，使之恢复到正常状态，否则将会产生废品；当其超出警戒区，已成废品，应立即停止生产，调整为正常状态。

不同的质量特性值，可用不同控制图来管理，常见的控制图种类及用途见表 6-15。

表 6-15　控制图的种类及用途

控制图分类	控制图名称	代表符号	控制线		样组大小	用　　途	理论根据
			中心线	控制界线[1]			
计量值控制图	平均值控制图	$\bar{x}$ 图	$\bar{\bar{x}}$	$\bar{\bar{x}} \pm A_2\bar{R}$	$n \geqslant 2$ 一般取 4~5	$\bar{x}$ 图主要用于观察分布的平均值的变化　R 图主要用于观察分布的散差变化　$\bar{x}$ 图与 R 图通常共同使用即 $\bar{x}-R$ 图。例如，对长度、重量、时间、压力、温度等计量值质量特性的工序质量控制，均可用此控制图	正态分布
	极差控制图	R 图	$\bar{R}$	$D_4\bar{R}$ $D_2\bar{R}$	$n \geqslant 2$ 一般取 4~5		

续表 6-15

控制图分类		控制图名称	代表符号	控制线		样组大小	用　途	理论根据
				中心线	控制界线①			
计量值控制图		中位数控制图	$\tilde{x}$ 图	$\bar{\tilde{x}}$ 图	$\bar{\tilde{x}} \pm m_3 A_2 \bar{R}$	$n \geqslant 2$ 一般取 $4 \sim 5$	$\tilde{x}$ 图可代替 $\bar{x}$ 图。通常并用 $\bar{x} - R$ 图	
		单值控制图	x 图	$\bar{x}$	$\bar{x} \pm E_2 \bar{R}$	$n = 1$	通常 $\bar{x} - R$ 图并用,主要用于小批生产工序	
计数值控制力	计件值控制图	不合格品率控制图	P 图	$\bar{p}_n$	$\bar{p} \pm 3\sqrt{\dfrac{\bar{p}(1-\bar{p})}{n}}$②	$n = $ 常数变	利用样本的不良品率,分析与控制工序的不良品率	二项分布
		不合格品数控制图	P_n 图	$\bar{p}_n$	$\bar{p}_n \pm 3\sqrt{\bar{p}(1-\bar{p})}$	$n = $ 常数	利用样本的不良品数,分析与控制工序的不良品数	
	计点值控制图	缺陷数控制图	c 图	$\bar{c}$	$\bar{c} \pm 3\sqrt{\bar{c}}$	$n = $ 常数	利用样本的缺陷数,分析与控制工序的缺陷数。例如,铸件、锻件、油漆件等表面的砂眼、麻点、气泡等缺陷数,均可用此图进行控制	泊松分布
		单位缺陷数控制图	u 图	$\bar{u}$	$\bar{u} \pm 3\sqrt{\dfrac{\bar{u}}{n}}$②	$n = $ 常数变	利用样本的单位缺陷数,分析与控制工序的单位缺陷数,其他同上	

注：① 各控制界限都相当于 $\pm 3\sigma$ 区间。

　② 在各批的样本大小不同时,当 $\dfrac{1}{2} n_{max} < \bar{n} < 2 n_{min}$ 时,式中 n 值可用平均个数 $\bar{n}$ 计算。

上述分类中各种控制图的作图原理、步骤、方法及其所起作用大体相似。现以常用的 $\bar{X} - R$ 控制图为例,加以说明。

例如,试作冷拉 $\Phi 10 \pm 0.20$ mm 某合金圆棒的 $\bar{X} - R$ 控制图并用于对轧机的工序控制。

1. 作控制图

（1）确定取样间隔时间 h（本例 $h = 1$ 小时）,样组容量,n（本例 $n = 5$）及组数 K（本例 $K = 20$）后,在冷拉过程中记录的数据见表 6-16。

（2）计算分析用控制界限并画在控制图上。分别计算每组的平均值 $\bar{X}$,极差 R,总平均 $\bar{\bar{X}}$ 和平均极差 $\bar{R}$。则

$\bar{X}$ 控制图:

中心线

表 6-16 $\overline{X} - R$ 控制图用数据表

产品			零件品		$\phi 10$ 圆棒	期间		检查员盖章
质量特点	直径		编号			所属		
质量单位	1/1000		制造个数			机号		
规格	max		抽样	数量		操作者		
	nun			间隔		检查员		
规 格 号			测量仪器号					
序号	X_1	X_2	X_3	X_4	X_5	$\sum X$	$\overline{X}$	R
1	10.009	9.979	10.010	9.937	10.010	49.945	9.989	0.073
2	9.947	10.088	10.016	10.013	9.962	50.026	10.005	0, 141
3	10.031	9.981	10.021	9.950	10.051	50.034	10.007	0, 101
4	10.010	9.915	10.009	10.020	9.982	49.936	9.987	0.105
5	9.982	10.026	9.948	10.012	9.912	49.880	9.976	0.114
6	10.035	9.995	10.038	9.965	10.010	50.043	10.009	0.073
7	9.920	10.070	9.884	10.015	10.009	49.838	9.968	0.186
8	10, 006	9.981	10.009	10.026	9.939	49.1	9.992	0.087
9	10.(DO	9.996	10.057	9.940	10.019	50.017	10.003	0.117

$$CL = \overline{\overline{X}} = \frac{1}{K} \sum_{i=1}^{K} \overline{X}_i = \frac{1}{20} \times 200.014 = 10.000\,7$$

控制上限

$$UCL = \overline{\overline{X}} + A_2 \times \overline{R} = 10.0007 + (0.58 \times 0.136) = 10.080$$

控制下限

$$LCL = \overline{\overline{X}} - A_2 \times \overline{R} = 10.0007 - (0.58 \times 0.136) = 9.922$$

R 控制图：
中心线

$$\overline{R} = \frac{1}{K} \sum_{i=1}^{K} R_i = \frac{1}{20} \times 2.712 = 0.136$$

控制上限

$$UCL = D_4 \cdot \overline{R} = 2.11 \times 0.136 = 0.287$$

最后，根据上述计算，作成图 6-19。（由于 R 反映散差大小，再平均散差之下，说明数据散差小，数据集中性好，离中心线较近，所以 R 图的下限可以不画。）

（3）调整控制界限，作工序管理用控制图。作完如图 6-19 所示的 $\overline{X} - R$ 控制图后，如果图上点没有超出控制界限和无异常现象，说明生产过程基本稳定。否则，应调整过程并重新搜集数据，重复前述步骤，再作分析用控制图。本例中 $\overline{X}$、R 所有点都落在控制界限内，并无异常情况，说明生产稳定。如有少量的 $\overline{X}$、R 超出控制界限，则把这些点除去，并重新计算控制界限。

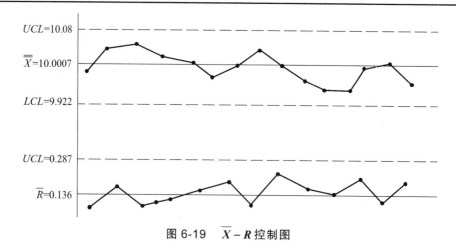

图 6-19 　$\overline{X} - R$ 控制图

获得稳定状态下 $\overline{X}$ 和 R 的波动范围后，需与质量指标进行比较，判定是否满足需要。若能满足，此图就可作为控制工序用的控制图；若不能满足需要，一般需调整生产过程，并重新录取数据、作控制图，循环使用这个过程直到与技术条件相符合为止。

2. 控制图的使用

控制图作好以后，每隔与作控制图相同的间距时间（本例 $h = 1$ 小时）抽检一组数据为 n（本例 $n = 5$）的产品，计算 $\overline{X}$ 与 R，分别在上述图上打点，并通过各个点是否落在控制界限内来判断是否有异常现象发生。例如当 $\overline{X}$ 有一点跑到上限外，说明有某种原因促使圆棒直径变大，如不调整，直径会超出产品标准上限而成为废品或次品。

此外，出现下列情况之一，说明生产系统出现异常：

（1）在中心线一侧连续出现 7 个点，见图 6-20（a）。

（2）7 个点子连续上升或连续下降，见图 6-20（b）。

（3）表现出周期性变化，见图 6-20（c）。

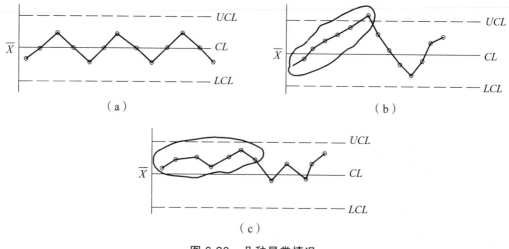

图 6-20 　几种异常情况

六、相关分析

当两因素相互之间存在着依存关系时，可用相关分析求出其关系式，其中一个因素确定后，另一个因素随之大致地被确定。相关分析是研究变量之间相关关系的一种方法。

如果被研究的两个变量 x 和 y 成线性相关时，可建立这两个变量之间的直线方程：$y = a + bx$。而这一直线方程是否真实地反映了这两个变量之间的线性关系，还必须用一套检验方法来判断。在实际生产中变量关系判断主要依靠专业知识和经验。同时，在数理统计中给出了下列相关系数：

$$\gamma = \frac{\sum(x-\overline{x}) \cdot \sum(y-\overline{y})}{\sqrt{\sum(x-\overline{x})^2} \cdot \sqrt{\sum(y-\overline{y})^2}}$$

以此来判断两变量之间的相关程度。γ 的数理意义如图 6-21 所示；图中是相关图的几种类型。$|\gamma|$ 越接近于 1，两变量之间的线性相关性越好。从图 6-18（a）和图 6-21（f）可以判断，x 是质量指标 y 的重要影响因素。因此，控制好因素 x 就可以把结果 y 较好地控制起来。作相关图时，还要注意对数据进行正确的分层，以免做出错误的判断。

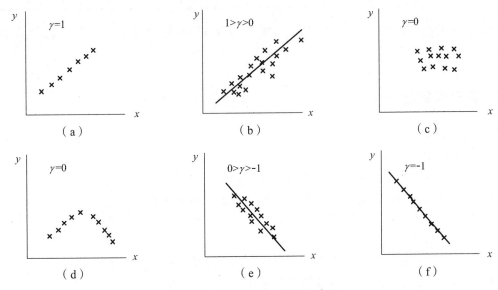

图 6-21　相关系数 γ 的数理意义

七、调查表法

调查表又称分层表、核对表、检查表法或统计分析表法，是利用统计分析表进行数据整理和原因分析的一种质量统计分析方法。用于查明异常现象、废品、次品发生在哪一部分、哪道工序、哪个班组甚至哪个人。这种图表使用的方法是把要观察的项目进行分类，并在图表的该项目位置上，将结果、缺陷、事故直接填上，进行核对，见表 6-17。

表 6-17　浇铸废品调查

组别	品种	缺陷项目										合计	浇铸数
		裂缝	壁厚不均	壁薄	×	掉砂	轻型	气孔	溅铁水	×	×		
I	A		丁	下		正			一			11	81
	B		正			正正正正一			正			31	176
	C	一	一	一		正丁	一		正丁			18	112
	D			丁		正正一	丁		正正正正正			40	371
	合计	1	8	6		44	3	0	38			100	
II	A		正			正一			一			12	83
	B	一	正			正正丁			正			21	173
	C		一			正一			丁			10	102
	D	一				正正正一			正正正下			35	345
	合计	2	10	1		40	0	0	25			78	

这样调查的结果，浇注有哪些缺陷，各类产品，各班组各占多少，一目了然，为解决质量问题提供了依据。

1. 调查表的使用步骤

（1）确定调研的目的；

（2）明确收集资料的目的；

（3）确定为达到目的所需收集的资料（强调问题）；

（4）确定对资料分析的方法（运用哪种统计方法）和负责人；

（5）根据不同的目的，设计用于记录资料的调查表格式，其内容应该包括：调查者、调查时间、地点和方式等栏目；

（6）对收集和记录的部分资料进行预先检查，目的是审查表格设计的合理性；

（7）如有必要，应该评审和修改调查表格式。

2. 几种常用的调查表格式和应用案例

实际生产过程中，由于调查表简单、清晰，因此使用的频率很高，应用也比较广泛。对常用的各种格式的调查表简单介绍如下：

（1）不合格品项目调查表。

不合格品项目调查表主要用于调查生产现场不合格品项目频数和不合格率，以便用于前述排列图等分析研究。

表 6-18 插头焊接缺陷调查表（N=4870）

序号	项 目	频 数	累 计	累 计%
A	插头槽径大	3367	3367	69.14
B	插头假焊	521	3888	79.84
C	插头焊化	382	4270	87.69
D	接头内有焊锡	201	4471	91.82
E	绝缘不良	156	4627	95.02
F	芯线未露	120	4747	97.48
G	其他	123	4870	100.00
调查者：刘××			____年 __月 __日	
地点：××公司插头焊接小组				

表 6-19 成品抽样检验及外观不合格项目调查表

批次	产品型号	成品量（箱）	抽样数（支）	不合格品数量（支）	批不合格品率（%）	外观不合格项目								
						切口	贴口	空松	短烟	过紧	钢印	油点	软腰	表面
1	烤烟型	10	500	3	0.6	1					1			1
2	烤烟型	10	500	8	106	1	1	2	2				2	
3	烤烟型	10	500	4	0.8		1	2			1			
4	烤烟型	10	500	3	0.6	2				1				
5	烤烟型	10	500	5	1.0	1		2		1			1	1
…	…	…	…	…	…									
…	…	…	…	…	…									
250	烤烟型	10	500	6	1.2	1	1	2		1				1
合计		2500	125000	990	0.8	80	297	458	35	28	10	15	12	55
调查者：李××								____年 __月 __日						
地点：卷烟车间														

（2）缺陷位置调查表。

缺陷位置调查表主要用于记录、统计、分析不同类型的外观质量缺陷所发生的部位和密集程度，从中找出规律性，为进一步调查和找出解决问题的办法提供事实依据。

具体做法：画出产品示意图或展开图，并规定不同外观质量缺陷的表示符号，然后逐一检查样本，把发现的缺陷按规定的符号在同一张示意图中的相应位置上表示出来。

表 6-20 缺陷位置调查表

名称	×	调查项目	尘粒	日期	2011-06-02
编号	×	调查项目	流漆	记录者	刘××
工序名称	喷漆	调查项目	色斑	制表者	郭××

产品的草图（或展开图）
标识： ▲ 尘粒 ● 色斑 × 流漆

（3）质量分布调查表。

质量分布调查表是根据以往的资料，将某一质量特性项目的数据分布范围分成若干区间而制成的表格，用以记录和统计每一质量特性数据落在某一区间的频数。

表 6-21 质量分布调查表

零件实测数值（分布）调查表　　调查数（N）：121件

频数	1	3	6	14	26	32	23	10	4	2	
40											
35						丁					
30					一	正					
25					正	正	下				
20					正	正	正				
15					正	正	正				
10				正下	正	正	正				
5			一	正	正	正	正	正			
0	一	下	正	正	正	正	正	正	正下	丁	
	0.5	5.5	10.5	15.5	20.5	25.5	30.5	35.5	40.5	45.5	50.5

调查者：刘××	调查方式：现场观测原始数据统计
地点：××公司××分厂××车间	时间：____年____月____日

（4）矩阵调查表。

矩阵调查表是一种多因素调查表，它要求把生产问题的对应因素分别排列成行和列，在其交叉点上标出调查到的各种缺陷、问题和数量。

表 6-22 矩阵调查表

机号	9月15日 白班	9月15日 晚班	9月16日 白班	9月16日 晚班	9月17日 白班	9月17日 晚班	9月18日 白班	9月18日 晚班	9月19日 白班	9月19日 晚班	9月20日 白班	9月20日 晚班
六号	○● ◆○	● ●☆	○○	◆◆ ☆	□○ □◆	○	○○ ○○ ●□ ●□ ○○	○○ ●□ ○○ ○□	☆○	○□	○◆	◆◆ ●
八号	□○ ○● ☆	○○ ◆◆ ◆	○◆ ◆◆ ●	●● □□	○● ●□ ◆	○○ ◆◆	○● ○● □○ □	○● ●□ ◆□ ○○	◆● ○○ ◆	◆● □☆	○○	○☆

调查者：刘××	符号含义				
调查方式：现场观测	□成型	○气孔	◆变形	●疵点	☆其他
地点：××公司××分厂××车间	备注：				
时间：___年___月___日					

（5）工序质量检验记录表。

操作者对首件必须及时检查，并在生产中按规定抽样、检验和标记，及时剔除不合格的半成品和成品，做到隔离存放。工序检验记录表主要记录：① 操作者按照操作指导书进行自检、自记、自分；② 检验员必须复检、巡检的检验结果都要填写到工序质量检验记录表中，其具体格式如表6-23所示。

表 6-23 工序检验记录表

零件号		工序号		车间		操作者	
零件名称		工序名称		班组		检验员	

项目／内容／日期	首检			自检			专检		
	时间	项目要求	检测结果	复检	自检结果	自检数量	不良品原因	时间	抽检	不合格数	签章

第四节 质量保证体系

伴随着科技的快速发展与人们生活水平的不断提高，消费者对企业提供的产品和服务的要求也越来越高。全面质量管理也随着经济全球一体化的进程发展到了新的阶段——建立健全质量保证体系已经是每个企业提高管理水平的一个重要组成部分。值得提出的是：包装产品与很多其他的产品最大的区别在于包装产品的销售具有非常强的定向性，如果客户拒收或者退货，产品将直接形成损失；再者，包装产品的标准随客户的喜好出现不同的侧重点变化。因此包装企业更加需要建立一套行之有效的质量保证体系。

一、质量保证体系的概念

质量保证体系（Quality Assurance System/QAS）是指企业以提高和保证产品质量为目标，运用系统化的方法，依靠必要的组织结构，把组织内各部门、各环节的质量管理活动有效地组织起来，在企业外部的协作单位和内部有关部门的技术、管理、经营活动标准化的基础上，把产品研制、设计制造、销售服务和情报反馈的整个过程中影响产品质量的一切因素系统地控制起来，形成的一个有明确任务、职责、权限，相互协调、相互促进的质量管理的有机整体。质量保证体系相应分为内部质量保证体系和外部质量保证体系。

质量保证是企业全面质量管理能否取得长期效果的关键一环，它是通过企业在产品质量方面对消费者所做的一种承诺来体现的。质量保证体系是企业内部的一种系统的技术和管理手段，是指企业为生产出符合合同要求的产品，是为满足质量监督和认证工作的要求而建立的必需的有计划的系统的全部企业活动。它包括对外部用户提供必要保证质量的技术和管理"证据"，这种"证据"，虽然往往是以书面的质量保证文件形式提供的，但它是以现实的内部的质量保证活动作为坚实后盾的，即表明该产品或服务是在严格的质量管理中完成的，具有足够的管理和技术上的保证能力。它向用户保证在产品寿命周期内安心地使用产品，如果出现故障，愿意赔偿经济损失并负法律责任。

为了保证包装产品质量，包装企业要加强从设计研制到销售使用全过程的质量管理，建立健全质量保证体系。

二、质量保证体系的内容及其作用

1. 质量保证体系的内容（见表 6-24）

表 6-24　质量保证体系的内容

序号	主要内容	说　明
（1）	质量为本	牢固树立"质量为本"的思想
（2）	质量目标与计划	必须有明确的质量方针、质量目标和质量计划，层层分解落实
（3）	质量管理机构（部门）	建立专职的质量管理机构（或部门），组织、协调、督促检查各部门和外协厂的质量保证活动
（4）	质量职责、任务和权限	规定各个部门、每个员工在质量方面的职责、权限、任务和利益

续表 6-24

序号	主要内容	说　明
（5）	质量信息反馈	建立起一套高效、灵活的质量信息反馈系统,提高质量管理的自我调节和自我控制
（6）	质量保证活动	积极组织开展群众性的质量管理小组活动,使质量保证具有广泛的群众基础
（7）	质量标准化与程序化	实现质量管理标准化和质量管理程序化

☺小贴士 7:

质量管理小组,是指在生产岗位上或是工作岗位上,从事各种劳动的员工,围绕企业的方针目标,以改进、提高产品质量、运输质量、工程质量、服务质量和经济效益为目的,运用全面质量管理理论和方法开展活动的小组。

2. 质量保证体系的作用（见表 6-25 ）

表 6-25　质量保证体系的作用

序号	作　用
（1）	通过质量保证体系,可将企业各个部分的质量管理职能纳入体系之中,使全体员工都积极行动起来,各级的质量管理工作统一组织起来、协调起来,有效地发挥各方面的积极作用
（2）	把企业的工作质量和产品质量有机地联系起来,对出现的质量问题,能迅速及时地查明原因,采取措施加以解决,确保质量目标的实现
（3）	把企业和内部的质量管理活动和流通、使用过程中的质量信息反馈沟通起来,使质量管理工作标准化、程序化、制度化和高效化

三、质量保证体系的建立

企业建立、完善质量保证体系通常需要经历四个阶段，如图 6-22 所示，每个阶段又包含若干具体步骤，简述如下：

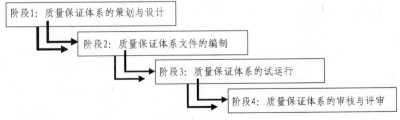

图 6-22　建立质量保证体系的四个阶段

1. 第一阶段——质量保证体系的策划与设计

这个阶段主要是做好各种准备工作，包括：教育培训，统一认识；组织落实，拟定计划；

确定质量方针，制订质量目标；现状调查和分析；调整组织结构，配备资源。如图 6-23 ~ 图 6-27 所示。

（1）教育培训，统一认识。
　　质量体系建立和完善的过程，是始于教育，终于教育的过程，也是提高认识和统一认识的过程，一般可归纳为如下三个层次。

第一层次：决策层的培训（主要包括决策层各位领导）。
　　① 通过介绍质量管理和质量保证的发展和企业的经验教训，说明建立、完善质量体系的迫切性和重要性。
　　② 通过 ISO9000 族标准的相关介绍，提高按国家（国际）标准建立质量体系的认识。
　　③ 通过质量体系要素讲解（可侧重讲解"管理职责"等），明确决策层领导在质量体系建设中的主导作用和关键地位。

第二层次：管理层的培训（重点是管理、技术和生产部门的负责人，以及与建立质量体系有关的工作人员）。
　　第二层次的人员是建设、完善质量体系的骨干力量，起着承上启下的作用，使他们全面接受 ISO9000 族标准有关内容的培训。

第三层次：执行层的培训（与产品质量形成全过程有关的作业人员）。
　　此层次人员重点培训与本岗位质量活动有关的内容，包括在质量活动中应承担的任务、权限和责任等。

图 6-23　教育培训，统一认识

（2）组织落实，拟定计划。
　　尽管质量体系建设涉及一个组织的所有部门和全体职工，但对多数单位来说，成立一个精干的工作班子可能是需要的，根据一些包装企业的实际做法，这个班子也可分三个层次以及组织和责任落实后，按不同层次分别制定工作计划，在制定工作计划时应注意的问题如下。

第一层次：设立以最高管理者（厂长、总经理等）为组长，质量主管领导为副组长的质量体系建设领导小组（或委员会），主要任务包括：
　　① 体系建设的总体规划。
　　② 制订质量方针和目标。
　　③ 按职能部门进行质量职能的分解。

第二层次：成立由各职能部门领导（或代表）参加的工作班子。
　　可由质量部门和计划部门的领导共同牵头，其主要任务是按照体系建设的总体规划具体组织实施。

第三层次：成立要素工作小组。
　　根据各职能部门的分工明确质量体系要素的责任单位，例如，"生产控制"一般应由生产部门负责。

计划工作时应注意的问题
　　① 目标明确。完成什么任务，解决哪些主要问题，达到什么目地等。
　　② 控制进程。要规定主要阶段完成任务的时间表、主要负责人和参与人员，以及他们的职责分工及相互协作关系。
　　③ 突出重点。重点是体系中的薄弱环节及关键的少数。

图 6-24　组织落实，拟定计划

（3）确定质量方针，制定质量目标。

质量方针体现了一个组织对质量的追求和对顾客的承诺，是职工质量行为的准则和质量工作的方向。

制定质量方针的要求是：
① 与总方针相协调。
② 包含质量目标。
③ 结合组织的特点。
④ 确保各级人员都能理解并坚持执行。

图 6-25 确定质量方针，制定质量目标

（4）现状调查和分析。

现状调查和分析的目的是为了合理地选择体系要素，内容包括以下几点。

① 体系情况分析。分析企业组织的质量体系情况，以便根据所处的质量体系现状选择质量体系要素的要求。

② 产品特点分析。分析产品的技术密集程度、使用对象、产品安全特性等，以确定要素的采用程度。

③ 组织结构分析。组织的管理机构设置是否适应质量体系的需要。应建立与质量体系相适应的组织结构并确立各机构间隶属关系以及联系方法。

④ 生产设备和检测设备能否适应质量体系的有关要求。

⑤ 技术、管理和操作人员的组成、结构及水平状况的分析。

⑥ 管理基础工作情况分析。标准化、计量、质量责任制、质量教育和质量信息等工作的分析。

对以上内容可采取与标准中规定的质量体系要素要求进行对比性分析。

图 6-26 现状调查和分析

（5）调整组织结构，配备资源

因为在一个组织中除质量管理外，还有其他各种管理。组织机构设置由于历史沿革多数并不是按质量形成客观规律来设置相应的职能部门的，所以在完成落实质量体系要素并展开成对应的质量活动以后，必须将活动中相应的工作职责和权限分配到各职能部门。一方面是客观展开的质量活动，另一方面是人为的现有的职能部门，两者之间的关系处理，一般来讲，一个质量职能部门可以负责或参与多个质量活动，但不要让一项质量活动由多个职能部门来负责；在活动展开的过程中，必须涉及相应的硬件、软件和人员配备，根据需要应进行适当的调配和充实。

图 6-27 调整组织结构，配备资源

2. 第二阶段——质量保证体系文件的编制

这个阶段主要是在专业机构或人员的指导下按照 ISO9000 族标准规定的各项内容，结合企业自身所处的行业特点以及产品特点等，在标准规定范围内完成编制企业的质量保证体系的各项文件工作。

3. 第三阶段——质量保证体系的试运行

这个阶段主要是在专业机构或人员的指导下，试运行建立起来的质量保证体系，从中发现问题，及时找到原因，并予以解决；进一步完善所建立的质量保证体系。

4. 第四阶段——质量保证体系的审核与评审

这个阶段主要是将完善后的质量保证体系在运行过程中，接受专业认证机构的审核与评审。对在评审中发现的问题，及时整改完善，直至达到认证标准。

综上所述，思想体系是基础，组织体制是保证，生产全过程的质量保证体系是核心，检查体系是验证。其具体关系如图6-28所示。表6-26给出了建立质量保证体系的具体工作要点。

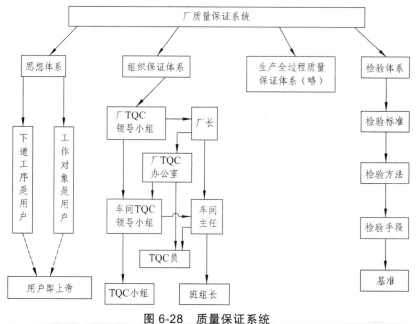

图 6-28　质量保证系统

表 6-26　建立质量保证体系的工作要点

序号	主要内容	工作内容或要点
（1）	确定质量目标和质量计划	结合行业和企业实际制定企业总体质量目标和质量计划
（2）	建立企业全面质量管理系统	统一思想标准
		设立三级组织体制
		建立并完善生产全过程的质量保证体系
		建立并完善质量检查体系
（3）	建立产品质量保证体系	建立产品质量体系流程：产品工作流程、产品加工工序流程、产品质量涉及的各环节的质量任务等
		基本内容：管理点、质量检查、工序质量标准及控制、作业标准等

续表 6-26

序号	主要内容	工作内容或要点		
（4）	建立各业务部门的工作质量保证体系	建立设计工作（广义）的质量保证体系	制订产品的质量目标	技术文件的质量保证
			设计工作中的试验研究	标准化审查工作
			设计审查和工艺验证	产品质量的经济性分析
			样品和新品的鉴定	设计试制工作程序 ,
		建立物资供应工作的质量保证体系（关注点）	意　识	组织能力
			标准化水平	技术管理水平
			管控能力	检测水平
			信息化程度	教育培训体系
			执行能力	其　它
		建立工具供应工作的质量保证体系		
		建立设备维修工作的质量保证体系		
		建立使用过程的质量保证体系		
（5）	建立质量保证体系应注意的问题	按照 PDCA 循环，不断改进和完善质量保证体系		
		质量保证体系一经制订，就应严格执行		
		企业及各部门的质量保证体系图（母体系与子体系）必须吻合		
		质量保证体系图应根据企业自己的特点选择制定，不必强求一致		
		及时考核质量保证体系的实施情况		

四、PDCA 工作循环的应用

全面质量管理活动的运转，离不开管理循环的转动，这就是说，改进与解决质量问题、赶超先进水平的各项工作，都要运用 PDCA 循环的科学程序。不论提高产品质量，还是减少不合格品，都要先提出目标，即质量提高到什么程度，不合格品率降低多少？就要有个计划；这个计划不仅包括目标，而且也包括实现这个目标需要采取的措施；计划制定之后，就要按照计划进行检查，看是否实现了预期效果，有没有达到预期的目标；通过检查找出问题和原因；最后就要进行处理，将经验和教训制订成标准、形成制度。

1. PDCA 循环过程的含义与内容

（1）PDCA 的中文含义：计划（Plan）——实施（Do）——检查（Check）——行动（Act）。PDCA 循环又叫戴明环，是美国质量管理专家戴明博士首先提出的，它是全面质量管理所应遵循的科学程序。全面质量管理活动的全部过程，就是质量计划的制订和组织实现的过程，这个过程就是按照 PDCA 循环，不停顿地周而复始地运转的。PDCA 是管理中一种非常有用的工具，它并不仅仅限于在质量管理中运用，其实在组织工作或个人生活的方方面面人们都能运用 PDCA 这项工具。它的基本特点就是：简单、有效、实用。

（2）PDCA 循环的内容：

P（计划）阶段：掌握现状、识别问题，确定质量目标、活动计划、管理项目和对应的措施方案；分析问题产生的根本原因，针对问题的根本原因，确定改进的对策和措施并形成改进计划（做什么？谁负责？何时实施或完成？）。

D（实施）阶段：按计划所确定的对策和措施具体地组织实施、执行。

C（检查）阶段：检查计划执行的程度，确认结果，并找出存在的问题。

A（行动）阶段：根据检查的结果进行处理。当结果达到目标时，则对计划中所确定的对策和措施进行标准化（Standardize），进入下一个控制循环（SDCA）；当结果未达到目标时，则应采取相应的对策（包括采取临时遏制措施，阻止不良后果继续恶化），并进入下一个改善循环（PDCA），在这个新的改善循环的计划（P）阶段，需要分析上一个循环中未达到目标的根本原因，确定针对此根本原因的纠正措施（Corrective Action），并制定新的行动计划（Action Plan）。

可以看出，PDCA 循环的实施（D）阶段与行动（A）阶段的任务是不一样的。实施（D）阶段的任务是执行计划（P）阶段所确定的对策和措施，而行动（A）阶段则是根据检查（C）阶段的检查和确认结果来决定下一步的行动方案。行动方案有两类：一类是通过开展标准化活动控制已达成目标的有效措施能被严格遵照执行，这类行动方案可称为控制循环（SDCA）；另一类是通过新一轮的 PDCA 循环找出问题的根本原因并重新制定新的行动计划（Action Plan）。因此，严格来讲 PDCA 循环应改称为 P（S）DCA。

2. PDCA 循环实施质量管理体系的八大步骤

PDCA 循环的八个步骤如下（见图 6-29）：

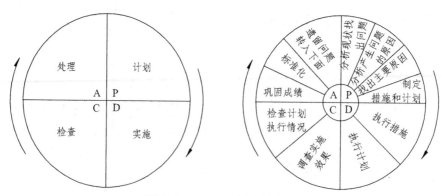

图 6-29　PDCA 循环的内容

（1）分析现状，发现品质问题；

（2）分析产生品质问题的各种因素；

（3）分析影响品质问题的主要原因；

（4）针对主要原因，制定问题解决方案；

（5）按照措施计划实施；

（6）把执行结果与要求达到的目标进行对比；

（7）把成功经验总结出来，加以标准化；

（8）把未解决或新出现的问题转入下一 PDCA 循环中。

3. PDCA 循环的运转特点

质量保证体系在按照管理循环运转时，具有如下特点（见图 6-30）：

（1）计划、实施、检查、处理四个阶段缺一不可。在一个循环内各阶段的工作应依先后次序进行，不可颠倒。

（2）大环套小环，小环保大环，每个环都不断地循环和不断地上升，每循环一次，工作质量、产品质量就提高一步。

（3）关键在"处理阶段"，处理阶段的目的在于总结经验，巩固成果。每经过一个循环，将成功的经验总结整理并纳入标准（或规程），加以标准化和制度化。同时，对于失败的教训总结出来形成案例，引以为戒。

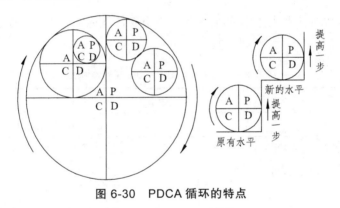

图 6-30 PDCA 循环的特点

第五节 2008 版 ISO9000 族标准

随着全球经济的快速发展，世界范围内的经济交流也日益频繁。为了适应国际经贸合作和贸易往来的需要（规范和统一各国质量标准的相关概念、术语），国际标准化组织（ISO）在 1987 年颁布了 ISO9000《质量管理和质量保证》系列国际标准，几十年中经历了多次修改和完善形成了目前的 ISO9000 族标准。

一、ISO9000 族标准在中国

1987 年 3 月 ISO9000 系列标准正式发布以后，同年 12 月，中国正式发布了等效采用

ISO9000 标准的 GB/T 10300《质量管理和质量保证》系列国家标准，并于 1989 年 8 月 1 日起在全国实施。

1992 年 5 月中国决定等同采用 ISO9000 系列标准，发布了 GB/T 19000—1992 系列标准。

1994 年中国发布了等同采用 1994 版 ISO9000 族标准的 GB/T 19000 族标准。

2000 年至 2003 年中国陆续发布了等同采用 2000 版 ISO9000 族标准的国家标准，包括：GB/T 19000、GB/T 19001、GB/T 19004 和 GB/T 19011 标准。

2008 年中国根据 ISO9000：2005、ISO9001：2008 版的发布，同时也修订发布了 GB/T 19000—2008、GB/T 19001—2008 标准。

二、2008 版 ISO9000 族标准的构成与特点

1. 2008 版 ISO9000 族标准的构成

2008 版 ISO9000 族标准由四个核心标准、一个支持性标准、若干个技术报告和宣传性小册子构成。如表 6-27（GB 等同采用对应的 ISO）所示。

表 6-27　2008 版 ISO9000 族标准构成

核心标准	
标准代号	对应中文内容
GB/T 19000—2008 idt ISO9000：2005	《质量管理体系——基础和术语》
GB/T 19001—2008 idt ISO9001：2008	《质量管理体系——要求》
GB/T 19004—2009 idt ISO9004：2009	《质量管理体系——业绩改进指南》
GB/T 19011—2003 idt ISO19011：2002	《质量和（或）环境管理体系审核指南》
支持性标准和文件	
标准、文件代号或名称	对应中文内容
ISO10012	《测量控制系统》
ISO/TR10006	《项目管理指南》
ISO/TR10007	《技术状态管理指南》
ISO/TR10013	《质量管理体系文件指南》
ISO/TR10014	《质量经济性管理指南》
ISO/TR10015	《教育和培训指南》
ISO/TR10017	《统计技术在 ISO9001 中应用指南》
质量管理原则	质量管理原则
选择和使用指南	选择和使用指南
小型企业的应用	小型企业的应用

2. 2008 版 ISO9000 族标准的特点（见表 6-28 ）

表 6-28　2008 版 ISO9000 族标准的特点

特　点	描述
通用性	适用于提供所有产品类别、不同规模和各种类型的组织，并可根据组织及其产品的特点对不适用的质量管理体系要求进行删减
相关性	采用"以过程为基础的质量管理体系模式"，强调质量管理体系是由相互关联和相互作用的过程构成的一个系统，特别关注过程之间的联系和相互作用，标准内容的逻辑性更强，相关性更好
兼容性	强调质量管理体系只是组织管理体系的一个组成部分，标准的内容充分考虑了与其他管理体系标准的兼容性
有效性	更注重质量管理体系的有效性和持续改进，减少了对形成文件的程序的强制性要求。除了满足标准中规定的需要有的质量管理体系文件外，组织可以根据其自身的产品和过程的特点，结合其实际运作能力和管理水平，确定其策划、实施运行、控制质量管理体系过程所需的文件
一致性	质量管理体系要求（ISO9001）和质量管理体系业绩改进指南（ISO9004）两个标准的内容更加和谐统一，使它们成为一对协调一致的标准

三、2008 版 ISO9000 族中核心标准的主要内容

1. GB/T 19000—2008 idt ISO9000：2005《质量管理体系——基础和术语》

GB/T19000—2008 idt ISO9000：2005《质量管理体系——基础和术语》，起着奠定理论基础、统一术语概念和明确指导思想的作用，具有很重要的地位。

标准的"引言"部分提出了 8 项质量管理原则（见表 6-29），标准提供了 12 项质量管理体系基础和 83 个与质量管理体系有关的术语及其定义。

表 6-29　8 项质量管理原则

原　则	解　释
以顾客为关注焦点	把顾客的满意作为核心驱动力
领导作用	领导者确立组织统一的宗旨及方向，以强有力的方式全面推行
全员参与	各级人员都是组织之本，保证所有人员的工作都纳入到标准体系中去
过程方法	将活动和相关的资源作为过程进行管理，以促进总体质量目标的实现
管理的系统方法	使每个部门、每个岗位和每项工作都纳入到一个有机总体中去实现目标
持续改进	使 ISO9000 体系成为一项长期的行之有效的质量管理措施
基于事实的决策方法	使标准体系更具有针对性和可操作性
与供方互利的关系	组织与供方是相互依存的，互利的关系可增强双方创造价值的能力

☺**小贴士** 8：

术语是制定质量管理标准的基础，术语的定义规定了质量管理体系有关的基本概念。

质量管理体系的 12 项基础：

标准提出了质量管理体系的 12 项基础,从质量管理体系角度与本标准的 8 项质量管理原则相呼应。

表 6-30　质量管理体系的 12 项基础

序号	基　础	解　释
（1）	质量管理体系的理论说明	质量管理体系能够帮助组织增强顾客满意
（2）	质量管理体系要求与产品要求	ISO9000 族标准区分了质量管理体系要求和产品要求
（3）	质量管理体系方法	该 8 个步骤的方法也适用于保持和改进现有的质量管理体系
（4）	过程方法	标准鼓励采用过程方法管理组织。由 ISO9000 族标准表述的,以过程为基础的质量管理体系模式如图 6-31 所示
（5）	质量方针和质量目标	建立质量方针和质量目标为组织提供了关注的焦点
（6）	最高管理者在质量管理体系中的作用	规定了最高管理者的九个作用,通过其领导作用及各种措施可以创造一个员工充分参与的环境,质量管理体系能够在这种环境中有效运行
（7）	文　件	文件是信息及其承载媒体
（8）	质量管理体系评价	主要包括： ① 质量管理体系过程的评价； ② 质量管理体系审核； ③ 质量管理体系评审； ④ 自我评定
（9）	持续改进	持续改进质量管理体系的目的在于增加顾客和其他相关方的满意的机会
（10）	统计技术的作用	应用统计技术可帮助组织了解变异,从而有助于组织解决问题并提高有效性和效率。这些技术也有助于更好地利用可获得的数据进行决策。
（11）	质量管理体系与其他管理体系的关注点	质量管理体系是组织的管理体系的一部分,它致力于使与质量目标有关的结果适当地满足相关方的需求、期望和要求
（12）	质量管理体系与优秀模式之间的关系	ISO9000 族标准指出了 ISO9000 族标准质量管理体系与组织优秀模式之间的关系

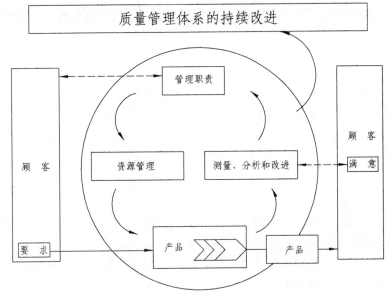

图 6-31　基于过程的质量管理体系模式

───────▶ ——增值活动；------▶ ——信息流

2. GB/T19001—2008 idt ISO9001：2000《质量管理体系——要求》(见表 6-31)

表 6-31　《质量管理体系——要求》简介

（1）标准规定了质量管理体系的要求，取代了 1994 版 ISO9001、ISO9002 和 ISO9003 三个质量保证模式标准，成为用于审核和第三方认证的唯一标准
（2）标准可用于组织证实其有能力稳定地提供满足顾客要求和适用法律法规要求的产品；也可用于组织通过质量管理体系的有效应用，包括持续改进质量管理体系的过程及保证符合顾客和适用法律法规的要求，实现增强顾客满意目标
（3）标准可用于内部和外部（第二方或第三方）评价组织提供满足组织自身要求、顾客要求、法律法规要求的产品的能力
（4）标准应用了以"过程为基础的质量管理体系模式"，鼓励组织在建立、实施和改进质量管理体系及提高其有效性时，采用"过程方法"，通过满足顾客要求增强顾客满意
（5）标准中"1 范围"给出了 GB/T19001 标准的适用范围，说明了标准中提出的质量管理体系要求是通用的，旨在适用于各种类型、不同规模和提供不同产品的组织，当由于组织及其产品的特点对标准中的某些要求不适用时，可以考虑对这些不适用的要求进行删减
（6）如果组织进行删减，应仅限于 GB/T 19001 标准第 7 章的要求，并且这样的删减不影响组织提供满足顾客要求和适用法律法规要求的产品的能力或责任，否则不能声称其质量管理体系符合 GB/T 19001 标准。
（7）标准中"2 引用标准"和"3 术语和定义"说明了 GB/T 19001 标准所引用的标准和采用的术语和定义
（8）标准中"4 质量管理体系"、"5 管理职责"、"6 资源管理"、"7 产品实现"和"8 测量、分析和改进"对质量管理体系及其所需的过程提出了具体的要求。与 200 版 GB/T 19001 标准相比，2008 版标准的在术语名称上基本没有变化

3. GB/T 19004—2009 idt ISO9004：2009《质量管理体系——业绩改进指南》

标准充分考虑了提高质量管理体系的有效性和效率,进而考虑开发改进组织绩效的潜能。标准应用了"以过程为基础的质量管理体系模式"的结构,还给出了"自我评定指南"和"持续改进的过程"两个附录,用于帮助组织评价质量管理体系的有效性和效率以及成熟水平,通过持续改进以提高组织的整体绩效,从而使所有相关方满意。

4. GB/T 19011—2003 idt ISO19011：2002《质量和（或）环境管理体系审核指南》

标准是 ISO/TC176 与 ISO/TC207（环境管理技术委员会）联合制定的,以遵循 "不同管理体系,可以共同管理和审核的要求"的原则。标准兼容了质量管理体系审核和环境管理体系审核的特点,适用于需要实施质量和（或）环境管理体系内部或外部审核或需要管理审核方案的所有组织。标准原则上可适用于其他领域的审核。

四、ISO9000 族标准质量管理体系与 TQM 的关系

全面质量管理（TQM）与 ISO9000 族标准是在解决质量问题过程中所运用的方法、手段不断发展和完善的产物。作为质量管理学说体系发展的两个阶段,它们既有内在联系,又有实质区别（见表 6-32）,而明确这种区别与联系,对于指导质量管理工作具有很重要的作用。

表 6-32　ISO9000 族标准质量管理体系与 TQM 的联系

联　系	相关性描述
理论基础一致	质量管理先后经历了质量检验、统计质量控制和全面质量管理三个实践阶段,逐步完善和丰富了质量管理学的基本原理和理论,使其发展成为一门独立的学科,任何一种标准都是理论与实践结合的产物,TQM 与 ISO9000 族的共同基础是质量管理学;ISO9000 族标准是在质量管理学理论发展的基础上,与 TQM 实践相结合的产物
最终目标一致	两者都突出以一个组织的全员参与使组织（企业）质量提高,达到顾客满意为共同目标
质量改进	强调不断进行质量改进,都认为质量是一个螺旋上升的过程,循环为工作程序,每经过一个循环,质量便提高一次。ISO9000 族标准中,明确提出质量改进目标、组织、策划、衡量,并提出 11 种工具和技术供使用,因此,两者都注重通过过程质量改进来不断改进产品和服务质量
应用现代统计技术和现代管理技术	两者都强调采用多种方法进行质量管理（含现有的和待开发的技术和方法）。ISO9000 族标准应用多种统计技术和方法进行质量改进时,推荐了调查表、因果图、控制图、直方图、排列图等工具和技术

表 6-33　ISO9000 族标准质量管理体系与 TQM 的区别

区　别	描　述
标准属性与理论过程	ISO9000 作为质量管理和质量保证标准，具有标准属性，实现了质量管理的有序、统一、规范并保持相对稳定性。TQM 则是质量管理学说发展到一定阶段的一种新的理论，是一个实践的、不断改进的过程
符合性与不断改进	ISO9000 族标准是从顾客角度向企业提出质量管理和质量保证方面的要求，强调符合性。TQM 是从组织（企业）本身的角度出发，动员组织（企业）的各方面参与质量管理工作，强调质量的不断改进
过程与能动性	ISO9000 重视过程，强调所有工作都是通过过程控制来实现，TQM 重视结果，强调发展的主观能动性和创造性
管理哲学与自主提高	ISO9000 族标准主要反映欧美的管理哲学，而 TQM 强调在不断变化的客观条件下，其质量管理自主计划、自主实施、自主检查、自主提高

案例分析：包装全面质量管理

案例 1：纸包装印刷企业质量过程控制管理的案例

由于纸包装印刷具有：产品品种多，订单长短差异很大，产品的工艺路线又有一定的差异；而且工序间单机操作，比较难以从头至尾地联机形成流水线式生产，很多工序重复，多次校车，控制条件多变，还无法避免的包含一些人为因素等复杂而繁多的特点。所以，纸包装印刷仍处于传统产业阶段，其过程的恒定控制难度较高，这也就注定了目前的纸包装印刷企业质量管理的难点在于过程控制。

国内纸包装印刷企业的质量控制现状大致是：基本实现印前的数据化控制；部分企业实现印刷过程中的数据化控制；仅有极少部分企业实现印后的数据化控制。而且，从实施 ISO 质量管理体系的角度看：大部分纸包装印刷企业已建立了 ISO9001 质量管理体系，不过实际情况是，能够深刻理解 ISO9001 质量管理体系的内涵，并能够有效实施的企业数量很少。

相对欧美企业比较重视体系管理而言，希望以系统性的管理来约束和规范操作人员，进而达到对生产过程的掌控；日本的民族特点和极具特色的企业文化决定了日本企业则是特别强调员工的责任心和敬业精神，通过提高个人工作质量来达到对生产过程的稳定控制。而我国印刷企业大部分是学习欧美的模式，学习日本企业的管理模式的较少。

一家具有代表性的日本纸包装印刷企业，印刷品以日用品包装为主，品种繁多，有纸板盒，也有瓦楞盒；全公司近 150 人，年产值约 4.0 亿人民币；全公司只有 3 个人负责质量管理，其中 2 人专职负责进货检验，但没有设立专门的品质管理部门；该公司的生产工序有：印前、印刷、烫金、压光、贴窗、裱瓦楞、模切和糊盒。从技术装备看只能算"二流"水准，但其质量控制水平却是世界一流的。在车间实际所看到的情况是：重点放在了每个工序的责任控制，而且不仅局限于质量，也体现在生产效益和环境 5S 上。这种责任控制的意识已形成了习惯性的特定企业文化。印刷车间通常是两台印刷机配置 5 个人。印刷过程中发现质量问题时，机长首先用插条的方式将有问题的印品进行标识，并将该栈板的印品暂放在旁边。待其可以翻动时，机台人员抽空（机器仍在正常生产）单独对其进行整理，将其中的不良品挑出来，做好标识，随正式产品流转到下一工序。印刷之后没有所谓的"拣大张"的印品整理组。后续各工序也是如此，所有工序所发生的问题全由本工序负责。值得一提的是，在糊盒工序，我们看到一台糊盒机配 3 个人，他们分别是机长 1 人（负责操作机器、抽查糊盒质量和辅助装箱）、加料 1 人和收料 1 人。在糊盒机车速为 60 000 个/小时（面巾盒）的情况下，他们还要负责装箱、封箱、贴标签和码放线板。另外，工序间不需要重复装纸。上道工序收料时，就已将纸堆理齐，下道工序可直接将整线板推上机器开始作业，这也是本工序落实责任控制的结果。整个生产流程中没有专职巡检员"帮助"操作者多把一道质量关，该公司甚至没有出厂前的最终检验。日本人对包装质量的挑剔在世界上是独一无二的。即便这样，该公司全年也只有 3～4 次的退货记录。这种退货通常还是可以挑出符合要求的产品，而不是致命性的全军覆没。因此说这种质量控制已称得上世界一流水准。

与欧美包装印刷企业相比，我国的纸包装印刷企业的系统性质量管理尚有较大差距，而与日本企业相比，我们从业人员的敬业精神和责任心尚有更大的差距。作为国内包装印刷企业，要承接欧美品牌客户的订单，必须注意系统的质量管理体系的建设与有效实施，而要承接日本的品牌客户订单，必须求真、务实，步步落到实处。鉴于我国的包装印刷企业既不同于欧美企业，又有别于日本企业，为此，我国印刷企业应汲取各家之所长，把两大流派的管理模式有机结合起来。可参考以下方法：

（1）设立一个权威性的品质控制部门，人员不要太多，但素质要高。该部门应独立于生产，以此推动公司质量体系的持续改善。这种改善应该是强制性的、权威性的。只有这样，才能在全公司逐渐形成一种重视品质的氛围。这一点要成功，其前提条件是企业的第一领导人必须要有这种意识。

（2）以培训为主、奖惩结合的方式，提高各工序操作者的质量意识。观念这种东西不是一天、两天、一个月、两个月就能改变的。对于责任心欠佳的操作人员更是如此。由于缺乏责任心，他们对自己的过失造成的产品质量损失不具有内疚感。在日本、新加坡和中国香港，纸包装印刷企业其实很少有名目繁多的质量考核和效率考核条例，但它们照样有好的品质和高的生产效率。这大概与从业人员的受教育背景、责任心和职业道德等意识有关。因此，针对国内包装印刷业工人的现状，培训是十分重要的。只有通过持续培训，才能对这支队伍进行潜移默化的影响，同时辅以激励和处罚措施，逐步培育员工的责任意识感。

（3）系统地、务实地开展质量改善活动。如建立月质量分析会，对一个月以来所发现的质量问题，运用统计分析工具作汇总分析，并根据二八法则找出需要改善的主要质量问题，制定改善措施，明确责任人及完成日期，会后由品质管理部门进行跟催和关闭；对于典型的质量案例，品质管理部门应迅速组织召开现场质量专题会，对相关人员作现场教育，并分析真因、制定措施，形成会议纪要，会后由品质管理部门进行跟催和关闭；对于复杂的质量问题，还必须成立特别的质量改善小组（QIT），按项目管理的方法予以实施。只有这样双管齐下，才能在全公司形成以质量目标为导向的观念。当我们切实走完 ISO 质量管理的历程之后，就会像日本企业那样，品质管理部门也就失去了它存在的意义。（本例原始资料 来源于中国测控网）

案例 2：ISO9001 质量管理体系审核案例分析

1. 胶辊存放注意事项

在印刷车间旁边的小屋内，将印刷用的胶辊存放在铁架子上面。屋子墙上悬挂着《胶辊存放注意事项》，其中第三条写着："不允许将胶辊存放在潮湿的地方"。但是审核员看到，该屋内设有水池，还有电热水器，地上到处都是水迹。审核员问车间主任："这规定的第三条如何控制？"车间主任说："我不知道这条规定的道理何在，实际上并不影响胶辊的使用嘛。"审核员："那为什么还有此规定呢？"车间主任："这是很久以前规定的，我也不知道为什么这么定。"

分析：很多组织在贯彻质量管理体系标准以前就编制了很多文件，但是没有注明编制、审核、批准人姓名。结果，过了几年后当对某项内容不明白时，谁也不知道该问谁去。本案没有按规定存放胶辊，违反了标准"6.3 基础设施"的"组织应确定、提供并维护为达到产品符合要求所需的基础设施"的规定，尽管车间主任的解释可能是合理的，但是不合法。既然认为规定的有些内容不适宜，就应该根据实际情况进行修订。这里又违反了标准"4.2.3 文件控制"的"b）必要时对文件进行评审与更新，并再次批准"的规定。（案例来源：http：//whoareme.blog.hexun.com/7686190_d.html ISO9001 质量管理体系审核 289 个案例[026]）

2. 质量目标

某厂的质量方针是"科技领先、优质高效、顾客至上"，其工厂的质量目标为："成品一次交验合格率为 98%，工序产品一次交验合格率为 93%，顾客满意率为 98%。

分析：本例违反了标准"5.3 质量方针"的"c）提供制定和评审质量目标的框架"的规定。因为"框架"应该理解为对应于质量方针的核心内容，有相对应的质量目标，以便实施对实现质量方针的考核。本例中对质量方针的"科技领先"就没有制定相应的目标以便进行考核，这样"科技领先"就成了一句空话。例如，可以制定相应的质量目标为："每年开发出新产品 2~3 项"等。（案例来源：http：//whoareme.blog.hexun.com/7686190_d.html ISO9001 质量管理体系审核 289 个案例[057]）

3. 质量目标

包装材料厂的质量手册中，规定工厂成品一次交验合格率为 90%。审核员问质检科长："为什么一次交验合格率不太高？"科长说："因为生产线刚上马，生产还不太稳定，所以目标定得不太高。"半年后，审核组再次来到该厂进行第一次监督审核，当审核员再次见到检验科长时，科长高兴地告诉审核员："经过大半年的努力，我们的成品一次交验合格率已经达到了95% 以上。"审核员看到工厂质量手册中的质量目标仍然是"成品一次交验合格率为 90%"。

分析：组织制定的目标应该比现有状态的高一些，目标是在前方，但经过努力可以达到。对质量目标的控制应该是动态的，当质量目标已经实现时，这就变成必须做到的规定了，组织应该定出新的目标，这样才能激励组织达到持续的改进。本案的成品一次交验合格率已经实现，但是质量目标没有定出新的要求，违反了标准"5.4.1 质量目标"的"质量目标应是可测量的，并与质量方针保持一致"的规定，因为标准"5.3 质量方针"要求"e）在持续适宜性方面得到评审"因此，对质量目标的持续适宜性也应评审，必要时予以更新。（案例来源：http://whoareme.blog.hexun.com/7686190_d.html ISO9001 质量管理体系审核 289 个案例[067]）

参考文献

[1]　戴宏民. 包装管理[M]. 北京：印刷工业出版社，2007.

[2]　谢明荣. 现代工业企业管理[M]. 南京：东南大学出版社，2004.

[3]　杨乃定. 企业管理理论与方法指引[M]. 北京：机械工业出版社，2009.

[4]　姜巧萍. 质量管理精细化管理全案[M]. 北京：人民邮电出版社，2009.

[5]　[美]James A.Regh，Henry W.Kraebber. Computer-Integrated Manufacturing [M]. 北京：机
　　　　械工业出版社，2004.

[6]　http://www.ck365.cn/anli/200409/15/5645.html.

[7]　http://www.jstor.org/pss/2629289.

[8]　http://doc.mbalib.com/view/27cfaa0c79a8028a2ffdc21015bde589.html.

[9]　http://wenku.baidu.com/view/28e9ba6a7e21af45b307a8b4.html.

[10]　http://course.cug.edu.cn/cugThird/fgie/classroom/8-4-7.htm.

[11]　http://www.keyin.cn/plus/view.php?aid = 256038&type = zl.

[12]　周朝琦，侯文龙. 质量管理创新[M]. 北京：经济管理出版社，2000.

[13]　[美]杰克.吉多，詹姆斯 P. 克莱门斯. 成功的项目管理[M]. 张金成译. 北京：机械工业
　　　　出版社，1999.

[14]　[美]菲利普. 市场营销管理[M]. 北京：中国人民大学出版社，1997.

[15]　巩维才等. 现代工业企业管理[M]. 徐州：中国矿业出版社，1999.

[16]　中国认证人员国家祖册委员会. 质量管理体系国家注册审核员预备知识培训教程[M].
　　　　天津：天津社会科学出版社，2007.

[17]　http：//whoareme.blog.hexun.com/7686190_d.html，ISO9001 质量 ISO9001 管理体系审
　　　　核 289 个案例.

第七章　包装绿色化管理

1987 年，世界环境与发展委员会（WCED）在《我们共同的未来》中提出了当代存在着严重的环境危机和资源危机，要求发展经济必须与环境和资源相容；为了当代人与下代人的利益，必须改变发展模式，即可持续发展模式。因此，包装企业应当实行保护环境和节约资源的全生命周期绿色化管理；同时包装尤其是食品和药品包装，以及与人体接触的包装，还必须充分保障人体的生命安全，遵循绿色包装制度的要求，这也构成包装企业全生命周期绿色化管理的重要内容。

第一节　绿色包装壁垒及绿色包装

一、绿色包装壁垒的形成及特点

绿色包装制度是绿色技术壁垒的一种。绿色技术壁垒与绿色关税制度、市场准入制度、绿色技术标准制度、绿色环境标志制度、环境卫生检疫制度、绿色补贴制度等共同构成了当今世界的绿色贸易壁垒。绿色贸易壁垒是以保护有限资源、环境和人类健康为由，通过制定一系列环保标准，对来自国外进口的产品、包装或服务加以限制的一种行为。绿色包装制度和其他绿色壁垒的形成，均源于上世纪 90 年代的世界贸易危机和 70 年代出现的环境危机。

☺小贴士 1：

绿色包装壁垒：它属于绿色技术壁垒的一种。美政出于保护环境、保护人身安全的需要，过去已设置了大量绿色包装（技术）壁垒，如欧盟"94/62/EC 指令"、CE 认证标志（工业品）、生态标签（ECO-Label，纺织品）、绿点标志（Green Point）、欧盟"食品包装材料安全限量标准"（2002/72/EC）、"食品标签"；美国国家食品药品监督局 FDA "食品接触包装材料及器具关于迁移的安全法规"、"包装中的毒物"（2004-10），以及美政关于食品企业的良好生产规范 GMP 认证等。上述壁垒主要针对包装材料，对包装材料的成分（重金属及有毒有害成分）、用量（减量化）、性质（可再用、可循环）及安全性（总迁移极限和特定迁移极

限）进行限制。新世纪初，国际标准化组织（International Organization for Standardization, ISO）基于近年生产安全和食品安全事件日趋增加的严重性，出台了覆盖食品和包装机械、制药和包装机械等在内的安全卫生规定，该规定目前已成为食品（制药）和包装机械设计制造中对安全卫生要求的技术性壁垒。

☺小贴士 2：

绿色贸易壁垒：绿色技术壁垒和绿色关税制度、市场准入制度、绿色技术标准制度、绿色环境标志制度、环境卫生检疫制度、绿色补贴制度等共同构成了当今世界的绿色贸易壁垒。绿色贸易壁垒以保护有限资源、环境和人类健康为由，通过制定一系列环保标准，对来自国外进口的产品、包装或服务加以限制的一种行为。

对外贸易和投资、消费被称作拉动经济增长的三辆马车。世界贸易量在战后的迅速增长，成为推动各国经济发展的动力；同时也使经济的发展越来越依靠国际市场。各国经济持续的过热增长，导致了经济"泡沫"现象，在上世纪 90 年代就出现了全球性的生产过剩，从而使商品过剩，出现全球性商品价格危机，并导致贸易进出口失去平衡，各国进口大量减少，世界贸易出现急剧下滑总趋势，反过来又引起全球性的经济衰退。面对这样全球性的贸易危机，各国采取的对策一是扩大内需，二是采取贸易保护措施，限制进口，保护本国市场。

同时，全球性的环境危机引发了全球性的环境保护大潮，人们认识到环境的破坏已影响到人类的生存，因而保护人类生存环境、保护人体健康、发展要与环境相协调、经济应可持续发展得到了普遍赞同。人们环保意识的提高反映在消费行为上，是环保消费心理的增强，在全球掀起了绿色消费浪潮。

正是在上述背景下，工业发达国家纷纷出台绿色包装制度等贸易中的环境保护措施，形成了新的绿色贸易壁垒。1987 年蒙特利尔"保护臭氧层维也纳公约议定书"；1996 年 WTO 乌拉圭会议通过的"卫生与动植物检疫措施协议"建议使用国际标准，并明确规定各国有权采取措施，保护人类和动植物的健康，尤其确保人畜食物免遭污染物、毒素、微生物、添加剂影响，确保人类健康免遭进口动植物携带疾病而造成的损害。1996 年 4 月正式公布的 ISO14000 环境管理体系国际标准，要求从产品原料选择、生产制造、流通使用到废弃处理的整个生命周期过程，生产环境均应满足 ISO14000 标准，一切不符合该标准的产品，任何国家都有权拒绝进口。这些国际法规一方面为保护人类的生存环境和健康，解决经济与环境协调发展，为世界各国在统一的环境管理标准下平等竞争提供了条件，但同时也为工业发达国家设置绿色包装制度等绿色壁垒提供了依据。

绿色包装制度在绿色壁垒中尤以其覆盖的广泛性、内容的复杂性和制定国的多样性而最易发生贸易摩擦，故须引起我们高度重视和认真应对。

1. 形式的合法性

工业发达国家制定绿色包装制度，在名义上均以保护本国环境和国家生态安全、保障健康和生命安全、保障消费者利益、资源与能源的合理利用等为主旨，符合国际上保护人类生存环境的有关规定，从而有了国际立法作为依据；同时也迎合了大家关心生态环境、环保消费心理逐步增强的心理。国际上的法规除了以上所述外，主要还有：1992 年"联合国气候框架公约"，1979 年"长程越界空气污染公约"，1996 年国际法协会第 52 届大会通过的"国际河流利用规则"（赫尔辛基规则），1972 年"防止因倾弃废物及其他物质而引起海洋污染的公约"，1992 年"保护世界文化和自然遗产公约"，1973 年"濒危野生动植物物种国际贸易公约"，1992 年"生物多样性公约"，1982 年"联合国海洋法公约"，以及国际社会"对危险物质和活动管理的规定""对固体废弃物管理的规定"等。

任何一个国家无权按本国的环保价值观去规定其他国家的国内环境标准，但可以根据自己的选择制定本国的环保标准。因此为给绿色包装制度和其他绿色壁垒提供法律支持，各工业发达国家还大力在国内制定环保法律，故所有绿色包装制度和其他绿色壁垒均是以立法形式出现的。

由于既有国际法作依据，又有国内环保立法支持，向工业发达国家出口时，为绿色包装制度而发生贸易摩擦，出口国就处于被动和弱势地位。1998 年，中国商品木包装上被检出天牛微生物而被美国海关禁止进口，同年美国农业部又签署法令，要求来自中国的木包装，必须要经过蒸煮或热处理杀菌且有检验和检疫标志，否则不能出口到美国。如果违规，整批产品不准进入美国，或者在美国监视下销毁，一切损失由中国负责。这一条令影响到中国对外贸易近 180 亿美元，中国派出代表团去美国抗议谈判，但没有结果，最后还得承认美国贸易保护的规定。

2. 内容的歧视性

发达国家和发展中国家经济发展水平不同，因此由科学技术水平较高、处于技术垄断地位的发达国家单方面制定的绿色包装制度（绿色壁垒）必然对自由贸易存在不合理的歧视性。表现在：

（1）制定的强制性的环保技术标准，都是根据发达国家生产水平和技术水平制定的，对发达国家来说是可以达到的，但对于发展中国家来说则很难达到，貌似公平，实际不公平，势必导致发展中国家的产品被拒在发达国家市场之外。

（2）发达国家制定的绿色包装制度是在高科技基础上的检验标准，标准是否科学，发展中国家难以作出判断；尤其是环保标准在量化上具有的不确定性不容讨论，牵涉面又很广，难于全面顾及，使发展中国家无可奈何，从而导致发展中国家因为达不到高标准而被禁止进口。20 世纪 90 年代初，美国制定陶瓷中对人体有害的重金属铅的限量标准，我国陶瓷制品因达不到要求，使素以"陶瓷王国"著称的我国的陶瓷产品，在美国陶瓷市场的占有份额仅为日本同期同类产品的 1/10。

（3）进口厂商须同该国厂商一样对其包装物进行回收和再利用，不得不依靠当地销售商或废物处理中心来处理包装废弃物，并为此支付高额的费用，从而导致更多的贸易摩擦。

3. 操作上的难适应性

这是绿色包装制度具有的较其他绿色壁垒不同的一项特性。许多国家制定环保包装标准时，往往要考虑其国内的民族习性、颜色图案、市场偏好、废物处理设施等条件。这些条件因国而异，满足了一国环保包装的要求，又可能会受到另一国的限制。为符合不同国家的环保包装要求，进口厂商就必须支付更多的包装成本。

二、典型绿色包装制度主要内容及要求

绿色包装制度是为防止包装材料及其废弃物给人身和环境造成危害，或因包装结构、用材不合理可能损害消费者的利益，而对包装材料的成分、用量、性质及食品包装材料安全性制定的限制性的规定或标准，包括包装材料减量化、成分标准、废弃物的回收、复用和再生、食品包装材料的总迁移极限和特定迁移极限等方面的内容。

各国制定的绿色包装制度很多，典型的有欧盟"94/62/EC 关于包装和包装废弃物处理的欧洲议会和理事会指令"，欧盟、美国的食品包装安全法规"食品接触包装材料及器具关于迁移的安全法规"和国际标准化组织 ISO 关于食品和包装机械的安全卫生规定。

1 欧盟 94/62/EC "关于包装和包装废弃物处理的欧洲议会和理事会指令"

欧盟指令 94/62/EC 是一部技术性法规，基本要求具有强制性，是市场准入的第一道技术门槛，只有满足基本要求的产品方可投放市场和交付使用。其基本原则是：① 保障健康和生命安全；② 保护环境和国家生态安全；③ 保障消费者利益；④ 资源与能源的合理利用。其基本要求指产品在以下三方面的要求：① 对包装和包装废弃物含有害于环境和人身健康的成分进行限制，见（1）～（7）；② 降低资源能源（用量）的损耗，见（8）～（9）；③ 对包装制造及性质的要求，见（8）～（9）。

欧盟指令 94/62/EC 对包装的主要要求：

（1）在所有包装材料、包装和包装组件中，铅、镉、汞和六价铬的浓度总量最大允许极限为 100 mg/kg（即 100 ppm），其目的是为避免含上述重金属的包装材料在焚烧和填埋后的飞灰、烟尘和渗滤液对人体产生伤害、保护地下水源和土壤。包装材料和所有包装中允许最大元素含量如表 7-1 所示。

限制易挥发、溶出、相溶、与人身体接触的有毒有害有机物（偶氮等）；限制有毒有害散发物（氟、氯、硫、氮等）、有毒有害的重金属渗出物；通过植物卫生检疫措施（SPS 协议），限制破坏生态的微生物，以保障环境和生态安全。

表 7-1　包装材料和包装中允许最大元素含量

元素	在干燥物质中 mg/kg	元素	在干燥物质中 mg/kg
Zn	150	Cr	50
Cu	50	Mo	1
Ni	25	Se	0.75
Cd	0.5	As	5
Pb	50	F	100
Hg	0.5		

（2）用安全的材料替代受限制或可疑的材料。

① 用 PET 替代 PVC。

聚氯乙烯 PVC 的氯乙烯单体被列为食品、医药以及与儿童接触的产品包装中限制使用的材料。78/142/EEC 曾规定用于食品包装材料的氯乙烯单体限制在 0.701mg/kg 以下。但为了规避风险，欧盟的企业大都采取安全的、低风险的材料替代法。

② 用 PP 替代 PS。

苯乙烯的单体也是有害的，且在常温或需加温状态下容易产生异味，故在某些应用上也被视为不受欢迎的产品，故也常以 PP 取代 PS。

③ 包装用纸以氧化法漂白替代含氯物质漂白。

包装用纸相当大的数量是属于一次性的，为避免多氯联苯这种极毒物质对水源的污染，欧盟已普遍采用氧化法制造的漂白浆，其产量已超过 60%。

（3）用水溶剂型取代有机溶剂型的黏合剂和印刷油墨。

有机溶剂型的黏合剂和印刷油墨中含有易挥发和可溶的甲醛、苯、甲苯、二甲苯和甲醇等有害物质，影响操作者的身体健康，故必须慎重使用，以无毒害的水溶剂型取而代之。为避免油墨中有害重金属（如锌铬黄）和苯残留超过限定的量，切忌过分印刷装潢。

（4）禁用偶氮染料。

欧盟规定：可释出浓度超过 30% 被禁芳族胺的偶氮染料，不得用于与人体长期接触的纺织品或皮革制品的包装（主要是瓦楞纸箱、鞋盒、布袋）上。

（5）限制使用不易回收和不具有商业回收利用价值的包装材料（制品）。

① 限制使用不易回收利用的热固型塑料包装材料。

② 复合材料不易回收，故应尽量使用单层薄膜的包装。

③ 发泡塑料缓冲垫由于其收集、分类、运输成本高于回收利用（资源或能源）价值，故被视为不能商业化回收利用的产品，已逐渐退出市场，而以植物纤维缓冲垫、蜂窝纸板或瓦楞纸板（折叠后）加工成型的缓冲垫，或用收缩薄膜或捆扎材料将产品固定在纸托盘上来代替。

（6）禁止或限制使用某些原始包装材料，对木质包装须实行强制性措施。

为防止包装材料上的病毒虫害对生态环境的破坏，欧盟指令禁止或限制使用原始包装材料，如：木材、稻草、竹片、柳条、麻和以此为基础的包装制品，如木箱、草袋、竹篓、柳条筐篓、麻袋和布袋等；在包装辅料方面，也禁止或限制以纸屑、木丝作为填充料；对上述包装材料及辅料均应先进行消毒，除虫和其他必要的卫生处理。

在出口机电、五金商品包装中，木质包装仍占有主要地位。联合国粮农组织规定对包装货物的木质材料必须进行加工处理，力争制止以吞噬木屑为生的各类昆虫通过其寄生的木质出口商品包装材料跨越国界蔓延。欧美对进口的木质包装规定（包括木质铺垫材料、支撑材料、托盘等）均须有出口国出入境检验检疫机关出具的已经过热处理、熏蒸处理、防腐剂处理或其他为进口国所认可的处理措施的证明。木质包装容器不应有树皮和 3 毫米以上的虫眼。

（7）对玻璃、金属包装容器内壁层的规定。

玻璃包装容器应按使用范围（食品、医药、化工）控制可溶性碱性氧化物及砷的溶出量。金属包装容器的内壁和内壁镀膜涂层在保质期内不应与内装物发生化学反应。

（8）对包装减量化，降低资源能源（用量）的损耗的要求。

欧盟指令中降低资源能源损耗的措施，首先要实行减量化、防止包装废弃物产生；其次要求再资源化；首先是倡导重复使用（减少废弃物），其次是可循环再生（资源回收），再次是可回收利用（能源回收）。

　　生产包装时，应使包装的体积和重量限制到最小的适用程度，以便对被包装的产品和消费者保持安全、卫生和可接受的必要水平。最小的适当重量（体积）的包装，应不危及包装功能和安全，满足达到所有"性能指标"的要求，即：满足产品保护要求；符合包装制造规程；满足包装（充填物）操作要求；满足物流管理要求；满足产品介绍和行销需要；为使用者（消费者）所接受；应开启和再次使用方便；满足提供产品信息的需要；满足安全设计需要；符合法律、法规和国际贸易规则的所有协议；符合有关经济、社会和环境涵义的议题要求。

　　（9）对包装性质的要求。

　　包装设计并商品化时，其性质能重复使用或回收利用、回收再生，当销毁包装废弃物时，使其对环境的影响降到最少。

　　对包装可重复使用性质规定的要求为：

　　① 包装的物理性质和特性应使其在使用条件下，能多次往返使用或循环使用；

　　② 在符合对劳动力的健康和安全条件下可以处理用过的包装；

　　③ 当包装不再重复使用而成为废弃物时，按照可回收利用包装的规定要求处理。

　　上述三条要求必须同时满足。

　　对包装可回收再利用性质规定的要求为：

　　① 材料再生型可回收利用的包装，其包装材料中须含有一定重量百分比的可再生的符合欧共体标准的产品成分；该百分比的确定取决于包装的材料类型。

　　② 能源回收型可回收利用的包装，其包装废弃物须具有最低的热值。废塑料最低热值为 7 300 kJ/kg。

　　③ 合成型可回收利用的包装，因合成的被处理的包装废弃物，因合成的被处理的包装废弃物须能用手分开，而对有机可降解成分进行堆肥化再利用。

　　④ 可生物降解的包装，其废弃物须能进行物理的、化学的、受热的或生物的分解处理，在需氧或厌氧的堆肥设备中进行降解试验，且大部分处理完的合成物最终分解成二氧化碳、生物量和水，满足堆肥化再利用要求。

　　对凡符合"可以重复使用"和"可以回收再利用"条件的包装，可使用如图 7-1 所示的标志。

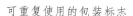
可重复使用的包装标志

可回收再利用的包装标志

图 7-1　可再循环利用的包装标志

　　（10）实行标志、标签、标记制度。

　　标志有强制性和自愿性的两种。在欧盟市场上强制性的标志有 CE 认证标志，是工业产品进入欧盟市场的通行证，应用在儿童玩具、家电产品、纺织品、化妆品、医疗设备、易引发爆炸物品、电子电气设备和汽车上。自愿性标志有针对纺织品进入欧洲市场的生态标签（ECO-Label），绿点标志（Green Point），单因素环境标志等。

标签是以文字或数字的形式出现，它表达商品的全部信息，如尺寸、体积、价格、产品中可能存在的某种有害物质等；对有些容易引起安全性的产品，标签是强制性的，如化妆品、肉类罐头食品、有机食品和转基因食品都需使用强制性的标签，这也是这类食品进入欧盟市场的首要条件。

标识是为了便于包装收集、重复使用、回收利用，而按包装材料性质进行的分类编号。欧盟规定：采用的标识编号对塑料为 1~19，对纸和纸板为 20~29，对金属为 40~49，对木材为 50~59，对织物为 60~69，对玻璃为 70~79。标识体系也可对有关材料采用缩写（例如 HDPE 为高密度聚乙烯）表示。

2. 美、欧食品包装安全法规

由于包装材料中的有害物质（残留单体、添加剂等）向食品迁移、伤害人体健康，成为近年影响食品安全的突出问题，故欧美等国从上世纪中期起，基于迁移试验和模型分析所得的数据，相继制定了关于食品接触包装材料及器具的法令法规，对食品包装材料的成分和可能迁移物质的迁移量进行了严格限制。

食品包装材料的迁移易发生在以下情况：

① 为改善聚合物材料的加工和使用性能，需在聚合过程中加入各种添加剂（增塑剂、稳定剂、着色剂、抗氧化剂、润滑剂等），而添加剂均不同程度的存在一些毒性，如 DEHA 增塑剂、酞酸醋类增塑剂、双酚 A 等；

② 塑料在聚合工艺中可能会有一些未发生反应、有害的单体残留，如致癌的氯乙烯、苯乙烯等；

③ 聚合物组成成分在某些条件下会降解产生一些性能不稳定的低分子物质；

④ 再生食品材料在使用过程中也会受到有害低分子物质的污染,在再生过程中也会产生一些低分子物质；

⑤ 食品包装塑料中的黏合剂和印刷油墨中有机溶剂的有害物在某些条件下也会产生渗透。

上述情况的物质在加工、流通、使用的一定条件下，如较高温度（如 40 ℃）、强光、辐射和一定的时间下就会从聚合物材料中向与其直接接触的食品迁移。

（1）欧盟食品接触包装材料及器具关于迁移的安全法规。

① 总体要求：欧盟规定所有食品接触材料与器具必须依据 GMP（食品企业良好生产规范）进行生产；对所有食品接触材料与器具实行标签制度；给出允许存在物质的清单和纯度标准以及允许进入食品的迁移极限;并给出食品接触材料和器具成分迁移试验的基本规则(设定了进行迁移测试所用的模拟食物的模拟液体、接触时间和温度)。

② 总迁移极限和特定迁移极限：总迁移量（总迁移极限）指在一定条件下，污染物从与食品接触的包装材料或容器向食品或食品模拟物中迁移的质量总和。总迁移极限 OML 要求这个总和不超过 60 mg/kg（对容器可换算为 10 mg/dm^2）。特定迁移极限 SML（累积饮食浓度，即安全摄入量），适用于某些单独授权的物质，指某种迁移物质在食品或食品模拟物中允许的最大浓度。通常根据容许的日摄入量 TDI 设定。如体重 60 kg 的人在一生当中每天进食

1kg 经塑料包装的食品，SML = 60TDI。我国根据国际上通用的安全摄入量规定，对婴儿奶粉中的三聚氰胺，规定安全摄入量为 0.32 mg/kg 体重。

③ 关于陶瓷：对陶瓷表面的高毒性金属——铅和镉的释放作了限制，规定了在不同用途下的铅和镉的特定迁移极限：对不可充装的制品或内部深度不超过 25 mm 的可充装制品，铅的比迁移极限为 0.8 mg/dm^2，镉为 0.07 mg/dm^2；对其他所有可充装制品，铅的比迁移极限为 4.0 mg/L，镉为 0.3 mg/L。

④ 关于塑料：塑料是包装安全法规中最重要也最复杂的，对所有与食品接触的塑料材料的总体迁移限制为 60 mg/kg 或 10 mg/dm^2；对于不可能设立可接受日摄入量或容忍日摄入量的某种物质，其特定迁移限制为 0.01 mg/kg；而对有毒性怀疑和缺乏数据的物质，则特定迁移限制为 0.05 mg/kg。允许 PVC 中氯乙烯的最大单体含量为 0.701 mg/kg，且这种材料及制品向食品释放的氯乙烯一定不能以检测极限为 0.01 mg/kg 的分析方法检测出。允许再生纤维素膜中一缩乙二醇和二甘醇在食物中迁移极限为 30 mg/kg。对橡皮奶头中的亚硝胺，在使用能够检测 0.01 mg/kg 亚硝胺和 0.1mg/kg 可硝化物质的已验证方法时，不能检测出弹性体或橡皮奶头中有亚硝胺和可亚硝化的物质。

（2）美国食品接触包装材料及器具关于迁移的安全法规。

20 世纪 50 年代，美国食品与药物管理局（FDA）第一个颁布了食品接触材料及器具的法令法规，2004 年 10 月美国官方正式公布修订的公示法案《包装中的毒物》，该法案持有与欧共体相同的观点，规定了与欧盟 94/62/EC 和其修正案 2004/12/EC 相同的技术指标。

为避免包装材料中所含物质向食品过度迁移、尤其是防止有害物质向食品中释放，从而危害消费者的身体健康，美国 FDA 规定：食品必须在符合卫生要求的条件中包装，食品包装材料的生产必须依据食品企业良好生产规范（GMP）；食品包装材料中的活性物质迁移到食品是造成食品不安全的重要原因，故将其定义为间接添加剂；与食品接触的包装材料及其组成成分必须符合要求，须通过化学成分组成和迁移两种方法的测试；并规定一种与食品接触的物质（包括食品包装材料及器具向食品迁移物）其所致累积饮食浓度（人群对食品污染物的安全摄入量）低于 0.5 ppb 时，认为其对人体是安全的，当其累积饮食浓度大于 1 ppm 时，在其进入美国市场前必须同食品添加剂一样接受 FDA 法规的约束；食品包装应用安全的材料替代受限制或可疑的材料，其规定同欧盟 94/62/EC。

FDA 对食品警示标签的规定：对肉禽产品、含铁膳食增补剂、冷藏保存的食品等三种必须有警示标签，所有警示标签均应放置于专门的边框内，以黑体"警告"打头，字体大小及用语须符合相应要求；规定的警示标签大体有三种：一是针对未加工的肉禽产品因储存、解冻、烹饪方法不当可能滋生致病微生物，故要求未经加工的肉禽产品加贴"强制性安全操作说明"标签；二是要求含铁膳食增补剂除在营养标签中明示铁的来源和含量以外，还应有警示性说明，即含铁产品的意外过量服用是 6 岁以下儿童致命性中毒的重要因素；三是建议将消费者购买后应冷藏保存的食品分别加附不同的警示性标签，标签用语要区分食品冷藏是为了保证安全还是为了保证质量，以特别引起消费者对食品安全问题的重视。FDA 还要求食品包装商提交一份"食品接触证明"，凭此判定接触食品的一种材料及其使用方法和相关数据是安全可靠的；向美国进口的食品包装或用于食品包装的材料，都必须符合 FDA 的严格测试，确保该包装材料满足 FDA 的规定。

美国还通过了《2009 年食品安全加强法》，要求食品和药物管理局在 2009 年 12 月 31 日以前要评估双酚 A 的风险。该国各州将逐步禁止食品和饮品容器中含有双酚 A 物质。

3. 对食品和包装机械设计制造中的安全卫生规定

21 世纪初，国际标准化组织 ISO 基于生产安全和食品安全事件日趋增加的严重性，出台了覆盖食品和包装机械、制药和包装机械等在内的安全卫生规定。世界各国高度重视这一规定，并依据该规定努力避免食品包装机械安全、卫生事故发生，避免不合格食品产生。美欧等工业发达国家近年已在食品包装机械设计中实施了一套严格的安全卫生设计方法，并以保障人类健康、安全、卫生为由，欲将这套产品设计技术及达到的指标转化为标准法规和技术壁垒，以抢占食品包装机械技术制高点。

我国根据 ISO "食品（制药）和包装机械的安全卫生规定"，2007 年对 1997 年制定的 GB 16798—1997《食品机械安全卫生》进行了修订，提出了替代的报批稿 GB 16798—XXXX，报批稿适用于食品机械，也适用于具有产品接触表面的液体、固体和半固体等食品包装机械。其关于食品和包装机械安全卫生的主要要求是：

（1）食品和包装机械安全要求。

食品包装机械的安全设计技术包括安全危险及隐患分析，结构工艺安全设计，安全保护装置设计，进行安全风险评价等。

食品包装机械的安全危险隐患源自设备运动部件的动能、势能和不良结构。为此，要特别重视对运动部件的安全设计：

① 对易造成伤害事故的齿轮、皮带、链条、摩擦轮等外露运动部件应设置防护罩，对运动部件的速度、质量、振动和噪声要加以适当限制；

② 要有效控制运动部件之间的最小距离和最大距离，对运动部件与静止部件之间也须设计确保安全的距离，以避免人体受到挤压和剪切危险；

③ 为避免超负荷引起的危险，对相应的运动或受力部件应设计超负荷的安全保护装置；

④ 为避免运动部件动能引起的危险，对高速旋转的运动部件须进行静平衡试验或动平衡试验；

⑤ 为避免惯性冲击引起的危险，对运动部件要设计可靠的缓冲保护装置，往复运动部件则应限制加速度和安全限位装置。

结构设计也应充分重视机械结构的自身安全性：

① 机械结构应具有足够的机械强度和刚度、足够的机械可靠性、足够的抗物理性危害能力；

② 凡人体易接近的外形结构应平整、光滑，不应有易引起损伤的锐角、尖角、突出物、粗糙表面以及可能刮伤身体、扯裂衣服的缺口；

③ 提高机械化自动化程度，降低操作者面临危险的概率；操作工作位置应适应人体的心理和生理要求，保证操作人员安全、舒适。

对通过设计获得的直接安全措施和利用安全保护装置获得的间接安全措施都无效时的危险，则可通过使用文字、信号、图表等通知使用厂家采取必要的安全措施，包括出现危险时的紧急救援、操作者躲避风险、设备安装和维修的安全措施。

（2）食品和包装机械卫生要求。

食品包装机械的卫生设计技术包括卫生危险及隐患分析、结构工艺卫生设计、材质的卫生要求及选用、进行卫生风险评价等。

食品包装机械的卫生危险隐患源自材质选择和结构设计，一是由于机械和包装材料、镀（涂）层上有害化学物质可能向被包装食品"迁移"，或材料滋长微生物、不符合卫生标准而对人体造成伤害；二是由于机械结构设计不合理而导致细菌滋长，或加工过程中人手操作导致加工的食品微生物超标。为此，食品包装机械的卫生设计应从卫生角度出发，要求：

① 机械材质符合卫生要求，与产品接触表面的结构材料应无毒、无异味、耐热、耐磨、耐腐蚀、无吸收性、易于清洗和消毒，在工作条件下应具有耐热、耐低温、耐酸碱、耐油的稳定性，能保持其固有形态、形状、色泽、透明度、韧性、弹性、尺寸等特性；

② 同时要求使用的包装材料应符合与国际接轨的卫生标准要求，材料中有害成分含量必须在限定范围内，其潜在的迁移值须符合对总迁移极限和特定迁移极限的规定；

③ 包装材料上使用的油墨、黏结剂、涂料须是环保型的。

对结构设计则要求：

① 机械及其零部件的构造避免凹坑、折痕、断裂、裂缝等缺陷，易于清洗、杀菌、消毒、拆卸和检查，适应在线清洗方式，使之具有足够的可洗净性、可拆卸性宜于卫生检查的方便性；

② 同时要求与食品接触的表面应具有良好的可排放性，防止润滑油和其他污染物混入食品，并防止食品机械加工区微生物产生和从外部环境进入；

③ 对设备及加工食品的输送管道和连接部分也不应有凹陷及死角，避免滞留食品；

④ 对易产生卫生危险的部件结构形状应进行危害分析、控制关键部位，单独进行卫生特性设计，采用卫生型传感器和卫生执行器有助于满足卫生特性要求。

对上述通过设计获得的直接安全措施无效时的卫生危险，也可通过使用文字、信号、图表等告知使用厂家采取必要的措施，如制定设备规范的清洁、消毒和检查制度以及完整性的定期维护措施。

以安全卫生为首要目标的食品包装机械设计，最后应对反映综合质量的设计效果进行评价。评价体系应包括功能目标、性能目标、安全设计、卫生设计、结构设计、节能减排、外观质量、经济成本等方面，以及向下细分的各指标。评价方法一般采用模糊层次分析法。

4. 食品包装的环保油墨标准

食品包装严禁使用含有毒有害成分（重金属残余、甲苯、二甲苯等芳香烃物质和其他挥发性物质）的有机性油墨，提倡使用醇、酯溶性和水性等环保油墨。欧美日各国均对食品包装油墨的有毒有害成分含量及向食品内的迁移量进行了严格限制规定。

我国目前尚无完整的食品接触包装材料的安全限量法规，只有一些相关的卫生标准：《中华人民共和国食品卫生法》中规定"食品容器、食品包装材料和食品用设备、工具必须符合卫生标准和卫生管理办法的规定；利用新的原料生产的食品容器、食品包装材料和食品用设备、工具，生产经营企业在投入生产前，必须提交该产品卫生评价所需的资料"。2003 年又对此类卫生标准进行了修改，同时也增加了一些新的食品包装安全标准：GB4615 聚氯乙烯树脂中残留氯乙烯单体含量测定方法；GB/T 17409—1998 食品包装材料及其制品的浸泡试验方法通则；GB9685—2003 食品容器、包装材料用助剂使用卫生标准；GB/T 5009.178—2003 食品包装材料中甲醛的测定；2005 年颁布的《食品用塑料及纸制品的包装、容器、工具等制品市场准入强制生产许可认证》，食品包装企业实施 GMP 和 QS 认证制度。2007 年颁布的环保油墨标准；2008 年颁布的《进出口食品包装容器、包装材料实施检验监管工作管理规定》。

2008 年我国卫生部表示要建立与国际接轨的、包括对食品包装材料迁移量进行检测评估的食品安全风险评估中心。与发达国家相比，尤其是美国和欧盟，我国颁布相关法令法规的完善性远远不足，距建立系统而健全的食品接触物质安全保障体系，与国际保持同步还存在相当大的距离。

在环保油墨标准方面，由于包装印刷油墨中含有苯、正己烷、卤代烃等有害稀释溶剂，在印刷或加工过程中由于苯类溶剂挥发不完全，可能造成苯类物质在包装材料中残留，渗透到被包装食品里，易造成食品异臭味，人食后可能引起癌症或血液系统疾病。我国近几年塑料食品包装袋只有 50%～60%合格，主要不合格项就是苯残留超标。另外油墨中着色剂多属重金属颗粒，在一定的加工温度下也会溶出、并迁移到食品上，人食后不易排出，从而引发人体内脏器官病症。故我国又于 2008 年制定了胶印油墨、凹印及柔印油墨环境标志技术要求：

（1）重金属类：铅、镉、六价格、汞，限值分别为 90、75、60、60 mg/kg，总量≤100 mg/kg；

（2）化学物质类：苯类溶剂、挥发性有机化合物（VOC）含量，苯类溶剂包括苯、甲苯、二甲苯和乙苯，其含量≤1%；热固轮转胶印油墨 VOC 含量≤25%；单张胶印油墨和冷固轮转胶印油墨 VOC 含量≤4%（胶印）。卤代烃、苯和苯类溶剂的含量分别为≤5000、500、5 000 mg/kg；水基凹印油墨 VOC 含量≤30%，水基柔印油墨 VOC 含量≤10%；醇基凹印油墨中氨及其化合物的含量≤3%，甲醇含量≤2%，醇基柔印油墨中甲醇含量≤0.3%（凹印及柔印）。

三、绿色包装定义及判据

包装具有保护商品的重要功能，但同时也因其废弃物污染环境、浪费资源而对环境和资源产生负面效应，为使包装能"可持续发展"，必须抑止包装的负面效应，也就是包装必须与环境兼容，发展包装须不破坏生态，不污染环境，同时还要节约资源，回收再利用其废弃资源。为此，绿色包装制度对包装材料的成分、用量、性质提出了限制性的要求，要求包装材料减量化、材料成分符合标准、包装废弃物能回收复用或再生利用。凡符合这些要求的包装就称为绿色包装。绿色象征着生命、生机，是大自然之色，取其生机盎然、可持续发展之意。

1. 绿色包装的定义

目前，在美欧取得的共识是：绿色包符装是符合"3R1D"的包装，即 reduce（减量化）、reuse（再利用）、recycle（再循环）、degradable（可降解）。这个认识是和绿色包装制度对包装的要求一致的。

☺小贴士 3：

3R1D：20 世纪 70 年代，美国《包装》杂志一项民意测验表明：绝大多数人认为包装对环境带来的污染仅次于水资源、海洋潮泊、空气污染而处于第四位；八十年代中期由包括塑料白色污染的固废物污染全面引发了全球保护环境、节约资源的绿色浪潮，世界包装业顺应环保潮流、提出变革传统包装、积极发展无公害的环保包装（也称为环境之友包装、与环境相容的包装）；我国包装学术界九十年代初受世界绿色浪潮影响，引入无公害包装概念，并以象征生机、生命的大自然之色命名为绿色包装；目前世界各国对绿色包装的确切定义尚未取得共识，欧洲各国较普遍认为与环境相容的包装应符合 3R1D，即 Reduce 减量化，Reuse 再使用，Recycle 再循环，Degradable 可降解。

但从包装全生命周期看，更科学、更严格的绿色包装的定义应是：能够重复利用或循环再生或降解腐化，且在产品整个生命周期中不对人体及环境造成危害的适度包装。

为分阶段达到以上要求，可实施分级标准：A 级，指废弃物能够重复利用或循环再生或降解腐化，含有毒物质在限定范围内的适度包装；AA 级，指废弃物能够重复利用或循环再生或降解腐化，且在产品整个生命周期中不对人体及环境造成危害的适度包装。

A 级即现在常指的绿色包装，主要是满足 3R1D 要求；AA 级则指生态包装，它是绿色包装发展的高级阶段。

生态包装与绿色包装比较，最大的特点是要在生命周期全过程中，即不仅是包装废弃后而是包括包装废弃后、废弃前的全过程，去考察产品的资源环境性能，只有在生命周期全过程中资（能）源消耗少、对环境排放的废气、废水、废物少的包装产品，才能真正做到和生态环境兼容，实现生态和经济双重效益，才能使包装的发展与环境相协调，使包装获得可持续发展，因此生态包装又被称为可持续包装。

绿色包装与生态包装是环保型包装发展的两个阶段，两个阶段的要求和目标虽有不同，但相互间仍有密切的有机联系：前一阶段是后一阶段的必要过程，为后一阶段的发展打下坚实基础；而后一阶段需在前一阶段的基础上进行，并是前一阶段发展的最终目标，现在虽处于绿色包装的阶段，也应树立生态包装的理念。

将发展绿色包装划分为既有程度区别又有相互联系的两个阶段（绿色包装和生态包装），实行"两步走"的策略，有利于破除对绿色包装的模糊虚幻感，使绿色包装的发展有了明确的阶段目标和最终目标，从而使发展绿色包装具有实际操作性。

2. 绿色包装的判据

根据绿色包装制度对包装的要求和绿色包装定义，判断是否绿色包装（A 级），可从是否具备以下三条件进行：

（1）包装材料中有毒有害成分应在限量之内，特别是铅、镉、汞和六价铬 4 种重金属及有害物最小化，4 种重金属应达到国际上 100 mg/kg（即 100 ppm）的标准；

（2）包装材料实行减量化，进行适度包装而不能过度包装；

（3）包装废弃物能重复使用、材料回收再生、能源回收再生或化学物回收再生。

确定包装是否属于过度包装有三种判断方法：按包装与商品的成本比；按包装内空隙占商品体积的空隙比；欧盟 94/62/EC 指令考虑到适度包装的多种属性，提出需从满足保护功能、制造要求、填充灌装需要、物流管理要求等 10 种性能指标来综合判断包装是否过度。最后一种用以判断往往操作不便，故常用前两种方法判断。

国家标准委 2008 年在《食品和化妆品限制商品过度包装要求》中规定：饮料酒、糕点的包装空隙必须不超出商品体积的 55%，化妆品不超出 50%，茶叶不超出 25%，粮食不超出 10%；不属于饮料酒、糕点、茶叶、粮食的其他食品包装空隙率应不大于 45%；包装层数应不多于 3 层；除初始包装之外的所有包装成本的总和不宜超过商品销售价格的 12%。

四、包装生命周期全过程的绿色化管理

生命周期全过程的绿色包装是一项以提高产品资源环境性能为目标，由原材料、结构设计、生产加工、流通消费、回收利用等相互联系又相互制约的环节组成的系统工程。

为使整体目标最优化，需从系统内各环节按照统筹协调、有机配合的原则采取一系列举措进行绿色化管理，包括：采用绿色包装材料，减量化设计，实施清洁生产，对废弃物进行重复利用、回收再生或热能回收及堆肥化等。

第二节　包装的减量化及低碳化

一、包装减量化主要途径

减量化是降低包装资源能源损耗的首选措施。绿色包装应积极选用成分无毒、易回收再利用、环境负担最小而循环利用率最高的绿色包装材料，如瓦楞纸板、蜂窝纸板、纸浆模塑、生物降解塑料、植物纤维发泡缓冲材料、纳米包装材料以及水基型的黏合剂、油墨、涂料等，同时在容器结构设计中应大力推行减量化技术，尽力节约资源能源，坚决制止过度包装。常采用的减量化技术有：

1. 轻量化技术

轻量化技术指在保证实现包装功能所需各项机械力学性能的前提下，减轻包装材料的重量实现轻量化。

（1）玻璃瓶轻量化：它通过调整配方、采用轻量化结构及瓶形的优化设计、实行理化强化工艺和表面涂层强化方法等综合措施实现轻量化，使玻璃瓶从平均壁厚 3.5 mm 减薄为平均壁厚 2~2.5 mm，提高了玻璃在包装材料中的竞争力。

（2）用涂覆纳米涂层的 PET 瓶取代玻璃啤酒瓶：纳米涂层的 PET 瓶盛装啤酒既能减轻重量又能保持啤酒香味，属于取代型轻量化技术。

（3）轻量化瓦楞纸板：适当降低面纸和里纸克重，增加瓦楞芯纸克重，达到降低纸板重

量和提高纸板强度的目的。这种轻量化瓦楞纸板将走俏家电包装。

2. 改进容器结构实现轻量化

（1）1969 年美国率先推出铝饮料罐以来，轻量化始终是制罐企业和饮料企业追求的目标，如罐盖的直径至今已缩小 5 次，现在的重量与上一代罐盖相比减轻了 15%。罐体重量减少更明显，12 盎司铝罐罐体重量现在比 1970 年时减轻了 40%；百事可乐北美公司对盛装非碳酸饮料的 500 mL PET 瓶通过改进瓶子的结构设计，将冰红茶瓶和果汁饮料瓶的重量从 23.5 g 削减到 18.6 g，减轻了 20% 的重量。

（2）对饮料瓶配套包装产品的改进：美国 GCS 推出的"绿色瓶盖"项目，将 30/25 规格的矿泉水瓶盖的重量从 1995 年时的 3.1 g 减轻至目前的 2.3 g，而密封性能则更高。百利盖公司最新推出的适用于一次性饮料及牛奶产品的新瓶盖，采用 HDPE 材料，重量仅 2.5 g，它拥有撕拉防盗环和良好的再密封性。

（3）大多数铝饮料罐和 PET 瓶的集合包装采用收缩薄膜，这种收缩薄膜的厚度减少到 40 um 是可行的，不仅减少了材料的使用量，还能够节省存储空间和运输成本，同时二氧化碳的排放量也得以降低。

3. 薄壁化技术

薄壁化技术指在保证实现包装功能所需各项机械力学性能的前提下，通过减少壁厚而减轻包装材料的用量。

（1）北京奥瑞金制罐有限公司通过改进工艺，将三片西红柿罐罐身的马口铁薄板从 0.2 mm 减少到 0.15 mm，将西红柿罐上下底盖的马口铁薄板从 0.18 mm 减少到 0.16 mm；1 亿个罐共能节约马口铁薄板 412 t，获得了显著的经济效益。

（2）江苏申达集团开发出仅 0.7 ~ 0.8 微米（μm）的超薄型塑料软薄膜，为软包装减量化开辟了新途径。

（3）雀巢公司重新设计瓶装饮用水的塑料瓶，采用更薄塑料制作瓶身，这种新瓶子比旧款轻了 15%，重量从 14.5 g 下降到 12.4 g，这一项改动，就让雀巢公司每年省下 2 900 万多 kg 聚酯原料；通常减少厚度会使圆柱体的瓶身变得不结实，所以对瓶身中部采用了弓形设计以增强坚固性；而在瓶子底部的凹凸设计也增强了瓶身的坚固性，横向的"肋骨"除了增加坚固性，也增加了几分设计感，而纵向的凹槽一直通向瓶底，对瓶身起支撑作用。

4. 无包装

日本对除西红柿、桃、草莓外 90% 的蔬菜、水果采用冷冻集装箱运输，都可不用包装。这样既省去了特种保鲜功能的包装塑料或纸，又有助于保持蔬菜、水果的营养与新鲜。

二、包装低碳化主要途径

包装减量化促进节能减排，为减少温室效应，尤其要重视减少碳排放，即要实现包装低碳化。包装低碳化最重要的途径是节约能源的消耗。我国能源结构以煤为主，火电装机容量占我国电力装机容量 75.7%，超过 50% 的煤炭用于发电，而燃煤排放的二氧化碳占我国二氧化碳排放总量的 80%；我国近年由于经济发展迅速、年增速大，二氧化碳排放量已是全球最大的国家之一，占全球碳排放总量的 20%；而我国包装工业的年增速更高于其他行业，达到 18%，2010 年包装总产值突破 10 000 亿人民币，占全国 GDP 3%，成为全国各行业中排名 14 世界排名第 2 的大行业。在看到这些辉煌成绩的同时，也应当看到包装产品使用面广、量大、耗材多、生命周期短，70%～80% 的产品使用一次后即废弃；包装产品消耗的资源如森林、化石矿、金属矿、石英矿等又都是十分宝贵或不可再生的资源，影响人类的生存环境和可持续发展。因此包装行业属于资源消耗性产业，资源消耗多必然引起能源消耗多；当总产值基数大，碳排放量也将急剧增大，故包装行业应承担的"碳减排"责任也就更大。

人类为应对气候变化对全人类生存环境的挑战，在 2009 年 12 月联合国哥本哈根会议上达成了"减少碳排放、阻止全球气候变暖"的强烈共识，达成了不具法律约束力的《哥本哈根协定》。我国作为负责任大国，承诺 2020 年单位 GDP 二氧化碳排放比 2005 年下降 40% 到 45%，并作为约束性指标纳入国家发展中长期规划。该约束性指标对各行业包括包装行业均是一个严峻的挑战，考虑到各行业承受的"碳减排"压力，国家的减排指标不会平均分配，对碳减排任务特重的电力、钢铁行业可能会适当减少，而对包装等行业减排指标可能还会有所加大，故包装行业应对此有充分准备，克服困难，承担更大的碳减排任务。包装行业实施"碳减排"的主要途径有：

☺ **小贴士 4：**

应对气候变化协议：为减少碳排放、阻止全球气候变暖，联合国先后召开国际会议，提出了《联合国气候变化框架公约》、《京都议定书》、《哥本哈根协定》、《德班决议》等应对气候变化的协议。我国在发展中国家中率先提出了应对气候变化、具有约束力的二氧化碳减排指标；一些国家为了督促本国企业和民众节能减排，制定了"碳减排"法规，在国内征收碳排放税；还有迹象表明这种碳排放税可能用于国际贸易，用低碳名义征收"碳关税"，目的是保护本国企业竞争力，这就会形成阻碍国际贸易的新绿色贸易壁垒，这是值得我国包装企业警惕和应对的。

1. 针对包装行业的"碳足迹"采取措施

搜寻"碳足迹"是采取"碳减排"途径的先导。如我国传统火电企业碳排放的"碳足迹"来自于燃煤，减少碳排放就要减少燃煤的用量，其两大途径是发展清洁煤技术和改变电源结构，增加水电、核电、风电、太阳能发电、光伏发电等可再生能源比例，后者取代燃煤发电，可实现"零排放"；包装行业也可从纸、塑、玻璃、金属四大包装制品的能源与资源消耗中寻找碳排放的"碳足迹"。如瓦楞纸箱，通过对其生产工艺（包括制胶、压楞、黏合、烘干和分切的制板工序、印刷和模切的印刷工序、黏箱和打包的成箱工序）进行生命周期评价，发现对环境产生的影响主要有化石能源消耗、全球变暖、酸化和富营养化；在各类环境影响中，化石能源的消耗主要是各生产工序中对电和煤的使用；全球变暖和酸化主要是利用燃煤发电的用电和在制板工序的制胶、压楞、黏合各工步中使用燃煤生产蒸汽的过程中所排放的气体所致；富营养化则是制淀粉胶机清洗水和印刷机清洗水的排放造成。

依据上述分析，可寻找到瓦楞纸箱的"碳足迹"也有两条：一条是间接的，即利用燃煤发电的用电（包括生产用电和照明用电）越多，间接排放的二氧化碳就越多；另一条则是直接的，由生产过程中以燃煤为能源生产蒸汽所造成的。因此减排途径也主要有两条：一是节约用电，二是节约生产中燃煤。其他各类包装的"碳足迹"，如从获取原材料开始到产品出厂为止的生产过程寻找，也会发现类同瓦楞纸箱的"碳足迹"，也需采取类同的减排途径。

据美国企业对典型包装系统中包装材料碳排量构成的分析，纸包装占的比例最大，其中瓦楞纸箱占到 59%，因此依据"碳足迹"分析，对包装系统中用量最大的瓦楞纸箱进行碳减排是包装行业减少碳排放的一项重要任务。

2. 进行产业结构调整是包装行业"碳减排"的当务之急

产业结构系指企业的规模结构、产品结构和生产结构。包装行业由于门槛低，故我国目前包装企业多属民营小企业，数量多、分布散、产品技术含量不高、生产设备落后，带来能耗大、污染重、成本高、产品档次低、相互杀价竞争等一系列弊病，这是造成我国包装行业碳排放量大的主因，也是"碳减排"的最大障碍。为此，必须通过贷款、税收、提高产业门槛等一系政策引导、并用已建立的 20 余个包装产业基地作为示范，通过合并、兼并、关停等手段，加大规模结构调整力度。只有企业达到适当规模，才有能力瞄准国际、国内两个市场前沿，淘汰陈旧产品、生产适销对路的新产品，进行产品结构调整；才能投资技改、淘汰落后产能，改进生产工艺，进行生产结构调整；才能加强企业环境管理和污染治理，通过 ISO14000 认证，从而实现减少碳排放和其他有害成分的排放，发展包装低碳经济。

3. 发展节能包装

根据对包装的"碳足迹"分析，包装的碳排放主要是由能源中用电和生产中用煤所造成，因此节约用电、减少用煤是包装"碳减排"的最重要举措，应通过设计节能、工艺节能、设备节能、办公节能、用燃油锅炉代替燃煤锅炉、使工艺水循环利用等一切手段，最大的减少能源和燃煤消耗。如某厂生产纸浆模塑制品，用阳光（20 ℃以上）代替烘干生产线（74 kW/h）烘干，每天烘干同样数量的产品可节约 300 kW 的电量，而且晒干的产品比烘干的变形小、质量好。

4. 发展减量包装

减量化通过原材料选择、结构设计、工艺设计等各个环节，减少对主材料和辅助材料（包括衬垫、油墨、黏合剂等）的用量，从而减少对资源和能源的消耗，故减量化是包装绿色化，也是包装"碳减排"的首选。包装减量化要求选择包装材料和设计包装制品在厚度上要薄壁化，如瓦楞纸板能用 3 层就不要用 5 层，对塑料薄膜、金属薄板也应在保证强度前提下尽量用薄的；在重量上则通过原料配方和形状结构设计使制品轻量化，如轻量化玻璃瓶等；对工艺设计则要求通过采用先进设备和优化工艺过程，减少产品资源消耗。

国外制罐铝板材料每减薄 0.01 mm，每千罐可节省原材料价值 0.22 美元；北京奥瑞金制罐有限公司通过技术革新，将 3 片西红柿罐罐身的马口铁薄板从 0.2 mm 减少到 0.15 mm，将西红柿罐上下底盖的马口铁薄板从 0.18 mm 减少到 0.16 mm，1 亿个罐共能节约马口铁薄板 412 t，获得了显著的经济效益；又如某纸箱厂将瓦楞纸箱边角余料从 15% 下降到 10%，使纸板材料重量减少 $25g/m^3$。

5. 发展回收再利用包装

发展回收再利用包装不仅具有节约资源、保护环境、发展包装循环经济的重要意义，而且直接减少了能源消耗，是包装碳减排的重要手段。回收废纸制浆较木材制浆能节约能源和水资源 50%~70%；回收废塑料制成包装容器较用树脂制成新包装节约能源 85%~96%；回收铝两片罐比从开采铝矾土矿制成新罐能节约能源 95%；回收废铁桶罐和玻璃容器制成新包装也比用铁矿石和石英砂生产包装节约能源 50%~75%。因此工业发达国家均高度重视包装废弃物回收再利用，欧盟、德国对塑、纸、金属、玻璃废弃物回收利用率均在 60% 以上，美国、日本对瓦楞纸板回收率达到 85%。我国与之相比差距还很大，除纸、易拉罐回收率超过 50% 高一些外，其他均还较低，尤其是塑料废弃物，除用于垃圾焚烧场回收能源外，回收再生率仅为 10% 左右，这和我国至今尚无一部强制性的包装废弃物回收利用法规（核心是生产者为废弃物回收付费）和一个规范性的回收利用网络有关。

6. 发展代木包装

森林资源是陆地生态系统的主体，具有多方面保护生态系统的重要作用，而且能吸收固定大量的碳，减少碳排放，具有重要的"碳减排"意义。我国在世界上属于森林覆盖率小的国家，因此保护森林资源、发展代木包装对我国具有特别重要的意义。代木包装可以纸代木（瓦楞纸板、蜂窝纸板箱）、以塑代木（塑料周转箱、塑木包装箱）、以钢代木（集装架、集装箱）、以土代木（菱镁土包装箱）、以竹代木（竹胶板箱）等，但从节约资源和保护环境的角度看，以我国具有丰富资源的竹或其他植物纤维取代木纤维具有重要意义。我国纸包装中现使用非木材浆的已为数不少，有近 1 000 万，占世界上非木材浆的 80%~90%，这些非木材浆的原料是稻秆、麦秆等农业废弃物，焚烧这些农业废弃物将全部转化成二氧化碳；若将这些农业废弃物用来制浆生产包装，则至少可少排放一半以上的二氧化碳。所以今后进一步扩大利用竹或其他植物纤维制造非木材浆的纸包装、用高强度竹胶板箱取代木包装箱对"碳减排"具有十分光辉的前景，也是我国包装对减少全球碳排放作出的一大贡献。

7. 引进碳排放权交易、积蓄碳汇，是包装碳减排的重要途径

《京都议定书》规定：应对气候变化由发达国家带头减排、发展中国家无须强制减排（即

"共同但有区别"原则),发达国家须在 2008—2012 年间将二氧化碳、二氧化硫等 5 种温室气体排放水平在 1990 年的基础上平均减少 5.2%。由于发达国家在现有基础上进行碳减排的成本比发展中国家高 5~20 倍,所以单靠自身减排能力很难满足《京都议定书》设定的目标,于是《京都议定书》同时规定发达国家可以通过资金援助和技术转让的方式在没有减排指标的发展中国家实施环保项目,通过购买经认证后的减排量来履行减排义务。这种方式形成的市场运作机制称为清洁发展机制,由此产生了碳排放权交易(碳汇)市场。

☺小贴士 5:

清洁发展机制:又称碳排放权交易 CDM(Clean Development Mechanism)

赚取碳汇的途径还有很多:

植树造林:森林的光合作用能吸收固定大量的碳,减少碳排放。人工林固碳定量虽比原始林低很多,但只要提高蓄积量,注意保护生物多样性,人工林还是很好的碳固定载体。目前,我国已有一些省市通过植树造林减少碳排放,与买方进行了森林碳汇贸易。中国绿色碳基金会确定每吨二氧化碳的吸收指标可卖 178 元。重庆森林工程拟建 5 500 万亩森林,每年可吸收二氧化碳 2 750 万吨。

发展代木包装:巴西政府在哥本哈根大会上推出"通过减少砍伐和毁坏森林而减少碳排放计划",以保证森林可持续发展,我国生产出口的竹地板就受到巴西政府的推崇和奖励;我国多年在代木包装发展上取得令人瞩目的成就也可能成为一种碳汇形式。

从发达国家引入先进技术进行技术改造,淘汰高能耗设备和落后产能,将经认证后的碳减排量再卖给对方,也是一种互利的碳汇方式。如我国钢铁行业积极依据联合国提倡的清洁发展机制,从工业发达国家引入干熄焦余热发电、小高炉发电、燃气/蒸气联合循环发电等项目,再将减少的二氧化碳排放量卖给需要的发达国家,从而在获得收益的同时加快了淘汰落后产能的速度。

第三节 包装废弃物的重复利用

包装废弃物的重复利用、回收再生、热能回收及堆肥化均属于回收再利用范畴。回收再利用和开发绿色包装材料是发展绿色包装的两个主要举措,从节约资源、保护环境、降低耗能比、发展循环经济的大局看,前者更重于后者。实施包装废弃物回收再利用和再循环,关键是要做好国家立法、建立回收利用网络、发展回收处理处置技术三项工作。其中尤以建立回收利用网络最为关键。

(1)国家立法。回收利用包装废弃物要经过收集、运输、分选、再生等工序,成本较高,故企业主动回收积极性不高,需要国家制定强制性的立法,如德、日、欧盟均制定有《包装废弃物限制法》《循环经济法》等法规,立法原则是"生产商付费"。

(2)建立网络。回收利用网络首推运行效率最高的德国以绿点为回收标志、由 95 家包装企业、销售企业发起建立的绿点公司（DSD），DSD 公司按包装材料重量及回收难易程度向生产商收取回收费用，同时向企业授予绿点标志使用权，凡印有绿点标志的包装产品均由 DSD 公司负责回收；DSD 公司不直接进行回收再利用，而是按合同委托各地回收站、点、再生加工公司负责回收和再生利用，从而建立起全国的废弃物回收利用网络。韩国由行业协会牵头，形成了金属罐的回收—分拣—物流—加工链的回收利用网络，取得了很好的经济社会效益。我国一些城市在改造个人承包回收利用体制的基础上，建立起由社区网络回收—集散市场交易—加工利用中心"三位一体"的回收利用体系，也取得了较好的运作效果。

（3）发展回收处理处置技术。回收处理处置技术目前有填埋、焚烧、堆肥化、回收复用和回收再生 5 种，应重点发展焚烧、回收复用和回收再生技术。欧洲对废弃物实行层次管理原则体现了上述重点，层次管理的排序是：减量化——重复利用——循环再生利用（含堆肥化）——焚烧、回收热能或发电——最终处理即卫生填埋。在回收再利用之前必须先经过预处理，预处理技术包括：分选，按材质或容器结构（瓶、罐、盒、袋）分开回收；清洗，水池搅拌和超声波清洗，分为型材清洗或碎材清洗；分离，材料越单一纯度越高，则再生后材料性能越好，目前的分离技术有密度（比重）分离、漂浮分离、静电分离、光学分离；干燥，在干燥机或干燥隧道中加热，去除水分；破碎，回收的废弃材料再作原料用，必须用破碎机先破碎；压实，为减少废弃物容积，便于运输，需在压实机、捆扎机上压实。

本节讨论包装废弃物重复利用的主要途径及对容器结构设计的要求。

一、包装废弃物重复利用主要途径

1. 选用易多次重复使用的材料（制品）

国务院办公厅 2008 年已下发《关于限制生产销售使用塑料购物袋的通知》，禁止生产、销售、使用厚度小于 0.025 毫米、供一次性使用的塑料袋；倡导能多次使用的环保纸袋、布袋和厚塑料袋；使用卫生、方便、可多次反复使用的食品周转箱；凡能满足使用功能，就应不使用不易分离回收的复合薄膜材料包装。

2. 建立存储返还制度，使用清洗、灭菌、杀毒技术

主要针对玻璃瓶、啤酒瓶、饮料瓶或聚酯瓶，通过押金制度实行有偿回收，回收后经水洗（清除瓶壁黏附的异物）—灭菌—杀毒，达到卫生合格标准后，采用新瓶盖、瓶塞，方能投入市场使用。瑞典 PET 瓶可重复使用 20 次，德国碳酸酯瓶更可重复使用 100 次以上。

3. 翻修复用技术

日本对 200 L 钢桶或储罐实行复用技术，通过整形—除锈—洗涤—烘干—喷漆后也可多次重复使用；瓦楞纸箱回收复用，须保持箱身坚硬、不脱层，含水率达到 10% ~ 18%，抗压

强度等达到标准要求；木箱（指用木材、胶合板、纤维板制成的包装和木制托盘等）回修复用，允许采用挖、补、拼，确保箱身、箱盖、附件应完好无缺、牢固。

二、包装废弃物重复利用对容器结构设计要求

1. 大型包装容器采用模块化、可拆卸设计

使在整件不能使用时，仍能将可再次使用的部件利用起来，以延长容器的生命周期，提高资源利用率。

2. 采用可多次重复利用的物流包装容器

中国移动将移动通信设备由原来的木箱包装改成可多次重复使用的、可拼装的集装周转架包装，每年减少木材消耗 5.7 万 m^3，相当于每年少砍伐森林 670 公顷；同时每年还减少运输燃油消耗 137 万 L，节约电能 393 万度，折合减少二氧化碳排放 12 万 t，取得了突出的生态、环境和经济效益。

3. 采用钢铁包装

钢铁包装能最大限度、多次反复利用自然资源，从而降低二氧化碳排放量，欧洲委员会已为此提倡可持续消费和生产行动计划。

第四节　包装废弃物的回收再生

一、塑料包装废弃物回收再生方式

塑料包装废弃物回收再生有材料直接再生、材料改性再生、化学物回收再生、能源回收再生 4 种方式。

1. 材料直接再生造粒

该再生技术较简单，再生后可获得原材料颗粒，目前应用最多；但再生制品质量较差，且要求塑料品种纯粹单一。

2. 材料改性再生造粒

借助混炼、交联、接枝等工艺对塑料废弃物进行改性，可提高原材料的强度和韧性等性能，获得质量较好的再生制品。

3. 能源再生

利用塑料热值高的特点，通过焚烧产生热能，用于发电或供热。

4. 化学回收再生

这是一种最具潜力的回收再生方式，通过对废弃塑料进行热分解还原反应，将其化学成分分解还原出来，可用以获得石油、天然气或制作新合成树脂或化工原料，这种方法不必对塑料废弃物分类，再生的原料与新原料不分上下，真正形成了资源化，是较理想的回收再生技术，但其投资大、设备昂贵、技术要求高，工业发达国家由于石油资源紧缺已有较多采用，我国也已成功采用，今后还应进一步作为重点积极发展。

在我国废塑料回收再生产业中，北京盈创再生资源公司采用世界先进的化学回收再生技术，将废 PET 瓶加工成食品级的树脂颗粒原料，取得了十分突出的成绩，成为国家级的循环经济示范企业。

对食品包装塑料的回收再生必须十分谨慎。目前食品包装塑料主要有 PE、PP、PS、PVC、PET 等。当回收再生塑料用于与食品接触的包装上时，必须严防在回收再生塑料上有污染物质，它可能会迁移到食品中。美国食品药品管理局 FDA 对此制定了专门规定，要求生产单位必须证明再生材料对食品没有污染，通过测试证明采用的再生过程可以去除可能存在的污染，再生材料方能用于食品包装。

二、塑料包装废弃物自行降解

1. 可降解塑料的开发背景及难度

可降解性材料是在大自然中能自行消融而不污染环境的材料。塑料是高分子化合物，化学性能稳定，不能自行降解，200 年不腐烂，故易对环境造成"白色"污染。为了消除或减少塑料包装废弃物对环境的污染，人们想到了开发可降解塑料。近年，在包装、医药、垃圾处理等领域对降解塑料需求越来越大，故美国、德国、意大利、日本等多家石化公司均加大了对降解塑料特别是完全生物降解塑料的研发力度，取得了重要进展。

可降解塑料开发的难度在于要恰当地协调其在使用和废弃后在性能上存在的矛盾：使用时要能满足强度等功能需求，而在废弃后又能在生物、光、水作用下迅速降解，不对环境造成污染。因此可降解塑料涉及高科技技术多，开发难度大，许多国家研发可降解塑料取得的成果和进展不太理想，能工业化生产的完全降解塑料还不多，目前最成功的是以玉米淀粉为原料开发而成的完全生物降解塑料——聚乳酸 PLA，但因价格较高尚不宜作包装袋。我国目前市场上多数是不完全生物降解塑料，价格便宜，但降解不彻底，对环境仍有污染。

近年，我国已将最环保的完全生物降解塑料确定为优先发展项目，并取得了一系列成果。

2. 可降解塑料的定义及类型

（1）定义：美材料试验学会 ASTM 定义，可降解塑料是指在特定时间内造成性能损失的特定环境下，其化学结构发生变化的一种塑料。

（2）类型：目前可降解塑料是在一般塑料中加入降解剂而获得。依据其类型主要有生物降解塑料、光降解塑料、光/生物降解塑料。

除研发可降解塑料外，利用天然材料的可降解性和丰富的来源，研发以天然材料如植物纤维材料（秸秆等）、天然高分子材料（淀粉）、甲壳类物质（虾蟹蚌蛎）为原料，制作可降解性的缓冲包装材料及薄膜包装材料也是当前研发绿色包装材料的一大热点。

3. 生物降解塑料

生物降解塑料是利用细菌、微生物作降解助剂，而使塑料可自行降解的塑料。它又可分为不完全生物降解塑料和完全生物降解塑料。

（1）不完全生物降解塑料。即在普通塑料 PE、PP 中掺和上生物降解剂淀粉（或纤维素），淀粉在微生物作用下能迅速降解成葡萄糖，最终分解为 CO_2 和 H_2O，而高聚物 PP、PE 不能生物降解，因而最后结果是崩裂分解成碎片。优点是价格便宜，也减小了包装废弃物容积；缺点是碎片对土壤、大气环境仍有一定污染。

（2）完全生物降解塑料。能最终完全分解为 CO_2 和 H_2O，可以通过植物的光合作用进行再循环，不会对环境造成任何污染，是最符合环保要求的可降解塑料。随着科学研究的进展，它又可细分为以下类型：

① 可完全生物降解的微生物合成脂肪聚酯塑料。通过微生物发酵、聚合，而成为一种能生物降解的脂肪聚酯可降解塑料，如 PHB（聚羟基丁酸酯），PHBV（羟基丁酸和羟基戊酸共聚酯）。但因强度还需提高，故目前在包装上使用不多。

② 可完全生物降解的人工合成高分子塑料。代表产品是聚乳酸（PLA）（用玉米而不是石油制作的可降解塑料）。美国已建成年产 14 万 t 以淀粉为原料的由乳酸聚合成聚乳酸的装置，其成本下降到可和包装产品的主流原料 PET、PP 价格相媲美，最具包装实用价值。

③ 利用合成高分子与天然高分子共混型的完全生物降解塑料。如淀粉/聚乙烯醇、淀粉/脂肪族聚酯等。淀粉/聚乙烯醇具有水和生物降解特性，美一化学家发明一种工艺，将书封面不降解的聚酯酸乙烯覆膜改性为能溶于水的淀粉/聚乙烯醇共混型塑料，从而使美国纸的回收利用率由 50% 提高到 60%，获得 2006 年美总统化学奖；北京奥运会也采用了澳大利亚淀粉/聚乙烯醇共混型可堆肥完全生物降解塑料袋，作为奥运村内垃圾袋和废物袋。

完全生物降解塑料，尤其是节约石油资源的共混型完全生物降解塑料、用天然高分子（农副产品玉米、马铃薯、大豆、秸秆等）作原料的完全生物降解塑料将是今后可降解塑料的主要发展方向。

4. 光降解塑料

光降解塑料即在普通塑料 PE、PP 中加入合适的光敏剂（一般是过渡金属化合物，如硬脂酸铁、乙酰基丙酮铁等），这类塑料在光照下，4～18 个月可降解成粉末。

目前，对光敏剂是否在降解过程可能产生有毒成分尚有争议，故不能作食品包装材料，限制了使用。

5. 光/生物降解塑料

在普通塑料中掺入生物降解剂淀粉和光敏剂，这类材料能在光和生物双重作用下具有协同降解效果。其质量优于不完全生物降解塑料，但也不能用作食品包装。

对降解塑料的生物降解塑料、光降解塑料和光/生物降解塑料等三种主要类型，我国均已有生产，目前在市场上大量流行的是在普通塑料 PE、PP 中掺和上生物降解剂（淀粉或纤维素）的不完全生物降解塑料，废弃后可崩裂分解成碎片，优点是减小了包装废弃物容积，缺点是对环境仍有一定污染。我国完全生物降解塑料，如聚乳酸、聚己内酯、聚羟基烷酸酯、缩聚型聚酯等已通过中试鉴定，性能达到国际同类产品的水平，并具备了规模化生产能力。

三、纸、金属、玻璃包装废弃物回收再生主要途径

1. 废纸再循环

废纸回收后，一般可通过机械制浆法再生出瓦楞纸板面纸；如是回收木浆纸、则通过化学制浆和加入适量的原生木浆，则可生产出高档次的纸（如新闻纸）。

回收废纸也可通过立体造型，制出纸浆模塑制品，如蛋托、水果托、一次性快餐盒等。我国目前是纸模制品产量最大的国家之一。

世界各工业发达国均高度重视纸包装废弃物的回收再生：英国，废纸回收生产出再生纸，可作包装纸和纸板，已占全部生产纸和纸板总量 55%、包装纸制品的 80%；日本废纸回收率已达到 80%，用以生产再生纸，英、日分居再生纸第一、第二大产业国；美国也高度重视对瓦楞纸板和废纸回收，瓦楞纸板回收率在 85% 以上，废纸回收率超过 60% 以上。

2. 废金属再循环

废金属一般均通过回炉熔融，制成钢锭（铝锭）。

3. 废玻璃再循环

废玻璃一般作为原料加入新原料中，通过熔融、吹制成玻璃制品，可大量节约能源和资源，日本加入的废玻璃碎粒可达原料总量的 20%～30% 以上，我国原来只占到 3%，但经过改革开放 20 多年后，深圳等地引进先进技术，已可使废玻璃碎粒原料占到总量的 80%。

第五节　包装废弃物的热能回收及堆肥化

一、包装废弃物热能回收的特点、原理及应用

国外对无害化和资源化的焚烧技术最为关注，对垃圾进行焚烧并回收热能的发展最为迅速。欧盟、日本、美国都已开始大量使用，产生了很好的环保效益和经济效益。德国甚至关闭所有垃圾填埋场，而代之以焚烧作为主要处理手段。目前，对垃圾焚烧技术开发研究做得最好的是德国、法国、美国和日本。

1. 焚烧技术的概念及优点

（1）焚烧技术的概念。

垃圾焚烧是将城市垃圾进行高温热处理，在 800～1 000 ℃，的焚烧炉炉膛内，垃圾中的可燃烧成分与空气中的氧进行剧烈的化学反应，放出热量，转化为高温燃烧气和量少而性质稳定的垃圾残渣。燃烧气可以作为热能回收利用，性能稳定的残渣可直接进行填埋。

（2）焚烧技术的优点。

① 经过焚烧，垃圾中的细菌、病毒被彻底消灭，带恶臭的氨气和有机质废气被高温分解，因此使燃烧过程中产生的有害气体和经处理化的烟尘达到排放要求，无害化的程度高。

② 减容效果好。垃圾中的可燃烧成分被高温燃烧分解后，一般可减容 80%～90%。焚烧筛上物效果更好，因而可节约大量填埋场占地。

③ 可以充分实现垃圾处理的资源化。焚烧产生的高温烟气，其热能可被废热锅炉吸收而转变为蒸汽，用来供热和发电。在焚烧前还可分选出磁性金属资源。

④ 垃圾焚烧场占地面积小。尾气、烟气经处理后污染较小，一般无恶臭。因而，可以靠近市区建厂。这样既节约用地又缩短了垃圾的运输距离。这点对经济发达城市尤为重要。

⑤ 焚烧处理垃圾可全天候操作，不像填埋受天气影响。

⑥ 随着对城市垃圾填埋的环境措施要求提高，焚烧法的操作费用将会低于填埋。

因此，用焚烧法处理城市生活垃圾能快速地实现无害化、稳定化、减量化和资源化。焚烧法广受工业发达国家的欢迎。

（3）焚烧法的缺点。

① 投资大，占用资金周期长，资金收回较慢。

② 焚烧垃圾有选择，要求其热值不低于 3 360 kJ/kg（800 kcal/kg），限制了应用范围。

③ 焚烧过程中，可能产生严重的致癌物"二恶英"。因此，对烟尘必须投入很大的资金进行处理。

2. 垃圾焚烧的环保要求

（1）大气排放要求。垃圾焚烧排出烟气主要成分为 CO_2、H_2O、O_2、N_2 等。但同时也产生一些有害物质，包括烟尘、酸性气体（Hcl、HF、SO_2）、NO_x、CO、多环碳氢化合物，重金属（pb、Hg），二恶英（PCDD/PCDFS）等，对这些有害物质须通过适当处理降低其浓度，达到环保标准要求。

（2）水质要求。垃圾焚烧后排放的水随排放去处不同（如河流或下水道）而有所不同，一般对水质规定了 BOD、COD 及金属含量等指标。

（3）噪声要求。垃圾焚烧引起噪声主要是焚烧机械设备，如投料门、出渣出灰装置，送风机、引风机等。

（4）振动要求。焚烧厂中振动较大的设备很少。

3. 垃圾焚烧烟气（除尘、脱硫）和二恶英处理

垃圾焚烧烟气的主要有害物质是颗粒物、酸尘性气体、重金属和有机污染物 4 大类。颗粒物主要指能被吸入人体肺部的烟尘颗粒；酸尘性气体指氯化氢、SO_2 等酸性气体；重金属类污染物主要有 Hg、Pb、Cd；有机污染物中人们最为关心的是毒性极强的二恶英。

二恶英毒性是氰化物的 1 000 倍，只要有"氯"元素和有机物质存在，燃烧过程中就会产生此类物质。为此国外发达国家和我国都制定了烟气排放标准，其规定越严格，烟气处理设备费用就越昂贵。

（1）垃圾焚烧烟气（除尘、脱硫）处理。

常用的烟气处理系统有：干法+除尘器：干法+除尘器+湿法；干法+除尘器+湿法+脱氮塔。

（2）控制二恶英的方法（"3T"）。

① 温度（temperature）：保持炉温 800 ℃～900 ℃，二恶英可完全分解；时间（time）：保证足够的烟气高温停留时间，一般须在 1～2 s 以上；

③ 涡流（turbulence）：优化炉形和二次空气的喷入方法，充分混合搅拌烟气达到完全燃烧。

如二恶英已产生，可喷入粉末活性炭或设置活性炭塔吸收二恶英。

4. 焚烧能源的回收利用

城市生活垃圾应作为一种新型能源加以开发利用，既解决了垃圾的污染，又获得了宝贵的资源。随着生活水平提高，垃圾中有机物含量越来越高，热值也逐年升高。热能利用形式有供热（蒸汽或热水）、供电或者电热联供。所产生蒸汽热能可供厂内辅助设备自用，也可就近区域性供热；还可供应附近发电厂作辅助蒸汽，配合发电。

（1）直接热能利用系统。

即将垃圾焚烧的烟气通过余热锅炉转换为蒸汽或热水、热空气，通过集汽箱后供应用户产生 80～120 ℃热水，进入区域性热水管网络中；或直接以热蒸汽进入地区热能供应热交换器，产生热能取暖。这种形式热利用率高，设备投资省，尤其适合于小规模（日处理垃圾量不大于 100t/d）的焚烧设备和垃圾热值较低的小型垃圾焚烧厂（见图 7-2）。

（2）余热发电。

将垃圾焚烧炉和余热锅炉联成一个整体，主要燃料是生活垃圾，转换能量的中间介质为水，垃圾焚烧产生的热量为介质所吸收，未饱和水吸收烟气热量成为具有一定压力和温度的过热蒸汽。通过热蒸汽驱动汽轮发电机组，热能转换为电能。

（3）热电联供。

在热能转变为电能的过程中，热能损失较大，热效率仅有 13%～22.5%，因此可将发电与区域性供热或工业供热结合起来，则可将热利用率提高到 50%～70%。这就是热电联供，由余热锅炉送出的蒸汽送至发电机组（汽轮机）以及各用户供汽站。

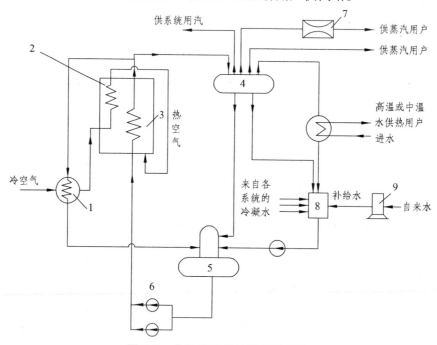

图 7-2　典型的直接热能利用系统

1—空气加热器；2—余热利用-烟气空气预热器；3—余热锅炉；4—集汽箱；5—除氧器；6—给水泵；
7—减温减压器；8—冷凝水箱；9—化学水处理站

二、包装废弃物堆肥化用途及原理

1. 堆肥化的概念及用途

堆肥化就是城市生活垃圾利用自然界中广泛存在的细菌、真菌等微生物，将可被生物降解的有机物（有机可腐物）转化为土壤需要的腐殖质或有机营养土的生物化学过程。

堆肥化的产物是堆肥，是一种有机肥料，它和黏土结合形成了腐殖土。通过堆肥化，我们可以将有机物垃圾转变成有机肥料，这种有机肥料作为最终产物不仅稳定，而且不危害环境。因此，堆肥是包装废弃物等有机垃圾的一种无害化的、稳定的形式。

原始的堆肥化技术仅仅满足农业需要，早在几个世纪以前，世界各地的农村就将落叶、野草、秸秆、动物粪尿等有机物垃圾堆积一起使其发酵，取得肥料；1925年英国人霍华德开发了工厂化堆肥方法；1933年丹麦推出利用回转窑发酵仓进行好氧发酵的方法，在西欧、日本得到了广泛应用；1940年美国推出机械化发酵槽，实行快速堆肥，将发酵时间从6个月以上缩短至1~3个月；在20世纪60年代，堆肥化技术在世界各国迅速发展；但进入70年代后，由于塑料和有机织物等无法生物降解，且化肥大规模使用，价格又低，同时堆肥养分含量低，堆肥设备故障又多、易产生强烈臭气，故使堆肥化技术的发展受到了严重的冲击；近年由于填埋易形成二次污染，寻找其场地也十分困难，同时大量使用化肥也使土壤板结、肥力降低，故堆肥化技术又受到重视和肯定。欧美国家近年已认可堆肥化是处理大规模城市固废物的可行性方法，从仅仅满足农业需要转向处理日益增多的城市垃圾的重要手段之一；欧共体更将堆肥化认可为回收利用有机包装材料（塑料、纸等）废弃物、重新改良质量逐渐下降的欧洲大陆质量的有效方式。

2. 堆肥化的原理及分类

在自然界中，很多微生物具有氧化、分解有机物的能力。堆肥就是利用微生物在人工控制的条件下使有机物发生生物化学降解，其实质是一种发酵过程，形成一种稳定的腐殖质物质，可用作肥料和改善土壤，腐殖质和黏土结合就形成了易于耕作的腐殖土。

堆肥技术的分类：按堆肥方式可分为间歇堆积法和连续堆积法；按原料发酵所处状态可分为静态发酵法和动态发酵法；按堆制过程的需氧量可分为好氧堆肥和厌氧堆肥，这是常见的分类法；按堆肥的工艺方法分有露天堆肥法、快速堆肥法、半快速堆肥法。

好氧堆肥是在有氧（通风）的条件下，借助好氧微生物的作用来进行，好氧微生物通过自身的生命活动——氧化还原和生物合成过程（发酵），把一部分被吸收的有机物氧化成简单的无机物，并释放出生物生长活动所需要的能量，把另一部分有机物转化合成新的细胞物质，使微生物生长繁殖，产生更多的生物体，获得人工腐殖质。

厌氧堆肥即在无氧条件下，厌氧微生物对有机物进行厌氧分解，经历酸性发酵和碱性发酵两个阶段，获得人工腐殖质。

3. 好氧快速堆肥工艺

传统的堆肥技术采用厌氧的露天堆积法，这种方法占地大，时间长。现代化的堆肥生产一般采用好氧快速堆肥工艺。现代化好氧快速堆肥的生产通常由前处理（破碎、分选、筛分废弃物）、主发酵（一次发酵、获得腐殖质堆肥制品）、后发酵（二次发酵、将有机物进一步分解）、后处理（研磨、造粒、打包）、储存（发酵池中堆存或装袋）等五个工序组成。主发酵多在发酵装置内进行，通过翻堆或强制通风向堆肥的堆积层供给氧气，由于堆肥原料和土壤中存在的微生物作用，因而开始发酵，导致有机物原料分解，产生CO_2和H_2O，同时产生热量，使堆温上升，获得腐殖质。

案例分析：包装绿色化管理

案例 1：IKEA（宜家）对产品及包装原材料的绿色管理

IKEA（宜家）是全球最大的家居用品发售商，在全球共有 180 家连锁商店、7 万多员工，在全球最有价值品牌中排名第 44 名，该集团十分重视环境保护，对原材料、运输、营销等环节实施绿色供应链环境管理。尤其重视从源头——对产品及包装原材料的选择和投入上强调环境友好与消费者权益的保护，不选择对消费者健康构成潜在威胁的材料，如纺织和皮革制品不选用会释放出对健康有害的芳基胺的偶氮染料，禁止在产品和包装中使用重金属镉作原材料添加剂，禁止在产品和包装中使用破坏大气臭氧层的氟氯烃物质 CFC 和 HCFC，枕头和被子的填充物不取自活的禽类，而是家禽业的副产品。

宜家家居产品的原材料中大多使用木纤维，为了保护森林资源，要求宜家产品及包装生产制造的木质原材料均应取自经林业监管专业委员会认证的林带，不得采用来自于原始天然林或具有高保存价值的林带木材。

宜家对包装材料要求可以回收利用或二次重复使用，尤其关注产品单位包装数量，如豪特茶壶，利用产品外形将其中几个倒转放置，一个包装就可以从 6 件提高到容纳 10 件，从而节省了包装材料和运输空间。

案例 2：SHARP 公司的绿色包装行动

设计易于再循环的包装容器和采用再循环包装材料是 SHARP 绿色物流行动的重要内容。

SHARP 公司调研中发现电器类商品的垃圾一般都来自于包装里的减振物，减振物原来均是采用不降解的发泡塑料，对环境造成的污染大。为此，公司组织开发用易降解、易再生的瓦楞或蜂窝纸板制作缓冲材料，有效地减少了对环境造成的污染。目前，SHARP 生产的液晶电视除型号特别大的以外，几乎全部采用了纸板减振缓冲材料。

SHARP 公司花了大量精力改进外贸包装，采用可以反复使用的安全气袋作为包装的减振衬垫，取得了很好效果，使聚苯乙烯消耗量每月减少 216 立方米。另外，对于木包装，一般均采取修复后再用。

用户对纸包装使用完后希望能折叠，以便储存；或包装使用完后，其废弃物在返回物流中也希望能折叠，以减少运输空间和费用。为此，SHARP 公司设计了一种特殊结构的纸箱，这种纸箱用来包装音频产品，用完后它可以轻松地折叠成体积较小、便于处理的形状，而且可不需用绳子捆绑而靠自身结构实现固定，便于下次再使用。SHARP 公司还在扬声器包装结构中使用再生纸和再生纸板做包装，不仅节约资源而且非常环保，从而获得日本包装大赛的奖项。

参考文献

[1]　国家环保总局污染控制司. 城市固体废弃物管理与处理处置技术[M]. 北京：中国石化出版社 2001.1，2273-281.

[2]　戴宏民. 绿色包装[M]. 北京：化学工业出版社 2002.8，141-254.

[3]　杨福馨，侯林清，杨连登. 包装材料的回收利用与城市环境[M]. 北京：化学出版社 2002.5，149-176.

[4]　戴宏民. 绿色包装[M]. 北京：化学工业出版社，2002.8，39-43.

[5]　孙诚，包装结构设计[M]. 2 版. 北京：中国轻工业出版社，2003.12，211-212.

[6]　Case302/86，Commission of the European Communities Kingdom of Denmards，1998.

[7]　威廉·拉什杰，库伦. 默菲. 垃圾之歌[M]. 北京：中国出版社会科学出版社，1999.

[8]　戴宏民. 新型绿色包装材料[M]. 北京：化学工业出版社，2005.1.

[9]　戴宏民. 包装管理 [M]. 2 版北京：化学工业出版社，2005.4.

[10]　中华人民共和国商务部. 欧盟商品包装[J]. 商务部网，47-48，82-84.

[11]　PaPka S D，Kyriades S. Experiments and Full-scale Numeral Simulations of in-plane Crushing of a Honeycomb. Acta Mater，1998.8，2765-2776.

[12]　中国食品产业网. 绿色壁垒. 国际法制化对我国包装业的影响[J]. 食品资讯 2000（12），1-6.

第八章　包装环境管理

在当代世界高度重视保护环境的时代，环境管理已如同生产管理、质量管理一样，是企业管理的重要内容。本章介绍了包装企业实施环境管理的管理标准 ISO14000，环境管理体系的审核认证程序，评价产品在其生命周期全过程中对环境造成潜在环境影响的评价方法——产品生命周期评价 LCA，以及产品环境标志的定义、类型，环境标志认证标准的制定方法。

第一节　环境管理体系 ISO14000

一、ISO14000 的产生背景

自工业革命以来，人类在人口数量上爆炸式增长，在生活质量上迅速提高，创造了空前繁荣的现代文明。然而，前所未有的物质财富创造所付出的代价是巨大和惨重的。由于"高生产、高消耗、高污染"的粗放生产模式，不合理的开发利用资源，不重视治理工业化过程中产生的废气、废水和废物，进入自然生态环境的废物和污染物越来越多，超出了自然界自身的消化吸收能力，造成地球资源日益匮乏、能源日益短缺，还造成了一系列生态环境问题，如酸雨、臭氧层破坏、全球变暖、水污染、水体富营养化、光化学烟雾、垃圾堆积等，环境日趋恶化，对人类的生存与健康发展造成极大影响。

面对在人口、资源、环境与经济发展关系方面所出现的一系列尖锐矛盾，人们不得不反思过去所走过的传统工业发展模式，重新审视自己的社会经济行为，探索新的发展战略。经过20多年的探索，人们逐渐地找到了一条能够摆脱传统发展模式的发展道路，这就是1992年联合国环境与发展会议所确立的可持续发展道路。可持续发展有两个鲜明的特征：一是发展的可持续性，即发展应能持续满足现代人和未来人的需要，达到现代与未来人类利益的统一；二是发展的协调性，即经济和社会发展必须充分考虑资源和环境的承载能力，追求社会、经济与资源、环境的协调发展。可持续发展的思想彻底否定了工业革命以来那种"高生产、高消费、高污染"的传统发展模式和"先污染、后治理"的道路。

随着可持续发展思想向工业系统的不断渗透，全球各领域，特别是工商业界人士逐步意识到可持续发展和保护环境是自身应有得义务和责任。因此，建立"污染预防"的新观点，

使企业逐渐形成自我决策、自我控制、自我管理的方式成为一种新的潮流。期间，许多新的管理工具被采用，如用"生命周期"的方法，研究产品从"摇篮到坟墓"的环境问题及环境影响。

同时，国际上一些发达国家逐渐以环境保护为前提，提出了新的贸易保护条件，使世界贸易逐渐形成了一种不平等的非技术型绿色壁垒，从而导致一些没有满足一定的环保条件的企业无法进入国际贸易市场。

于是，制定一份（系列）有关于环境保护的全球认可的管理标准就成为了一个很迫切的发展需求。而 ISO 这个国际上认可程度非常高的，专门制定国际标准的非政府性质的民间组织就成了最适合担当这一重要任务的机构。1993 年 6 月，ISO 成立了第 207 技术委员会（TC207），正式开展环境管理系列标准的制定工作，以规划企业和社会团体等所有组织的活动、产品和服务的环境行为，支持全球的环境保护工作。1996 年 9 月 1 日 ISO 正式颁布了 ISO14000 系列标准。

☺小贴士 1：

ISO——International Standard Organization 国际标准化组织的缩写，来自希腊语，意思是共同、统一、平等。

二、ISO14000 的构成及内容

ISO14000 是一个系列的环境管理标准，它包括了环境管理体系、环境审核、环境标志、生命周期分析等国际环境管理领域内的许多焦点问题，旨在指导各类组织（企业、公司）取得和表现正确的环境行为。ISO14000 系列标准共预留 100 个标准号。该系列标准共分为 7 个系列，其编号为 ISO14001～14100，统称为 ISO14000 系列标准（见表 8-1）。其中 ISO14001 是环境管理体系标准的主干标准，它是企业建立和实施环境管理体系并通过认证的依据。

表 8-1　ISO14000 系列标准标准号分配表

ISO14000 系列标准　标准号分配表		
组　别	名　　称	标准号
SC1	环境管理体系（EMS）	14001—14009
SC2	环境审核（EA）	14010—14019
SC3	环境标志（EL）	14020—14029
SC4	环境行为评价（EPE）	14030—14039
SC5	生命周期评估（LCA）	14040—14049
SC6	术语和定义（T&D）	14050—14059
WG1	产品标准中的环境指标	14060
	备　用	14061—14100

ISO14000 作为一个多标准组合系统，按标准性质分为三类：

第一类：基础标准：术语和定义，即 ISO14050—14059

第二类：基本标准：环境管理体系标准，即 ISO14001—14009，产品标准中的环境指标即 ISO14060

第三类：支持技术类标准（工具），包括：

① 环境审核 ISO14010—14019；

② 环境标志 ISO14020—14029；

③ 环境行为评价 ISO14030—14039；

④ 生命周期评估 ISO14040—14049。

如按标准的功能，可以分为两类：

第一类：评价组织

① 环境管理体系；

② 环境行为评价；

③ 环境审核。

第二类：评价产品

① 生命周期评估；

② 环境标志；

③ 产品标准中的环境指标。

三、ISO14000 的特点

ISO14000 系列标准融合了世界上许多发达国家在环境管理方面的经验，是一种完整的、操作性很强的管理体系标准，它主要具有以下特点：

（1）自愿性。该系列标准不带有任何强制性，建立 EMS 体系并申请认证，完全是企业的自愿行动，任何人不能强迫。这为不同层次和技术水平的组织提供了较大的可选空间。

（2）灵活性。标准将建立环境行为标准的工作留给了组织自己，没有规定统一的环境行为标准，而仅要求组织在建立环境管理体系时必须遵守国家的法律法规和相关的承诺。

（3）广泛适用性。任何组织，无论其规模、性质、所处行业的领域，都可以建立自己的环境管理体系，并按标准所要求的内容实施，也可向认证机构申请认证。

（4）强调预防性。这一系列标准突出强调了以预防污染为主的原则，强调从污染的源头削减，强调全过程污染控制。

（5）强调持续改进。该标准没有规定绝对的行为标准，大部分是相对的，但要求企业环境保护逐年有所改进。有计划地实施改进措施，持续改进，不仅包括管理水平的提高，也包含技术工艺的革新，这和我国现在推广的可持续发展和清洁生产战略是一致的。

（6）要求管理过程系统化、文件化和程序化，强调管理行为和环境问题的可追溯性，体现了管理责任的严格划分。

ISO14000 系列标准的基本思想，就是从根本上解决发展生产与保护环境和资源相结合的有效途径。它的实施对改善组织的生产环境、地区环境以至全球环境均有重大意义。

第二节　环境管理体系的审核认证

一、环境管理体系 ISO14001

ISO14001 环境管理体系标准作为 ISO14000 系统标准的核心，是企业建立环境管理体系并开展审核认证的根本准则，也是唯一的能用于第三方认证的标准。目前，国内外进行的 ISO14000 认证即指 ISO14001 环境管理体系认证。ISO14001 标准由环境方针、策划、实施与运行、检查和纠正措施、管理评审等 5 个部分的 17 个要素构成，各要素之间有机结合，紧密联系，形成 PDCA 循环的管理体系，并确保企业的环境行为持续改善。

☺小贴士 2：

PDCA 循环又叫戴明环，是美国质量管理专家戴明博士提出的。PDCA 是英语单词 Plan（计划）、Do（执行）、Check（检查）和 Action（行动）的第一个字母，PDCA 循环就是按照这样的顺序进行质量管理，并且循环不止地进行下去的科学程序。

17 个要素指：① 环境方针；② 环境因素；③ 法律与其他要求；④ 目标和指标；⑤ 环境管理方案；⑥ 机构和职责；⑦ 培训、意识和能力；⑧ 信息交流；⑨ 环境管理体系文件；⑩ 文件控制；⑪ 运行控制；⑫ 应急准备和响应；⑬ 监视和测量；⑭ 不符合、纠正与预防措施；⑮ 记录；⑯ 环境管理体系审核；⑰ 管理评审。

二、环境管理体系审核的主要内容

在 ISO14011 环境管理体系审核程序的标准中，规定了环境管理体系审核的定义，即"环境管理体系审核是客观地获取审核证据并予以评价，以判断一个组织的环境管理体系是否符合环境管理体系审核准则的一个系统化和文件化的验证过程，包括将这一过程的结果呈报委托方"。环境管理体系审核是判定一个组织的环境管理体系是否符合环境管理体系审核准则，进而决定是否给予该组织认证注册的一个重要步骤。所以环境管理体系审核首先应以客观事实为依据，审核证据必须真实可靠，其次审核工作要遵循严格的程序，审核内容应覆盖环境管理体系标准的 17 个要素；最后审核中各个步骤的工作内容都需形成文件，以保持可追溯性。

三、环境管理体系审核认证程序

环境管理体系认证程序大致上分为以下四个阶段：

1. 受理申请方的申请

申请认证的组织首先要综合考虑各认证机构的权威性、信誉和费用等方面的因素，然后选择合适的认证机构，并与其取得联系，提出环境管理体系认证申请。认证机构接到申请方的正式申请书之后，将对申请方的申请文件进行初步的审查，如果符合申请要求，与其签订管理体系审核/注册合同，确定受理其申请。

2. 环境管理体系审核

在整个认证过程中，对申请方的环境管理体系的审核是最关键的环节。认证机构正式受理申请方的申请之后，迅速组成一个审核小组，并任命一个审核组长，审核组中至少有一名具有该审核范围专业项目种类的专业审核人员或技术专家，协助审核组进行审核工作。审核工作大致分为三步：

（1）文件审核。

对申请方提交的准备文件进行详细的审查，这是实施现场审核基础工作。申请方需要编写好其环境管理体系文件，在审核过程中，若发现申请方的 EMS 手册不符合要求，则由其采取有效纠正措施直至符合要求。认证机构对这些文件进行认真审核之后，如果认为合格，就准备进入现场审核阶段。

（2）现场审核。

在完成对申请方的文件审查和预审基础上，审核组长要制定一个审核计划，告知申请方并征求申请方的意见，申请方接到审核计划之后，如果对审核计划的某些条款或安排有不同意见，立即通知审核组长或认证机构，并在现场审核前解决好这些问题。解决好这些问题之后，审核组正式实施现场审核，主要目的就是通过对申请方进行现场实地考察，验证 EMS 手册、程序文件和作业指导书等一系列文件的实际执行情况，从而来评价该环境管理体系运行的有效性，判别申请方建立的环境管理体系和 ISO14001 标准是否相符合。

在实施现场审核过程中，审核小组每天都要进行内部讨论，由审核组长主持，全体审核员参加，对本次审核的结构进行全面的评定，确定现场审核中发现的哪些不符合情况需写成不符合项报告及其严重程度。

（3）跟踪审核。

申请方按照审核计划与认证机构商定时间纠正发现的不符合项，纠正措施完成之后递交认证机构。认证机构收到材料后，组织原来的审核小组的成员对纠正措施的效果进行跟踪审核。如果审核结果表明被审核方报来的材料详细确实，则可以进入注册阶段的工作。

3. 报批并颁发证书

根据注册材料上报清单的要求，审核组长对上报材料进行整理并填写注册推荐表，该表最后上交认证机构进行复审，如果合格，认证机构将编制并发放证书，将该申请方列入获证目录，申请方可以通过各种媒介来宣传，并可以在产品上加贴注册标识。

4. 监督检查及复审、换证

在证书有效期限内，认证机构对获证企业进行监督检查，以保证该环境管理体系符合ISO14001 标准要求，并能够切实、有效地运行。证书有效期满后，或者企业的认证范围、模式、机构名称等发生重大变化后，该认证机构受理企业的换证申请，以保证企业不断改进和完善其环境管理体系。

第三节　包装产品生命周期评价 LCA

一、产品生命周期评价的意义及定义

生命周期评价（LCA）定义有多种提法，SETAC、EPA、ISO 和某些大企业均各有描述。国际环境毒理学和化学学会（SETAC）的定义为：全面地审视一种工艺或产品"从摇篮到坟墓"的整个生命周期有关的环境后果；ISO 的定义为：汇总和评估一个产品（或服务）体系在其整个生命周期间的所有投入及产出对环境造成潜在影响的方法。美国 3M 公司的定义为：在从制造到加工、处理乃至最终作为残留有害废物处置的全过程中，检查如何减少或消除废物的方法；我国在 GB/T 24040—1999（ISO14040—1997）的定义是：对一个产品系统在全生命过程中的输入、输出及其潜在环境影响的汇编和评价。

☺小贴士 3：

EPA 是美国环境保护署（U.S Environmental Protection Agency）的英文缩写。它的主要任务是保护人类健康和自然环境。

☺小贴士 4：

国际环境毒理与化学学会是一个国际性的专业学会。其成员和下属机构常年致力于环境问题的研究、分析和解决，自然资源的管理规划，以及环境教育、研究和发展等。

归纳起来，对生命周期评价可表述为：对一种产品及其包装物在生产工艺、原材料、能源或其他某种人类活动行为的全过程，包括原材料采掘、原材料加工、产品生产、运输销售、产品使用和回收处置的全过程，进行资源和环境影响分析与评价。

生命周期评价作为一种环境管理工具，不仅对产品生产过程的环境影响进行有效的定量化分析评价，而且对产品"从摇篮到坟墓"的全过程所涉及的环境问题进行评价，是"面向产品环境管理"的重要支持工具。它既可用于企业产品开发与设计，又可有效地支持政府环境管理部门的环境政策制定，同时据此也可提供明确的产品环境标志指导消费者的环境产品消费行为，因此当前国际社会各个层次都十分关注生命周期评价方法的发展和应用。

二、产品生命周期的主要阶段

1. 思想萌芽阶段（20 世纪 60 年代末到 70 年代初）

生命周期评价最早出现于 20 世纪 60 年代末到 70 年代初美国开展的一系列针对包装品的分析、评价，当时称为资源与环境状况分析（REPA）。生命周期评价研究开始的标志是 1969 年由美国中西部资源研究所（MRI）所开展的针对可口可乐公司的饮料包装瓶进行评价的研究。该研究试图从最初的原材料采掘到最终的废弃物处理，进行全过程的跟踪与定量分析。

1970—1974 年，整个 REPA 的研究焦点是包装品及废弃物问题，由于能源分析方法在当时已比较成熟，而且很多与产品有关的污染物排放显然与能源利用有关，所以其中大多采用能源平衡分析方法。因此曾经从事能源分析的研究咨询机构也纷纷开始进行类似的研究工作。

2. 学术探讨阶段（20 世纪 70 年代中期到 80 年代末期）

20 世纪 70 年代中期，美国政府开始积极支持并参与生命周期评价的研究。1975 年，美国国家环保局开始放弃对单个产品的分析评价，继而转向于如何制订能源保护和固体废弃物减量目标。由于全球能源危机的出现，REPA 的很多研究工作又从污染物排放转向于能源分析与规划。进入 20 世纪 80 年代，REPA 方法论研究兴起，但由于 REPA 工作未能取得很好的研究结果，研究人员与企业几乎放弃了这方面的研究，1980—1988 年，美国每年只有不到 10 项此类研究。尽管工业界的兴趣逐渐下降，但在学术界一些关于 REPA 的方法论研究仍在缓慢进行。1984 年，受 REPA 方法的启发，"瑞士联邦材料测试与研究实验室"为瑞士环境部开展了一项有关包装材料环境影响的研究。该研究首次采用了健康标准评估系统，即后来所发展的临界体积方法。该实验室据此理论建立了一个详细的清单数据库，包括一些重要工业部门的生产工艺数据和能源利用数据。1991 年该实验室又开发了一个商业化的计算机软件，为后来的生命周期评价发展奠定了重要的基础。

3. 广泛关注，迅速发展阶段（20 世纪 90 年代以后）

随着区域性与全球性环境问题的日益严重，全球环境保护意识的加强，可持续发展思想的普及，以及可持续性行动计划的兴起，大量的 REPA 研究重新开始，公众和社会也开始日益关注这种研究的结果。1990 年，荷兰国家居住、规划与环境部（VROM）针对传统的"末端控制"环境政策，首次提出了制定面向产品的环境政策。该政策提出要对产品整个生命周期内的所有环境影响进行评价，同时也提出要对生命周期评价的基本方法和数据进行标准化。1991 年由"国际环境毒理学会与化学学会（SETAC）"首次主持召开了有关生命周期评价的国际研讨会。该会议首次提出了"生命周期评价"的概念。在以后的几年里，该组织对生命周期评价从理论到方法上进行了广泛地研究。1993 年国际标准化组织开始起草并于 1996 年颁布 ISO14000 国际标准，正式将生命周期评价纳入该体系。

三、产品生命周期评价的技术框架

1993 年，国际环境毒理学和化学学会（SETAC）在"生命周期评价纲要——实用指南"中将生命周期评价的基本结构归纳为四个有机联系的部分。这四个部分是：目的与范围界定、清单分析、影响评价和结果解释（见图 8-1）。这一技术框架已被 ISO 在 1997年用 ISO14040—14043 进行规范，成为 ISO14000 的一个子系统。

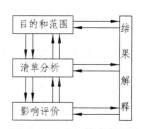

图 8-1 LCA 技术框架
双箭头表示基础信息流，单箭头
表示每阶段的结果解释

1. 目的和范围界定

确定目的和范围是 LCA 的第一步，也是 LCA 最重要的环节，其重要性在于它决定为何要进行某项生命周期评价（包括对其结果的应用意图），并表述所要研究的系统和数据类型。研究的目的、范围和应用意图涉及研究的地域广度、时间跨度和所需数据的质量等因素，它们将影响研究的方向和深度。

目的和范围设定要适当，设定过小得出的结论不可靠；设定过大，又会增加后三部分的工作量。有时，后三部分的工作需要对第一部分已设定的目的和范围进行修改。

（1）研究目的。

在 LCA 研究的开始，清楚地定义研究目的是很重要的。研究目的应包括一个明确的关于研究的原因说明及未来结果的应用。目的应清楚表明，根据研究结果将做出什么决定、需要哪些信息、研究的详细程度及动机。尤其是应对生命周期评价的可能应用范围给出说明，如 LCA 的研究结果仅限于公司内部进行决策支持或对外使用。

（2）研究范围。

研究范围定义了所研究的产品系统、边界、数据要求、假设及限制条件等。为了保证研究的广度和深度满足预定目标，范围应该被详细定义。所有的边界、方法、数据类型和假设都应该表述清楚，主要包括地理范围（如局地、国家、区域、洲和全球等）及时间尺度（产品寿命、工艺的时间界限及影响）。

研究范围的确定取决于研究的目的。范围界定的主要内容包括系统功能、功能单位、系统边界、环境影响类型、数据要求、假设和限制条件等。在确定研究范围时，应主要注意以下几个方面的问题。

① 研究对象——功能单位。

功能单位的确定是整个生命周期评价的基石，因为功能单位决定了对产品进行比较的尺度。在清单分析过程中收集的所有数据都必须换算为功能单位。功能单位必须与研究的目的及范围相符。在定义功能单位时需要考虑三方面因素：产品的效率；产品的使用期；产品质量标准。

建立功能单位的主要目的在于对产品系统的输入和输出进行标准化，因而需要明确定义功能单位，一旦确定了功能单位，就须确定实现相应功能所需的产品数量，此量化结果即为基准流。基准流主要用于表征系统的输入与输出。系统间的比较必须基于同样的功能，以对相同功能单位所对应的基准流的形式加以量化。例如，功能单位可以是"在一定时间内油漆覆盖的面积""发送一定量饮料所需的包装材料量"、或"清洗一套标准房间所需清洁剂量"，等等。

② 产品系统。

生命周期评价的核心环节就是明确产品系统，包括对产品系统的详细描述和绘制产品系统与环境之间的边界以及确定产品系统整个生命周期的相关个体过程。产品系统的基本性质取决于它的功能，而不能仅从最终产品的角度来表述。产品系统是由提供一种或多种确定功能的中间产品流联系起来的单元过程的集合，通过物质与能量的利用与循环，为人类提供产品和服务。

③ 数据质量。

数据质量决定了最终生命周期评价结果的质量。数据质量主要涉及时间跨度、空间范围（局域、区域和全球）和技术层次等。对实测数据和文献数据的来源应给予明确说明。实测数据应具有一定的代表性，应能反映系统中的主要能流和物流。数据质量考虑的主要因素有：

准确性：每种数据类型数值的变异度；

完整性：在每一个工艺过程中，所获数据占所有潜在可获数据的比例；

代表性：所采用的数据是否能够比较准确地反映系统的特征；

兼容性：定性评价所采用的方法是否具有一致性；

可重复性：即其他生命周期评价从业者是否可根据所报告的数据和方法得出相同的研究结果。

2. 清单分析（LCI）

清单分析 LCI（life cycle inventory）是 LCA 的中心环节，是 LCA 定量化的开始，也是 LCA 研究工作最成熟的部分。清单分析是指对生命周期全过程各阶段的能源与资源投入以及向环境（大气、水、土地）的废物排放进行识别和量化，并将输入输出的数据以清单形式列表示之（见图 8-2）。清单分析的核心是建立以产品功能单位表达的产品系统的输入和输出清单。在清单分析过程中收集的所有输入输出数据均需换算为功能单位，使数据标准化。

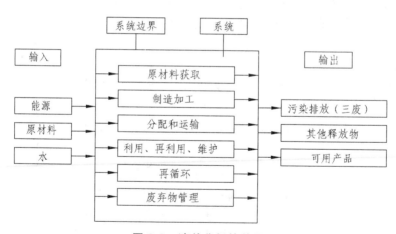

图 8-2　清单分析的单元

为使清单分析的数据与实际的输入输出（或投入及排放）更接近，常需将各阶段再细分为若干单元过程，特别是生产制造阶段，更应细分为如原材料加工、产品生产、组合及加工、填充、包装、发送等单元环节详细列表。对每个单元过程，也均应建立相应功能单位的输入和输出。图 8-3 描述了延伸产品系统单元过程和系统边界的一般原则。所有系统内部存在的物流（包括能源和资源的消耗以及对空气、水体和固废物的排放）都视为代表一个功能单元，这样有利于对具有相同功能的不同工业系统进行比较分析。

清单分析涉及数据的收集和计算，按照 1SO 的要求这一活动应根据图 8-4 所示步骤进行。

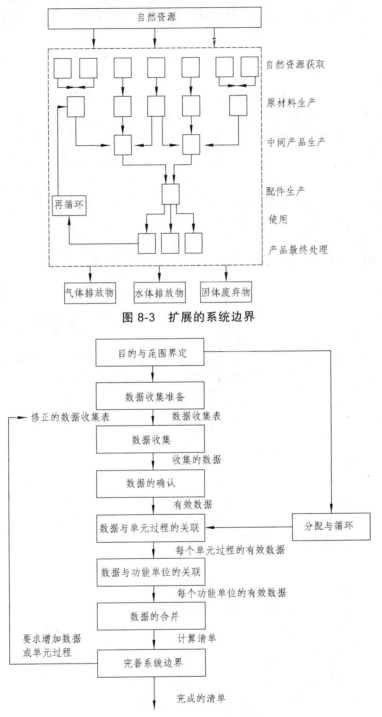

图 8-3　扩展的系统边界

图 8-4　清单数据分析略图

（1）数据收集。

　　一般地，数据收集必须符合工艺过程在一定时间范围内的物质平衡关系。收集的数据代表过程功能的平均值。数据必须以过程单位功能单位的环境交换量表示。在清单分析表中，环境交换量通常按生命周期各个阶段和整个生命周期分别列示。环境排放数据以排放目标分类，即大气、水、土壤。资源消耗则按资源能否再生分为再生资源和不可再生资源。

（2）数据质量。

清单分析的数据质量决定 LCA 的结果，因此必须事先仔细考虑信息的来源。一般最可靠的数据是产品系统具体过程在物质平衡的基础上测量或计算得到的。这样，研究者必须收集代表不同范围不同层次水平的原始数据以便于权衡。数据的收集是一项耗时的工作，因此数据收集必须侧重于对生命周期评价结果有重大影响的方面，同时辅以敏感性分析来指导数据的收集。对一些很难得到的具体过程的数据，必要时可采用相同或相近技术水平的工艺数据，甚至其他类型的技术工艺数据。对于不能得到定量数据的工艺过程，在清单分析中可以加入定性的描述。而对于来源于文献的数据，为避免数据的过时，必须保证文献中的数据能够代表产品系统的技术水平。为了确保数据的质量要求，可以实施诸如过程的物质和能量平衡分析或与其他文献的数据进行核对等数据质量控制措施。

3. 影响评价（LCIA）

生命周期环境影响评价是 LCA 的核心内容，也是难度最大的部分。环境影响评价是对清单分析中列出的各项环境影响数值进行定量或定性的评估，即确定产品系统的物质、能量交换对其外部环境的总影响。

对 LCIA 的方法论，SETAC 建立了"三步走"的模型，即分类、特征化和量化；美国国家环保局 EPA 也倾向于这一方法，将影响评价分为三个阶段（见图 8-5）。

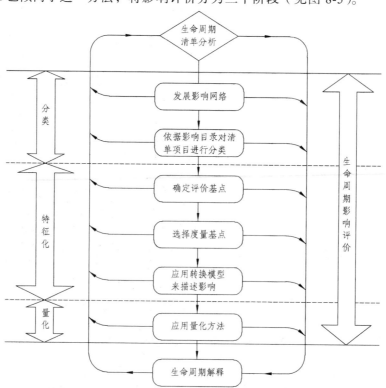

（来源：EPA, Life-cycle Impact Assessment: A Conceptual Framework,
Key Issues, and Summary of Existing Methods EPA-452/R-95-002）

图 8-5　影响评价的三个阶段

（1）分类。

分类是将从清单分析中得来的数据归入到不同的环境影响类型。影响类型通常包括资源耗竭、生态影响和人类健康三大类。在每个大类下又包含有许多亚类，如在生态影响这一大类下包含有全球变暖、臭氧层破坏、酸雨，光化学烟雾、水体富营养化、淤泥、水中废物、栖息地改变、土壤致密性、离子辐射和噪音等亚类。分类的目的在于将清单分析结果分配到影响评价阶段的影响类型中。

在分类中，当清单分析结果只与一种环境影响类型有关时，就直接将其归类；当清单分析结果与多种环境影响类型相关时，则要区分串联、并联、间接和联合影响问题。将一个清单分析结果分配到多个环境影响类型时，必须建立在现有知识的基础上，以免重复计算。如果涉及间接影响，清单分析结果应分配到第一类影响类型中，以免重复计算。

如果清单分析结果不可得或者生命周期影响评价的数据质量达不到研究目的时候，就必须反复收集数据或对目的和范围加以调整。

（2）特征化。

特征化，即对影响类型建立模型以便于将同属一类的清单结果进行汇总的过程。

特征化的结果表明了环境排放或资源消耗的状况。对每一种影响类型都应在科学基础上建立具体的模型来表示清单结果与因子间的关系。一般对于归属于一类影响类型的所有物质的潜在影响都在特征化阶段建立量化模型。

例如，特征化建立在当量模型的基础上，即表示一单位物质造成的环境影响与多少单位参考物质造成的环境影响等同。如对全球变暖，某物质的全球变暖潜力（GWP）被选作特征化因子。IPCC 将 CO_2 作为参照物，特征化因子表明其他物质的潜在影响相当于多少单位 CO_2 的影响。

（3）量化。

即加权处理。量化是确定不同环境影响类型的相对贡献（威胁）大小或其权重，以便能够得到一个数字化的可供比较的单一指标。加权处理的方法有多种，其目的都是为了获得一套加权因子，使评价过程更具客观性。

4. 结果解释

生命周期解释的目的是根据 LCA 前几个阶段的研究和清单分析、影响评价的发现，来分析结果、形成结论、解释局限性、提出建议、完成报告，如根据产品清单分析的数据及影响评价中获得的信息，就可找出产品在资源、环境方面的薄弱环节，并有目的、有重点地提出定量或定性的改进措施，为生产绿色产品和改善环境管理提供依据；同时有关部门和专家也可根据这些薄弱环节及改进措施，制定该类产品的评价标准，为今后的评价工作提供一个可靠的基础。

四、产品生命周期评价的定性分析

虽然 SETAC 和 ISO 制定了有关 LCIA 的模型和标准，但还只是原则性的规定和说明，在具体应用上尚无统一的方法论框架。目前国际上采用的有定量评价法和定性评价法。定量评价法采用"三步走"模型，定性评价法采用 5×8 矩阵（见表 8-2）：横轴方向表示不同的环境要素，纵轴方向为产品生命周期的主要阶段，每个矩阵元素表示生命周期各阶段的主要环境影响，按照无污染或可忽视污染、中等污染、重污染三个不同的等级由行业和环保专家打分，即可得出评价结果。国外常用定性法来分析产品生命周期中主要污染环境阶段及所产生的主要环境问题，然后针对减少这些环境影响制定环境标志产品的认证标准（详见本章第四节）。

表 8-2　产品生命周期评价 5×8 二维矩阵

环境要素 生命周期阶段	大气污染	水污染	土壤污染	能源消耗	资源消耗	固体废物	噪声	有毒物质
原料获取	a_{11}	a_{12}	a_{13}	a_{14}	a_{15}	a_{16}	a_{17}	a_{18}
产品生产	a_{21}	a_{22}	a_{23}	a_{24}	a_{25}	a_{26}	a_{27}	a_{28}
销售（包装运输）	a_{31}	a_{32}	a_{33}	a_{34}	a_{35}	a_{36}	a_{37}	a_{38}
产品使用	a_{41}	a_{42}	a_{43}	a_{44}	a_{45}	a_{46}	a_{47}	a_{48}
回收处置	a_{51}	a_{52}	a_{53}	a_{54}	a_{55}	a_{56}	a_{57}	a_{58}

第四节　产品环境标志

一、产品环境标志的意义

环境标志制度有力地补充了先前确立的环境政策制度。在治理环境问题上，许多国家改变了过去所采用的末端控制的手段，而是以可持续发展的环境管理理念从环境污染的源头出发来解决环境污染问题。环境标志制度就是"可持续发展环境观"的典型代表。环境标志的直接目标在于引导消费者进行环境友好的消费行为。同时，环境标志也兼顾了鼓励企业为了符合环境标准而改进生产。除了这两个直接的意义外，环境标志制度最长远的意义就在于保护了环境。

1. 环境标志为消费者提供可靠的信息和途径来选择有利于环境的产品或服务

随着公众环保意识的提高，各类消费者都乐于把自己的购买行为和消费行为作为一种保护环境的手段，要求购买对环境无害或友好的商品。但是一般的消费者由于能力或条件的限制并不能很好地了解所购买产品或服务的环境性能。环境标志计划可以针对产品或服务的环境影响，提供给消费者一个直接的、有效的、客观的、准确的评估。例如：有些清洁剂自称为"天然的、水保护去垢剂"，但绿色消费者选择该产品时只能从字面上来理解该产品的环境性能，认为其是环境友好的产品；而实际上这样的字面表述，从科学的角度讲，并不一定代表该产品具有环境友好的特性。因为在生产"天然的、水保护去垢剂"过程中，为了使用时能达到普通合成去垢剂的清洁效果可能会更加地费水、费电，消耗了更多的自然资源，导致其使用效果与消费者的购买初衷背道而驰。由此可见，此类产品所提供的环境信息容易误导消费者，使其做出表面上有利于环境而实际上加重环境负担的使用行为。环境标志的规范使用，能够使消费者通过识别环境标志的简单方法来指导和判断自己在选购商品时的购买行为是否有利于环境。

2. 环境标志鼓励企业技术革新、减少企业环境污染事故的发生、改善企业的环境行为

市场供需原理要求企业尽一切力量满足消费者的需求，由此通过增加销售量、降低销售成本等来最终获得更多的利润。在国际贸易中，许多国家已经将环境标志作为商品市场准入的一个重要条件。而一般来说，环境标志仅授予在某种产品或服务中最优秀者，获得认证产品或服务的比例通常控制在同类产品中的 5% ~ 30%。在欧洲各国在制定环境标志的标准时，通常会有意通过严格的标准来控制能够达到标准的产品的数量，这种产品一般仅占各国同类产品的 15%左右。因此，大多数企业为了获得更强的市场竞争力和争取更好的环境形象，就将不断地革新技术，使得自己的产品能够长期保持在环保应用技术的前沿。此外，环境标志的系统管理环境问题的方法能有助于企业减少和避免环境污染事故的发生，直接或间接地改善企业运作中的环境行为。

3. 环境标志是应对绿色贸易壁垒的有效措施

绿色贸易壁垒是指在国际贸易中，进口国政府以保护有限资源、生态环境、人类和动植物健康为名，以限制进口保护贸易为根本目的，通过立法、制定繁杂的环保公约、法律、法规和标准、标志等对商品进行的准入限制原则，其实质是国际贸易保护的新形式，是一种全新的非关税壁垒。由于各国经济以及科技发展水平的差异，使得各国的环境标志认证标准差距很大。这种差异对发展中国家产品进入发达国家造成了一定障碍。著名的美国与墨西哥之间的"金枪鱼"案以及奥地利的"热带木材案"都是典型的运用环境标志进行绿色贸易壁垒的案例。这两个案例也充分反映了发达国家与发展中国家之间对贸易中环境标准的不同态度，同时也从另一个侧面体现了环境标志的重要性。因此，不论是从保护本国环境的立场出发，还是从积极参与国际贸易的角度出发，环境标志制度的发展和完善都将成为影响国际贸易的一个重要因素。所以为了适应现实需要，建立和完善环境标志制度对应对绿色贸易壁垒具有重要的意义。

二、产品环境标志认证标准的制定

1. 环境标志的定义

环境标志（Environmental Labeling）又称绿色标志或生态标志，是一种印贴在产品或其

包装上的图形。环境标志制度是指由政府管理部门依据一定的环境标准，向符合环境保护要求的某些产品颁发特定标志的一种环保措施，是一种产品的证明性商标，它标明该产品除在质量方面符合质量标准外，其在生产、使用及回收处置整个过程中也符合特定的环境保护要求，与同类产品相比，具有低毒、少害、节约资源与环境的优势。

正是有个这种"证明性商标"，使得消费者很轻易地明确哪些产品有益于环境，便于消费者购买使用这类产品，而通过消费者的选择和市场竞争，可以引导企业自觉调整产业结构，采用清洁工艺，生产对环境有益的产品。最终达到环境与经济协调发展的目的。

可以说，环境标志是以其独特的经济手段，使广大公众运行起来，将购买力作为一种保护环境的工具，促使企业在生产产品的每个阶段都注意对环境影响，并以此观点重新检查它们的产品周期，从而达到以预防污染，保护环境，增加效益的目的。

在日本，55%的制造商表示他们申请环境标志的理由是环境标志有利于提高他们产品的知名度，30%的制造商认为获得环境标志的产品比没有贴环境标志的产品更易销售，73%的制造商和批发商愿意开发、生产和销售环境标志产品。

在德国，实施环境标志之后，很多公司推广建立完整的再生纸生产线，包括卫生纸、手巾纸和厨房纸袋。据统计，再生回用每吨纸可节约大约 3 万立方米的填埋空间，而且可以节约 17 棵树，因此，这一生产方向转变可以节约城市填埋空间和大量森林资源。在日本，由于致力于废旧物回收利用，其国民生产总值所消耗的能源和材料比 20 世纪 70 年代减少了 40%。

在我国，西安开米股份有限公司开发研制的无磷洗涤液、丝毛洗涤液等产品，自获得环境标志产品认证后，其市场占有率大幅度提高，出现了供不应求的局面，公司的经济效益、环境效益和社会效益均取得了快速增长。

2. 产品环境标志认证标准的制定

目前，世界各国在环境标志标准的制定方法上还不尽相同，常采用以下 4 种方法：

（1）一般原则法。

我国、日本、新加坡采用此种方法，主要考虑用单项因素来限定环境标志的认证标准，而不是从产品周期全过程去评价。如我国对制冷器具只规定限制使用 CFCs（英文全称 Chloro-Fluoro-Carbon）一个因素；卫生纸则只规定须以废纸为原料生产；水性涂料规定不得含有甲醛、汞、卤化物等对人体健康有害的物质。

☺小贴士 5：

CFCs 为氯氟烃的英文缩写，是 20 世纪 30 年代初发明并且开始使用的一种人造的含有氯、氟元素的碳氢化学物质，在人类的生产和生活中还有不少的用途。在一般条件下，氯氟烃的化学性质很稳定，在很低的温度下全蒸发，因此是冰箱冷冻机的理想制冷剂。它还可以用来做罐装发胶、杀虫剂的气雾剂。另外电视机、计算机等电器产品的印刷线路板的清洗也离不开它们。氯氟烃的另一大用途是作塑料泡沫材料的发泡剂，日常生活中许许多多的地方都要用到泡沫塑料，如冰箱的隔热层、家用电器减振包装材料等。

（2）完整 LCA 法。

从产品生命周期全过程去评价产品的环境性能，包括目标与范围界定、清单分析、影响评价和结果解释 4 个部分，并以获得的清单分析及影响评价数据去指定环境标志产品的认证标准。法国、美国目前采用此种方法。

（3）简化定量 LCA 法。

在同类型产品中选出代表产品进行清单分析，找出产品生命周期中最主要的环境污染阶段和造成的最主要的环境影响，适当削减最主要的环境影响数据，就可据此制定环境标志的认证标准。由于它仅仅考虑了产品生命周期的某些阶段，故称为简化的 LCA 方法。如英国对洗衣机进行清单分析后，找出认证标准重点放在洗衣机使用阶段的能耗、水耗及洗涤剂消耗等问题上；丹麦也采用简化 LCA 法制定环境标志产品的认证标准。

（4）简化定性 LCA 法。

将产品全生命周期简化为 5 个阶段，环境影响类型也简化为 8 个类型，构成 5×8 二维矩阵，如表 8-3 所示。

表 8-3　产品生命周期评价 5×8 二维矩阵

环境要素 生命周期阶段	大气 污染	水 污染	土壤 污染	能源 消耗	资源 消耗	固体 废物	噪声	有毒 物质
原料获取	a_{11}	a_{12}	a_{13}	a_{14}	a_{15}	a_{16}	a_{17}	a_{18}
产品生产	a_{21}	a_{22}	a_{23}	a_{24}	a_{25}	a_{26}	a_{27}	a_{28}
销　售（包装运输）	a_{31}	a_{32}	a_{33}	a_{34}	a_{35}	a_{36}	a_{37}	a_{38}
产品使用	a_{41}	a_{42}	a_{43}	a_{44}	a_{45}	a_{46}	a_{47}	a_{48}
回收处置	a_{51}	a_{52}	a_{53}	a_{54}	a_{55}	a_{56}	a_{57}	a_{58}

$$A = \begin{bmatrix} a_{11} & a_{12} & \cdots & a_{18} \\ a_{21} & a_{22} & \cdots & a_{28} \\ \vdots & \vdots & & \vdots \\ a_{51} & a_{52} & \cdots & a_{58} \end{bmatrix}$$

矩阵中每个元素表示各阶段中环境影响的严重程度。以 0 表示无污染或可忽略污染，2 表示中等污染，4 表示重污染，1 和 3 则介于其间。由行业及环保专家打分，多个专家的评定值则取算术平均值为最后分值。矩阵中每行元素的累加值表示产品各阶段的环境影响值。据此就可定性分析产品生命周期中，主要环境污染阶段及所造成的主要环境问题，然后针对削减这些环境影响就可制定产品环境标志的认证标准。德国、加拿大、荷兰、北欧国家等多数国家均采用此种方法。

但是在使用简化定性 LCA 法时，并没有考虑在求各阶段环境影响值和全过程总环境影响值时，各环境影响类型的影响程度是不一样的，因此为了进一步完善简化定性 LCA 法，须用权重系数来表示各环境影响类型的影响程度，这样可更科学，更合理地反映产品生命周期中各种环境影响类型造成的综合环境影响。我们称之为加权简式 LCA 法。权重系数可采用美国运筹学家隆蒂提出的层次分析法（AHP）。

AHP 是一种定性与定量分析相结合的多准则决策方法。具体过程是根据问题的性质以及要达到的目标，把复杂的环境问题分解为不同的组合因素，并按各因素之间的隶属关系和相互关系程度分组，形成一个不相交的层次，在每一层次可按某一规定准则，对该层元素进行逐对比较，建立判断矩阵。通过计算判断矩阵的最大特征值及对应的正交化特征向量，得出该层要素对于该准则的权重。在此基础上可计算出各层次要素对于总体目标的组合权重。

对前述 5×8 二维矩阵来说，求权重的具体计算步骤如下：

第一步：列表与赋值。

同简化定性 LCA 法，见表 8-3。

第二步：绘制递阶多层次结构。

将 8 种环境要素归类，构成递阶层次结构（见图 8-6），再根据递阶层次结构构造判断矩阵（见表 8-4）。其中，大气污染、水污染、土壤污染是对生态系统影响的主导因素；资源消耗、能源消耗、固体废物是对自然资源影响的主导因素；噪声、有毒物质是对人类健康影响的主导因素。

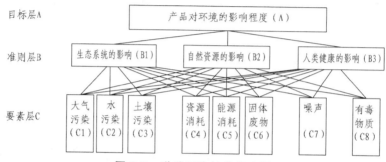

图 8-6　递阶层次结构示意图

第三步：构造判断矩阵。

根据递阶层次结构构造出如表 8-4 所示的判断矩阵，各判断矩阵中系数值"b_{ij}"或"C_{ij}"均用表 8-5 所示的重要性标度方法确定。

表 8-4　判断矩阵表

A	B1	B2	B3
B1	b_{11}	b_{12}	b_{13}
B2	b_{21}	b_{22}	b_{23}
B3	b_{31}	b_{32}	b_{33}

B1	C1	C2	⋯	C8
C1	C_{11}	C_{12}	⋯	C_{18}
C2	C_{21}	C_{22}	⋯	C_{28}
⋮	⋮	⋮		⋮
C8	C_{81}	C_{82}	⋯	C_{83}

B2	C1	C2	⋯	C8
C1	C_{11}	C_{12}	⋯	C_{18}
C2	C_{21}	C_{22}	⋯	C_{28}
⋮	⋮	⋮		⋮
C8	C_{81}	C_{82}	⋯	C_{88}

B3	C1	C2	⋯	C8
C1	C_{11}	C_{12}	⋯	C_{18}
C2	C_{21}	C_{22}	⋯	C_{28}
⋮	⋮	⋮		⋮
C8	C_{81}	C_{82}	⋯	C_{88}

表 8-5　重要性标度含义表

重要性标度	含　义
1	表示两个元素相比，具有同等重要性
3	表示两个元素相比，前者比后者稍重要
5	表示两个元素相比，前者比后者明显重要
7	表示两个元素相比，前者比后者强烈重要
9	表示两个元素相比，前者比后者极端重要
2，4，6，8	表示上述判断的中间值
倒　数	若元素 i 与元素 j 的重要性之比为 a_{ij}，则元素 j 与元素 i 的重要性之比为 $a_{ji} = 1/a_{ij}$

第四步：计算各单一层次判断矩阵的特征向量和相对权重

采用根法进行计算，算式如下：

① 先对判断矩阵各行求平均根：

$$\overline{W_i} = \sqrt[n]{\prod_{j=1}^{n} c_{ij}} \quad (\, i = 1,\ 2,\ \cdots,\ n\,)$$

② 再将各平均根作为元素组成向量，即

$$\overline{W} = (\overline{W_1}, \overline{W_2}, \cdots, \overline{W_n})^T$$

③ 将该向量归一化

$$W_i = \frac{\overline{W_i}}{\sum_{i=1}^{n} \overline{W_i}}$$

得到判断矩阵的特征向量

$$W = (W_1, W_2, \cdots, W_n)^T$$

该特征向量中每一个元素对应着各准则的相对权重。

④ 求与特征向量对应的最大特征值 λ_{max}，检验判断矩阵的一致性。λ_{max} 可由下式求出：

$$\lambda_{max} = \frac{1}{n} \sum_{i=1}^{n} \frac{(B_{1c}W)_i}{w_i}$$

由于客观事物的复杂性和人们认识的片面性，在进行两两比较评分时，作出的判断矩阵一般不具备完全一致性，对此，要求一个判断矩阵的元素虽然不满足 $b_{ij} = b_{ik}/b_{jk}$，但不能有太大的偏离；否则，由此而得出因素的优劣数值排序就会有逻辑上的矛盾。所以，还需要对判断矩阵进行一致性检验。其步骤如下：

先计算一致性指标 C.I.（consistency index）：

$$\text{C.I.} = \frac{\lambda_{max} - n}{n - 1}$$

然后按表 8-6 确定相应的平均随机一致性指标 R.I.（random index）。

表 8-6 平均随机一致性指标 R.I.表

矩阵阶数	1	2	3	4	5	6	7	8	9
R.I.	0	0	0.52	0.89	1.12	1.26	1.36	1.41	1.46

最后计算一致性比率 C.R.（consistency ratio）并进行判断：

$$\text{C.R.} = \frac{\text{C.I.}}{\text{R.I.}}$$

当 C.R. < 0.1 时，认为判断矩阵的一致性是可以接受的；C.R. > 0.1 时，认为判断矩阵不符合一致性要求，需要对该判断矩阵进行重新修正。

第五步：求权重。

求复合层次权重，并进行一致性检验。在算出各单一层次权重，即 B-A 的单层次权重 e，C-B 的单层次权重 W 后，则 C-A 的复合层次权重即可按表 8-7 算出，也称总排序权值。

表 8-7　层次总排序

层次 C ＼ 层次 B	B1 e_1	B2 e_2	B3 e_3	总排序权值
C1	W_{11}	W_{12}	W_{13}	$\sum\limits_{j=1}^{3} e_j W_{1j}$
C2	W_{21}	W_{22}	W_{23}	$\sum\limits_{j=1}^{3} e_j W_{2j}$
⋮	⋮	⋮	⋮	⋮
C8	W_{81}	W_{82}	W_{83}	$\sum\limits_{j=1}^{3} e_j W_{8j}$

于是有了 8 个环境类型的权重系数矩阵

$$C = (C_1, C_2, \cdots, C_8)^T$$

式中　C_j——第 j 个环境类型的权重系数。

总排序一致性比率 C.R. 由下式计算：

$$C.R. = \frac{\sum\limits_{i=1}^{3} e_i C.I._i}{\sum\limits_{i=1}^{3} e_i R.I._i}$$

当总排序一致性比率 C.R. < 0.1 时，认为判断矩阵的整体一致性是可以接受的，否则也需重新调整判断矩阵的元素取值。

第六步：求阶段环境影响值。

产品生命周期各阶段环境影响的加权评价分值由下式计算。

$$AC = D$$

式中　A——产品生命周期各阶段针对各环境要素的环境影响等级评价分值矩阵；（见表 8.4）

　　　　C——8 个环境要素的权重系数矩阵；

　　　　D——表示产品生命周期各阶段环境影响加权评价分值矩阵，简称阶段环境影响矩阵，即

$$D = \left[D_1, D_2, D_3, D_4, D_5 \right]^T$$

其中各元素就是对应生命周期 5 个阶段的阶段环境影响值。可以根据这 5 个值的大小判断对环境影响最严重的生命周期阶段和造成最严重的环境影响。

第七步：求总环境影响值。

产品生命周期各阶段环境影响值的和，就是产品在全生命周期中的总环境影响或总环境影响值，用 R 表示：

$$R = \sum_{i=1}^{5} D_i = D_1 + D_2 + D_3 + D_4 + D_5$$

总环境影响 R 的最大值是 20，最小值是 0。R 值越大表明产品对环境的污染越严重，环境性能越差。加权简式生命周期矩阵评价方法采用定性定量分析相结合，定性判断可避免量化数据可能的相互矛盾以及适应特定场合的不足；按层次分析法又使专家经验予以量化。这种方法不仅可用于环境性能评价，还可推广应用于评价产品在生命周期各个阶段的社会、文化的影响。我国目前在制定环境标志产品的认证标准上采用加权简式生命周期矩阵评价方法是一种较好的选择。不过，这种方法只是在目前各种条件限制下，无法进行正规的生命周期评价时的一种过渡方法。随着 LCA 进一步完善和标准化，更规范、更科学的生命周期评价方法终将在环境标志评定中得到广泛应用。

三、ISO 14000 环境标志的类型

ISO14020 国际环境标志标准（环境管理，环境标志和声明，通用原则）规定了各国发展环境标志计划必须遵循的自愿、公开、科学、公正和防止贸易壁垒等 9 条基本原则。在这一通用原则的指导下，环境标志的类型到目前为止分为Ⅰ型环境标志（ISO14024 标准）、Ⅱ型环境标志（ISO14021 标准）和Ⅲ型环境标志（ISO14025 标准）。

1.Ⅰ型环境标志

Ⅰ型环境标志：即 ISO14024 标准，其规定了申请人按照自愿选择以及生命周期要求对企业产品和服务进行独立第三方认证的方案。目前世界各国开展的环境标志计划主要为此种类型。

2.Ⅱ型环境标志

Ⅱ型环境标志，即 ISO14021 标准，其规定了从生产到处置过程，产品原料和过程控制及废弃物处置利用的 12 条自我环境声明。Ⅱ型环境标志主要针对资源有效利用，企业可以从国际标准限定的这 12 项声明中，选择一项或几项做出产品自我环境声明，并须经第三方验证。

12 个声明在设计、生产、使用、废弃这一生命周期过程中的分布是：在生产环节有一个声明"节约资源"；在使用环节有三个声明"节能""节水""延长寿命产品"；在使用至废弃前有两个声明"减少废物量""可重复使用和充装"；在废弃阶段，有四个声明"可降解""可堆肥""可再循环""可拆解设计"；在废弃物再次进入生产阶段，有两个声明"再循环含量"

"使用回收能量"。例如海信电视待机功率为 3 W，低于国标的 9 W，属于节能；鹰牌 6 L 水便器，符合国际标准有 2.5 L 后续水，属于节水；深圳宏达的一次性快餐盒，生物降解率有实验报告，属于可降解。凡此种种，都属于允许企业做自我环境声明的范围，不在此范围内的声明，违背国际标准，容易产生误导公众行为。前已述及，12 项声明涵盖生产、使用、废弃的全过程。除了这 12 项声明外，企业没有权力再自造环境声明。

3. Ⅲ型环境标志

Ⅲ型环境标志，即 ISO14025 标准，是一个量化的产品性能和环境信息的数据清单，由企业提供，经由有资格的独立第三方依据 ISO14025 环境标志国际标准进行严格的审核、检测、评估，证明产品和服务的信息公告符合实际后，向消费者提供量化的环境信息。ISO14025 标准则以生命周期为基点，规定了颁布环境信息则以生命周期为基点，规定了颁布环境信息的数据收集、检测准则，与Ⅰ型相比，Ⅲ型环境标志同样具有不易形成国际贸易壁垒的优势，因为产品的环境信息是客观的，可以直接进行国与国的比较。最早由瑞典在 1997 年创始，现在已形成加拿大、丹麦、德国、意大利、日本、德国、挪威等国参加的 GEDnet 非营利性组织。像聚氨酯涂料只要公布 TVOC、苯系物、TDI 指标限值，家具只要公布放射性、吸水率、防火性能限值，都是抽出产品最主要的环境信息予以公告等，有近千种国际标准限值可供借鉴。

😊小贴士 6：
TVOC 是影响室内空气品质中三种污染中影响较为严重的一种。TVOC 是指室温下饱和蒸气压超过了 133. 32 Pa 的有机物，其沸点在 50℃至 250℃，在常温下可以蒸发的形式存在于空气中，它的毒性、刺激性、致癌性和特殊的气味性，会影响皮肤和黏膜，对人体产生急性损害。

😊小贴士 7：
TDI 是甲苯二异氰酸酯的英文缩写，无色液体，有毒，有致癌可能性，有刺激性。

Ⅲ型环境标志则是企业可根据公众最感兴趣内容，公布产品的一项或多项环境信息，并须经第三方检测，如企业称自己产品的甲醛含量低，必须要公布具体的数据。

对任何产品和服务，可以分别获得Ⅰ型、Ⅱ型、Ⅲ型环境标志给予单独评价，也可以获得Ⅰ+Ⅱ+Ⅲ、Ⅰ+Ⅱ、Ⅰ+Ⅲ、Ⅱ+Ⅲ四种组合环境标志给予组合评价，这就最大限度地开辟了任意边界的绿色空间，概由企业自主选择边界。可以说当今市场上标榜绿色的全部内容，清洁生产、循环经济、绿色服务的全部要求，都可包容在这一绿色评价体系中，为防止绿色贸易壁垒，不允许泛泛谈绿色，要求明确告诉公众产品绿色含义和指标值，且要有认证、验证或检测证明。第三方的作用在三种型式的环境标志中，分别是自愿原则下的认证、验证和检测角色，这是 WTO/TBT 协定中防止欺诈条款的保证。第三方按规则运作，能提高环境标志的诚信，提高获证企业的诚信。在没有第三方参与时，任何企业不得暗示或假冒第三方参与。

Ⅰ型环境标志是环境标志的最高形象。Ⅱ型、Ⅲ型环境标志有统一标准，且有各国指标值供参考，较Ⅰ型范围大增，适应性更强，而程序相对简单，立意在开拓、发展绿色，重在为Ⅰ型打造基础和后备，重在使更多的企业和产品跨入绿色之门，走上持续改进之路，也为更多献身绿色的中介机构开辟了新的市场。使执行标准，公众参与这两个理念能有新的发扬。

案例分析：包装产品生命周期评价

案例 1：几种典型包装材料的生命周期评价

1. 目标与研究范围

本研究通过对塑料、改性塑料类、纸浆类、光—生物降解类这几种典型包装材料进行生命周期评价，达到减少环境污染的同时节约资源（能源）消耗。研究范围包括了生命周期中的原材料制备、产品生产和使用后的最终处理 3 个主要环节，通过这 3 个重要环节来评价包装材料的环境友好性。

2. 数据分析结果

通过对包装产品在确定的生命周期环境及其过程中，在资源（能源）消耗以及环境污染物排放等方面进行数据收集和量化，得到了包装材料生命周期中原材料制备产品生产和使用后的最终处理 3 个环节的有关数据，如表 8-8、8-9、8-10 所示。

表 8-8　产品生产加工过程能量和质量的交换（以百个餐盒为单位）

评价因子		材料种类					
		纸浆	淀粉基塑料（PS 改性塑料为例）	塑料		生物质降解材料	
				非发泡塑料（PP 为例）	发泡塑料（PS 为例）	微生物合成型（聚乳酸为例）	掺和物（淀粉植物纤维发泡材料）
重量/kg		2.0	1.5	1.4	0.5	2.0	2.5
能耗/mJ		105	160	158	56	64	45
物质消耗	原油/kg	0	1.46	1.46	0.51	0	0
	木材/kg	3.68	0	0	0	0	很少
	淀粉/kg	0	0	0	0	6.0	2.5
	辅料/g	防水防油剂 80	光敏剂 100	很少	发泡剂 20	防水防油剂 200	防水防油剂 300
水的净消耗/kg		400	很少	很少	很少	很少	很少
土地占有量/m²		300	300	350	200	400	400
人工成本/元		3.6	2.0	1.5	1.8	1.5	1.2
大气污染物	NO_x/g	60	2.66	2.66	20	很少	很少
	SO_x/g	20	7.77	7.77	5	很少	很少
	颗粒物/g	20	0.05	0.05	0.05	很少	0.1
水体污染物	COD/g	160	1.1	1.1	1.1	很少	很少
	BOD/g	70	很少	很少	很少	很少	很少
	有机氯/g	12	很少	很少	很少	很少	很少
	SS/g	60	很少	很少	很少	很少	很少

表 8-9　产品生命周期终结过程能量和质量的交换（方式为废弃，以百个餐盒为单位）

评价因子	纸浆		淀粉基塑料（PS改性塑料为例）		非发泡塑料（PP为例）		发泡塑料（PS为例）		微生物合成型（聚乳酸为例）		掺和物（淀粉植物纤维发泡材料）	
材料种类					**塑料**				**生物质降解材料**			
必需的降解条件	微生物		光或水						水或微生物		微生物	
废弃后所处的环境	垃圾堆积（混合型）	自然环境（暴露型）	垃圾堆积（混合型）	自然环境（暴露型）	垃圾堆积（混合型）	自然环境（暴露型）	垃圾堆积（混合型）	自然环境（暴露型）	垃圾堆积（混合型）	自然环境（暴露型）	垃圾堆积（混合型）	自然环境（暴露型）
降解完全符合程度	较高	高	低	较低	低	低	低	低	较高	高	较高	高
完全降解	0.5	0.3	200	200	200	200	200	200	0.5	0.3	0.5	0.3
时间/年	0.8	0.5	500	300	500	500	500	500	0.8	0.5	0.8	0.5
对环境造成的危害程度	较低	低	高	较高	高	高	高	高	较低	低	较低	低

表 8-10　产品生命周期终结过程能量和质量的交换（方式为回收再利用，以百个餐盒为单位）

评价因子	纸浆			淀粉基塑料（PS改性塑料为例）			非发泡塑料（PP为例）			发泡塑料（PS为例）			微生物合成型（聚乳酸为例）			掺和物（淀粉植物纤维发泡材料）		
材料种类							**塑料**						**生物质降解材料**					
重量/kg	2.0			1.5			1.4			0.5			2.0			2.5		
处理方法	焚烧	填埋	利用	焚烧	填埋	利用	焚烧	填埋	利用	焚烧	填埋	利用	焚烧	填埋	利用	焚烧	填埋	利用
再生产品	热量电能		纸浆制品	热量电能		塑料颗粒汽油	热量电能		塑料颗粒汽油	热量电能		塑料颗粒汽油	热量电能		饲料饵料肥料	热量电能		饲料饵料肥料
再生产品数量	0.3度电		1.0kg纸浆	0.25度电		0.75kg塑料或1kg汽油	0.25度电		0.75kg塑料或1kg汽油	0.09度电		0.25kg塑料或0.33kg汽油	0.15度电		有机肥1.80kg	0.19度电		饲料2.00kg
三废污染物/g	200	0	250	225	1200	960	210	1400	960	75	500	320	400	0	0	500	0	0

3. 结果解释

由以上数据可以看出：塑料制品在资源消耗上相比其他包装材料较少，但是一旦不加回收直接废弃于自然环境，难以降解，将对自然生态环境造成巨大的危害，国际社会已达成共识共同限制其使用。但是如能分类回收，较好地处理（物化成塑料颗粒或热解成汽柴油），50%以上的废弃包装材料能得到重新利用，既能减轻对环境的危害，又能取得一定的经济效益。还可以看出，塑料生产需要以石化产品作为原料，对石油的依赖程度高，每生产 1 kg 塑料制品大约需要 1 kg 的石油。石油作为一种不可再生的重要资源，对每个国家都具有战略意义。石油的过量消耗将对我国未来持续发展造成巨大影响。

纸制品虽然取自天然植物纤维，易于自然分解，但在生产过程中会消耗大量的木材（每 1 kg 纸浆消耗木材 1.84 kg）。我国是一个森林资源短缺、木材贫乏的国家，森林覆盖率只有 18.2%，是世界平均水平的 61.52%，居世界的第 130 位。纸浆类包装材料的发展将对我国的森林资源造成巨大的威胁，进而影响生态环境。同时，每生产 1 kg 纸浆产生的废水，生物耗氧量（BOD）为 35g，化学耗氧量（COD）为 80g。除此之外还含有一定质量浓度的有机氯和颗粒悬浮物（SS）。纸的蒸煮、漂白等加工过程会产生 NO_x、SO_x 等多种有害气体。这些废水废气会对大气、河流、湖泊、海洋造成巨大的危害。所以应慎重考虑"以纸代塑"。

聚乳酸是一种环境友好的一次性包装材料，但是资源消耗多（每生产 1 kg 聚乳酸大约需要消耗 3~4 kg 的纯淀粉）、生产工艺复杂、成本较高，主要用于礼品包装、医药包装等高档包装。

生物质降解材料是一种典型的绿色包装材料，易于回收再利用，废弃后也不影响环境，能在自然条件下快速分解，无有害物质产生，原材料来源广泛（纯淀粉和植物纤维）。但其加工工艺相对复杂，技术和装备还不十分成熟，成本较高。

案例 2：瓦楞纸箱生产工艺过程的生命周期评价

瓦楞纸箱作为一种外包装容器，由于其本身固有的优点，在商品包装中占有越来越大的比重。特别是作为运输包装容器，其用量已占据首位。本研究以瓦楞纸箱的生产工艺为研究对象，运用生命周期评价方法（LCA），对其环境影响进行量化分析，从而为优化瓦楞纸箱生产提出建议。

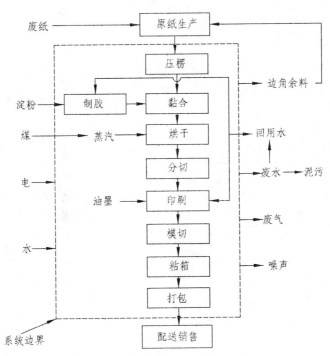

图 8-7 瓦楞纸箱生产工艺流程图

1. 目标和范围的确定

本研究通过对瓦楞纸箱生产工艺过程的生命周期评价，量化描述其每个工序造成的环境影响，并进行对比分析，提出相关改进建议。功能单位为生产 1 m² 瓦楞纸箱（3 层瓦楞纸板，表面图文印刷面积约为总面积的 30%）。系统边界为从原纸供给到制得瓦楞纸箱成品的生产全过程，见图 8-7 中虚线框。在该系统边界内，蒸汽供瓦楞纸板制板工序使用，所采用的蒸汽锅炉为一般工业锅炉。生产过程产生的边角余料可作为原纸的生产原料，100%循环利用。关于产品和固体废弃物的运输过程，未列入研究系统范围之内。研究中采用的瓦楞纸箱生产加工过程工艺数据是通过对瓦楞纸箱生产企业实际调研获得。

2. 清单分析

根据对瓦楞纸箱企业的实际生产调研，系统边界内每功能单位瓦楞纸箱生产加工过程的输入（物耗、能耗）数据清单见表 8-11，系统边界内每功能单位瓦楞纸箱生产加工过程的输出数据清单见表 8-12。

表 8-11　1 m² 瓦楞纸箱生产加工过程输入数据清单

类　别	名　称	数量/（g·m⁻²）
原料	原纸	488.45
	油墨	3.43
	淀粉	8.47
	NaOH	0.84
	H_2SO_4	2.52
	聚醋酸乙烯乳胶	10.00
	聚丙烯打包带	5.00
	水	831.92
能源	煤	89.56
	电/（kW·h·m⁻²）	5.39×10^{-2}

表 8-12　1 m² 瓦楞纸箱生产加工过程输出数据清单

名　称	数量/（g·m⁻²）
烟气	1.71×10^6
烟尘	1.83
制胶设备清洗废水	185.62
印刷设备清洗废水	496.45
边角余料	73.46

3. 影响评价

依据 LIME 方法，采用 JEMAI-LCA Pro 及其数据库，经过计算得出每功能单位瓦楞纸箱生产过程环境影响特征化及其量化结果见表 8-13 和 8-14。

表 8-13　$1 m^2$ 瓦楞纸箱生产加工过程环境影响特征化结果

名　称	制板工序	印刷工序	成箱工序
CO_2	1.39	2.91×10^{-1}	2.15×10^{-2}
CH_4	1.86×10^{-4}	4.38×10^{-4}	7.70×10^{-7}
N_2O	1.86×10^{-4}	3.45×10^{-4}	2.40×10^{-6}
SO_2	7.90×10^{-3}	1.50×10^{-3}	6.60×10^{-5}
SO_x	1.71×10^{-5}	3.85×10^{-5}	1.52×10^{-6}
烟尘颗粒	1.90×10^{-3}	4.23×10^{-4}	5.88×10^{-6}
COD	2.80×10^{-1}	2.69×10^{-2}	—
N 含量	2.60×10^{-3}	7.00×10^{-3}	—
P 含量	2.30×10^{-4}	6.16×10^{-4}	—
灰和煤渣	1.80×10^{-2}	4.70×10^{-3}	—
工业垃圾	2.01×10^{-6}	1.68×10^{-6}	—
低放射性废物	2.46×10^{-7}	1.52×10^{-7}	8.11×10^{-9}

表 8-14　$1 m^2$ 瓦楞纸箱生产加工过程环境影响量化结果

影响类型	制板工序	印刷工序	成箱工序	总　计
全球变暖	1.45	4.03×10^{-1}	2.23×10^{-2}	1.88
人类健康影响（致癌作用）	1.87×10^{-4}	9.03×10^{-5}	2.29×10^{-8}	2.78×10^{-4}
人类健康影响（慢性疾病）	1.41×10^{-7}	6.75×10^{-8}	3.41×10^{-11}	2.08×10^{-7}
水体生态毒性	5.54×10^{-4}	2.67×10^{-4}	5.94×10^{-8}	8.22×10^{-4}
土地生态毒性	5.21×10^{-5}	8.48×10^{-6}	1.35×10^{-6}	6.20×10^{-5}
酸　化	1.24×10^{-2}	2.20×10^{-3}	9.81×10^{-5}	1.47×10^{-2}
富营养化	1.90×10^{-3}	3.80×10^{-3}	4.72×10^{-7}	5.62×10^{-3}
光化学氧化	3.29×10^{-6}	2.45×10^{-6}	4.61×10^{-7}	6.20×10^{-6}
固体废物	1.06×10^{-6}	2.77×10^{-6}	8.11×10^{-12}	3.83×10^{-6} 2.78
资源消耗	2.78×10^{-6}	6.42×10^{-7}	2.36×10^{-7}	3.66×10^{-6}
化石能源消耗	1.45×10^{1}	3.51×10^{0}	7.84×10^{-1}	1.88×10^{1}

4. 结果解释

影响评价结果表明，瓦楞纸箱生产过程的主要环境影响是化石能源的消耗、全球变暖、酸化和富营养化。

在瓦楞纸箱生产过程三大工序中，制板工序在整个生产工艺中对环境的影响最大，其中化石能源的消耗、全球变暖、酸化三种环境影响分别占总环境影响的 77%、77% 和 84%。印刷工序的环境影响在三个工序中对环境的影响居第二，主要造成化石能源的消耗、全球变暖和富营养化影响。

今后，在瓦楞纸箱的箱坯设计和生产工艺设计时，应该考虑尽量减少切边量，以减少瓦楞纸板材料消耗量及其环境影响；可以考虑采用燃油锅炉代替燃煤锅炉，以减少瓦楞纸箱生产过程带来的全球变暖和酸化环境影响；可以根据工厂实际情况对污水处理系统进行优化，使清洗制玉米胶设备和印刷设备产生的污水经处理达标后回用，实现整个生产系统废水零排放，以解决瓦楞纸箱生产加工所致富营养化问题。

参考文献

[1] 龚建华. 论可持续发展的思想与概念[J]. 中国人口、资源与环境，1996，6（3）：5-9.

[2] 蔡建国. 可持续发展战略与现代制造工业[J]. 机电一体化，1998，（1）：6-9.

[3] 邓南圣，王小兵. 生命周期评价[M]. 北京：化学工业出版社，2003，23-270.

[4] 王寿兵. 生命周期评价及其在环境管理中的应用[J]. 中国环境科学，1999，19（1）：77-80.

[5] 黄开云. 环境协调性评估[J]. 环境技术，1999，（1）：30-34.

[6] 李蓓蓓. 绿色包装的评价手段——生命周期评价法[J]. 包装工程，2002，（1）：150-152.

[7] 胡尧梁. 环境负荷——LCI 公司环境评价的新指标[J]. 环境导报，1999，（2）：29-32.

[8] 金晓辉，周丰，胡倩，等. 快餐盒的绿色包装. 北京大学，2005.

[9] 陈黎敏. 食品包装技术与应用[M]. 北京：化学工业出版社，2002.

[10] 戴宏民. 绿色包装[M]. 北京：化学工业出版社，2002.

[11] 武书彬. 造纸工业水污染控制与治理技术[M]. 北京：化学工业出版社，2001.

[12] 姜峰，李青海，李剑峰，李方义，魏宝坤，等. 基于 LCA 法的包装材料环境友好性的评价[J]. 山东大学学报（工学版），2006，（6）：10-13.

[13] 秦凤贤，朱传第. 用 LCA 方法评价牛奶包装对环境的影响[J]. 乳业科学与技术，2006，（4）：163-165.

[14] 任宪姝，霍李江. 瓦楞纸箱生产工艺生命周期评价案例研究[J]. 包装工程，2010，（5）：54-57.

[15] Johanna Berlin.Environmental life cycle assessment（LCA）of Swedish semi-hard cheese. International Dairy Journal, 2002, 19: 939-953.

[16] Tomas Ekvall. Key methodological issues for life cycle inventory analysis of paper recycling. Journal of Cleaner Production, 1999, 7: 281-294.

[17] Adisa Azapagic.Life cycle assessment and its application to process selection，design and

optimization. Chemical Engineering Journal, 1999, 73: 1-21.

[18] G.Houillon, O.Jolliet.Life cycle assessment of processes for the treatment of wastewater urban sludge: energy and global warming analysis. Journal of Cleaner Production, 2005, 13: 287-299.

[19] Tomas Ekvall, Goran Finnveden.Allocation in ISO 14041-a critical review.Journal of Cleaner Production, 2001, 9: 197-208.

[20] A.A.Burgess, D. J. Brennan.Application of life cycle assessment to chemical processes. Chemical Engineering Science, 2001, 56: 2589-2604.

[21] F.I.Khan, V.Raveender, T.Husain.Effective environmental management through life cycle assessment. Journal of Loss Prevention in the Process Industries, 2002, 15: 455-466.

第九章　包装物流管理及 CPS

物流是企业继"资源"和"人力"之后创造生产财富的"第三利润源",现代物流管理正向着实现供应链管理的方向发展。包装是物流的重要环节,是贯穿物流全过程的商品载体。本章着重介绍了包装的物流功能,物流环节对包装的要求,整体包装解决方案,以及条码技术、电子监管码 RFID 标签在物流管理上的应用。

第一节　包装的物流功能与合理化

一、物流与包装的物流功能

1. 物流与物流系统

物流是物品从供应地向接收地的实体流动过程。根据实际需要,将运输、储存、装卸、搬运、包装、流通加工、配送、信息处理等基本功能实施有机结合。

物流管理包含两个方面:一是物流活动的主要环节,包括包装、运输、装卸、搬运、储存、流通加工、配送、物流信息等 7 个环节;二是物流系统的要素,包括人、财、物、设备、方法、信息等 6 要素。现代物流管理的发展方向是实现供应链(由供应商、制造商、仓库、配送中心和渠道商等构成的物流网络)管理。现代物流活动已不是物流系统中某单个生产、销售部门或企业的事情,而是包括供应商、批发商、零售商等关联企业在内的整个统一体的共同活动,因而现代物流通过供应链强化了企业之间的关系;供应链通过企业计划的联结、企业信息的联结、在库风险共同承担的联结等有机结合,包含了流通过程的所有企业,从而使物流管理成为一种供应链管理。供应链管理通过对整个供应链系统进行计划、协调、操作、控制和优化的各种活动和过程,其目标是要将顾客所需的正确的产品(Right Product)能够在正确的时间(Right Time)、按照正确的数量(Right Quantity)、正确的质量(Right Quality)和正确的状态(Right Status)送到正确的地点(Right Place),并使总成本达到最佳化。

　　为求得物流系统功能的最优化，必须使物流活动各主要环节合理化，如包装合理化、运输合理、仓储合理化、装卸合理化、流通加工合理化、配送合理化，再通过系统化和集成管理，最终实现物流系统的最优化。

2. 包装的物流功能

　　包装是物流系统的一个重要环节，是贯穿在物流全过程中的商品载体。包装在物流中的主要功能是：

　　（1）效率功能。

　　商品在物流过程中的包装，使清点方便，提高了装卸效率；同时更重要的是提高了在集合包装和运输工具中的装载容量，提高了装载效率，后者主要得力于实现了包装尺寸系列化。包装尺寸系列化是以集装基础模数尺寸为基数，按倍数分割而得到的。

　　欧洲的包装标准尺寸，是以符合欧洲托盘尺寸（800 mm×1 200 mm）和 ISO 的标准托盘尺寸（800 mm×1 000 mm 和 1 000 mm×1 200 mm）为基础，取其 95%（即 760 mm、950 mm、1140 mm）为基数，用 2、3、4 等整数来除，然后把各个商数组合起来，即为有效地装在托盘上的包装容器的长、宽标准内侧尺寸。取 95% 的原因是考虑到将包装材料厚度取为 5% 的缘故。对作为外包装的包装容器再以整数来除，所得的商数的组合又可作为内包装的外侧尺寸，用此办法即可得到系列化的包装尺寸。通常标准的包装尺寸对长、宽尺寸予以规定，而把高度定为自由尺寸，否则难以适从。我国也通过这种方法对包装尺寸进行了系列化（模数化），而且对联运平托盘、叉车、吊车等均按集装基础模数进行了标准化。

　　包装尺寸系列化后，即可把商品整理成为适合使用托盘、集装箱、货架或载重汽车、货运列车等运载的单元，这也称为包装的成组化功能。

　　（2）保护功能。

　　这是包装最重要的功能，对物品起保护作用，物品在流通过程中，因外力、气候、虫害而使商品可能产生破损和变质。

　　外力环境最易引起货物损坏的原因是振动、碰撞、挤压和刺破。振动常见于运输过程中；碰撞在运输和搬运过程中都可能发生；刺破一般在搬运作业场地受尖锐硬器而损坏；挤压则主要发生在堆垛时，过高的堆垛会使底层货物受压变形甚至压碎。对此，包装必须按流通环境选用适合的包装技术，如防振包装、缓冲包装等，以及须具备足够的强度和刚度以及材料的戳穿度。

　　气候环境主要指温度和湿度等因素，有些物品在高温下会软化融解、分解变质、变色；而有些物品则会在低温下会爆炸、变脆或变质；时鲜果蔬则会因过高的温度发生变质变味；另外水和蒸汽对物品的损害也很大，危害性要超过温度，几乎绝大多数货物在潮湿的环境中都会受到不同程度的损害，如生锈、霉变、收缩变形，严重的会发生腐蚀、潮解；其他因素如空气中有害化学物质对物品也有影响，还有些物品怕光，见光则会变色变质。对此则根据不同的自然气候环境选用适合的包装材料，选用适合的包装技术，如防霉、防锈、防爆、防水、保鲜等包装，有时仅包装技术还不够，还需在运输和储存条件等方面采取必要的措施。

虫害、鼠害环境主要发生在仓储过程中，对此要采用防虫、防鼠包装，同时在仓库中采取灭虫、灭鼠等必要措施。

（3）方便功能。

货物的形态是各种各样的，有固体、液体、气体之分，有大小，有规则与不规则，有块状与粉末状，有硬与软等各种特性，而装卸、运输的工具式样要少得多，为了提高处理的效率，也必须对货物进行包装。良好的包装能有利于物流各个环节的处理方便。如对运输环节来说，包装尺寸、重量和形状，最好能配合运输、搬运设备的尺寸、重量，以便于搬运和保管；对仓储环节来说，包装则应方便保管、移动简单、标志鲜明、容易识别、具有充分的强度。流通管理工作中的劳动生产率指标一般都用包装后所组成的货物单元来描述。

（4）促销功能。

包装在装潢后能起到美化及广告宣传作用，吸引顾客激发其购买欲望，成为产品推销的一种主要工具和有力的竞争手段；同时精美的包装还不易被仿制假冒、伪造，有利于保护企业的信誉。

（5）信息功能。

包装上印有包装储运图示标志，如小心轻放、禁用手钩、向上、怕热、怕湿、远离放射源和热源、禁止滚翻、堆码重量极限、堆码层数极限和温度极限等，在运输、装卸、仓储过程中传达到了商品需要保护的信息和应该注意的事项；包装上印有的条码使在收货、储存、取货、出运等过程中能供电子仪器识别，起到跟踪商品的作用，从而使生产厂家、批发商和仓储企业迅速采集、处理和交换有关信息，加强了对货物的控制，减少了物品在流通过程中的货损货差，提高了跟踪管理的能力和效率。

（6）环保功能。

包装废弃物已占到城市固废物的 1/3，且随着经济的发展和人民生活水平的提高，还在以每年 10%的速度递增，对城市环境已造成严重污染，尤其是不可降解的塑料废弃物造成的"白色污染"已成为社会环境的一大公害。有鉴于此，今后发展的包装必须具备不污染环境的环保功能，即绿色包装。在世界环保大潮和世界贸易绿色壁垒的冲击下，对环境造成污染的包装将被淘汰，绿色包装已成为世界包装的必然发展趋势。发展具有环保功能的绿色包装关键是采用和研发易减量化、再利用、再循环、可降解的绿色包装材料和对包装废弃物进行回收利用。

鉴于上述包装在物流中的主要功能，因此用户选用包装，尤其是运输包装应遵循以下主要原则：选用的包装材料需具有足够的拉伸和扭转强度，适合于机械化流水生产；包装尺寸应尽量符合国家标准，以在物流过程中有最大装载容量；满足对商品保护、方便和促销功能；有利于包装使用后回收利用废弃物，不对环境造成污染。

二、物流（运输）包装系统的合理化

包装按照用途一般分为运输包装和销售包装，运输包装重在保护和方便功能，销售包装则重在促销功能。在物流中应用的主要是运输包装，运输包装是商品在整个物流过程中的载体，运输包装为适应物流的需要，近年在材料、技术、容器和集合包装等方面均有很大的发展。

1. 包装材料

包装材料是构成包装实体的主要物质。由于包装材料的物理力学性能和化学性能各不相同，因而包装材料的选择对在物流中保护商品有着重要作用。

最早使用的包装材料主要是草类包装材料（草袋、草席、草框）和木制包装材料（木箱、木框），前者由于防水防潮能力差，强度低，已逐渐被淘汰，后者由于森林资源有限和保护森林、保护环境也已很少使用；现代使用的包装材料主要有纸、塑料、金属、玻璃陶瓷 4 大类。瓦楞纸板箱、塑料托盘和金属集装箱（袋）大大促进了运输包装发展；随着保护环境、节约资源的绿色物流发展的需要，各类绿色包装材料如植物纤维、纸浆模塑、降解塑料、可食性包装薄膜和废弃包装材料的回收再利用获得了迅速发展。

2. 包装技术

为保护商品在经济流通过程中，不因外力、气候、虫害、生物等外界环境条件作用而破损和变质，相继发展了许多包装技术，如：缓冲包装、防振包装、防潮包装、防锈包装、防虫包装、防菌包装、保鲜的真空包装、充气包装，为适应托盘集合包装又发展起收缩包装、拉伸包装等技术。

3. 包装容器

包装容器即由 4 大类包装材料制成的包装箱、盒、桶、罐、瓶、袋等。随着现代物流量大和降低包装成本、提高物流效率的需要，托盘集合和集装箱（袋）的集合包装得到迅速发展。目前运输包装的包装程序一般是：

个包装 ⟶ 内包装 ⟶ 外包装 ⟶ 托盘集合包装 ⟶ 集装箱 ⟶ 运输工具

个装是指商品按个进行的包装，目的是为了提高商品价值或保护商品；内装是个装的集合，目的是防止水、湿气、光热和冲击对商品的破坏；外装则是内装的集合，将内包装的商品放入箱、盒、罐等容器中，并标上标记、印记等，目的是便于对商品进行运输，装卸和保管，保护商品；托盘集合包装则是将外包装商品进行单元化的集合，目的是便于装入集装箱，入库储存时也便于清点。托盘集合包装和集装箱的出现大大提高了现代物流中运载和装卸的工作效率，下面将分别再进行详细介绍。

4. 托盘集合包装

集合包装就是把货物集合为一个整体进行包装，主要是托盘和集装箱。集合包装使包装单元化，便于清点数量，便于装卸，可高层堆码，更能保护商品使之不易破损，提高运输能力和运输效率，因而在现代物流中获得了广泛的应用。

　　托盘集合包装是把包装件按一定方式（简单重叠、交错式、纵横式、旋转式）在托盘上堆码，然后通过用收缩薄膜、拉伸薄膜、捆扎、胶合、护棱等将包装件固定而形成搬运单元，便于机械化装卸、储运，效率提高 3 ~ 8 倍；托盘包装整体性能好，堆码稳定性高，可避免散垛摔箱等问题。

　　（1）托盘的分类。

　　在物流中使用量最大的是平托盘，如图 9-1 所示。平托盘按材料分类可有木制平托盘、钢制平托盘和塑料平托盘；按叉入形式可分为单向叉入型、双向叉入型、四向叉入型。其他还有柱式托盘和箱式托盘，但应用均较少。

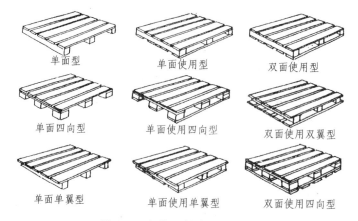

单面型　　　　　　单面使用型　　　　　双面使用型

单面四向型　　　单面使用四向型　　　双面使用双翼型

单面单翼型　　　单面使用单翼型　　　双面使用四向型

图 9-1　各种平托盘形状构造

　　（2）托盘装载模式。

　　托盘装载模式是指外包装件（通常是瓦楞纸箱）在托盘平面摆放和空间堆码的方式。为在确保装载物品强度，承受堆码负荷的前提下，最大限度地利用托盘表面和堆码空间，以便托盘装载的包装件放到最多，具有最好的经济性，则称为托盘装载模式的优化。托盘装载模式的优化对提高托盘集合包装的经济性和安全性有很大影响，优化装载模式，能改善托盘平面和高度与运输工具及仓库的适应性，增多装载包装件数量，从而减少运输和储存成本，使流通总成本降低；优化装载模式，还能降低瓦楞纸箱的材料成本，也使流通总成本降低。据德国人 Janer/Graefentein 设计法则，托盘的体积利用率增加 5%，包装总成本就可降低 10%。

　　优化托盘装载模式，可从两个方面进行研究：

　　一是对于给定的包装纸箱尺寸研究如何提高其装载能力，即从里到外（见图 9-2），被包装产品在生产车间被单独地包装为小包装件，然后将多件小包装装入外包装瓦楞纸箱，再将选定的瓦楞纸箱在托盘上进行集合包装，最后上集装箱或运输工具运输到用户。由于尺寸一定的瓦楞纸箱在托盘平面上的摆放方式和空间堆码层数有很多种，这就需要对各种方式进行比较，选择最优者，这是优化的任务。

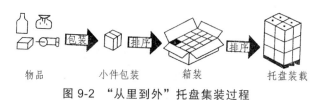

物品　　　　小件包装　　　箱装　　　　托盘装载

图 9-2　"从里到外"托盘集装过程

　　二是根据标准托盘尺寸，为提高装载能力，需如何优化选择外包装的瓦楞纸箱及内包装的小包装件，即从外到里（见图 9-3），先根据标准托盘尺寸模数分割出外包装的瓦楞纸箱尺寸作为标准瓦楞纸箱，企业产品的内包装的小包装件应以所分割出的瓦楞纸箱作为外包装，而不应根据产品设计任意尺寸的瓦楞纸箱。只有这样才能充分利用托盘表面积，提高托盘装载能力，并且有利于瓦楞纸箱的标准化和批量生产，降低瓦楞纸箱生产成本。

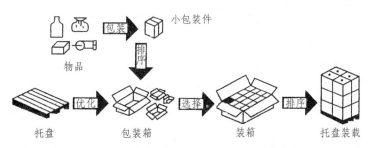

图 9-3　"从外到里"托盘集装过程

　　（3）物流基础模数尺寸和托盘标准化。

　　为使集合包装的物流系统中的各种因素，包括包装、托盘、集装箱、装卸机械、搬运机械和货车、卡车、轮船等运输工具的内装尺寸能相互匹配而有最大的装载容量，以使物流成本降低，需要对它们实行标准化，而标准化的基础是物流基础模数尺寸，物流基础模数（或称物流模数）是指为了物流的合理化和标准化而以数值表示的物流系统各种因素的内装尺寸和标准尺度，它的作用和建筑模数尺寸的作用大体相同，考虑的基点主要是简单化。由于物流标准化较其他标准化系统建立晚，因此确定物流基础模数尺寸主要考虑了现有物流系统中影响最大而又最难改变的运输设备，采用"逆推法"由运输设备的尺寸来推算最佳的基础模数，欧洲各国和 ISO 中央秘书处已基本认定 600 mm × 400 mm 为物流基础模数尺寸。

　　在物流基础模数尺寸上可推导出各种集装设备的基础尺寸，称为集装基础模数尺寸，即最小集装尺寸，也即托盘标准尺寸，以此尺寸作为设计集装设备三项（长、宽、高）尺寸的依据。在物流系统中，集装起贯穿作用，集装尺寸必须与各环节物流设施、设备、机具相匹配，整个物流系统设计均需以集装基础模数尺寸为依据，决定各设计尺寸、集装基础模数尺寸是影响和决定物流系统标准化的关键。

　　集装基础模数尺寸，可以从 600 mm × 400 mm 按倍数系列推导出来，也可以在满足 600 mm × 400 mm 基础上，从卡车或大型集装箱的"分割系列"推导出来。集装基础模数尺寸，即托盘标准尺寸以 1 000 mm × 1 200 mm 为主，也允许 800 mm × 1 200 mm，考虑到铁路车皮和载重卡车车厢的通用标准尺寸为 2 300 mm，故托盘尺寸也允许 1 100 mm × 1 100 mm。我国联运平托盘外部尺寸系列规定优先选用 TP2——800 mm × 1 200 mm 和 TP3——1 000 mm × 1 200 mm 两种尺寸，也可选用另外一种尺寸，即 TP1——800 mm × 1 000 mm；托盘高度基本尺寸为 100 mm 与 70 mm 两种。

　　物流基础模数尺寸与集装基础模数尺寸的配合关系，可以集装基础模数尺寸的 1 000 mm × 1 200 mm 为例说明，如图 9-4 所示。

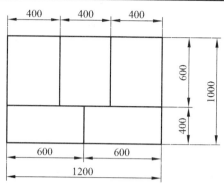

图 9-4　物流基础模数尺寸与集装单元基础模数尺寸的配合关系图例（单位：mm）

5. 集装箱

现代物流运输广泛采用集装箱进行产品或包装件的成组运输,已经实现了集装箱标准化与管理。集装箱运输具有足够强度,可保证产品或包装件运输安全,使产品破损降至最低程度。

（1）集装箱的分类：按材质可划分为铝制集装箱、钢制集装箱和玻璃钢制集装箱,如表9-1所示。

表 9-1　集装箱的分类

项　　目	质　　量	强　　度	加工性	耐腐蚀性	价　　格
铝制集装箱	轻	小	好	差	高
普通钢制集装箱	重	大	好	差	较低
不锈钢制集装箱	重	大	好	好	太高
玻璃钢制集装箱	重	大	好	好	一般

按集装箱使用性能又可划分为：散装集装箱,适用于运输散装的粉装和颗粒状产品；通风集装箱,适用于运输新鲜食品及易腐食品等；通用集装箱,适用于工业产品或包装件的运输等。

（2）集装箱的规格：集装箱已经标准化,为了发展国际物流,应积极贯彻 ISO 标准,优先选用 1AA、1CC、1OD、5D 型 4 种规格的集装箱。1AA、1CC 适用于国际运输,1OD 和5D 型用于国内运输。

三、物流环节对包装合理化的要求

1. 运输对包装合理化的要求

（1）具有合理的强度：进行包装结构设计时,必须详细了解运输过程中的流通环境,防止运输过程中的振动和冲击,避免产品破损。采用纸箱包装时,要质量坚韧,能承担所载货物重量,货物装箱后堆码高度为 2.5 m 时纸箱应不变形；采用木箱包装,则应对价值高、容易散落丢失的货物使用密封木箱；对重量较大较长的货物则应增加箱挡和箱板厚度等。

（2）采用集合包装时，包装应完整，标志清楚：为能充分利用运输工具的有效容积和载重量，包装尺寸应标准化、系列化，同时采用集合包装技术，实现集装化运输；货物的运输包装应完整、满装、成型，内装货物应均匀分布装载，排摆整齐、压缩体积、内货固定、重心位置居中靠下，对庞大的产品则应考虑拆装，以满足运输工具装载的规定；包装箱应印刷必要的标志，方便理货，对某些有防潮、易碎、易燃等防护要求的包装件，则应根据相应标志进行合理的操作。

2. 装卸对包装合理化的要求

（1）采用托盘集合包装或集装箱。便于机械装卸，提高装卸效率，同时减少商品破损。

（2）掌握运输和装卸实态。按照缓冲包装设计原理，务使商品允许的最大冲击加速度（线冲击速度）小于装卸时产生的最大冲击加速度（线冲击强度），避免商品因装卸中跌落冲击而产生破损。

3. 仓储对包装合理化的要求

（1）堆垛对于包装结构的要求：商品在仓库内的保管费用，取决于商品在仓库内的占地面积，所以仓库内的商品通常堆叠很高，为此商品的包装结构需要有足够的强度，以使压在底层的货物不被上层货物压坏或变形。因此设计包装结构时必须了解流通过程中各仓库的具体高度。仓库堆叠高度与商品抗压强度之间的关系式为：

$$P = aw[(H/h) - 1]$$

式中　H ——仓库的可能堆叠高度，m；

　　　h ——包装容器的高度，m；

　　　w ——货物的重量，kg；

　　　α ——安全系数，通常取为 3~5，木箱取为 3，压楞纸箱在梅雨季节时要取为 5；

　　　p ——最下层容器承受的货物重量，kg。

对瓦楞纸箱的安全系数还要考虑温度与湿度，纸板强度因印刷而变劣和搬运时动负荷等因素的影响，在温湿度高于测量瓦楞纸箱抗压强度的 20 ℃ 和 65%湿度时，或因印刷强度变劣情况越严重以及动负荷越大时，安全系数越应趋于上限。

（2）堆垛稳定性对包装结构的要求：① 在容器的上表面不应有突起物和起鼓现象，应与上面所堆叠的容器底面成平面接触；② 设计包装结构时，要使荷重均匀地分布在底面上；③ 如果商品本身有偏重，就应在容器外表面作出明显标志；④ 要明确表示堆垛的方向；⑤ 选择包装材料和进行结构设计时，应使容器具有能承受高层堆叠的强度。

在堆垛实践中，如在堆叠很高的货物若干层之间加一层隔板（托盘），可提高堆垛的稳定性，减少坍塌损失。

（3）仓库环境位置对包装结构的影响：仓库靠近海岸或有海风刮进来，库房物品会因盐分而引起生锈现象，故需采取防锈措施；如向东南亚或中东出口商品，因一天可能受到几次暴风雨袭击，商品往往又露天堆放，故须采取防水包装。

（4）仓库自动化程度高对包装形态的要求：包装的形态因仓库的规模与设备的不同而发生很大的变化。自动化程度高的仓库，采用了非常先进的仓库管理系统，被装在运载托盘上的货物，在仓库的入口处，由管理人员按动选择开关，自动地把货物搬运到保管场所。故从货主方面接收入库的货物，都采用了符合该仓库尺寸的集合包装形式。而且集合包装的尺寸又能与仓库托盘尺寸相配，能充分利用托盘的有效尺寸。这种现代化的仓库，把仓库的设备与包装、运输结合成了一个整体。

（5）仓库装卸作业对包装结构的影响：合理的包装结构须要有按规范操作的装卸作业：① 堆叠的层数不能高于规定的极限层数；② 铺设地板，在地板上装卸；③ 遵守包装容器上的包装储运图示标志的要求；④ 不得从垫板或运载托盘上抽出货物进行堆叠；⑤ 要在货物上面铺上胶合板后，方可进行货物装卸作业；⑥ 在拐角处堆叠的包装容器要铺上保护板，防止叉车作业时碰坏；⑦ 不得在仓库内洒水，必须洒水时务必不要淋湿货物，并考虑必要的通风；⑧ 高层堆叠时，隔一定层数须使用托盘垫底，以保证堆垛的安全与稳定。

四、包装物流系统合理化的措施

为能很好实现包装在物流中的各项功能，满足物流主要环节对包装的要求，同时又能使包装成本最低，须使包装合理化，合理包装的具体要求一般应包括：对内容物的保护要适当；包装材料与容器要安全；包装费用与内容物价值要相适应；包装重量与体积要恰当；包装废弃物要易于处理和再资源化；包装设计要着眼物流的全局，使物流总成本降至最低。包装物流系统合理化的主要措施如下：

1. 掌握流通实况，发挥最经济的保护功能

包装的保护功能应使商品承受流通过程中各种环境的考验，只有通过测试和实地调查或查阅有关流通环境资料确切掌握运输、装卸、仓储的流通实况，才能合理选用包装技术及包装材料，进行合理的包装结构设计，发挥应有而经济的保护功能。

2. 包装设计标准化、系列化

个体包装（包括内包装、外包装）设计应尽量采用标准化尺寸，按 GB 4892—85 硬质直方体运输包装尺寸系列选用适合的长、宽尺寸（高度尺寸有推荐值，也可自由选择），这样设计出的包装尺寸才能和托盘、集装箱尺寸匹配，也能和运输车辆、搬运机械的尺寸匹配，从而能在集合运输包装中获得最大装载容量，提高装载效率，降低物流成本。

3. 包装材料减量化、轻薄化

包装对商品能起保护作用，而对其使用价值却无任何意义，因此在强度、寿命、成本相

同的条件下，应尽量减少材料用量，采用更轻、更薄的包装，这样不仅降低了包装的成本，而且从源头减少了废弃物的数量，并提高了装卸搬运的效率。

4. 树立环境意识，减少包装污染，回收包装废弃物

在当今世界环保大潮和绿色贸易壁垒的冲击下，发展无公害的绿色包装已成为包装工业的必然趋势。发展绿色包装的主要途径有两条，一是研发绿色包装材料，二是大力进行包装废弃物的回收利用。

绿色包装材料已成为当前一个研发的热点，已开发的有纸浆模塑、蜂窝纸板、植物纤维、可降解塑料、可食性包装材料、代木包装材料、甲壳素生物包装材料、转基因植物包装材料、水溶剂型的黏合剂及涂料、油墨等，以上材料可自行降解、不污染环境。

对包装废弃物回收利用是当前发展绿色包装的最主要方向，其途径是减量化，重复利用和再生利用。回收利用包装废弃物的重要意义不仅是保护环境，减少污染，而且能资源循环利用，节约资源，是建立包装循环经济的重要手段。

5. 包装设计应注意装卸开箱的方便性

商品在物流过程中需多次装卸，因此包装设计必须考虑便于装卸。为此，凡手工装卸的货物应重量适当，为使人的疲劳程度最小，每一包装单位重量限于 20 kg，体积限于长 × 宽 × 高 = 700 mm × 800 mm × 400 mm 为宜，连续装卸重量不宜超过人体的 40%，对于大型容器和包装，其重量和体积应与所采用的装卸机械相适应，如用叉车装卸，包装件厚度应与叉车高度相适应；用船吊装货物，重量不超过 3 t。

包装设计时，还应注意开箱方便，对木包装尤其须注意。

6. 设计销售包装（或个包装）时，包装费用与内容物价值应相适应

当前国内销售包装多有过份包装，甚至是欺骗包装，这是应当引起重视的。国际上为杜绝过分包装，流行包装费用占内容商品的价值有一定的比例，如酒类、罐头占 18% ~ 25%，儿童食品可占到 40%，一般食品仅占 20%。

第二节　基于供应链管理的整体包装解决方案 CPS

一、整体包装解决方案的新理念

进入新世纪，世界经济日益重视环境保护、降低成本、大力发展现代物流，世界包装市场全球化竞争也日益加剧，国际包装业为适应这种新形势，提出了 "整体包装解决方案"

（Complete Packaging Solutions，CPS）新理念。"整体包装解决方案"，就是包装供应（制造）商向用户提供的从包装材料的选取，到包装方案设计、制造，到物流配送直至面向终端用户的一整套系统服务。其内容涵盖了包装设计、包装制造、产品包装、物流运输、仓储直到包装废弃回收利用的各个环节。

新理念是系统工程思想和供应链管理在包装行业中的应用，新理念将包装与物流作为一个整体系统全面考虑，追求包装物流系统总成本最低，以增强包装产品的市场竞争力。该理念起源于美国，流行于发达国家，不少跨国公司借助"整体包装解决方案"供应商，实现产品包装系统的整体和全过程的交付委托，由此来压缩包装系统的成本，而将主要精力集中到自身的核心能力上。该先进理念随着近年国外大型企业的进驻已被引入我国沿海城市，目前沿海城市包装订单的一个明显特点就是要提供包括包装物流在内的完整包装解决方案。整体包装解决方案必将成为今后包装设计和包装供应的潮流和趋势。

二、整体包装解决方案的策划目标和原则

1. 整体包装解决方案策划目标

策划整体包装解决方案有两个目标：

一是经济性，通过选择适合的运输方法及仓储方案，缩减运输时间、减少存货成本及空间、减少订单过程中的有关费用，使流通总成本最低；

二是绿色性，提出方案的过程应和实施包装绿色化的措施相结合，策划的包装解决方案在生命周期全过程中应有利于节约资源和保护环境，故应同时以经济和环境最优为追求目标，而不能单纯以经济最优为追求目标，否则将是适得其反的结果。

2. 整体包装解决方案策划原则

（1）整体并行策划原则：整体包装解决方案有别于一般包装设计，就在于对产品的包装从原材料选用、包装结构设计、运输仓储设计、直至包装使用完后的回收再利用均要围绕实现双目标进行整体思考、采用并行设计方法进行，而不能按传统习惯顺序进行。否则，就不能很好实现经济性和绿色性的双目标。

（2）包装总成本最低原则：这是为实现经济性而须遵循的策划原则。整体包装解决方案要考虑的成本，不仅是包装制品的生产成本，而是包括包装生产成本、包装使用成本、使用包装后的流通成本在内的总成本。包装生产成本指包装原料和加工成制品的成本；包装使用成本指用户使用包装制品包装产品的作业过程成本和获得包装制品的配送成本；使用包装后的流通成本则指包装件在托盘集装、运输、仓储及废弃包装回收等流通过程中所付出的成本。策划整体包装解决方案必须使用系统工程的思想和方法，使包装总成本最低，而不是其中一项最低。

（3）包装材料"3R1D"原则：包装材料减量化（含无毒害）、再复用、可再生，这是实现绿色性须遵循的策划原则。

实行无毒和减量化原则的重要意义是：

① 实施包装材料和制品减量化，可反对过度包装，节约资源，保护环境。

② 可减轻包装制品重量，提高运输装载量，降低流通总成本，因此，包装材料（制品）轻量化、薄壁化，研发高强度低克重纸板、高强度轻量化玻璃瓶，减少钢板、铝板、马口铁薄板厚度，减少塑料薄膜厚度已成为当今包装材料的发展趋势。

③ 适应了国际贸易绿色包装制度的要求。

绿色包装制度的主要要求有三：

① 严格限制包装材料的有毒有害成分，如铅、镉、汞和六价铬等重金属、多氯联苯、苯残留、含氯、氟物质等的浓度总量，4 种重金属应达到国际上 100 mg/kg（即 100 ppm）的标准；食品包装材料（包括主材、添加剂、色素，以及黏合剂、油墨、涂料等助剂）则应按塑料、纸、陶瓷、橡胶、马口铁等大类符合欧美“食品包装安全法规”中有害元素限量及比迁移极限的类别安全标准；

② 减量化，禁止过度包装。欧盟“94/62/EC 指令”考虑到适度包装的多种属性，提出需从满足保护功能、制造要求、填充灌装需要、物流管理要求等 10 种性能指标来判断包装是否“过度”；

③ 包装或包装材料的性质须是可重复利用或可回收再生的，塑料包装材料回收再生方式可是材料直接再生、材料改性再生、能源回收再生、化学物回收再生；若包装废弃物不能回收利用，则其材料需能自行降解。

实行再复用、可再生原则，除适应国际贸易绿色包装制度的要求外，主要目的是废弃资源再利用，促进绿色包装、绿色物流和包装循环经济发展。若包装废弃物不易再复用和再生，则为保护环境，应选用能自行降解的材料制作包装。

三、整体包装解决方案策划（设计）方法

策划（设计）整体包装解决方案，需要并行考虑材料选择、选用适宜的包装技术、进行包装结构设计或选用适宜的包装、进行物流设计等各环节，各环节联系密切又互有交叉。其策划（设计）的方法一般应以运输包装设计为主干来考虑，从技术路线讲可划分为如下六步：

1. 分析产品的特性

在进行整体包装解决方案策划（设计）时，分析产品特性是首要的一步。产品特性包括产品的固有特性、市场定位特性和结构特性。

产品的固有特性指产品的强度、刚度、脆值、固有频率，产品的重量、重心、轮廓尺寸，产品表面的耐磨度、防潮防锈性能等。其中最重要的就是产品的脆值和固有频率。这两个性能参数是包装设计师进行运输包装防冲击、防振动设计的必要条件。

产品的市场定位特性决定了产品内包装（销售包装）的档次、选材和装潢。对于市场定位较高、较贵重的高档化妆品、高端手机，包装材料选用高档材料，且采用精美装潢；而对

于一般通用的产品，则包装材料选用成本较低的材料，进行一般装潢或不装潢。

在包装设计时，认真分析产品的结构特性对改进产品不合理结构，或寻找可支撑部位、进行包装的支撑设计都具有重要作用。缓冲包装六步设计法就十分重视在发现产品脆值偏低时，需对过于脆弱的零部件进行重新设计，以提高整个产品的脆值；而对一些形状异形复杂的产品，为设计出合理的包装，对其结构进行受力分析和支撑部位设计就显得更为重要。

2. 掌握产品流通环境信息

产品流通环境信息是对产品进行安全性包装设计的必要条件，也是整体包装解决方案中所需的最重要基础信息。从将包装材料（制品）配送至产品企业和产品下线开始包装至产品流入客户手中的全过程，其中的流通环节包括配送、包装、集合包装（托盘集合、集装箱）装卸、运输、仓储等。

产品流通的环境信息包括气象性环境、生化环境、力学环境和电磁性环境4大类，具体包含：包装材料（制品）向企业配送的距离、时间、安全备存量，产品包装的操作难易度，产品仓储的温湿度极限、仓储空间、仓储时间、堆码高度、虫害，产品装柜的托盘尺寸、集装箱尺寸、堆码高度、装卸起吊能力，产品的运输工具、最大装载量、运输路线、距离、时间、价格，产品运输起点至终点的路况、可能发生的冲击和振动、气候环境及温湿度，产品包装的拆卸难易度，产品的上架要求等所有与产品包装有关的流通环境信息。

3. 掌握包装材料（制品）的有关信息

产品的包装材料（制品）信息是对产品进行包装设计的必要条件，是整体包装解决方案中所需的另一最重要基础信息。

产品的包装材料（制品）信息包括材料（制品）的生产厂家、尺寸规格、型号、化学成分和性能信息。性能信息又指材料有无超过规定的毒害成分、能否自行降解、是否易于回收再利用或回收再生、防湿防锈能力、防静电能力、阻隔性能（透水、透湿、透氧、透二氧化碳等）以及各类力学性能；力学性能包括抗压强度、密度、缓冲系数曲线、加速度—静应力曲线、应力—应变曲线、传递率曲线等；常用的瓦楞纸板的信息包含用纸克重、瓦型、边压、耐破性等；食品包装材料还要包括有毒有害成分允许渗透和迁移量的信息。

4. 进行整体包装物流策划

在分析产品的特性、市场定位、掌握产品流通环境和包装材料（制品）信息后，采用"并行"设计方式，同时考虑流通各环节进行内包装及外包装（含装潢）的结构设计和物流设计。内外包装设计时要综合运用保护商品的各项技术，如缓冲、防振、防潮、防锈、防静电、真空、气调等包装技术，但运输包装通常以缓冲包装设计为主干技术。策划的主要内容有：

（1）根据产品特性、流通环境条件及绿色包装制度要求选用包装材料，确定内外包装需用的包装技术。

（2）按照与流通过程中托盘、集装箱、运输工具、仓库尺寸相匹配原则确定内外包装外尺寸，提倡选用标准的系列尺寸，以提高流通过程的装载容量。

（3）进行内包装的包装技术及结构设计。内包装通常是纸板箱、瓦楞纸箱、塑料容器等；内包装或里面的小包装采用的包装技术则视需要分别采用真空、充气、气调、无菌、防潮、防锈等。按市场定位确定内外包装的装潢档次。

（4）进行外包装的包装技术及结构设计。外包装通常是纸板箱、瓦楞纸箱、蜂窝纸板箱、木箱、金属及塑料容器等，外包装容器需进行堆码后抗压校核；同时按照六步法设计缓冲衬垫，并进行防振校核；以及进行其他需用的包装技术（防振、防潮、防锈、防静电等）设计。

（5）进行物流设计。为用户包装的产品选择适合的运输方法及仓储方案，追求供应链系统最大效率化，为客户提供增值服务。具体包括确定最佳运输路线、运输工具，选用集合运输包装的托盘及集装箱，选用适宜的物流中心，物流中心应着重空间陈列、布置、进仓、搬运，以期发挥最佳的效果，最后还要考虑废弃包装的收集及返回运输。

以上各步要求设计师在"双目标""三原则"的指导下，作为一个有机整体进行策划，而后再分工设计。

5. 进行整体运输包装使用总成本分析

整体包装解决方案的包装使用总成本包括包装生产成本、包装使用成本、使用包装后的流通成本在内的总成本。计算时尤要重视对包装容器的选用，包装容器的变动带来的容器成本变动，同时也带来运输成本变动、人力成本变动和容器管理成本变动。

各方案应进行综合分析比较，兼顾经济成本和资源环境效益，择优选择。

6. 进行整体运输包装测试

整体运输包装测试是对整体包装解决方案策划（设计）成败的验证。测试内容根据采用的包装技术而定，一般有跌落测试、振动测试、堆码测试、防潮防水测试等。

测试数据采集完毕后，需由专业技术人员对测试数据进行分析评定，目的是判定所设计的整体运输包装的合格性。如发生破损或其他不合格情况，则需重新设计或采取有关措施。如测试合格也需对设计方案进行全程跟踪，以进一步精确判定设计方案的合理性。

第三节　条码技术在物流信息管理中的应用

条码（条形码）表示物流和商品的信息，条码技术是一种借助扫描阅读器和微型计算机进行信息数据自动识读和自动输入计算机的自动识别技术。信息是物流管理的基础，没有物流的信息化，就没有现代化的物流管理。物流信息按作用分类有订购信息、库存信息、生产信息、送货信息和物流管理信息。后者是物流管理活动中，物流管理部门进行管理和控制物流活动的最重要的信息。它借助印刷在包装表面上的条码，追踪和控制商品的物流活动。

一、条码的概念与类型

1. 条码是一种编码

编码是一种信息表现形式，编码对事物或概念赋予一定规律的数字，即用一定的符号体系把事物或概念表示出来，以取代用太长的文字描述来表示事物或概念。编码的直接结果是形成代码。编码的另一重要优点是可对文字信息进行字符化处理，使之量化，从而便于利用各种通讯设备进行信息传递和利用计算机进行信息处理，因而是一种进行信息交换的技术手段。

为了保证编码作为一种信息表现和信息交换的一致性，信息编码必须遵循以下基本要求：① 编码的唯一性，一种事物或概念只能与一个编码相对应，否则将出现混乱；② 简短性，代码应尽量简短；③ 易识别性，代码应尽可能反映编码对象的类别和特性；④ 易扩展性，为适应编码对象发展的需要，代码结构设计上要留有足够的备用码空间；⑤ 操作方便，尽可能减少人工和机器的处理时间。

标准化的信息编码与标准化的信息分类有密切的联系，分类是编码的基础，编码是分类的体现。信息分类结构与信息编码结构之间有一定的对应关系。

2. 条码是一种自动识别技术

自动识别技术是一种信息数据自动识读、自动输入计算机的重要方法和手段，随着计算机和通信技术的发展出现了智能化、无线化、微型化的趋势。物流信息化就须对供应链中物品信息进行实时采集，从而对其进一步传输和处理，因此如何简便标识和快速识别物品信息是物流信息化首要解决的问题，条码正是为物流信息化能进行快速识别的自动识别技术。

目前，主要自动识别技术有：① 光学字符识别 OCR，它可通过机器扫描并识读全部字母与数字符号及图像字符，条码技术即属这类识别；② 磁卡；③ 光学记忆卡片；④ IC 卡；⑤ 射频识别技术。今后自动识别技术的发展趋势有生物测量，语音识别技术，机器视觉识别等。

3. 条码的定义

我国国家标准 GB12905-91 定义条码为：由一组规则排列的条（线条）、空（空白）及其对应字符组成的标记，用以表示一定的信息（字母、数字等）。

条码是一种特殊的代码。条码中的条、空分别由两种不同深浅的颜色（通常为黑、白色）表示，并满足一定的光学对比度的要求。在进行辨识的时候，是用光学扫描阅读器对条码进行扫描，得到一组反射光信号，此信号经光电转换后变为一组与线条、空白相对应的电子信号，经解码后还原为相应的数字，再输入计算机，即可查阅条码表示的有关信息。

条码下面的字符（数字）供人直接阅读，或通过键盘向计算机输入数据。

条码技术已相当成熟，辨识的错误率约为百万分之一，首读率大于 98%，是一种可靠性高、输入快速、准确性高、成本低、应用面广的自动识别技术。

4. 条码的码制

码制即指条码条和空的排列规则。一般可分为一维条码，二维条码和复合码三类。在商品销售、图书管理、工业生产、机票管理上广泛应用的是一维条码；近年为了增大商品信息容量和增强保密防伪性，发明了功能更强的二维条码；为了标识微小物品及表述附加商品信息息，以及采集和传递更多的物流运输信息，又发明了复合码。

（1）一维条形码。

一维条形码只在一个方向（一般是水平方向）表达信息，而在垂直方向则不表达任何信息，保持一定的高度通常是为了便于阅读器的对准扫描。一维条码种类达 225 种左右，主要应用在商品上，故被称为商品条码。码制有：EAN 码、UPC 码、39 码、25 码、交叉 25 码、128 码、93 码、库德巴码（Codabar）和 PDF417 码等。此外，书籍和期刊也有国际统一的编码，特称为 ISBN（国际标准称号）和 ISSN（国际标准从刊号），不同的码制有各自的主要应用领域。

EAN 和 UPC 码：世界上有两大编码组织，一个是国际物品编码协会（IAN/EAN），制定了 EAN 码，主要应用于欧洲；另一个是美国统一编码协会（UCC），1973 年在世界上率先建立了 UPC 码，主要应用于北美。为了保证编码的唯一性，其他各国各地若要使用 EAN 和 UPC 码，必须向 IAN/EAN 和 UCC 提出申请，成立分支组织，方可使用。我国的"中国物品编码中心"已通过申请参加了两大组织，成为 IAN/EAN 和 UCC 的会员，获准使用 EAN 码和 UPC 码，今后我国出口欧洲的商品应使用 EAN 码，而出口北美的商品则可使用 UPC 码。EAN 和 UPC 码均是一种长度固定、无含义的条码，所表达的信息全部为数字，主要应用于销售、贸易的商品标识。

39 码和 128 码：企业内部自定义码制，可以根据需要确定条码的长度和信息，它编码的信息可以是数字，也可以是字母，主要应用于工业生产线领域、图书管理等。

93 码：一种类似于 39 码的条码，其密度较高，能够替代 39 码。

25 码：主要应用于包装、运输以及国际航空系统的机票顺序编号等。

Codabar 码：应用于血库、图书馆、包裹等的跟踪管理。

（2）二维条形码。

二维条码可以分为层排式和矩阵式两种二维条形码。

层排式二维条形码形态上是由多行一维条形码堆叠而成，具有代表性的层排式二维条形码包括 PDF417、Code49、Code16K 等，其条形码中包含附加的格式信息，信息容量可以达到 1K。例如 PDF417 码可用来作为运输/收货标签的信息编码，它作为美国国家标准协会 ANSIMH10.8 标准的一部分，为"纸上 EDI（纸上电子数据交换）"的送货标签内容编码，这种编码方法被许多的工业组织和机构采用。层排式二维条形码可用一维的线性扫描阅读器或 CCD 二维图像式阅读器来识读。

矩阵式二维条形码以矩阵的形式组成，在一个规则的印刷（格子）内用点（方形或圆形等）的出现表示二进制"1"，点的不出现表示二进制"0"，通过多个"1"与"0"的组合来表示信息。如 Code one、Aztec、Data Matrix、QR 码等。

矩阵式二维条形码具有更高的信息密度，可以作为包装箱的信息表达符号，在电子半导体工业中，将 Data Matrix 用于标识小型的零部件。矩阵式二维条形码只能被二维的 CCD 图像式阅读器识读，并能以全向的方式扫描。

二维条形码能够将任何语言（包括汉字）和二进制信息（如签字、照片）编码，并可以由用户选择不同程度的纠错级别以在符号残损的情况下恢复所有信息。

（3）复合码（CS）。

1999 年国际条码协会颁布新的复合码标准，是对现有商品条码标准的有效补充和完善。它是一种由一维条形码和二维条形码不同的两种条形码叠加在一起而构成的一种新的码制，以实现在读取一维条形码所表示的商品单品识别信息的同时，还能够通过读取二维条形码来获取更多描述商品物流特征的信息，主要用于物流及仓储管理。复合码是一种全新的适于各个行业应用的物流条形码标准，有利于加强对物流商品的单品管理，提高物流管理中商品信息自动采集的效率。

二、条码的结构

1. 条码的符号结构

一个完整的条码符号由两侧静区、起始字符、数据字符、校验字符（也为数据符）和终止字符组成，如表 9-2 和图 9-5 所示。

表 9-2　条码的符号结构

静区	起始字符	数据字符	校验字符	终止字符	静区

图 9-5　条码组成

静区：指条码左右两端外侧与空的反射率相同的限定区域，它能使阅读器进入准备阅读的状态，当两个条码相距距离较近时，静区则有助于对它们加以区分，静区的宽度通常应不小于 6mm（或 10 倍模块宽度）。

起始/终止符：指位于条码开始和结束的若干条与空，标志条码的开始和结束，同时提供了码制识别信息和阅读方向的信息。

数据符：位于条码中间的条、空结构，它包含条码所表达的特定信息。

构成条码的基本单位是模块，模块是指条码中最窄的条或空，模块的宽度通常以 mm 或 mil 为单位。构成条码的一个条或空称为一个单元，一个单元包含的模块数是由编码方式决定的。有些码制中，如 EAN 码，所有单元由一个或多个模块组成；而另一些码制，如 39 码中，所有单元只有两种宽度，即宽单元和窄单元，其中的窄单元即为一个模块。

2. EAN 码结构

通用商品条码 EAN 是世界上应用最广泛的条码,它有商品销售包装 EAN 条码和商品运输包装 EAN 条码两大类。商品销售包装 EAN 条码又分为标准式和短式两种;标准式由 13 位数字符号组成,称为 EAN-13条码;短式由 8 位数字符号构成,称为 EAN-8 条码。

图 9-6 EAN-13 条码结构

EAN-13 条码结构如图 9-6 所示。

左侧空白区:位于条码符号起始符左侧的无印刷符号且与空的颜色相同的区域,其最小宽度为 11 个模块宽。

起始符:位于条码符号左侧,表示信息开始的特殊符号,由 3 个模块组成。

左侧数据符:介于起始符和中间分隔符之间的表示 6 位数字信息的一组条码字符,由 42 个模块组成。

中间分隔符:在条码符号中间位置,是平分条码符号的特殊符号,由 5 个模块组成。

右侧数据符:中间分隔符右侧的条码字符,表示 5 位数字信息,由 35 个模块组成。

校验符:最后一个校验符字符,由 7 个模块组成,表示校验码。

终止符:位于条码符号右侧,表示信息结束的特殊符号,由 3 个模块组成。

右侧空白区:位于终止符之外的无印刷符号且与空的颜色相同的区域,其最小宽度为 7 个模块宽。

EAN-13 条码符号所包含的模块总数为 113 个。

EAN-13 条码的前置码不用条码符号表示,不包括在左侧数据符内。左侧数据符是根据前置码所决定的条码字符构成方式(奇排列和偶排列)来表示前置码之后的 6 位数字的。

EAN-8 条码构成与 EAN-13 的不同之处,主要是减少了表示数据字符的条码字符数量,其结构如图 9-7 所示。

图 9-7 EAN-8 条码结构

EAN-8 条码的左侧空白区的宽度为 7 个模块宽;左侧数据符由 28 个模块组成,右侧数据符由 21 个模块组成;起始符、中间分割符、校验符、终止符及右侧空白区的构成与 EAN-13 条码相同。EAN-8 条码所包含的模块总数为 81 个。

EAN-13 的 13 位数字构成为:

(1)国家代码:由三位数字构成,称为前缀码,用以标识国家或地区,由 EAN 组织统一分配,中国的前缀码目前有三个:690、691、692。

（2）厂家代码：由 4～5 位数字构成，用以标识厂商，由中国物品骗码中心统一分配。

（3）商品代码：由 4～5 位数字构成，用以标识商品的特性和属性（如重量、颜色、价格等），由制造厂商或物品编码机构分配。

（4）校验码：由 1 位数字构成，用以检验国家代码、厂家代码和商品代码的正确性。

EAN-8 条码的 8 位数字构成为：

（1）国家代码：由 3 位数字构成，中国是 690、691、692。

（2）商品代码：由 4 位数字构成，由国家条码组织分配。

（3）校验码：由 1 位数字构成。

EAN-8 条码的使用是有限制的，按照《商品条码管理办法》的规定，商品条码印刷面积超过商品包装表面面积或者标签可印刷面积 1/4 时，才可申请使用短式商品条码。

三、条码的识读原理与设备

条形码阅读器是用于读取条形码所包含编码信息的识别设备，其结构通常由光源、光路装置、光/电转换部件、电路放大整形器件、译码电路和计算机接口组成。

1. 条形码识读原理

由光源发出的光线经过光学系统照射到条码符号上，反射光经过光路装置反射在光/电转换器上，按美国信息交换标准代码 ASCⅡ，对应转换成二进制脉冲电信号，该信号经过电路放大后的模拟信号与反射光的强弱成正比，再经过滤波、整形，形成与模拟信号对应的方波信号，最后经译码器 A/D 转换为计算机可以直接识别的数字信号。由此可见，对条形码识读的过程可分成光电扫描与译码两大部分。

2. 条形码阅读器的光电扫描原理

通常对条码的识读采用以下三种类型的条形码阅读器：光笔、CCD、激光。

（1）光笔的光电扫描原理：光笔使用时，操作者需将光笔接触到条形码表面，通过光笔的镜头发出一个很小的光点，当这个光点从左到右划过条形码时，在条形码浅色条纹"空"的部分，光线被全部反射；而在条形码深色条纹"条"的部分，光线将被吸收，几乎没有反射光，从而使得强弱不同的反射光折回光笔内部的光敏二极管，使其产生一个高低变化的电压，这种电压变化经过放大、整形后再经译码器转换为计算机可以直接识别的数字信号。

优点：接触阅读，能够明确哪一个是被阅读的条码；阅读条码的长度可以不受限制；与其他的阅读器相比成本较低；内部没有移动部件，比较坚固；体积小、重量轻。

缺点：使用光笔会受到各种限制，比如在一些场合不适合接触阅读条形码；另外只有在比较平坦的表面上阅读指定密度的、打印质量较好的条形码时，光笔才能发挥它的作用；而且操作人员需要经过一定的训练才能使用，扫描速度、扫描角度以及使用的压力不当都会影响它的阅读性能；最后，因为它必须接触阅读，当条码在因保存不当而产生损坏，或者上面有一层保护膜时，光笔都不能使用；光笔的首读成功率低，误码率较高。

（2）CCD 阅读器的光电扫描原理：CCD 亦称电子耦合器件（Charge Couple Device），是一种间接的自动扫描阅读器。

CCD 条形码阅读器采用一排或多排组成阵列形状的发光二极管的泛光源（LED）照明整个条形码符号，通过由平面镜、透镜与光栅组成的光学系统将整个条形码符号映像到由一排或多排光电转换组件（光电二极管）组成的探测器陈列上，经过探测器的光电转换系统，对探测器阵列中的每一个光电二极管依次采集信号后再经合成，从而间接地实现了对条形码符号的自动扫描。

优点：与其他激光阅读器相比，CCD 阅读器的价格较便宜，容易使用。它的重量比激光阅读器轻，而且不像光笔一样只能接触阅读。

缺点：CCD 阅读器的局限性在于它的阅读景深和宽度，在需要阅读印刷在弧型表面的条形码（如饮料罐）的时候会有困难；在一些需要远距离阅读的场合，如流水线、仓库储存的物品也不是很适合；CCD 的防摔性能较差，因此产生的故障率较高，而采用阵列式 LED 的条码阅读器中，任意一个 LED 故障都会导致阅读出错；大部分 CCD 阅读器的首读成功率较低且误码率高。

（3）激光扫描仪的光电扫描原理：激光扫描仪是一种自动扫描条形码阅读器。

激光扫描仪以激光作为扫描光源，激光束射在旋转棱镜上，通过棱镜的转动产生扫描光束，反射后的光线穿过阅读窗照射到条形码表面，并依次由条码的一侧扫描至另一侧，光线经条形码条或空的反射后折回阅读器，通过一个光路系统进行汇集、聚焦，再经过光电转换器转换成电信号，该信号通过译码器还原成数字信号。

激光扫描仪分手持与固定两种形式，手持激光枪使用灵活，固定式激光扫描仪适用于条形码阅读量很大、条形码较小或物品运送过程时的实时采样场合，无需人工干预。

优点：激光扫描仪适用于非接触扫描，通常情况下，在阅读距离超过 30 cm 的情况下激光阅读器是唯一的选择；激光扫描仪阅读条码密度范围广；可以阅读不规则的条码表面或透过玻璃或透明胶纸阅读；由于是非接触阅读，所以不会损坏条码标签；因为有较先进的阅读及解码系统，首读识别成功率高、识别速度相对光笔及 CCD 更快，而且对印刷质量不好或模糊的条码识别效果好；误码率极低（仅约为三百万分之一）；激光阅读器的防震防摔性能好，如：Symbol LS4000 系列的扫描仪，可在 1.5 m 高水泥地防摔。

缺点：激光扫描仪的价格相对较高。

3. 条形码译码技术

条形码阅读器的光电扫描部分将条码符号转换为数字脉冲信号，而译码过程则是将光电扫描得到的数字脉冲信号再还原成条形码符号字符所表示的数据，再输入计算机进行处理。

条码阅读器译码方式分为硬件硬码和软件译码两种。

硬件译码方式通过数字电路的功能逻辑来完成对数字信号的译码，这种方式具有译码速度快的优点，但是其灵活性和适应性较差，电路的功能逻辑一旦固定，要再改变只能重新设计译码电路的逻辑线路，比较麻烦。

软件译码方式通过固化在 ROM 中的译码程序来完成译码，这种译码方式的适应性和灵活性好，但译码的速度较慢。

因此，一个实用的条码器在译码过程中往往同时采用硬件译码及软件译码两种方式，并利用这两种方式的不同特点，分别完成一定的译码功能，以提高译码的准确度。

四、条码技术在商品销售和物流中的应用

1. 在大型超市商品销售中的应用

在大型超市中广泛应用条码销售信息系统 POS（Point of Sape），它是在商品上贴上条码标志，应用该系统就能准确、快速地利用计算机进行配送和销售管理，清楚了解货品的进、销、存和流向等资料，对掌握超市的季节性变化至关重要，对商品销售的实时性收集，更会加快超市的运作效率，精确了解商品销售的各项数据。

整个销售信息系统包括收货、入库、点仓、出库、查价、销售、盘点等环节，各环节顺序操作如下：

（1）首先是收货，收货部员工手持无线手提终端，通过无线网与主机连接的无线手提终端已有本次要收的货品名称、数量、货号等资料，通过扫描货物自带的条形码，确认货号，再输入此货物的数量，无线手提终端上便可马上显示此货物是否符合订单的要求。如果符合，便把货物送入库。

（2）入库和出库其实是仓库部门重复受货/退货的操作步骤，增加这一步骤仅仅是为了管理的需要，可以落实各部门的责任，也可防止有些货物收货后需直接进入商场而不入库所产生的混乱。

（3）盘点是仓库部门最重要的环节。原来盘点时，必须暂停营业进行手工清点，而大型超市的盘点方式已进行改进和完善，主要分为抽盘和整盘两部分。抽盘是指每天的抽样盘点，每天分几次，理货员只需手拿无线手提终端，通过无线网按照计算机传输过来的主机指令，到指定货架扫描指定商品的条形码，确认商品后对其进行清点，然后把资料通过无线手提终端传输至主机，主机再进行数据分析。整盘就是整店盘点，是一种定期的盘点，将超市分成若干区域，分别由不同的理货员负责，通过无线手提终端得到主机上的指令后，按指定的路线、指定的顺序清点货品，然后不断把清点资料传输回主机，盘点期间不会影响超市的正常运作。

（4）查价是超市的一项繁琐的任务。因为货品经常会有特价或调整的时候，混乱也容易发生，所以售货员手提无线手提终端，腰挂小型条形码打印机，按照无线手提终端上的主机数据检查货品的变动情况，对应需变化的物品，马上通过无线手提终端连接小型条形码打印机打印更改后的全新条形码标签，贴于货架或货品上。

（5）销售是超市 POS 系统应用条码进行销售的最主要的场合，在结账时收款员通过扫描商品上的条形码，并根据商品条形码的编号检索商品数据库，显示该商品的品名、单价，收款员输入数量，并逐一完成全部商品的扫描和输入，即可通过电脑进行小计，打印票据，收

款结账。在销售的同时，还可以收集包括商品、收款员、商品供货商、顾客等多种信息，是商场的管理决策内部信息源提供的主要来源。

2. 在物料搬运系统中的应用

物料搬运系统的特点是货品种类繁多，信息量大，包装规格不一，常常不能确定条码标签的方向和位置。以机场的旅客行李为例，行李有长有短，有大有小，有的竖立有的平躺，行李标签在行李上的位置是不确定的，而行李在运输机上的位置也是不确定的。货品通过扫描器的速度比较快，随着流通量的不断增大，运输机的速度不断提高，货品通过扫描器时的相对速度比较高，可达 2.5 m/s。

因此，物料搬运系统的条形码扫描技术与常用的技术有所不同，具有十分鲜明的特点：每秒扫描至少 500 次以上，由于条码标签与激光束形成一角度，一条激光束不能扫描到完整的条码，为此开发了数据重组技术 DRX。因货物是不断移动的，激光束的每次扫描都会有新增的数据，DRX 技术的核心是把每次扫描所得的数据与上一次扫描的数据进行比较，找到相同的中间部分，然后添加新的内容，最终得到完整的信息；采用激光束呈 X 图案的全方位扫描器（X、双 X、四 X 图案扫描器）；同时激光扫描器的光学系统采取可调焦距的双景深、三景深、动态调焦技术；采用多路器传递多台扫描器的信息，提高自动识别系统的可靠性；当包装箱内装不同规格尺寸物品（如鞋子）时，每双鞋子盒上都有各自的条码标签，这时可采用矩阵扫描技术，用扫描器对排成矩阵的条码逐个识读，从而检验包装箱内是否符合订单的要求。

3. 二维条码在物流中的应用

20 世纪 90 年代发明的二维条码，能够表示商品在物流中的全部重要信息，具有信息容量大、可靠性高、保密防伪性强、易于制作、成本低等优点，满足了人们"资讯跟着商品走"的需求，如在运输行业中，典型的运输业务过程是供应商→货运代表→货运公司→货运代理→客户，在每个环节过程中都牵涉发货单据。发货单据含有大量的信息，包括发货人、收货人、货物清单、运输方式等，往往各个环节都要使用键盘重复录入，效率低、差错率高，已不能适应现代运输业的要求。同时，对于货运商来说往往还出现货到而单证未到或晚到的情况，以至于因不能及时确认装箱单内容而影响了货物运输和正式运单的形成。

二维条形码在这方面提供了一个很好的解决方案，按照美国货运协会（ATA）提出的纸上 EDI 系统的做法：发送方将 EDI 信息编成一张 PDF417 二维条形码标签提交给货运商，通过扫描条形码，信息立即传入货运商的计算机系统。这一切都发生在和货物同步到达的时间和地点，使得整个运输过程的效率大大提高。

4. 复合码（CS）在商品销售及物流管理中的应用

随着商业及物流管理的发展，提出了标识微小物品及表述附加商品信息，以及更多的运输物流信息的需求，为此，2000 年 EAN 和 UCC 联合公布了将条码和二维条码组合成复合码的应用标准，复合码采用 EAN/UCC128 一维条码和 PDF417 二维条码多种灵活的组合编码方式，成功地解决了散装食品、蔬菜水果、医疗保健品及非零售的小件物品的标识和传递更多的物流运输信息等问题。

（1）在商品销售中的应用：在零售业中，复合码的应用首先解决了微小物品的条码标识问题。利用原有的 EAN/UCC 条码标识微小物品时，只能用 8 位 EAN/UCC 缩短码，所表述的信息仅为商品唯一编号（8 位数据）。这种缩短码由于信息容量小、占用面积大、号码资源紧张等原因，给商业用户带来了诸多不便。采用复合码以后，有效地增大了单位面积条形码的信息容量。其次，复合码的出现，为商店散装商品及蔬菜水果等的条形码标识提出了理想的解决方案。借助于复合码，不但可以表示商品的单品编码，还可以将商品的包装日期、最佳食用日期等附加商品信息标识在商品上，便于零售店采集，以对保质期商品实施有效的计算机管理和监控。

（2）在物流运输中的应用：在物流系统中，越来越多的应用证明，采集和传递更多的运输单元信息是非常必要的。而目前现有的 EAN/UCC 128 码受信息容量的限制，无法提供满意的解决方案。

物流管理所需要的信息主要可分为两类：运输信息和货物信息。运输信息包括交易信息，诸如采购订单编号、装箱单及运输途径等。复合码中包含这些信息的好处在于供应链的各个环节都可以随时采集所需信息而无需在线式数据库。将货物本身信息编在二维条形码中是为了给电子数据交换（EDI）提供可靠的备份，从而减少对网络的依赖性。这些信息包括包装箱及所装物品、数量以及保质期等，掌握这些信息对混装托盘的运输及管理尤其重要。

采用复合码以后，这种以 EAN/UCC128 码及 PDF417 二维条形码构成的复合码将 2300 个字符编入条形码中，从而解决了物流管理中条码信息容量不足的问题，极大地提高了物流及供应链管理系统的效率和质量。

第四节 RFID 标签在包装箱流通管理上的应用

一、基于 RFID 标签的包装箱管理系统的功能

随着信息化进程的推进，现阶段包装箱的管理方式的局限性日趋明显，主要体现在：

（1）现阶段包装箱信息传递主要依靠装箱单。装箱单只记录了包装箱及其产品的基本信息，以文字记录为主，信息量较小，表现方式单一。

（2）不能够记录包装箱在运输和存储过程中各种信息，并且装箱单容易损坏。

（3）自动化管理实现困难。采用信息化办公软件对包装箱进行数字化管理，要对包装箱相关内容进行人工输入备案，耗费人力，占用资源。

针对以上缺点，国内已开发了基于 RFID 技术的包装箱管理系统。该系统能够对包装箱装箱、运输、入库和储存管理等各个物流环节进行跟踪和记录，实现包装箱的实时信息化管理。

二、RFID 标签的工作原理

RFID（Radio Frequency Identification）标签俗称电子标签。它是一种利用射频通信实现的一种非接触式的自动识别技术。基于 RFID 技术的包装箱管理系统由电子标签、后台数据库软件和黏贴有电子标签的各种载体如包装箱、托盘等构成。

电子标签（RFID）系统由读写器（阅读器）、标签和天线三部分组成，如图 9-8 所示。其中标签由耦合组件及芯片组成，每个标签具有唯一的电子编码，数据储存容量大，可读写，可随时更新，它附着在目标对象上；读写器是读取标签信息的设备，有手持式及固定式；天线在标签和读取器之间传递射频信号。电子标签系统即通过射频信号自动识别目标对象并获取相关数据，其基本原理是利用射频信号的空间耦合（电感或电磁耦合）传输特性，实现对被识别物体的自动识别。

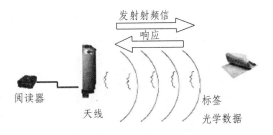

图 9-8　电子标签系统示意图

后台数据库软件完成对电子标签系统采集到的信号进行管理，其软件由阅读器管理，计算机操作和通信三部分软件组成。图 9-9 所示便是阅读器管理软件的首页，图 9-10 所示为计算机数据列表。阅读器和计算机之间通过 USB 端口传输数据，实现数据同步和共享。在物流的各个环节，实现对包装箱的管理和操作。

电子标签系统与条码技术比较，其专用芯片寿命长、抗恶劣环境，具有更大的储存容量，读写速度更快，且可多目标识别、运动识别，故更适用于包装箱的流通管理。

图 9-9　阅读器操作软件

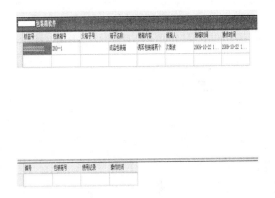

图 9-10　计算机数据列表

三、RFID 标签在流通管理上的应用

1. 装箱起运阶段

该阶段指生产厂家将产品装箱起运时，对电子标签所进行的操作。

　　首先，进行装箱操作，并确定包装箱和产品在起运前状态，将状态数据和 RFID 标签进行绑定，如图 9-11 所示。

　　当完成一批产品包装箱与 RFID 的绑定任务后，将阅读器上的数据与计算机数据库软件同步，在计算机上生成数据库表格，图 9-11 便为数据库表格样图。将数据库数据刻录光盘协同包装箱交付使用单位。

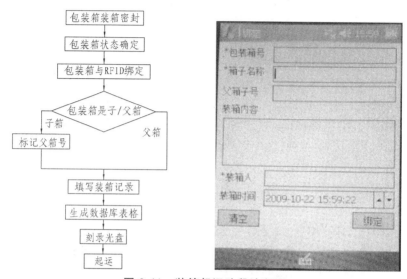

图 9-11　装箱起运阶段流程图

2. 包装箱运输阶段

　　该阶段可以开发利用 RFID 系统的全球定位系统，对产品进行全程跟踪，甚至可以反馈出运输环境的各项参数，以供相关人员参考。

3. 包装箱入库阶段

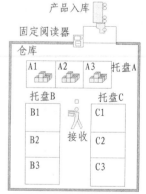

　　装载着货物的包装箱入库。在仓库口设置一台固定式阅读器，可以实现不停车批量阅读电子标签，从而对包装箱进行初步筛查。将包装箱放入黏贴有电子标签的托盘，用手持阅读器记录包装箱所放位置，同时将其同步输入计算机系统，及时更新数据库。如图 9-12 所示。

4. 包装箱存储管理阶段

图 9-12　包装箱入库

　　包装箱入库后，RFID 系统同样可以对包装箱查询、使用、出库和报废处理等各个环节进行监控，记录各个环节信息。下面重点论述各个环节 RFID 系统的不同功能（见图 9-13）。

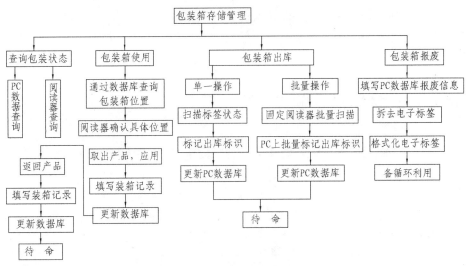

图 9-13　RFID 系统功能

（1）查询包装箱状态：管理员能够时刻查询包装箱的存储状态。通过两种方式进行查询：计算机数据库查询和阅读器查询。计算机数据库查询操作较为灵活，可以进行模糊查询，自定义条件查询，批量查询等。用户对数据库任何一栏的数据为依据进行查询，例如包装箱号、装箱人、操作时间等条款。并且可以对数据库信息进行排序、函数计算、图标生成等操作。阅读器查询对单一模糊查询或者自定义条件查询较适用。

（2）包装箱使用：若使用存放在仓库中的包装箱，先要"查询包装箱状态"确定其存放位置，管理员在仓库通过手持阅读器确认具体位置。开箱取出产品，并且通过阅读器填写装箱记录，数据与计算机同步。产品返回时进行类似操作，填写装箱记录，数据与计算机同步。

（3）包装箱出库：包装箱小批量出库可以通过手持或者固定式阅读器进行操作。首先扫描 RFID 标签，确认合格。标记出库标识，更新计算机数据库。若为批量出库操作，使用固定阅读器先批量扫描标签，在计算机上对扫描的标签进行批量标记出库标识工作，再更新阅读器数据库，完成操作。

（4）包装箱报废：包装箱报废要在数据库中标识报废信息。但是 RFID 标签进行格式化后可以重复使用。

4. 数据库同步机制

计算机数据库和阅读器数据的同步是 RFID 管理体系操作的关键步骤之一。系统实现同步控制的方法为：

（1）软件同步机理控制：软件系统中设置一时间句柄，在各个环节的操作过程中，每次数据库数据的改变都会同时改变时间句柄中的时间（查询功能不会改变该句柄），同步功能同步数据的第一步要判断计算机和阅读器两个时间句柄的时间是否一致，若一致则断定数据库没有更新，停止更新操作。若不一致则根据时间句柄中的时间判断最新数据库，从而进行数据更新，从通信机理上保证数据的一致性；

（2）完善的管理机制与之相适应：管理人员和操作人员严格按照 RFID 系统操作流程进

行电子标签操作。建立监督机制，确保每次数据库数据改变之后，有人监督，有人执行同步，保证数据库的健康平稳运行。

案例分析：整体包装解决方案

案例1：中国移动采用可拼装钢制周转架的 CPS

中国移动原来采用木箱运输通讯设备，大量耗用木材，回收利用率低，流通总成本高；2006 年，中国移动与合作伙伴为减少木材消耗、降低流通总成本，依据整体包装解决方案新理念，联系物流全过程考虑新的运输包装方案，设计出和运输工具、托盘、集装箱相匹配，且能多次反复使用的可拼装的钢制周转架，从而建立起可重复利用的物流体系。该物流体系每年可减少木材消耗 5.7 万立方米，相当于每年少砍伐森林 670 公顷，减少运输燃油消耗 137 万升，节约电能 393 万度，折合减少二氧化碳排放 12 万吨；同时由于可拼装，减少了使用包装的人工费；又由于可多次反复使用，减少了每次使用的成本费；且可回收，减少了对环境的污染；从而实现了整体包装解决方案降低包装总成本和提高绿色性的双目标。

案例2：速冻食品采用耐低温瓦楞纸箱的 CPS

速冻食品指采用新鲜原料，经过适当的前处理，在 −25 °C 以下和极短的时间内（15 min 以内）急速冷冻，再经过包装，在 −18 °C 以下的连贯低温条件下送抵消费点的低温食品。速冻食品外包装一般采用普通瓦楞纸箱，普通瓦楞纸箱的材料由于是纸质材料，吸水后强度急剧下降甚至破损，从而影响到被包装商品的安全保护性。国家标准委 2009 年批准发布的《冷冻食品物流包装、标志、运输和储存》（GB/T 24616—2009）物流国家标准，要求冷冻食品运输途中厢体温度应保持在 -18℃ 以下，装卸时短期升温温度不应高于 −15 °C，并在装卸后尽快降低至 −18 °C 以下，产品运送到销售点时，产品温度不应高于 −12 °C。由于速冻产品在低温下储存、流通，周转过程中很容易出现回温情况，此时空气中的水蒸气会在纸箱上形成水膜，使纸箱在短时间内吸潮，抗压强度急剧下降，产生卧箱，产品受压破损或变形。为此，河南省产品质量监督检验院和郑州三全食品股份有限公司使用双面施胶高强度瓦楞原纸、双面施胶箱板纸，提高了纸箱的耐水防潮性能，通过在纸箱内 4 个竖压线内侧增加"L"型护角和延长纸箱顶部两个内摇盖长度的方法提高了纸箱的抗压强度，成功研制出速冻食品专业耐低温瓦楞纸箱，为速冻食品推行整体包装解决方案 CPS 解决了关键技术。

试验证明，采用了耐低温瓦楞纸箱后，在 −18 °C 连续低温环境下储存 6 个月仍保持良好的抗压强度，避免了在整个储运和销售过程中最底层纸箱破损；同时也避免了因冷链中断或者温度失控，引起升温或者解冻，使残存微生物急剧繁殖增生，造成食品安全隐患；从而保证了速冻食品的安全性和品质。

参考文献

［1］ 徐勇谋. 现代物流管理基础[M]. 化学工业出版社，2003.8.

［2］ 周廷美，张英. 包装物流概论[M]. 化学工业出版社，2006、7.

［3］ 陈文安，胡焕绩. 新编物流管理[M]. 立信会计出版社，2003.3.

［4］ 韩永生，包装管理. 标准与法规[M]. 化学工业出版社，2003.9.

［5］ 戴宏民，包装与环境[M]. 印刷工业出版社，2007，5.

［6］ 戴宏民. 在提供完整包装解决方案中发展绿色包装[J]. 重庆工商大学学报，2008.6，13-15，2008.7，19-20.

［7］ 张波涛. 整体包装解决方案[J]. 中国包装工业，2008.6，16，16.

［8］ 戴佩华，戴宏民. 基于供应链管理的产品整体包装解决方案设计[J]. 包装工程，2009.9，37-39.

［9］ 鄂玉萍，王志伟. 整体包装解决方案理念之辨析[J]. 包装工程，2008.10，223-225.

［10］ baike.baidu.com/view/3279202.htm，rfid 标签，2010.7、17.

［11］ 余冰，陈景兰，戴恩勇，朱丹. RFID 标签在库存管理中应用的研究综述[J]. 物流技术 2011（1），45-47.

第十章　包装成本核算管理

成本管理已成为企业管理的核心内容。包装成本是指在商品包装过程中，各种活劳动和物化劳动所耗费的货币表现，是商品成本的一个组成部分。包装成本核算管理的目标是以低投入、高产出来实现效益的最大化，企业可以加强管理，采取措施降低包装成本。包装成本管理包括包装加工企业的产品包装成本管理和包装使用企业的包装费用管理两个方面。包装成本作为物流成本的重要组成部分，也是物流成本管理的重要内容。本章基于产品包装成本（包装的生产成本），主要介绍包装成本核算管理涉及的成本预测、决策和成本计划，成本控制和成本分析与考核等内容。

第一节　概　　述

一、成本管理概念

一般讲，成本是指为了达到一定的目的或完成一定的任务而耗费的人力、物力、财力的货币表现，即企业在进行产品生产和经营过程中所发生的所有费用。成本概念涵盖的范围非常广泛，从不同角度看，有不同的成本概念：

（1）理论成本。理论成本是马克思学说中的成本概念，是测算理论价格的依据。理论成本是广义的，通常是指在正常生产、合理经营条件下的社会平均成本，与实际成本并不完全一致。理论成本可作为预测产品成本水平高低的标准，衡量社会产品经济效果的参考。

（2）产品成本。产品成本一般是以产品为对象核算企业在生产经营中所支出的物质消耗、劳动报酬及有关费用。产品成本的项目可分为原材料与辅助材料、燃料与动力、工资及附加费、废品损失、车间经费、企业管理费、销售费等，是综合反映一个企业生产经营管理水平的重要指标。原材料和能源消耗的节约和浪费、劳动效率的高低、产品质量的优劣等，都可以通过产品成本表现出来。产品成本是制订产品价格的依据，同时，对于加强企业经营管理、降低成本、提高经济效益有重要意义。

（3）制造成本。制造成本仅指产品的生产成本，即实际生产中的产品成本，而不是产品所耗费的全部成本。在实际工作中，为了简化成本核算工作，对于企业为销售产品而发生的销售费用，为组织和管理生产经营活动而发生的管理费用，以及为筹集生产经营资金而发生的财务费用，直接计入当期损益，作为期间费用处理，不计入制造成本。

　　所谓成本管理，就是对企业在进行产品生产和经营过程中所有费用的发生和产品成本的形成所进行的预测、决策、计划、核算、分析、考核等一系列科学管理工作如图 10-1 所示。

　　成本预测、成本决策、成本计划、成本核算、成本分析和成本考核是成本管理的 6 个基本内容：成本预测是成本管理的首要环节，是进行成本计划的前提，进行成本决策的基础，只有在成本预测的基础上

图 10-1　成本管理的环节

提供多个不同成本控制的方案，才可能进行决策的优选；成本决策是成本管理工作的核心，成本管理的思路、方法都得由成本决策确定；成本计划既是进行成本管理的准则，又是控制成本和进行成本分析、考核的依据，它为企业规定在一定时期内的各种成本计划指标，以及制订出完成各项指标的必要措施等；成本核算是对成本计划的执行情况所进行的经常性、系统性和全面性的反映和监督；成本分析和考核是对成本计划的执行情况进行分析、总结，查明影响成本升降的因素，寻找进一步降低成本的方向和途径，为编制新的成本计划提供依据。

二、企业成本管理的任务与要求

　　产品成本是一个综合性指标，涉及企业每个环节、各个方面工作的好坏。因此，企业成本管理的任务就是要从产品的设计、试制、生产到销售的全过程，对所有费用的发生和成本的形成进行计划、控制、核算和分析等科学管理工作，在保证产品所要求的功能前提下，努力减少人力、物力的消耗，尽量降低成本费用，更有利于产品包装的竞争。

　　具体讲，企业成本管理的主要任务有以下几个方面：

　　（1）做好成本预测和经营决策工作，为编制成本计划，搞好成本控制、分析和考核提供依据。成本预测是企业经营决策的重要内容，企业进行经营决策时，必须考虑投入产出比。做好成本预测应对不同方案的成本水平进行比较，确定最佳成本方案，从这个意义上讲，成本预测也是企业进行经营决策的重要方法。在此基础上，根据决策确定的目标成本，编制成本计划与费用预算，并以此作为成本控制、分析和考核的依据，作为建立成本管理的责任制和控制费用支出的基础。

　　（2）计划和监督生产经营活动中的各种耗费，提高经济效益。进行计划和监督等成本管理工作的基本和最终目的都是降低成本费用，提高经济效益。因此，企业必须以国家有关成本费用的开支范围和标准，以及企业制定的有关计划、预算、定额等为依据，审核和控制企业各项生产费用的支出，使生产耗费得到事前控制，努力提高经济效益。

　　（3）进行成本核算，为未来的成本预测决策提供可靠依据。正确及时地核算生产费用和计算产品成本，是成本会计的核心任务。成本核算的资料，必须做到数字真实、计算准确、提供及时。

（4）分析成本计划的完成情况，正确评价业绩和问题。在企业经营管理中，成本是反映企业各部门、生产经营各环节工作好坏的综合指标，成本计划的完成情况是诸多因素共同作用的结果。因此，应根据成本核算提供的资料，及时全面地进行成本分析，肯定成绩，寻找差距，正确评价企业各部门、职工个人在成本管理工作中取得的业绩以及存在的问题。

成本管理的基本要求如下：

（1）正确核算成本费用，严格执行成本费用开支范围和标准。成本费用核算准确与否，直接关系着企业的生产经营成果。企业的成本费用开支标准是一项重要的财经制度，企业不得违反财经纪律任意提高开支标准。成本费用以外的支出不得列入，属于成本费用范围以内的费用也不得列入其他支出。

（2）实行全企业、全过程和全员的全面成本管理。成本费用是综合反映企业生产经营全过程工作质量的指标。要不断降低成本，增加企业利润，就必须实行全面成本管理。要使企业内部一切单位、部门都讲求经济效果，力争做到优质、高产、低消耗；要把成本费用管理贯穿在包装产品寿命周期的全过程中，即贯穿在产品的包装设计、试制、原材料供应、生产、销售和使用过程，使成本费用管理与生产、技术管理相结合；要开展全员成本费用管理，从领导到群众，从技术人员、管理人员到工人，全体职工都参加，只有依靠广大职工才能搞好成本费用管理。

三、企业生产费用

生产费用是形成产品成本的基础，指的是生产过程中发生的总支出，是企业在产品生产过程中，发生的能用货币计量的生产耗费，也就是企业在一定时期内为产品生产所消耗的生产资料的价值和支付的劳动报酬之和，包括直接材料的领用、直接人工的发生、制造费用的消耗等。一般是以期间为单位来计算的，例如 2011 年 12 月份发生的生产费用。

为了加强对生产费用的管理，生产费用应按照一定的标准进行分类，并且明确产品费用和产品成本的区别和联系。

1. 生产费用分类

（1）生产费用按经济内容（经济性质）分类。

生产费用按经济内容可分为劳动对象消耗的费用、劳动手段消耗的费用和活劳动中必要劳动消耗（或构成成本的活劳动费用）的费用，这在会计上称为生产费用要素。在会计工作中，按生产费用要素表现的生产费用发生额是通过编制生产费用表进行反映的。这种分类方法可以反映消耗了多少物化劳动和活劳动；可以分析各项生产费用要素的比重。同时，为核定流动资金、考核生产费用计划（预算）的执行结果提供依据。常用的生产费用要素有：外购材料、外购燃料、外购动力、工资、折旧费、利息支出、其他支出等。

① 外购材料。指企业为进行生产而耗用的一切向外购进的原料及主要材料、半成品、辅助材料、备品配件和低值易耗品等。

② 外购燃料。指企业为进行生产而耗用的一切向外购进的各种燃料，包括固体燃料、液体燃料和气体燃料等。

③ 外购动力。指企业为进行生产而耗用的一切向外购进的各种动力，包括电力、热力和风力等。

④ 工资。指企业所有应计入生产费用的职工的薪酬。

⑤ 折旧费。指企业按照规定计算提取并计入生产费用的固定资产折旧。

⑥ 利息支出。指按规定计入生产费用的借款利息减去利息收入后的净额。

⑦ 其他支出。指不属于以上各类要素费用的各项支出，如办公费、水电费、劳动保护费等。

（2）生产费用按经济用途分类。

生产费用按经济用途可分为成本项目费用（制造成本）和期间费用。这种分类可以清楚地反映产品成本的构成；体现产品成本同生产费用的关系；考核各种费用支出的节约与浪费；正确地确定当期损益。

成本项目费用是指构成产品成本的具体项目费用，包括：

（1）直接材料。指产品生产过程中耗用的、构成产品实体或有助于产品形成的各种材料，包括原材料、辅助材料、备品配件、外购半成品、燃料、动力、低值易耗品的原价和运输、装卸、整理等费用。

（2）直接人工。指企业直接从事产品生产人员的工资，包括生产人员的计时工资、计件工资，以及其他按照规定支付的职工薪酬。

（3）制造费用。指企业为组织和管理生产产品和提供劳务而发生的各项间接费用，包括车间管理人员工资和福利费、折旧费、修理费、办公费、水电费、劳动保护费等。凡企业各个生产车间发生的上述内容费用，都可列为制造费用。

以上按照经济用途划分的各成本项目也不是固定不变的，应根据企业的生产特点和成本管理要求来决定。例如，需要单独核算废品损失的可以增设"废品损失"项目，需要单独核算停工损失的还可以增设"停工损失"项目等。

期间费用是指不计入产品生产成本，而直接计入当期损益的费用。期间费用包括：

（1）销售费用。指在销售产品、自制半成品和提供劳务等过程中发生的各项费用以及专设销售机构的各项经费，包括应由企业负担的运输费、装卸费、包装费、销售部门人员工资、职工福利费、差旅费、办公费、折旧费、修理费、物料消耗、低值易耗品摊销以及其他经费。

（2）管理费用。指企业行政管理部门为管理和组织经营活动所发生的各项费用，包括公司经费、工会经费、职工教育经费、董事会费、咨询费、税金、业务招待费等。

（3）财务费用。指企业为筹集资金而发生的各项费用，包括利息支出、汇兑损益、外汇差价、金融机构手续费等。

（3）生产费用按与产品的关系分类。

生产费用按与产品的关系可分为直接费用和间接费用。正确地划分直接费用和间接费用，对于正确地计算产品成本有着重要作用。直接费用一般可以根据有关凭证直接计入产品成本；间接费用一般要确定合理的分配标准进行分配计入产品成本。这种分类有利于在计算成本时合理确定间接费用的分配方法；有利于正确核算产品成本和进行成本分析；有利于分析企业的管理水平。

直接费用是指根据原始凭证能够直接计入某一种产品成本中去的费用。例如，直接用于某种产品生产的原料及主要材料、生产该种产品的生产工人工资等，可以根据有关凭证直接计入该种产品成本。

间接费用是指费用的发生与多种产品的生产有关，无法根据有关凭证直接计入各种产品成本，必须采用一定的方法在各种产品之间进行分配的费用，如两种以上产品共同耗用材料、制造费用等。

（4）生产费用按与产量的关系分类。

生产费用按与产量的关系可分为变动费用和固定费用。正确区分变动费用和固定费用，有助于进行成本预测和成本分析，寻求降低产品成本的途径。

变动费用是根据产量的变化而变动的费用，也称为变动成本，是指费用总额随着产量的增减变动而按比例变动的费用，直接材料、直接人工等都属于变动成本。生产产品产量越多，材料费用的消耗也就越多；反之，材料费用的消耗也就越少。要降低变动费用应从降低单位产品消耗着手。

固定费用也称为固定成本，与产量变动的关系不大，是指费用总额与产品产量没有直接联系而相对固定的费用，包括为维持生产经营而占用的最低成本（资金），必要的成品储备，以及厂房、机器设备等固定资产占用的成本。单位固定成本将随产量的增加而逐渐变小。要降低固定费用应从提高产量和减少固定费用的绝对额着手。

另外，有些费用虽与产量有联系，但不保持严格的比例关系，称为半变动成本，又称"半变动费用"，在管理会计中，这种成本叫"混合费用"、"混合成本"。如一些辅助材料所占用的成本，运输费、设备维修费等，通常先有一个基数（一般不变），相当于固定成本，在此基础上，随着业务量的增加成本相应地成比例增加，相当于变动成本。为了便于进行决策和控制，必须把包含的固定和变动两种因素采用一定的方法加以分解。分解时采用的方法有高低点法、散布图法、回归直线法等。

（5）生产费用按是否可控分类。

生产费用按是否可控分为可控费用和不可控费用。这种分类有利于加强成本费用管理，贯彻经济责任制，挖掘生产消耗的潜力。可控费用是指某一单位的权责范围以内，能够直接控制并影响其发生数量的费用，如某车间的管理人员工资等；不可控费用是指在某一单位的权责范围以内，不能直接控制也无法影响其发生数额的费用，如材料价格差异等。

（6）生产费用按与工艺过程的关系分类。

生产费用按与工艺过程的关系可分为基本费用和一般费用。基本费用是指企业为生产产品由于生产工艺过程本身引起的各种费用，如工艺技术过程耗用原料及主要材料、生产工人工资和提取的福利费等；一般费用是指企业为生产产品而发生的各项间接费用，如制造费用中的工资和福利费、办公费、劳动保护费等。

2. 生产费用与产品成本的区别和联系

生产费用与产品成本是企业生产过程中所发生的各种同一费用的不同分类方法。产品成本，是指已经将生产费用归属到产品实体上的支出。也就是说，必须先有生产费用，生产出产品并通过成本核算，将生产费用分配分摊到产品上以后，才形成产品成本。该成本是以产品对象来归集的生产费用，不一定归属于某一期间。因此，生产费用和产品成本是两个既互相联系又互相区别的概念。

生产费用和产品成本的主要联系是：

生产费用和产品成本都属于生产经营过程中的资金耗费，是同一事物的不同反映，经济内容是一致的，它们都包括了劳动资料、劳动对象、人工工资的耗费。生产费用是构成产品成本的基础，而产品成本则是对象化的生产费用，是由一个或几个生产费用要素构成的，二者具有一定的内在联系。

生产费用和产品成本主要区别在于：

（1）分类的意义不同。生产费用是按照费用的经济性质（经济内容）来分类的，而成本项目则是按照具体用途和地点来分类的。例如，企业职工的工资支出，在生产费用中均列为工资，而在成本项目中则按用途和地点来划分：直接生产产品的生产工人工资（无论计时或计件）应列入成本项目中生产工人的工资，某车间管理人员的工资应列入该车间的制造费用，厂部管理人员的工资应列入管理费用。

（2）计算时期不同。生产费用，是企业一定时间内实际发生的费用，它与一定的时间相联系；产品成本，则是指生产某一产品耗用的生产费用；一定时期所发生的工业生产费用，也不一定等于本期产品总成本，因为有初期、期末和待摊，以及预提费用的影响。所以，生产费用与产品成本在计算时间上是有区别的。

（3）计算结果与最后归宿不同。生产费用通常是指某一时期（月、季、年）内实际发生的生产费用，而产品成本反映的是某一时期某种产品所应负担的费用。企业某一时期实际发生的各产品生产费用总和，不一定等于该期产品成本的总和。某一时期完工产品的成本可能包括几个时期的生产费用，某一时期的生产费用也可能分期计入各期完工产品成本。生产费用一般按自然年度或月份编制报表，总结反映本期发生生产费用的总额。这些费用大多数计入商品产品的成本，但也有一部分如机修、动力等提供给本企业的基建部门或厂外有关单位，并不计入商品产品的成本。

四、制造成本法的特点及其与完全成本法的比较

我国从 20 世纪 50 年代开始学习前苏联，成本管理均是实行完全成本法。所谓"完全成本法"是把企业某一会计期间发生的全部生产经营费用，即与产品联系的制造成本和与会计期间联系的管理费用均计入产品生产成本的一种成本计算方法。而"制造成本法"是只把生产费用中与产品制造有联系的制造成本计入产品生产成本，管理费用作为期间费用，于会计期末一次计入当期损益，不向任何形态的产品分配。

1998 年，我国颁布《企业财务通则》，对企业成本核算方法进行了重大改革，与世界通用方法接轨，实行制造成本法这种管理制度，用制造成本法取代了完全成本法，其目的是更有利于降低直接与生产有关的生产费用，使财务成本管理向技术经济成本管理转移。实行制造成本法不仅有利于企业生产经营决策，减少企业成本核算的工作量，而且有利于正确核算、反映企业生产经营成果。而完全成本法强调成本管理的完整性，它不仅包含了与产品生产直接有关的费用，而且包含了与生产非直接有关的费用，然后将此费用分摊到每个产品上，就

是单件产品的生产成本。完全成本法使产品生产成本核算复杂，不利于努力去降低与生产直接有关的费用，也不利于车间核算。

制造成本法是目前世界各国普遍采用的一种方法，其特点是把企业全部成本费用划分为为制造成本和期间费用两个部分，企业成本核算到制造成本为止，企业期间费用直接体现当期损益。同完全成本法相比，在产生背景、成本核算的用途、理论基础、成本项目的设置及具体内容等方面具有不同点（见表 10-1）。

表 10-1 制造成本法与完全成本法比较表

比较项目	制 造 成 本 法	完 全 成 本 法
产生背景不同	1889 年产业革命时期，英国会计学家诺顿提出将商业账户与工厂的生产记录分别进行核算，以适应市场竞争的需要	上世纪 50 年代，我国从前苏联学来，以加强计划经济体制下国家对经济的计划领导
成本核算的用途不同	通过制造成本信息的归集，满足企业预测和决策的需要	实现传统核算方法的一般性反映和监督职能
理论基础不同	强调成本发生与产品生产的相关性：凡是与产品生产直接有关的费用，作为产品制造成本，凡是与产品生产无直接关系的费用均记入销售（货）费用、管理费用和财务费用，作为期间费用处理，不分摊到具体产品中去	倾向于传统会计的完全成本思想，强调成本概念的完整性，它以：物化劳动 C+活劳动 V 来确定成本内容，力求反映产品成本全貌，以满足对外报告的需要
成本项目的设置和具体内容不同	企业为生产经营商品和提供劳务等发生的各项直接支出，包括直接工资、直接材料、商品进价以及其他直接支出，直接计入生产经营成本。而将企业发生的销售（货）费用、管理费用和财务费用，直接计入当期损益。实行总额控制，简化了核算程序，又便于同行业比较	成本项目不仅包括原材料，燃料、动力，生产工人工资及应计提的职工福利基金，废品损失，而且把车间经费、企业管理费（包括利息项目）作为管理费用列入成本项目，甚至销售费用也作为成本项目

从表 10-1 中可以看出，制造成本法是计算和分配产品成本的一种方法，它在计算产品成本时，只分配与生产经营最直接和关系最密切的费用，而将与生产经营没有直接关系或关系不密切的费用，直接记入期间费用。其优越性为：

（1）简化了成本核算。

（2）有利于强化成本管理责任。制造成本的高低最能反映出生产部门和供应部门的工作实绩。直接材料的价格差异一般由供应部门负责，直接材料的用量差异以及直接人工和制造费用的成本差异一般都是生产部门的责任，这些费用如有节约或超支就会从产品成本指标上反映出来。这样既分清了经济责任、又使成本得到了有效的控制。因此，"制造成本法"在明确经济责任、加强成本控制方面较"完全成本法"有效；

（3）有利于加强成本管理的基础工作。制造成本法将成本计算最容易被弄虚作假、人为因素最大的管理费用剔除于产品成本之外，全部计入当期损益，这样就堵塞了利用管理费用的分摊来转移费用，虚增利润的漏洞，使利润更真实。

（4）有利于进行以制造成本法为基础的产品成本水平预测和决策。

五、降低成本费用的途径

在现代企业制度下，成本的降低是增加利润的有效方法之一；降低成本费用是降低产品价格，提高产品竞争能力的重要前提；降低成本费用，可以减少企业的资金占用，扩大生产规模。

降低成本一般通过两个阶段来实现：先是在既定的经济规模、技术条件、质量标准等特定条件下，通过降低消耗、提高劳动生产率、合理的组织管理等措施降低成本；然后，当成本降低到这些条件许可的极限时，通过改变成本发生的基础条件，如通过采用新的技术设备、新的工艺过程、新的产品设计、新的材料等，使影响成本的结构性因素得到改善，为成本的进一步降低提供新的前提，使原来难以降低的成本在新的基础上进一步降低。具体来看，降低成本费用主要有以下途径：

（1）合理设计产品。合理的设计使产品在保证质量、充分发挥其功能的前提下，减少原材料、动力等的消耗，缩短生产周期，提高劳动生产率，从而降低产品成本。

（2）合理使用原材料。原材料一般占产品成本的很大比重，应合理使用原材料，避免大材小用、优材劣用。

（3）提高劳动生产率。劳动生产率反映的是生产过程中劳动消耗量与产品产量之间的比率。劳动生产率提高不仅会使产品产量增加，也会使单位产品成本降低。为了提高劳动的生产率，企业必须加强职工业务培训，提高工作熟练程度；不断采用新工艺、新技术、新设备，合理安排生产，改善劳动组织。

（4）提高设备利用率。充分利用生产设备，提高设备利用率，可以在单位时间内生产出更多的产品，从而为企业增加产量，减少折旧费和其他固定费用的支出。为此，企业要开展技术革新和技术改造，提高设备生产能力；要制定先进合理的设备定额；加强机器设备的维修保养，提高设备完好率。

（5）减少损失性支出。成本费用中包含着一部分损失性支出，如季节性、修理期间的停工损失，坏账（确定无法收回的账）损失、存货的盘亏、毁损和报废等，企业提高工作质量，就可以减少这部分支出，从而降低成本费用。

此外，改善经营管理，降低制造费用，节约管理费用，减少非生产性支出等，也是降低成本费用的有效途径。

值得指出的是，目前我国成本管理主要局限于产品制造过程，这对提高企业效益的作用甚微。发达国家恰恰相反，如美国技术进步和管理创新是推动美国企业成本降低的主要驱动力，这不但为美国赢得高额垄断利润，也使美国企业在市场竞争中一直保持着市场的主导地位和成本竞争优势。一项新技术、新发明的运用所产生的市场效应和成本竞争力，远比通过内部挖掘及低廉的人工成本带来的竞争优势大得多。另外，当前我国的大多数企业对采购成本和营销成本降低的重视度不够，造成采购成本和营销成本高居不下的状况。

第二节　成本预测决策与计划

一、成本预测

1. 成本预测的意义及分类

成本预测是对影响成本变动的有关因素进行分析和测算，是根据企业现有的经济技术条件、可能采取的措施及可能发生的环境变化，对未来成本水平及发展趋势做出的科学推测，从而估算企业在未来一定时间内的成本目标、成本水平及变化趋势。

成本预测是企业对经济活动实施事前控制的重要内容，是企业进行成本管理的首要和关键环节。成本预测是进行成本决策和编制成本计划的基础，是企业寻求降低产品成本的重要措施，也是增强企业竞争力和提高企业经济效益的主要手段，没有成本预测成本控制计划也就是主观臆断。因此，一方面它为制定成本计划，进行成本控制、分析和考核提供依据；另一方面为降低成本，加强经济核算发挥作用。同时，成本预测也是经营决策、价格决策、盈利决策的基础和前提。

成本预测按预测的范围可分为制订方案（计划）预测和实施过程预测。制订方案（计划）预测是从提高经济效益角度为企业决策提供成本资料和依据；实施过程预测是通过对前一阶段决策执行情况检查后，对后一阶段成本升降情况的预测，以便采取措施，保证企业决策目标的实现。另外，成本预测按预测时期可分为近期（月、季、年）预测和远期（3年、5年、10年）预测两种。

2. 成本预测的程序及内容

（1）成本预测的程序。

科学的成本预测程序才能保证成本预测的准确性。成本预测的程序一般可按以下5个步骤进行：

① 成本预测目标的确定。进行成本预测要有一个明确的目标，合理确定目标成本（企业未来的目标利润所要求的成本水平）是进行科学预测的第一步。成本预测的目标确定之后，才能有目的地收集资料，确定成本预测的对象、内容、期限等具体预测问题。

② 信息资料的收集。成本指标是一项涉及生产技术、生产组织和经营管理等方面的综合指标，应把与预测目标相关的过去和现在的资料尽量收集齐全，使其具有代表性和真实性，保证成本预测结果的可靠性。

③ 预测模型的建立。根据目标成本和收集的信息资料，选择适当的预测方法，对影响成本的各种因素进行定量或定性的分析，建立成本预测模型，进行成本目标的预测。

④ 预测结果的分析评价。由于影响成本的因素十分复杂，根据模型得到的预测结果只是一种数学结果，还要对它进一步地分析评价，应重点评价未来可能出现的新因素对预测结果的影响。根据预测结果，与目标成本进行对比，选取最优成本方案，预计实施后的成本水平。

⑤ 预测方案的修正。根据分析评价的结果，结合内外部的各种影响因素，采用一定的方

法对预测方案进行修正，作为成本决策、成本计划的依据。

上述程序只是单个成本的预测过程，必须反复多次才能最终确定正式成本目标，只有经过多次预测比较，以及对初步成本目标的不断修改、完善，才能最终确定正式成本目标。成本预测具有预测过程的科学性、预测结论的可靠性和预测结论的可修正性3个特点。

（2）成本预测的内容。

成本预测的内容按预测时间划分主要包括以下内容：

① 设计成本预测。即对产品投产前尚处于设计阶段的成本预测，包括新产品设计、老产品更新改造，新技术、新工艺的采用等业务活动的成本预测，以避免新产品设计和老产品技术改造设计上造成的浪费。

② 在编制成本计划阶段或制定方案阶段的成本预测。这一阶段成本预测的目的是为企业编制成本计划和选择最优方案的决策提供依据。它包括根据企业生产和销售发展情况，在测定目标利润的前提下，测算目标成本；根据计划年度各项技术组织措施的实现，测算计划年度可比产品成本降低指标；根据产量与成本相互关系的直线方程式，预测产品成本发展情况及趋势。

该阶段成本预测主要有以下工作：

目标成本预测：确定目标成本，是为了控制生产过程中的各种耗费，以保证企业目标利润的实现。如果目标成本不能实现，企业的目标利润就丧失了实现的基础。

产品成本水平的预测：就是预测计划期产量变化条件下的总成本水平。产品成本按其与产量的依存关系可划分为变动成本和固定成本两大类。

在计划执行阶段的成本预测：一是检查前期成本计划完成情况，确定成本水平。该步骤主要是通过对前期成本计划完成情况进行分析，确定成本水平，找出影响成本升降的有利因素和不利因素，并研究分析这些因素是否仍将对后期成本水平产生影响以及影响程度如何；二是分析后期可能出现的变化。该步骤主要是通过深入生产实际和有关部门，了解后期可能出现的新因素包括有利因素和不利因素，并测算它们对后期成本水平的影响程度；三是预测成本计划完成情况。根据前两步骤提供有关因素的数据，预测成本计划完成的可能性。预测时通常采用因素分析法。若成本计划不能完成，就得确定差异有多大，分析其原因并及时提出降低成本的措施，保证成本计划的顺利完成。

3. 目标成本

目标成本是经过调查研究、分析和技术测定而制定的在产品开发生产过程中为实现目标利润而应达到的成本目标值。因此，在企业的成本管理中，目标成本用以评价实际成本和衡量工作效率，既是成本经营过程的结果，又是成本控制过程的控制标准。

目标成本是目标管理思想在成本管理工作中应用的产物，它反映了一定规划期内所要实现的成本水平，是成本管理中一定时期内的奋斗目标，比已经达到的实际成本要低，但又是经过努力可以达到的；目标成本也是进行有效成本比较分析的一种尺度，查明产生成本差异的原因，并有利于实行例外管理原则，将成本管理的重点放在重大脱离目标成本的事项上；目标成本管理的实施能促使企业上下各部门和领导与职工之间的协调一致，相互配合，围绕一个共同的目标而努力；目标成本不仅指产品成本，而且还包括分解的管理成本、营销成本、研发成本、设计成本、客服成本、配送成本等，它要求在事先规定目标时就考虑责任归属，并按责任归属收集和处理实际数据。

确定目标成本的方法通常有：① 选择某一先进成本作为目标成本。它可以是国内外同种产品的先进成本，也可是本企业历史最好的成本水平，还可以是按平均先进水平制定的定额成本或标准成本；② 根据企业的历史成本结合未来的成本降低措施和上级下达的成本降低任务进行综合测算确定；③ 先制定目标利润，从产品销售收入中减去目标利润，就是要努力实现的目标成本。

4. 成本预测的方法

成本预测对象不同有不同的预测方法，主要有定性分析法、历史成本法和因素分析法 3 类。定性分析法适用于缺乏资料，难以进行定量分析的情况，一般首先由熟悉该企业的经济业务和市场的专家，根据过去所积累的经验进行分析判断，提出预测的初步意见，然后再通过座谈会或发征求意见函等多种形式，对初步意见进行修正、补充，并作为预测分析的最终依据；历史成本法是利用以往的历史成本资料预测未来成本水平的方法，运用这一方法必须注意预测期企业各种因素的变化对成本升降的影响，并对按历史成本预测的结果加以必要的修正；因素分析法是依据预测期影响成本的各种因素的变化，预测未来成本水平的方法。这种方法比较科学准确，但需要较多的资料，计算工作也比较麻烦，适用于对企业主要产品成本的预测。此外，成本预测还可运用技术测定法、销售收入成本率预测法等数量分析方法。

下面结合成本预测的内容，介绍产品投产前成本预测和产品成本发展趋势预测中企业主要应用的几种成本预测方法。

（1）产品投产前成本预测。

产品投产之前的成本预测分析，主要是对产品设计、生产工艺等可能采取的各种方案，从经济效益上进行对比分析，从中选择最优的方案。

① 产品设计阶段的成本预测分析。

产品设计成本是指企业设计一种产品，从开始到完成整个过程所需要投入的成本。产品设计是否科学、合理，在很大程度上决定了产品的生产技术、质量水平和成本消耗，也关系着产品的生产和使用的技术经济效果。产品设计成本就是根据技术、工艺、装备、质量、性能、功用等方面的各种不同设计方案，核算和预测新产品在正式投产后可能达到的不同成本水平，它是对新产品开发和老产品改造进行可行性分析的重要组成部分，目的在于论证产品设计的经济性、有效性和可行性。

a. 用倒扣法测算产品的设计成本。

产品的成本水平一般在设计阶段已经决定，因此，在新产品开发或者老产品革新设计时首先应采用一定的方法测定产品的目标成本，这样才能确定何种产品适应市场需求，才能在产品设计阶段进行成本的控制。目前在实践中主要采用倒扣法来测定目标成本。

倒扣法就是先测定产品的售价，然后再测定目标成本。即通过对消费者的现时需要和其购买力水平的调查研究，确定出一个合理的售价，在此基础上再倒扣税金和利润，求出目标成本，计算公式如下：

$$单一产品生产条件下产品目标成本＝预计销售收入－应缴税金－$$
$$期间费用－目标利润$$

$$多产品生产条件下全部产品目标成本＝\Sigma预计销售收入－\Sigma应缴税金－$$
$$总体期间费用－总体目标利润$$

其中，销售收入应结合市场销售预测及客户的订单等予以确定；应缴税金按照国家的有关规定予以计算；期间费用按销售收入乘以期间费用率计算；目标利润是指企业在一定时间内争取达到的利润目标，反映着一定时间财务、经营状况的好坏和经济效益高低的预期经营目标，目标利润通常可采用先进（指同行业或企业历史较好水平）的销售利润率乘以预计的销售收入、先进的资产利润率乘以预计的资产平均占用额、先进的成本利润率乘以预计的成本总额 3 种方式确定。

【例 10-1】 某包装工业企业生产甲产品，假定甲产品产销平衡，预计明年甲产品的销售量为 1 500 件，单价为 50 元，期间费用率为 5%。生产该产品需交纳 17%的增值税，销项税与进项税的差额预计为 20000 元；另外还应交纳 10%的消费税、7%的城建税、3%的教育费附加。如果同行业先进的销售利润率为 20%。请运用倒扣测算法预测该企业的目标成本。

解： 目标利润 $= 1500 \times 50 \times 20\% = 15000$（元）

期间费用 $= 1500 \times 50 \times 5\% = 375$（元）

按照国家的有关规定计算：

应缴税金 $= 1500 \times 50 \times 10\% + （20000 + 1500 \times 50 \times 10\%）\times（7\% + 3\%）= 10250$（元）

目标成本 $= 1500 \times 50 - 10250 - 375 - 15000 = 49375$（元）

上述方法是在确定销售价格和目标利润的基础上，倒求出目标成本，这是确定目标成本最常用的方法。此法既可以预测单一产品生产条件下的产品目标成本，也可以预测多产品生产条件下的全部产品的目标成本。

b. 用比率测算法测算产品的设计成本

比率测算法是倒扣测算法的延伸，它是依据成本利润率来测算单位产品目标成本的一种预测方法。这种方法要求事先确定先进的成本利润率，并以此推算目标成本，这种方法常常用于新产品目标成本的预测。计算公式如下：

$$单位产品目标成本＝产品预计价格\times（1－税率）/（1＋成本利润率）$$

【例 10-2】 某企业只生产一种产品，预计单价为 2 000 元，销售量为 3000 件，税率为 10%，成本利润率为 20%，运用比率测算法测算该企业的目标成本。

单位产品目标成本 $= 2 000 \times（1 - 10\%）\div（1 + 20\%）= 1 500$ 元

企业目标成本 $= 1 500 \times 3 000 = 4 500 000$ 元

c. 用直接法或者概算法测算产品的设计成本。

产品设计方案完成后，需要根据设计图纸测算产品的设计成本。在实践中，一般可采用直接法或者概算法进行测算。

直接法是根据设计方案的技术定额来测算，即将技术定额规定的材料、能耗、人工等费用直接汇总得到产品的设计成本；概算法是比照类似产品成本来概算，只利用直接法测算直接材料的设计成本，其他成本项目比照类似产品成本中这些项目所占的比重来估计新产品设计成本的一种预测方法。

值得指出的是，当设计成本高于目标成本时，说明该设计方案不能达到目标利润，应进一步进行成本功能分析，挖掘降低成本的潜力。

② 确定生产工艺方案阶段的成本预测分析。

生产一种产品往往可采取不同的工艺方案，在满足技术要求的前提下，应对比分析，尽可能降低成本。生产工艺的预测分析就是在技术评价的基础上对各种方案从经济上进行比较，选择技术上可行、经济上合理的最优方案。

工艺成本一般由固定成本和变动成本组成。计算公式为：

$$y = a + bx$$

式中　y——产品年工艺成本；

　　　a——工艺成本中的固定成本；

　　　b——单位产品工艺成本的变动成本；

　　　x——产品年产量。

生产工艺的成本分析应当区别不同的情况，当产量确定情况下可用直接比较法，当产量不确定的时候需用成本重合点法。成本重合点，亦称成本分界点，它是指两个以上不同备选方案总成本相等时的产销量，它反映了成本与产销量之间的依存关系，知道工艺成本与产销量关系后，根据产销量的大小选择最优方案。

（2）产品成本发展趋势的预测分析。

产品成本发展趋势的预测是根据历史资料，按照成本的性态运用数理统计方法，预测计划期内产量变化条件下的总成本和单位变动成本。产品成本的预测方法主要有高低点法和最小平方法两种。在运用历史资料时应注意排除资料中的偶然性因素。

① 高低点法。

成本预测的高低点法是一种根据成本习性预测未来成本需要量的方法，是按照成本习性原理和 $y = a + bx$ 直线方程式（总成本习性模型），选用一定历史资料中的最高业务量与最低业务量的总成本（或总费用）之差Δy，与两者业务量之差Δx进行对比，求出 b，然后再代入原直线方程，求出 a 的值，从而估计推测成本发展趋势。

☺小贴士 1：

　　成本习性也称为成本形态，指成本的变动与业务量之间的依存关系。业务量可以是生产或销售的产品数量，也可以是反映生产工作量的直接人工小时数或机器工作小时数。按成本变动与业务量之间的依存关系（成本习性）可将成本划分为固定成本、变动成本和混合成本 3 类。总成本习性模型是采用先分项后汇总的方式计算成本，设产销量为自变量 x，半变动成本总额为因变量 y，它们之间的关系可用下式表示：y = a + bx（a 半变动成本中的固定部分，b 为单位变动成本）。

设：y——一定期间某项半变动成本总额；x——业务量；a——半变动成本中的固定部分；b——半变动成本中依一定比率随业务量变动的部分（单位变动成本）。

则：$y = a + bx$。

根据两点可以决定一条直线原理，用高点和低点代入直线方程就可以求出 a 和 b。高点是指业务量最大点及其对应的成本，低点是业务量最小点及其对应的成本。将高点和低点代入直线方程：

$$最高业务量成本 = a + b × 最高业务量$$
$$最低业务量成本 = a + b × 最低业务量$$

解方程得：

单位变动成本 b =（最高业务量成本 – 最低业务量成本）/（最高业务量 – 最低业务量）= 高低点成本之差 / 高低点业务量之差。即：$b = \Delta y / \Delta x$。

算出了 b，可将最高业务量或最低业务量有关数据代入公式 $y = a + bx$，求解 a，即：

$$a = y - bx = 最高（低）产量成本 - b × 最高（低）产量$$

【例 10-3】 某包装企业 2011 年 1～6 月份某产品的产量和总成本资料如表 10-2 所示。

表 10-2 某产品产量及总成本

月 份	1	2	3	4	5	6
产量 x（件）	200	220	240	280	260	300
成本 y（元）	380	440	440	470	460	480

根据上述资料，将最高期（6 月份）与最低期（1 月份）的产量与成本数据进行比较，计算如下：

$$b = \frac{480 - 380}{300 - 200} = 1（元）$$
$$a = 480 - 300 × 1 = 180（元） \quad 或 \quad 380 - 200 × 1 = 180（元）$$

设计划期预测产量为 400 件，则可预计计划期产品总成本与单位成本如下：

$$y = a + bx = 180 + 400 × 1 = 580（元）$$
$$单位成本 = \frac{580}{400} = 1.45（元）$$

用高低点法分解半变动成本简便易算，只要有两个不同时期的业务量和成本，就可求解，使用较为广泛。但这种方法只根据最高、最低两点资料，而不考虑两点之间业务量和成本的变化，计算结果往往不够精确。

② 最小平方法。

最小平方法也称为回归直线法、"最小二乘法"，是根据若干期产量和成本的历史资料，运用数学中的最小平方法的原理计算求得变动成本和固定成本的方法，然后确定目标成本。计算固定成本 a 和单位变动成本 b 公式如下：

$$a = \frac{\sum y - b \cdot \sum x}{n}$$
$$b = \frac{n \cdot \sum xy - \sum x \cdot \sum y}{n \cdot \sum x^2 - (\sum x)^2}$$

式中　n——期数；

　　　y——各期成本；

　　　x——各期产品产量。

将 a、b 代入 $y = a + bx$ 求出产品总成本（y）。

最小平方法是根据一个时期中各期产量和成本数据来计算，可以抵消个别期间的意外因素，能反应产量与成本之间的正常联系，因此采用此法较精确。

二、成本决策

1. 成本决策的意义

成本预测是对成本发展趋势的预见，回答"是什么"的问题，即回答未来成本发展趋势可能是什么情况的问题，而成本决策则是对各种成本预测方案的选择，回答"怎么办"的问题。成本决策是按照既定的总目标，在充分收集成本信息的基础上，运用科学的决策理论和方法（定性与定量的方法），对成本预测的各种备选方案进行比较、判断，从多种可行方案中选定一个最佳方案的过程。它是以提高经济效益为最终目标，强调划清可控与不可控因素，在全面分析方案中的各种约束条件，分析比较费用和效果的基础上，进行的一种优化选择。

成本决策与成本预测紧密相连，它以成本预测为基础，涉及整个生产经营过程，每个环节都应选择最优的成本方案，才能达到总体的最优。成本决策是成本管理不可缺少的一项重要职能，它对于正确地制定成本计划、促使企业降低成本、提高经济效益都具有十分重要的意义。

（1）成本决策是现代企业成本管理的重要特征。成本决策是企业成本管理的一项基本职能，成本预测的结果只是提供了多种可能，它有待于成本决策以后才能加以确定并付诸实施。随着市场经济和现代化生产经营的不断发展，单一的计划管理手段不能适应现代管理的需要，要求把决策的理论和方法应用到成本管理中进行成本控制。

（2）成本决策是提高企业经济效益的基础。成本是影响企业经济效益的重要因素之一。因此，成本决策的正确与否，直接决定着企业的经济发展和经济效益的提高。

（3）成本决策是经营决策的重要组成部分。成本决策不仅是成本管理的重要职能，还是企业生产经营决策体系中的重要组成部分。而且由于成本决策所考虑的是价值问题，更具体地讲是资金耗费的经济合理性问题，因而成本决策具有较大的综合性，对其他生产经营决策起着指导和约束作用。

成本决策涉及的内容较多，包括可行性研究中的成本决策和日常经营中的成本决策。由于前者以投入大量的资金为前提来研究项目的成本，因此这类成本决策与财务管理的关系更加紧密；后者以现有资源的充分利用为前提，以合理且最低的成本支出为标准，属于日常经营管理中的决策范畴，包括零部件自制或外购的决策、产品最优组合的决策、生产批量的决策等。

2. 成本决策的分类及基本程序

根据决策方案本身的风险特征，成本决策包括确定性决策分析、风险型决策分析和不确定性决策分析三类。

确定型决策是指决策者对提供决策选择的各备选方案所处的客观条件完全了解，每一个备选方案只有一种结果，比较其结果的优劣就可以作出决策；

风险型决策是指每个备选方案都会有几种不同的可能情况，而且已知出现每一种情况的概率，因此在依据不同概率所拟定的多个决策方案中，不论选择哪一个方案都要承担一定的风险；

不确定性决策所处的条件和状态与风险决策相似，不同的是各种方案在未来出现哪一种结果的概率不能预测，因而结果不确定，只能依赖决策者的经验进行判断。

成本决策的程序可概括为以下 4 个步骤：

（1）确定决策目标。成本决策的目标就是要求在所处理的生产经营活动中，资金耗费水平达到最低，所取得的经济效益最大。这是成本决策的总体目标。在某一具体问题中，可采取各种不同的形式，但总的原则是必须兼顾企业目前和长远的利益，并且要通过自身努力能够实现。

（2）针对决策目标拟定若干可行性方案。成本决策的可行性方案就是指保证成本目标实现，具备实施条件的措施。进行决策必须拟定多个可行方案，才能从比较中择优。

（3）搜集资料，进行方案的评价和分析。广泛地搜集资料是决策是否可靠的基础。一般讲来，全面、真实、具体是这种搜集工作的基本要求。若做不到，决策便很难保证正确可信。

（4）方案抉择、组织实施。对各种可行性方案，应在比较分析之后根据一定的标准，采取合理的方法进行筛选，作出成本最优化决策。对可行性方案的选代决策主要应把握两点：一是确定合理的优劣评价标准，包括成本标准和效益标准；二是选取适宜的抉择方法，包括定量方法和定性方法。

3. 成本决策的方法

成本决策的方法很多，因成本决策的内容及目的不同而采用的方法也不同。其基本方法有差额成本法（差异成本法）、差量损益分析法、决策表法和决策树法。另外，还有相关成本分析法、成本无差别点法 、线性规划法 、边际分析法等。

（1）差额成本法。差额成本（差异成本法）通常是指一个备选方案的预期成本与另一个备选方案预期成本之间的差额，是将决策过程中各备选方案中的数值直接进行比较后，根据差额成本来进行成本决策。

【例 10-4】　某包装产品由甲、乙、丙 3 个部件装配而成，装配费用为 5 000 元，这 3 种部件均可选用自制、外购、委托加工等方式。其有关资料见表 10-3，试进行成本决策。

表 10-3　某包装产品由甲、乙、丙 3 个部件不同加工方式的成本情况　（单位：元）

方案	甲	乙	丙	总成本
自制	12 000	9 750	8 250	30 000
外购	12 750	9 750	6 000	28 500
委托加工	13 500	9 300	8 700	31 500

由表 10-3 进行差额成本分析后，可知：

最优方案部件成本 = 12 000 + 9 300 + 6 000 = 27 300（元）

产品决策成本 = 最优方案部件成本 + 装配成本 = 27 300 + 5 000 = 32 300（元）

因此，该产品 3 种部件应分别采用甲自制、乙委托加工、丙外购为宜。

（2）差量损益分析法。所谓差量是指两个不同方案成本的差异额。差量损益分析法是以差量损益作为最终的评价指标，由差量损益决定方案取舍的一种决策方法。计算的差量损益如果大于零，则前一方案优于后一方案，接受前一方案；如果差量损益小于零，则后一方案为优，舍弃前一方案。

差量损益这一概念常常与差量收入、差量成本两个概念密切相联。所谓差量收入是指两个不同备选方案预期相关收入的差异额；差量成本是指两个不同备选方案的预期相关成本之差；差量损益是指两个不同备选方案的预期相关损益之差。某方案的相关损益等于该方案的相关收入减去该方案的相关成本。差量损益分析法适用于同时涉及成本和收入的两个不同方案的决策分析，常常通过编制差量损益分析表进行分析评价。

【例 10-5】 某包装企业生产 A、B 两个产品。预计 A 的销量可达到 300 件、销售单价为 50 元、单位成本为 30 元；B 的销量可达到 500 件、销售单价为 30 元，单位成本为 20 元。请决策企业应当生产哪一种产品。编制差量损益分析表，见表 10-4。

表 10-4 差量损益分析表 （单位：元）

	A	B	差量（A－B）
相关收入	15 000	15 000	0
相关成本	9 000	10 000	－1 000
差量损益	1 000＞0（前一方案优于后一方案，采用 A 方案比较有利）		

（3）决策表法。决策表法又称矩阵法，是利用矩阵的方法，从收入和支出两个侧面进行决策，故又分为收入决策法和支出决策法两种。决策表法就是将各种自然状态所分别采取的不同方案以表格的形式表示，然后从中选取最优成本方案的决策方法。常用的有"大中取小"法。

【例 10-6】 某企业在火车站储存石灰 1 000 包，每包 30 元，共计 30 000 元，存放 30 天后运走。如果露天存放，则遇到下小雨损失 70%，下大雨损失 90%；如果租赁篷布每天租金 250 元，则遇到下小雨损失 10%，下大雨损失 30%；若用临时敞棚，需投资 15 000 元，下小雨不受损失，下大雨损失 10%。当地 30 天内天气情况不明，试问企业应当如何决策？

在分析计算支出（损失）值时，要考虑两个方面的问题：一是该备选方案的支出；二是该备选方案可能带来的损失。据此编制决策表，如表 10-5 所示。

表 10-5 决策表 （单位：元）

序号	方案	支出价值			最大支出（损失）
		不下雨	下小雨	下大雨	
1	露天存放	—	21 000	27 000	27 000
2	租赁篷布	7 500	10 500	16 500	16 500
3	临时敞棚	15 000	15 000	18 000	18 000
最大支出中的最小值					16 500
最优方案					租赁篷布

在这种决策表法中，是以"最不利"的情况作为必然出现的自然情况来对待的；在具体的决策上，却是从"最不利"的情况中选取支出（损失）最小的"最有利"的方案。所以决策表法是一种稳健的成本决策方法。

（4）决策树法。决策树法又称网络法，即以网络形式把成本决策问题的各个要点、抉择方案、可能事件和机遇结果，在平面图上有顺序地展开，并以定量方法计算和比较各个备选方案的结果，选取最优成本决策的方法。采用此种方法时，对未来情况无法确切判断，但可以知道各状态下的可能概率。

成本决策方法在实践中运用的情况非常多，包括新产品开发的决策分析、亏损产品应否停产决策分析、半成品是否进一步加工决策分析、合理组织生产的决策分析、采用几种工艺的决策分析、最佳订货批量的决策分析、最佳生产批量的决策分析等。例如，新产品开发的决策主要是利用企业现有剩余生产能力或老产品腾出来的生产能力开发新产品，对不同新产品开发方案进行的决策，这时应采用差量损益分析法。

三、成本计划

1. 成本计划的意义

企业在确定了目标成本以后，就要制定成本计划。成本计划以成本预测与决策为基础，是以货币形式规定企业计划期内产品的生产耗费水平和各种产品的成本水平，以及相应的成本降低水平和为此采取的主要措施的书面方案。成本计划一经决策机构批准，就具有了权威性，必须坚决贯彻执行，不得随意改动。

成本计划属于成本的事前管理，是企业生产经营管理的重要组成部分，能使公司职工明确成本目标，是成本控制的先导和业绩评价的尺度。它通过对成本的计划与控制，分析实际成本与计划成本之间的差异，指出有待加强控制和改进的领域，达到评价有关部门的业绩，增产节约，从而促进企业发展的目的。因此，成本计划的意义在于：

（1）成本计划是达到目标成本的一种程序，为组织和动员员工增产节约、降低成本提出了奋斗目标；

（2）成本计划是健全企业内部经济责任制的基础，是推动企业实现责任成本制度和加强成本控制的有力手段；

（3）成本计划是企业成本控制的重要依据，是评价考核企业及部门成本业绩的标准尺度；

（4）成本计划是编制企业其他有关计划的基础，对其他计划执行情况有促进作用；

（5）成本计划是促进企业改善经营管理、提高经济效益的重要手段。

2. 成本计划的内容

成本计划（或预算）的内容可以分为两大类：一类是按产品品种编制，反映计划期各种产品的预计成本水平的产品成本计划；另一类是费用预算，它按生产费用要素及生产费用用途反映企业生产耗费。

（1）产品成本计划。

产品成本计划是按生产费用的经济用途为依据，按产品品种或成本项目，编制反映计划期产品的预计成本水平。产品成本计划主要包括主要产品单位成本计划和全部产品成本计划。

主要产品单位成本计划是按企业规定的主要产品目录编制的，一种产品编制一张计划表，并按照成本项目分别反映在计划期内该产品应该达到的成本水平。

全部产品成本计划是用来确定包括可比产品和不可比产品在内的全部产品成本的，一般包括按照产品类别编制和按照成本项目编制两种格式。全部产品成本计划（按产品类别编制）是根据产品单位成本计划汇编而成，用来确定全部商品产品总成本，包括可比产品总成本与不可比产品总成本。同时，对可比产品成本管理的要求是逐年降低成本，因此还要列出可比产品的成本降低额和成本降低率。全部产品成本计划（按成本项目编制）是按成本项目编制的全部商品产品成本计划。编制时对可比产品、不可比产品要按成本项目分别计算，其中可比产品还要按项目列出按上年预计单位成本计算的总成本和按本计划单位成本计算的总成本，以及成本降低额和降低率。

☺小贴士 2：

划分可比与不可比，是为了更好的分析。可比产品是指上年或近年曾正常生产，本年度或计划年度仍继续生产，并有成本资料可进行前后期对比的产品成本；不可比是从没有生产过的，没有实际可以比较的产品。

以上按产品类别和按成本项目编制的全部商品产品成本计划，都是根据单位成本及其计划产量编制的，因此二者求得的全部商品产品总成本应该相等。这两个计划中反映的可比产品成本的降低额和降低率，也就是可比产品成本降低计划。

（2）生产费用预算。

生产费用预算是以生产费用的经济性质为依据，通过费要素项目反映计划期内物化劳动和活劳动的耗费水平，包括期间费用预算和制造费用预算。

期间费用不能计入产品成本，只能在每个期间的营业收入中扣除。但对期间费用进行预测和分析，可以了解主要发生在哪些方面，进一步找出费用降低的途径；制造费用预算一般按照费用项目并依据费用与业务量之间的依存关系进行编制。为了有利于产品成本计划的编制，需要编制好制造费用预算。

（3）编制降低成本的主要措施方案。

它是在各车间、各部门提出各种计划措施的基础上，经过综合平衡由厂部汇总编制的。它主要用以提出企业在计划期内降低成本的方法和途径，反映成本降低的项目、内容、数额和产生的经济效果。

3. 成本计划编制的程序与方法

成本计划的编制一般由厂部计划部门进行。厂部计划部门可以直接编制，也可以由车间或分厂编制，再由厂部汇总平衡后编制。在编制成本计划之前应对上年的成本计划编制情况进行总结，找出缺点和不足，以便在以后的成本计划中克服与改进。

成本计划在编制方法上，应与企业的核算体系和管理要求相一致，有统一编制和分级编制两种方式。如果企业实行的是一级核算，则车间不计算成本，只由财务部门统一编制产品成本计划。统一编制以企业财会部门为核心，在其他有关部门的配合下，根据综合经营计划的要求编出产品成本计划。编制程序是：先收集料、工、费等各项定额和计算指标资料，然后编制单位产品成本计划，最后再按产品类别和成本项目分别编制产品成本计划。这是一种自上而下的编制方法，主要适合于中小型包装工业企业，如果企业管理水平较低也可采用这种方法。

对实行分级核算制的企业应采取分级编制方式，编制成本计划的特点是：间接地逐级累进编制费用预算，然后再由厂部财务部门汇总统一编制。编制程序基本上划分为：先由辅助生产车间编制其费用预算及分配表；再由各基本生产车间编制各自的车间经费预算及分配表、车间成本计划，厂部财务部门同时编制企业管理费用预算；最后再汇总编制产品成本计划及生产费用预算。这种方法适用于大中型包装工业企业成本计划的编制，它能更好地贯彻统一领导与分级管理相结合的原则，充分调动各车间、各部门的积极性。

第三节　成本控制分析与考核

一、成本控制

1. 成本控制的概念和意义

成本控制是指企业根据预定的成本目标，运用科学的方法对企业产品生产经营活动中所发生的各种费用进行有效的审查和限制，发现并且纠正偏差，尽可能地降低成本中各项费用的含量。成本控制工作就是通过对实际成本形成过程的监督与调整等，保证成本计划得以实现的工作。

在企业发展战略中，成本控制处于极其重要的地位，成本控制是现代成本管理的核心内容，是对成本计划的实施进行监督，在现代成本管理中具有重要意义。成本控制能够提高企业经济效益，增强企业活力；能够加强内部经济核算，建立内部经济责任制；能够提高企业现代化管理水平。成本控制不仅涉及企业整个管理水平，而且涉及经济活动的许多方面，成本管理控制目标必须首先是全过程的控制，不应仅是控制产品的生产成本，而应控制的是产品寿命周期成本的全部内容。实践证明，只有当产品的寿命周期成本得到有效控制，成本才会显著降低；而从全社会角度来看，只有如此才能真正达到节约社会资源的目的。此外，企业在进行成本控制的同时还必须要兼顾产品的不断创新，特别是要保证和提高产品的质量。

2. 成本控制的原则与内容

（1）成本控制的原则。

成本控制的原则可以概括为以下几条：

① 经济原则。指因推行成本控制而发生的成本，不应超过因缺少控制而丧失的收益。任何管理工作，与销售、生产、财务活动一样，都要讲究经济效果。为了建立某项控制，要花费一定的人力或物力，付出一定的代价。这种代价不能太大，不应超过建立这项控制所能节约的成本。

经济原则在很大程度上决定了只需要在重要领域中选择关键因素加以控制，而不对所有成本都进行同样周密的控制。因此，经济原则要求在成本控制中要贯彻"例外管理"原则和重要性原则，能起到降低成本、纠正偏差的作用，要具有实用性。贯彻"例外管理"原则要求把注意力集中在超乎常情的情况，对正常成本费用支出可以从简控制，而格外关注各种例外情况。对于发生的在控制标准以内的可控成本，不必逐项过问，而是集中精力控制可控成本中不正常、不符合常规的例外差异；贯彻重要性原则要求把注意力集中于重要事项，对成本细微尾数、数额很小的费用和无关大局的事项可以从略。另外，经济原则还应要求成本控制系统具有灵活性，面对已更改的计划，出现了预见不到的情况，控制系统仍能发挥作用，不至于在市场变化时控制系统失效。

② 因地制宜原则。指成本控制系统必须个别设计，要适合特定企业、部门、岗位和成本项目的实际情况，不可照搬别人的做法。

适合特定企业的特点，是指大型企业和小型企业、老企业和新企业、发展中和相对稳定的企业、不同行业的企业、同一企业的不同发展阶段，其管理重点、组织结构、管理风格、成本控制方法等都应当有区别。不存在适用所有企业的成本控制模式。例如，新建企业的管理重点是销售和制造，而不是成本；正常营业后管理重点是经营效率，要开始控制费用并建立成本标准；扩大规模后管理重点是扩充市场，要建立收入中心和正式的业绩报告系统；规模庞大的老企业，管理重点是组织的巩固，需要周密的计划和建立投资中心。适合特定部门要求，是指各部门的成本形成过程不同，建立控制标准和实行控制的方法应有区别。适合职务与岗位责任要求，是指应为不同职务与岗位的人员提供不同的成本报告，因为他们需要的成本信息是不同的。适合成本项目的特点，是指材料费、人工费、制造费用和管理费用等项目有不同的性质和用途，控制的方法应有区别。

③ 全面性的原则。指成本控制的全方位、全员、全过程的控制。全方位控制，是对产品生产的全部费用要加以控制，不仅对变动费用要控制，对固定费用也要进行控制。全员控制，是指企业的任何活动都会发生成本，都应在成本控制的范围之内。所以，每个职工都应负有成本责任。成本控制是全体职工的共同任务，只有通过全体职工协调一致的努力才能完成。要发动领导干部、管理人员、工程技术人员和广大职工建立成本意识，参与成本的控制，认识到成本控制的重要意义，才能付诸行动。全过程控制，是指对产品的设计、制造、销售过程进行控制，即整个产品的经济寿命周期的全过程。

④ 领导推动原则。成本控制涉及全体员工，并且不是一件令人欢迎的事情，必须由最高当局来推动。成本控制对企业领导层的要求是：重视并全力支持成本控制。各级人员对于成本控制是否认真办理，往往视管理者是否全力支持而定，是否具有完成成本目标的决心和信心。领导层必须认定成本控制的目标或限额是必须而且可以完成的，具有实事求是的精神。实施成本控制不宜急功近利，操之过急，领导层应以身作则，严格控制自身的责任成本。

⑤ 责权利相结合的原则。成本控制要达到预期目标，取决于各成本责任单位及人员的努力。而要调动各级责单位及人员加强成本管理的积极性，有效的办法在于责权利相结合。为

保证职责的履行，必须赋予其一定的权力，并根据成本控制的实效进行业绩评价与考核，对成本控制责任单位及人员给予奖惩，从而调动全员加强成本控制的积极性。

（2）成本控制的内容。

成本控制的内容非常广泛，应该有计划地重点地区别对待，一般可以考虑成本形成过程和成本费用分类两方面。

按成本形成过程，包括产品投产前的控制、制造过程中的控制、流通过程中的控制3部分。产品投产前的控制属于事前控制方式，主要包括产品设计成本、加工工艺成本、物资采购成本、生产组织方式、材料定额与劳动定额水平等；制造过程控制属于事中控制方式，制造过程是成本实际形成的主要阶段，包括原材料、人工、能源动力、各种辅料的消耗、工序间物料运输费用、车间以及其他管理部门的费用支出；流通过程中的控制包括物流、广告促销、销售机构开支和售后服务等费用。

按成本费用的构成，包括原材料成本控制、工资费用控制、制造费用控制、管理费控制4个方面。原材料费用占了总成本的很大比重，是成本控制的主要对象，包括采购、库存费用、生产消耗、回收利用等；工资费用控制与劳动定额、工时消耗、工时利用率、工作效率、工人出勤率等因素有关；制造费用开支项目主要包括折旧费、修理费、辅助生产费用、车间管理人员工资等；企业管理费指为管理和组织生产所发生的各项费用，开支项目非常多，也是成本控制中不可忽视的内容。

3. 成本控制的基本程序

（1）制定成本控制标准。

制定成本控制标准是成本控制过程的首要环节，健全适当的控制标准，可以为以后的差异分析、业绩考核及纠正差异提供良好的基础。制定成本控制标准的方法，一是按组织层次制定成本控制标准；二是按经济内容制定成本控制标准。

按组织层次制定成本控制标准，包括制定纵向成本控制标准和制定横向成本控制标准，制定纵向成本控制标准把成本计划及降低指标层层分解，落实到基层。在制定纵向成本控制标准、分解指标的同时，还要考虑到把成本管理的责任、成本计划及其有关指标分别落实到各职能部门的横向成本控制标准。

按经济内容制定成本控制标准，包括制定产品设计、试制过程的控制标准，制定材料成本的控制标准，制定工资产成本控制标准，制定产品控制标准。其中，产品控制标准包括品质标准和数量标准两类。品质标准主要是国家的成本管理法规，企业主要是执行问题。数量标准则要求企业按照一定的方法加以制定。制定成本数量控制标准的方法通常有3种：① 计划指标分解法；② 定额控制法，在企业里凡是能建立定额的地方都应把定额建立起来，如材料消耗定额、工时定额等。实行定额控制的办法有利于成本控制的具体化和经常化；③ 预算控制，是用制订预算的办法来制订控制标准。

（2）执行标准。

执行标准即对成本的形成过程进行具体的监督。根据控制标准对成本形成的各个项目，经常地进行检查、评比和监督。不仅要检查指标本身的执行情况，而且要检查和监督影响指标的各项条件，如设备、工艺、工具、工人技术水平、工作环境等。所以，成本日常控制要与生产作业控制等结合起来进行。成本日常控制的主要方面有：

① 原材料费用的控制。材料费用一般由两个因素构成：消耗数量和采购成本。对其管理也要从两方面入手。对材料消耗加强定额管理，降低材料费用支出；建立材料的领退制度，防止虚报冒领和积压材料；建立严格的验收制度和保管制度，控制在途材料损耗和库存材料损耗。在材料的采购阶段，规定材料价格差异率指标，以降低采购成本。

② 工资费用的控制。要正确制定定员和劳动定额，做到企业既能完成生产任务，又使工资支出不超过工资总额，从而节约工资费用，降低成本。这样，工资增长率可以相应低于劳动生产率的增长幅度。

③ 综合费用的控制。指对于管理费用、销售费用和财务费用的控制。它们项目较多，内容复杂，但又具有相对的固定性，一般采用预算控制，即先根据各项费用开支标准编制费用预算，据此再按月确定各单位的用款指标。

（3）确定差异、消除差异。

核算实际消耗脱离成本指标的差异，分析其性质、原因和责任归属；针对成本差异发生的原因，查明责任者，提出改进措施。对于重大差异项目纠正的一般程序：① 提出课题，从各种成本超支的原因中提出降低成本的课题，课题应当是成本降低潜力大、各方关心、可能实行的项目；② 讨论和决策，应发动有关部门和人员进行广泛的研究和讨论，对重大课题可能要提出多种解决方案，然后进行各种方案的对比分析，从中选出最优方案；③ 确定方案实施的方法步骤及负责执行的部门和人员；④ 贯彻执行确定的方案，在执行过程中要及时加以监督检查，检查方案实现后的经济效益。

（4）考核奖惩。

把成本的实际完成情况与应承担的成本责任进行对比，考核、评价目标成本计划的完成情况。其作用是对每个成本责任单位和责任人，在降低成本上所作的努力和贡献给予肯定，并根据贡献的大小，给予相应的奖励。同时，对于缺少成本意识、成本控制不到位、造成浪费的单位和个人给予处罚。

4. 成本控制的方法

成本控制的方法是指完成成本控制任务和达到成本控制目的的手段。对于成本控制方法，不同的阶段、不同的问题采用的方法不一样，即使同一个阶段，对于不同的控制对象，或出于不同的管理要求，其控制方法也不尽相同。例如，仅就事前控制来说，就有用于产量或销售量问题的本量利分析法，有用于产品设计和产品改进的价值分析法，有解决产品结构问题的线性规划法，有用于材料采购控制的最佳批量法。因此，对于一个企业来说，具体选用什么方法，应视本单位的实际情况而定。

成本控制的具体方法很多，包括绝对成本控制、相对成本控制、全面成本控制、定额法、经济采购批量法、目标成本法、标准成本法、价值工程法等。绝对成本控制是把成本支出控制在一个绝对的金额中的一种成本控制方法，标准成本和预算控制是绝对成本控制的主要方法；相对成本控制指企业为了增加利润，要从产量、成本和收入三者的关系来控制成本的方法；全面成本控制是指对企业生产经营所有过程中发生的全部成本、成本形成中的全过程、企业内所有员工参与的成本控制；定额法是以事先制定的产品定额成本为标准，在生产费用发生时，及时提供实际发生的费用脱离定额耗费的差异额，让管理者及时采取措施，控制生产费用的发生额；经济采购批量，是指在一定时期内进货总量不变的条件下，使采购费用和储存费用总和最小的采购批量。

另外，对于目标成本控制、标准成本控制及价值工程控制下面单独进行介绍。

5. 目标成本控制

（1）目标成本法简介。

目标成本控制是在生产经营活动开始前依据一定的科学分析或方法制定出来的成本目标，即以给定的竞争价格为基础决定产品的成本，在保证实现预期的利润的情况下，进行目标管理，控制成本的水平。制定科学合理的目标成本是目标成本管理能否贯彻实施的关键。同时，在确定目标成本后，对其进行自上而下的逐级分解，明确责任，使目标成本成为各级奋斗的目标。

目标成本控制为各部门控制成本提出了明确的目标，从而形成一个全企业、全过程、全员的多层次、多方位的成本体系，以达到少投入、多产出，获得最佳经济效益的目的。目标成本控制将产品成本由传统的事后算账发展到事前控制，体现了市场导向，它先以市场营销和市场竞争为基础确定产品市场销售价，再以具有竞争性的市场销售价格和目标利润倒推出产品的目标成本。其中的目标利润是企业持续发展目标的体现。因此，目标成本控制法是将企业经营战略与市场竞争有机结合起来的全面成本管理系统。在目标成本控制中，新产品的成本不再是产品设计过程的结果，而是成为该过程的一个开端。产品设计的任务是设计出功能和质量满足客户要求，可以目标成本进行生产，能使公司赚到预期利润的产品。

目标成本是一种预计成本，目标成本控制就是将这种预计成本与目标管理方法相结合的成本控制方法。目标成本控制具有全过程控制、全员参与、前馈性控制的特点。首先，目标成本控制贯穿企业生产经营活动的全过程，从市场预测与调查研究、产品策划、设计开发、样品试制到加工制造、材料采购、产品销售和售后服务等各个阶段、各个环节，这是目标成本控制的主要特点之一；第二，目标成本控制必须依靠企业的全体员工共同努力，使成本控制建立在可靠的群众基础之上才能收到预期的效果；第三，目标成本控制的关键在于事前对成本耗费进行有效的控制，使浪费不致发生，使目标成本得以实现。

目标成本的计算公式为：

目标成本 = 用户可以接受的价格 ×（1 − 税率 − 期间费用率）− 目标利润

目标成本控制法主要步骤包括：目标成本的制定；成本差异分析；采取合理措施；信息反馈。信息反馈在目标成本控制中是相当重要的步骤，它是制定目标成本的重要依据，是使成本控制取得最优效果的重要手段。关于具体的目标成本计算方法在成本预测中已有阐述。

（2）丰田式目标成本控制实施案例。

丰田式目标成本控制实施程序如下：

① 满足客户要求，以市场为导向制定目标售价。汽车的全新改款通常每4年实施1次，在新型车上市前3年，一般就正式开始目标成本规划。每一车种设一位负责新车开发的产品经理，以产品经理为中心，对产品计划构想加以推敲，编制新型车开发提案。开发提案的内

容包括车子式样及规格、开发计划、目标售价及预计销量等，其中目标售价及预计销量是与业务部门充分讨论（考虑市场变动趋向、竞争车种情况、新车型所增加新功能的价值等）后而加以确定的。开发提案经高级主管所组成的产品规划委员会核准承认后，即进入制定目标成本的阶段。

②　制定目标成本。根据目标成本的计算公式：目标成本＝用户可以接受的价格×（1－税率－期间费用率）－目标利润，丰田公司参考长期的利润率目标来决定目标利润率，再将目标销售价格减去目标利润即得目标成本。

③　目标成本的分解。将成本规划目标细分给负责设计的各个设计部，例如按车子的构造、功能分为：引擎部、驱动设计部、底盘设计部、车体设计部、电子技术部、内装设计部。但并不是各设计部一律均规定降低多少百分比，而是由产品经理根据以往的实绩、经验及合理根据等，与各设计部进行数次协调讨论后才予以决定。设计部为便于掌握目标达成的具体情况，还将成本目标更进一步地按零件予以细分。

④　在设计阶段实现目标成本。

a. 计算成本差距。新产品与公司目前的相关产品相比较可以估计新产品成本（即在现有技术等水准下，不积极从事降低成本活动下会产生的成本），进而确定与目标成本的成本差距。目标成本与估计成本的差额为成本差距（成本规划目标），它是需通过设计活动降低的成本目标值。

由于汽车的零部件大小总共合计约有 2 万件，但在开发新车时并非 2 万件全部都会变更，通常会变更而须重新估计的约 5 000 件。因此，目前的相关产品成本，可以以现有车型的成本，加减其变更部分算出。

b. 采用超部门团队方式，利用价值工程寻求最佳产品设计组合。在开发设计阶段，为实现成本规划目标，以产品经理为中心主导，结合各部门的一些人员加入产品开发计划，组成一跨职能的成本规划委员会。委员会的成员包括来自设计、生产技术、采购、业务、管理、会计等部门的人员，是一超越职能领域的横向组织，展开两年多具体的成本规划活动，共同努力合作以达成目标。之后，各设计部开始从事产品价值分析和价值工程。根据产品规划书，设计出产品原型。结合原型，把成本降低的目标分解到各个产品构件上，分析各构件是否能满足产品规划书要求的性能，在满足性能的基础上，运用价值工程降低成本。如果成本的降低能达到目标成本要求，就可转入基本设计阶段，否则还需要运用价值工程重新加以调整，以达到要求。

进入基本设计阶段，运用同样方法，挤压成本，转入详细设计，最后进入工序设计。在工序设计阶段，成本降低额达到后，挤压暂告一段落，可以转向试生产。试生产阶段是对前期成本规划与管理工作的分析和评价，致力于解决可能存在的潜在问题。

一旦在试生产阶段发现产品成本超过目标成本要求，就得重新返回设计阶段，运用价值工程来进行再次改进。只有在目标成本达到的前提下，才能进入最后的生产。

⑤　在生产阶段运用持续改善成本法以达到设定的目标成本。进入生产阶段 3 个月后（因为若有异常，较可能于最初 3 个月发生），检查目标成本的实际达成状况，进行成本规划实绩的评估，确认责任归属，以评价目标成本规划活动的成果。至此，新车型的目标成本规划活动正式告一段落。

正式进入生产阶段，成本管理即转向成本维持和持续改善，保证正常生产条件，维持既定水平目标。

与传统的成本管理相比，丰田式目标成本控制主要体现出以下成本管理思想：

① 管理的目标定在未来市场。所确定的各个层次的目标成本都直接或间接地来源于激烈竞争的市场，有助于增强企业的竞争地位。

② 管理的范围定在全过程、跨组织，不再局限于企业的内部。在过程上，扩大到产品的整个价值链；在范围上，超越企业的边界进行跨组织的管理。

③ 管理的重点定在开发设计源头。目标成本控制由传统观念下的生产制造过程移至产品的开发设计过程，有助于避免后续制造过程的大量无效作业，耗费无谓的成本，使大幅度降低成本成为可能。

④ 管理的策略定在提高竞争优势。改变了为降低成本而降低成本的传统观念，将成本管理策略转向战略性成本管理，管理的目标是建立和保持企业长期的竞争优势。目标成本管理是在不损害企业竞争地位前提下的成本降低途径。

⑥ 管理的手段定在价值工程控制。与传统成本管理基于会计方法不同，目标成本法采用的手段是综合性的，注重从技术层面去把握成本，将价值工程方法引入成本管理，保证在降低成本的同时确保产品功能和质量的提高。

⑦ 以差额估计来确定成本规划目标。丰田式目标成本控制并非是将所有的成本、费用都从最初开始累计来确定成本规划目标，而是将现有车型的成本加减因变更设计所导致成本的增减差额来计算而得。利用差额估计不仅可节省时间与许多繁杂的手续，并可较有效率地估计成本，提高精确度。

6. 标准成本控制

（1）标准成本的概念及种类。

标准成本是有效经营条件下发生的一种目标成本，也叫"应该成本"，是通过精确的调查、分析与技术测定而制定的，具有较强的稳定性和约束性，一般在一个会计年度内是固定不变的。标准成本和估计成本同属于预计成本，但后者不具有衡量工作效率的尺度性。标准成本要体现企业的目标和要求，主要作用是衡量工作效率和控制成本。

标准成本一词在实际工作中有两种含义：

一种是指单位产品的标准成本，又称为"成本标准"，是根据单位产品的标准消耗量和标准单价计算出来的：单位产品标准成本＝单位产品标准消耗量×标准单价。

另一种是指实际产量的标准成本，它是根据实际产品产量和单位产品标准成本计算出来的：标准成本＝实际产量×单位产品标准成本。

标准成本按其制定所依据的生产技术与经营管理水平，分为理想标准成本和正常标准成本。理想标准成本是指在现有条件下所能达到的最优的成本水平；正常标准成本是指在正常情况下企业经过努力可以达到的成本标准，这一标准考虑了生产过程中不可避免的损失、故障和偏差。通常，正常标准成本大于理想标准成本。正常标准成本具有客观性、现实性、激励性和稳定性等特点，因此被广泛地运用于具体的标准成本制定过程中。

标准成本按其适用期，分为现行标准成本和基本标准成本。现行标准成本指根据其适用期间应该发生的价格、效率和生产经营能力等预计的标准成本。在这些决定因素发生变化时，需要加以修订，可以成为评价实际成本的依据；基本标准成本是指一经制定，只要生产的基本条件无重大变化（重要原材料和劳动力价格等无重大变化），就不予变动的一种标准成本，由于其不按各期实际修订，不宜用来直接评价工作效率和成本控制的有效性。

（2）标准成本控制的特点及内容。

标准成本控制是成本控制中应用最为广泛和有效的一种成本控制方法，也称为标准成本制度、标准成本会计或标准成本法。它是以预先运用技术测定等科学方法制定的标准成本为基础，将实际发生的成本与标准成本进行对比，揭示成本差异形成的原因和责任，从而采取相应措施来实现对成本的有效控制。其中，标准成本的制定与成本的事前控制相联系，成本差异分析、确定责任归属、采取措施改进工作则与成本的事中和事后控制相联系。因此，标准成本制度并非是一种单纯的计算方法，而是围绕标准成本的相关指标（如技术指标、作业指标等）而设计的，把成本的计划、控制、计算和分析有机结合的一种成本控制系统，它具有以下特点：

① 标准成本可以起着事前成本控制的作用。预先设定各项目标成本标准（标准成本）作为努力的目标，从而起到事前控制作用。

② 标准成本可以加强成本的事中控制。生产过程中实际消耗与标准相比较，及时揭示和分析脱离标准的差异，并迅速采取措施加以改进，加强事中控制。

③ 标准成本可以实现事后的成本控制。每月按实际产量的标准成本与实际成本相比较，揭示成本差异，分析差异原因，评估业绩，为未来成本管理工作和降低成本的途径指明方向。

标准成本制度的主要内容包括成本标准的制订、成本差异揭示及分析、成本差异的账务处理3部分。因此，实行标准成本制度由以下过程控制：第一是正确地制定成本标准；第二是揭示实际消耗与标准成本的差异；第三是根据实际成本资料计算实际成本，根据实际产量计算标准成本，算出二者差异并分析原因，最后进行标准成本及成本差异的账务处理。

（3）标准成本的制定。

标准成本的制定通常从直接材料成本、直接人工成本和制造费用三方面着手进行。先确定直接材料和直接人工的标准成本；其次制定制造费用的标准成本；最后制定单位产品的标准成本。

制定标准成本时，无论是哪一个成本项目，都需要分别确定其用量标准和价格标准，两者相乘后得出成本标准。其中，用量标准包括单位产品材料消耗量、单位产品人工小时等；价格标准包括原材料单价、小时工资率、小时制造费用分配率等。无论是价格标准还是用量标准，都可以是理想状态的或正常状态的。

下面介绍正常标准成本的确定：

① 直接材料标准成本。

某单位产品耗用的直接材料的标准成本，是由材料的用量标准和价格标准两项因素决定的。

材料的价格标准，通常采用企业制定的计划价格。企业在制定计划价格时，通常是以订货合同的价格为基础，考虑各种变化因素，按各种材料分别计算。

材料的用量标准（通常也称为材料消耗定额），应根据企业产品的设计、生产和工艺的现状，结合企业经营管理水平的情况和降低成本任务的要求，考虑材料在使用过程中发生的必要损耗，按照产品的零部件来制定各种原料及主要材料的消耗定额。

因此，直接材料标准成本的计算公式为：

直接材料标准成本＝直接材料价格标准×直接材料用量标准

产品耗用的第 i 种材料的标准成本＝材料 i 的价格标准×材料 i 的用量标准

单位产品直接材料的标准成本＝∑材料 i 的价格标准×材料 i 的用量标准

② 直接人工标准成本。

直接人工标准成本是由直接人工的价格标准和直接人工的用量标准两项因素决定的。

直接人工的价格标准就是标准工资率，通常由劳动工资部门根据用工情况制定。当采用计时工资时，标准工资率就是单位工时标准工资率，它是由标准工资总额除以标准总工时来计算的，即：标准工资率＝标准工资总额/标准总工时。

人工用量标准就是工时用量标准(也称工时消耗定额)，是指企业在现有的生产技术条件、工艺方法和技术水平的基础上，考虑提高劳动生产率的要求，采用一定的方法，按照产品生产加工所经过的程序，确定的单位产品所需耗用的生产工人工时数。

因此，直接人工标准成本计算公式：

单位产品直接人工标准成本＝标准工资率×工时用量标准

③ 制造费用标准成本。

制造费用标准成本是由制造费用价格标准和制造费用用量标准两项因素决定的。

制造费用价格标准，也就是制造费用的分配率标准。其计算公式为：

制造费用分配率标准＝标准制造费用总额/标准总工时

制造费用用量标准，就是工时用量标准，其含义与直接人工用量标准相同。其计算公式为：

制造费用标准成本＝工时用量标准×制造费用分配率标准

另外，成本按照其性态分为变动成本和固定成本。前者随着产量的变动而变动；后者相对固定，不随产量的变动而变动。所以，制定制造费用标准成本时，也应分别制定变动制造费用标准成本和固定制造费用标准成本。

变动制造费用标准成本＝工时标准×变动制造费用标准分配率

固定制造费用标准成本＝工时标准×固定制造费用标准分配率

固定制造费用标准分配率＝固定制造费用预算总额/标准总工时

④ 单位产品标准成本卡。

制定了上述各项内容的标准成本后，企业通常要为每一产品设置一张标准成本卡，并在该卡中分别列明各项成本的用量标准与价格标准，通过直接汇总的方法来得出单位产品的标准成本。

（4）标准成本差异的分析和账务处理。

标准成本差异（或成本差异）是指将事先制定的标准成本与实际成本进行对比，之间的差额反映了实际成本脱离预定目标的程度。对成本差异进行因素分析，并据此加强成本控制。账务处理是指对会计数据的记录、归类、汇总、陈报的程序和方法。

① 变动成本的差异分析。

变动成本包括直接材料、直接人工和变动制造费用，其成本差异分析的基本方法相同。由于实际成本高低取决于实际用量和实际价格,标准成本的高低取决于标准用量和标准价格,所以其成本差异可以归结为价格之间的价格差异与用量之间的数量差异两类，即：

$$成本差异＝价格差异＋数量差异$$

a. 直接材料成本差异分析。

直接材料成本差异是指直接材料实际成本与其标准成本的差异。该项差异形成的基本原因有两个：一个是材料价格脱离标准（价差），另一个是材料用量脱离标准（量差）。有关计算公式如下：

$$材料价格差异＝实际数量×（实际价格－标准价格）$$
$$材料数量差异＝（实际数量-标准数量）×标准价格$$
$$直接材料成本差异＝实际成本－标准成本＝价格差异＋数量差异$$

【例 10-7】　某包装企业本月生产产品 400 件，使用材料 2 500 kg，材料单价为 0.55 元/kg；直接材料的单位标准成本为 3 元，即每件产品耗用 6 kg 直接材料，标准价格为 0.5 元/kg。

利用上述公式计算：

直接材料数量差异＝（2500 － 400 × 6）× 0.5 ＝ 50（元）

直接材料价格差异＝2500 ×（0.55 － 0.5）＝ 125（元）

验算：直接材料价值差异与数量差异之和，应当等于直接材料成本的总差异。

直接材料成本差异＝实际成本－标准成本＝2500 × 0.55 － 400 × 6 × 0.5 ＝ 1375 － 1 200 ＝ 175（元）

直接材料成本差异＝价格差异＋数量差异＝125＋50 ＝ 175（元）

材料价格差异是在采购过程中形成的，采购部门未能按标准价格进货的原因主要因包括供应厂家价格变动、未按经济采购批量进货、不必要的快速运输方式、违反合同被罚款等；材料数量差异是在材料耗用过程中形成的，形成的具体原因主要包括操作疏忽造成废品和废料增加、工人用料不精心、操作技术改进而节省材料、新工人上岗造成多用料、机器或工具不适用造成用料增加等。

b. 直接人工成本差异分析。

直接人工成本差异也被区分为"价差"和"量差"，价差是指实际工资率脱离标准工资率，其差额按实际工时计算确定的金额，又称为工资率差异。量差是指实际工时脱离标准工时，其差额按标准工资率计算确定的金额，又称人工效率差异。有关计算公式如下：

$$工资率差异＝实际工时×（实际工资率－标准工资率）$$
$$人工效率差异＝（实际工时－标准工时）×标准工资率$$
$$直接人工成本差异＝工资率差异＋人工效率差异$$

工资率差异形成的原因包括直接生产工人升级或降级使用、奖励制度未产生实效、工资率调整、加班或使用临时工、出勤率变化等；直接人工效率差异形成的原因包括工作环境不良、工人经验不足、劳动情绪不佳、新工人上岗太多、机器或工具选用不当、设备故障较多、作业计划安排不当等。

c. 变动制造费用的差异分析。

变动制造费用的差异指实际变动制造费用与标准变动制造费用之间的差额，也可以分解为价差和量差两部分。价差是指变动制造费用的实际小时分配率脱离标准，按实际工时计算的金额，称为耗费差异；量差是指实际工时脱离标准工时，按标准的小时费用率计算确定的金额，称为变动费用效率差异。有关计算公式如下：

$$变动费用耗费差异 = 实际工时 \times （变动费用实际分配率 - 变动费用标准分配率）$$
$$变动费用效率差异 = （实际工时 - 标准工时）\times 变动费用标准分配率$$
$$变动费用成本差异 = 变动费用耗费差异 + 变动费用效率差异$$

【例 10-8】　某包装股份有限公司本月实际产量 400 件，使用工时 890 h，实际发生变动制造费用 1 958 元；变动制造费用标准成本 4 元/件，即每件产品标准工时为 2 h，标准的变动制造费用分配率为 2 元/h。

按上述公式计算：

变动制造费用耗费差异 = $890 \times [(1958/890) - 2] = 890 \times (2.2 - 2) = 178$（元）

变动制造费用效率差异 = $(890 - 400 \times 2) \times 2 = 180$（元）

验算：变动制造费用耗费差异与变动制造费用效率差异之和，应当等于变动制造费用成本的总差异。

变动制造费用成本差异 = 实际变动制造费用 - 标准变动制造费用 = $1958 - 400 \times 4 = 358$（元）

变动制造费用成本差异 = 变动制造费用耗费差异 + 变动制造费用效率差异 = $178 + 180 = 358$（元）

变动制造费用的耗费差异是部门经理的责任，他们有责任将变动费用控制在弹性预算限额之内；变动制造费用效率差异形成原因与人工效率差异相同。

② 固定制造费用成本差异分析。

固定制造费用成本差异分析与各项变动成本差异分析不同，主要有两种方法。

a. 二因素分析法。

二因素分析法是将固定制造费用差异分为耗费差异和能量差异。耗费差异是指固定制造费用的实际金额与固定制造费用预算金额之间的差额。固定预算费用不因业务量变动，以原来的预算数作为标准，实际数超过预算数即视为耗费过多。

$$固定制造费用耗费差异 = 固定制造费用实际数 - 固定制造费用预算数$$
$$= 固定制造费用实际数 - 固定制造费用标准分配率 \times 生产能量$$

能量差异是指固定制造费用预算与固定制造费用标准成本的差异，或者说是实际业务量的标准工时与生产能量的差额用标准分配率计算的金额，反映了实际产量标准工时未能达到生产能量而造成的损失。

$$固定制造费用能量差异 = 固定制造费用预算数 - 固定制造费用标准成本$$
$$= （生产能量 - 实际产量标准工时）\times 固定制造费用标准分配率$$

【例 10-9】　某包装工业企业本月实际产量 400 件，发生固定制造成本 1 424 元，实际工时为 890 h；企业生产能量为 500 件，即 1 000 h；每件产品固定制造费用标准成本为 3 元/件，即每件产品标准工时为 2 h，标准分配率为 1.50 元/h。

固定制造费用耗费差异 = $1424 - 1\,000 \times 1.5 = -76$（元）

固定制造费用能量差异 = $1\,000 \times 1.5 - 400 \times 2 \times 1.5 = 1\,500 - 1\,200 = 300$（元）

验算：

固定制造费用成本差异 = 实际固定制造费用 - 标准固定制造费用

$$= 1\,424 - 400 \times 3 = 224（元）$$

固定制造费用成本差异 = 固定制造费用耗费差异+固定制造费用能量差异

$$= -76 + 300 = 224（元）$$

b. 三因素分析法。

三因素分析法是将固定制造费用的成本差异分为耗费差异、效率差异和闲置能量差异 3 部分。耗费差异的计算与二因素分析法相同。不同的是将二因素分析法中的"能量差异"进一步分解为两部分：一部分是实际工时未达到标准能量而形成的闲置能量差异；另一部分是实际工时脱离标准工时而形成的效率差异。有关计算公式如下：

固定制造费用闲置能量差异=固定制造费用预算 – 实际工时×固定制造费用标准分配率

= (生产能量 – 实际工时)×固定制造费用标准分配率

固定制造费用效率差异 = (实际工时 – 实际产量标准工时)×

固定制造费用标准分配率

③ 标准成本差异的账务处理。

标准成本法的账务处理是指企业把标准成本纳入账簿体系进行会计核算的过程，以此来提高成本计算的质量和效率，加强成本控制。为了同时提供标准成本、成本差异和实际成本 3 项成本资料，标准成本法分别设置了下列账户进行会计处理。

a. 设置原材料、生产成本、产成品账户登记标准成本。通常的实际成本系统，从原材料到产成品的流转过程，使用的实际成本记账。在标准成本系统中，这些账户改用标准成本，无论是借方和贷方均登记实际数量的标准成本，其余额亦反映这些资产的标准成本。

b. 设置成本差异账户分别记录各种成本差异。在标准成本系统中，需要按成本差异的类别设置一系列成本差异账户，如"材料价格差异""材料数量差异"等。在需要登记"原材料"、"生产成本"和"产成品"账户时，应将实际成本分离为标准成本和有关的成本差异，标准成本数据记入"原材料"、"生产成本"和"产成品"账户，而有关的差异分别记入各成本差异账户。各差异账户借方登记超支差异，贷方登记节约差异。

c. 各会计期末对成本差异进行处理。成本差异账户的累计发生额，反映了本期成本控制的业绩。在月末（或年末）对成本差异的处理方法有两种：一是结转本期损益法，是在会计期末将所有差异转入"利润"，或者先将差异转入"主营业务成本"，再随同已销产品的标准成本一起转至"利润"账户；二是调整销货成本与存货法，是在会计期末将成本差异按比例分配至已销产品成本和存货成本。

成本差异的处理方法选择要考虑许多因素，包括差异的类型（材料、人工或制造费用）、差异的大小、差异的原因、差异的时间（如季节性变动引起的非常性差异）等。因此，可以对各种成本差异采用不同的处理方法，如材料价格差异多采用调整销货成本与存货法，闲置能量差异多采用结转本期损益法，其他差异则可因企业具体情况而定。

7. 价值工程控制

（1）包装价值分析概述。

价值分析（Value Analysis）又称价值工程（Value Engineering），简称 VA。价值工程是以功能分析为核心，使产品或作业能够达到适当的价值，即用最低的成本实现必备功能的一项有组织的活动，是一门降低成本、提高经济效益的新兴管理技术与方法。

☺小贴士 3：

最早的价值工程应用案例是美国通用电器（GE）公司的"石棉事件"，二战期间美国市场原材料供应十分紧张，GE 公司急需石棉板，但当时货源不稳定且价格昂贵，时任 GE 公司工程师的 Miles 开始针对这一问题研究材料代用问题，通过对公司使用石棉板的功能进行分析，Miles 在市场上找到一种防火纸，这种纸同样可以起到石棉板的作用，并且成本低，容易买到。后来，Miles 将其推广到企业其他的地方，对产品的功能、费用与价值进行深入的系统研究，提出了功能分析、功能定义、功能评价以及如何区分必要和不必要功能并消除后者的方法，最后形成了以最小成本提供必要功能，获得较大价值的科学方法，1947 年研究成果以"价值分析"。

GE 公司工程师 L.D.迈尔斯在第二次世界大战后，首先提出了购买的不是产品本身而是产品功能的概念，实现了同功能的不同材料之间的代用，进而发展成在保证产品功能前提下降低成本的技术经济分析方法，1947 年他发表了《价值分析》一书，标志这门学科的正式诞生。目前，价值工程在工程设计和施工、产品研究开发、工业生产、企业管理等方面取得了长足的发展，产生了巨大的经济效益和社会效益。

包装价值分析是利用价值工程的原理，分析包装产品的价值与功能和成本三者之间的关系，力求以最低的寿命周期费用，可靠地实现包装产品的必要功能，借以提高包装产品价值的一种活动。在包装优化设计中应用价值工程，是提高包装功能、降低包装成本、实现经济效益最大化的有效途径。对包装而言，价值分析的出发点是在包装功能不变的前提下，从品质、使用、耐用性、外观等方面考虑降低包装成本的可能性，即通过评价包装材料、工艺等的效果，剔除不必要的开支，以达到效果与费用双优的目的。

包装价值分析的概念有以下 4 个要点：

① 功能。指包装的使用价值、性能、效用及其满足用户需要的程度。

② 必要功能。指用户所要求的包装产品的功能。

③ 寿命周期费用（也称寿命周期成本）。指从包装产品的研制、生产、使用、维修，直到最后报废为止的全部费用，包括制造费用和使用费用两部分。

④ 产品的价值。价值工程中的价值表示的是一种相对概念，指的是产品的功能与功能的成本之间的对比关系。用公式表示为：价值 V = 功能 F（或性能 Q）/成本 C，表明产品（或包装）的价值与功能（或性能）成正比，与产品（或包装）的成本成反比。如果产品（或包装）的功能越好，成本越低，产品（或包装）的价值就越大，收到的社会与经济效益也就越高。

包装价值分析有以下 4 个特点：

① 价值分析以功能分析为核心，是从寻找不需要的功能入手，找出存在的问题，即对功能与成本之间的关系进行定性、定量的分析核算，以达到实现必要的功能，合理分配成本，从而提高包装产品价值。

② 价值分析以提高包装产品与作业的价值为目的，采取有组织有计划地降低成本，以最低的寿命周期成本生产出在功能（或性能）上满足用户需要的包装产品或作业。

③ 价值工程活动是一项集体智慧的有组织活动，是一个技术性、经济性、全面性、组织

性的综合分析活动，通过有秩序、有领导、有组织的系统活动，借以开发集体智慧，收到集思广益的效果。

④ 价值分析所指的产品（或包装）价值，不同于传统的社会必要劳动量的价值观念。它是从产品（或包装）的功能与成本两方面相互关联来分析比较所作的评价。这种价值观，认为产品（或包装）价值，不能单纯从功能（或性能）好坏来加以评价，还必须包含成本因素在内，能用最低成本满足用户需要的产品（或包装），其价值最大。产品价值实际是指为企业为消费者带来的经济效益。

价值分析在包装上的作用在于通过对包装的结构、造型和装潢的功能和成本的对比分析，研究用更佳的设计、更廉价的材料、更经济的工艺方法，以增强商品的市场竞争能力。在包装产品中应用价值工程，可使总包装成本降低，而且还可找出一些工作上常有的疏忽和习惯上的漏洞，改革原有设计、工艺和用料等，消除包装的"过度"。

（2）价值分析的基本程序及方法。

价值分析的全过程就是技术经济决策的过程，推行价值工程的过程实质上就是分析、发现问题和解决问题的过程。其基本程序如下：

① 价值分析对象的选择。

正确选择价值分析的研究对象，是价值分析的首要环节，推行价值工程首先要确定价值工程的对象。选择的具体原则是：

a. 从产品结构方面应选择复杂、笨重、材料贵和性能差的产品；

b. 从制造方面应选择产量高、消耗高、工艺复杂、成品率低及占用关键设备多的产品；

c. 从成本方面应选择占成本比重大和单位成本高的产品；

d. 从销售方面应选择用户意见大、竞争能力差和利润低的产品；

e. 产品发展方面应选择正在研制将要投放市场产品。

价值工程对象选择的常用方法有经验分析法、价值测定法、百分比法、ABC 分析法和用户调查法。

a. 经验分析法。这是根据价值工程人员的经验选择对象的方法。此方法是在进行价值分析对象选择时，考虑一系列技术经济因素，凭借参加人员的经验，对诸因素进行综合分析后而选择对象的方法。此方法简便易行，考虑因素比较全面。但其结果往往受分析人员工作态度和经验水平的影响，应由熟悉业务、经验丰富的人员通过集体研究共同确定对象。

b. 价值测定法。它是用提问的方式进行，回答是肯定的越多，价值就越高。价值低的就选为对象。

c. 百分比法。它是通过分析不同产品的两个或两个以上技术经济指标中所占的不同百分比，来发现问题，选择对象的一种方法。

d. ABC 分析法。它是一种按局部成本在总成本中所占比重大小来选择对象的方法。具体做法：收集一定时期的数据，并进行分层整理，发现企业产品的成本大部分会集中在少数关键零件上（A 类零件），把 A 类零件作为价值工程的对象。A 类零件，在数量上只占 10%～20%，而成本却占 70%～80%；B 类零件，在数量上占 20%～35%，而成本占 10%～15%；C 类零件，在数量上占 65%～80%，而成本仅占 5%。

e. 用户调查法。它是把产品的各项功能及要求印发给用户，请用户分别对各项功能的满足程度提出意见，或把产品的所有功能项目列出，请用户按要求评分，企业综合后采用平均值，可明确改进对象。

②　情报的收集。

价值工程的对象选定之后，对所选择的对象进行价值分析，为了寻找提高功能和降低成本的措施，需要收集大量的信息资料，信息一般包括企业的基本情况、有关产品成本的经营分析资料、产品的技术资料以及其他技术经济资料等。不同的分析对象，所需要的资料是不同的，因此收集资料视分析对象而定，并要求做到可靠和及时。

③　进行功能分析。

这是价值工程最重要的手段和最关键的环节，是把功能分解，使每个零部件的功能数量化，并结合实现功能的成本确定其价值的大小，以便进一步确定价值工程活动的方向、重点和目标。主要包括功能定义、功能分类、功能整理和功能评价 4 个方面的内容。

a. 功能定义。就是明确对分析对象的要求，即分析对象应具备的功能和使用价值。通过功能定义加深对包装产品功能的理解，便于改进。

b. 功能分类。进一步把功能明确化和具体化，以便在进行功能分析时给予不同的对待。如根据重要程度不同分类为：基本（必要的）功能和辅助功能；如根据相互关系的不同分类为：上位功能（目的）和下位功能（手段）；如根据用户要求的性质分类为：使用功能和艺术（某种欣赏）功能。

c. 功能整理。对定义出的包装产品及其零部件的功能，从系统的思想出发，排列出功能系统图，把功能之间的关系确定下来。

功能整理的目的有 3 个，一是明确功能范围，搞清楚几个基本功能，这些基本功能又是通过什么功能来实现的；二是检查功能定义的正确性，发现不正确的、遗漏的、不必要的，给以修改、补充或取消；三是确立功能之间的关系，排列出功能系统图。

通过功能整理，可以相互关系密切的各级别的功能领域。很明显，功能领域是相对的。在价值工程中，当研究提高产品价值的措施时，一般不以各个零件功能为对象，而是以一个功能领域为对象，这样才能大幅度地提高产品价值。

d. 功能评价。进行功能评价，以便确定价值工程活动的重点、顺序和目标（即成本降低的期望值）等。在功能系统图的基础上，用 $V = F/C$ 公式计算出各个功能（或功能区域）的价值系数，对价值低的功能采取措施加以改善。常用的功能评价方法有功能成本法、功能评价系统法和最合适区域法 3 种。

功能成本法是用某种方法找出实现某一功能的功能评价值（也称最低成本），并以此作为评价功能的基准，同实现该功能的目前成本相比较，根据其比值对这一功能进行评价。

功能评价系数法是采用各种方法对功能打分，求出功能重要系数，然后将功能重要系数与成本系数相比较，求出功能价值系数的方法。

最合适区域法是功能评价系数的进一步发展，也是根据价值系数的大小来选择改进对象的方法。不同的是，在考虑价值系数相同或相近的零件时，注重功能重要系数和成本系数绝对值的大小，绝对值大的从严控制，绝对值小的可适当放宽。这是因为在价值系数相同或相近的情况下，由于绝对值的大小不同，改进后对企业的整体效果不一样。

④　方案的创造和评价。

a. 方案的创造。方案的创造是价值工程的重要阶段，其目的是要得到价值高的方案。方案创造的原则和要求：鼓励积极思考，勇于创新，多提设想；依靠各种专业人才，依靠组织起来的力量；从上位功能或价值低的功能提出改进设想。方案创造的方法很多，形式可以多种多样。例如："捕鼠联想法"（捕鼠方法多，启发多提方案）、输入输出法（美国通用电气公司提出产品设计的方法，把对象功能的最初状态看做输入，把最终状态看做输出，把功能的要求事项看做"约束条件"，最终找出可行的方案）、头脑风暴法等。

b. 方案的评价。分为初步评价和详细评价。初步评价是一种粗略的评价，在较短时间内将为数众多的方案进行初步的筛选。初步评价时，对技术评价、经济评价和社会评价分别进行，最后进行综合评价。详细评价的目的是从经过具体化和试验的若干方案中选择和确定满意方案。常用的方案评价方法有：优缺点列举法、打分评价法、成本分析法、综合选择法等。

⑤ 方案实施与成果评价。

a. 试验与提案。经过详细评价选出的一些复杂的方案需要进行试验。试验的内容：一是方案评价中的优缺点；二是试验结果要作出正式提案，附上简要说明，提交有关部门审批。

b. 方案的实施。方案批准后，即可组织实施。首先，要编制实施计划；其次，要经常检查计划的完成情况。

c. 成果评价。价程工程活动的经济成果可用全年净节约额、节约倍数、节约百分数等指标进行评价。

（3）价值分析在包装上的应用。

采用价值分析包装方案一般应考虑的项目：① 必要性分析：对现有包装材料、工艺进行逐次必要性检查，找出需要改进的地方；② 效果评价：包装的各种功能是增强了，还是减小了；③ 成本与用途对比：是否相称；④ 物品本身的性能分析：是否需要、适应；⑤ 价格分析：是否合理，能否降低；⑥ 规格尺寸分析：是否恰当，够不够标准化；⑦ 作业分析：包装生产时，是否经济，效率高低状况；⑧ 安全性分析：安全程度如何等。各项分析应该反复进行，以达到最佳的经济效益为最终结果。

例 10-10　某出口商对小型电机的包装，原来外包装使用瓦楞纸，内包装用塑料袋，缓冲材料用硬化蕉渣压制板，其包装材料成本（%）如下：硬化蕉渣压制板 47；瓦楞纸 33；平面 10；捆扎带 8；塑料袋 1；缝合针 1。合计 100。

解析：显然，硬化蕉渣压制板和瓦楞纸的成本比重最大，应该是改进的第一对象。通过价值分析，依次采用了 6 个改进方案：① 变更瓦楞纸的材料质量；② 改变上部和下部的硬化压制板，以发泡聚苯乙烯代替；③ 改变上部硬化压制板，代之以增强平面板，使其兼有硬化板的构造；④ 改变上部硬化压制板，采用与产品外形相符合的冲孔瓦楞纸板；⑤ 废止增强平板的使用；⑥ 以瓦楞纸带取代贴糊方法。通过实验的结果表明，采用①②⑤⑥4 个方案，包装材料费可降低 15%。

二、成本分析

成本分析是按照一定的原则，利用成本计划、成本核算及其他有关资料，分析成本水平与构成的变动情况，揭示成本计划完成情况，查明成本升降的原因，寻求降低成本的途径和方法，以达到用最少的劳动消耗取得最大的经济效益。成本分析的目的：一是正确评价企业成本计划的执行结果，为进一步更好地编制成本计划提供依据；二是揭示成本升降的原因，正确地查明影响成本高低的各种因素及其原因，进一步提高企业管理水平；三是挖掘降低成本的潜力，寻求进一步降低成本的途径和方法。

成本分析的内容，必须符合企业生产的特点和管理的要求，并灵活运用各种分析形式，把分析工作贯穿于成本管理工作的始终，具体包括商品产品的定期分析、成本效益分析和成本技术经济分析三方面。产品定期分析主要包括全部产品成本计划完成情况、可比产品成本降低任务写成情况、主要产品单位成本进行分析评价；成本效益分析是指对每百元产值成本指标、每百元销售收入成本费用指标及成本利润指标的分析；成本技术经济分析是指对主要技术经济指标的分析。

工业企业产品成本分析一般包括全部商品产品成本计划完成情况的分析、可比产品成本降低任务完成情况的分析、主要产品单位成本的分析、技术经济指标变动对单位成本影响的分析4个方面。

1. 全部商品产品成本计划完成情况的分析

全部商品产品包括可比和不可比产品，因此只能以实际总成本与计划总成本相比较，以确定其实际成本比计划成本的降低额和降低率。同时，全部产品成本分析可以从产品品别和产品成本项目两方面进行，从而分析超出或降低数额较大的产品或成本项目，作为进一步深入分析的对象。

（1）按产品品别分析。全部产品按产品品别进行分析，是根据全部产品按产品品别确定的成本计划和本年度该产品品别编制的实际成本计算表或成本报表进行的。从中可以看出全部产品实际成本脱离计划成本的差异情况，并找出主要是哪些产品造成的。

全部产品成本计划完成率、降低率计算公式如下：

$$全部产品成本计划完成率 = \sum（各种产品实际单位成本 \times 实际产量）/$$
$$\sum（各种产品计划单位成本 \times 实际产量）\times 100\%$$

$$全部产品成本降低额 = 计划总成本 - 实际总成本$$
$$= \sum（计划单位成本 \times 本期实际产量）-$$
$$\sum（实际单位成本 \times 本期实际产量）$$

$$全部产品成本降低率 = 全部产品成本计划完成率 - 1$$
$$= 全部产品成本降低额 / \sum（计划单位成本 \times 本期实际产量）$$

（2）按成本项目分析。在全部产品按产品品别分析计划完成情况后，再按成本项目进行分析以了解各个成本项目脱离计划的差异。按成本项目分析是指将按成本项目反映的全部产品的实际总成本与按成本项目反映的实际产量计划总成本相比较，计算每个成本项目成本降低额和降低率对总成本的影响，其计算公式如下：

$$成本降低额 = 实际产量的上年（或计划）总成本 - 实际产量的实际总成本$$
$$= \sum[实际产量 \times（某产品该成本项目的上年（或计划）单位成本 -$$
$$实际单位成本）]$$

成本降低率 = 成本降低额/实际产量的上年（或计划）总成本×100%
= 成本降低额/∑[实际产量×某产品该成本项目的计划（或上年）单位成本]×100%

2. 可比产品成本降低任务完成情况分析

可比产品是指企业过去生产过并且有着完整的成本资料的产品。由于具有可比性，考核其成本降低情况具有重要参考价值。可比产品成本分析包括可比产品成本降低任务完成情况和变动的原因两个方面，其主要内容是可比产品计划成本降低额和降低率（计算公式详见下述成本考核的内容）。

3. 主要产品成本分析

在进行了全部商品产品成本计划完成情况分析后，由于主要产品占有重要的地位，还需对主要产品成本进行具体分析，包括对主要产品进行计划完成情况的分析和主要产品成本构成情况的分析。分析主要产品成本计划完成情况，要根据全部产品成本计划完成情况分析时收集的成本计划、实际成本分析等资料，编制主要产品成本分析表；在分析了全部产品的成本项目对总成本的影响情况后，为了弄清成本降低或超支具体是由主要产品中哪几个产品及哪几个成本项目所影响，还要对主要产品按成本项目进行分析。

4. 主要产品单位成本的分析

产品成本分析，除了对全部产品成本和主要产品成本完成情况进行分析，还应进一步对企业的主要产品单位成本进行具体的分析，从而把成本分析工作从总括的、一般性的分析，逐步引向比较具体的、深入细致的分析。通过分析，找出主要产品单位成本升降的具体原因，从而采取措施，挖掘潜力。主要产品单位成本分析包括两方面的内容：一是分析主要产品单位成本计划完成情况；二是按成本项目进行逐项分析。对主要产品单位成本计划完成情况进行分析时，要将实际单位成本与计划或上年数值进行对比，计算差异，确定单位成本是升高了还是降低了，升降幅度是多少。在此基础上，再按成本项目逐项分析，进一步了解各成本项目的升降情况。

5. 技术经济指标对产品成本影响的分析

企业进行成本分析的目的，是为了研究其成本升降的原因，以便切实有效地控制成本，并在今后的生产经营管理过程中，能以最少的资金耗费获取最好的经济效益。为了做到这一点，只有前边的产品成本分析是不够的，还要对一些技术经济指标进行分析。技术经济指标的分析是指技术经济指标变动对单位产品成本的影响，主要包括原材料利用率变动对单位成本影响的分析、劳动生产率变动对单位成本影响的分析、产品产量变动对单位成本影响的分析、产品质量变动对成本影响的分析4个方面，相关内容可参考本章第五节技术经济分析的内容。

三、成本考核

成本考核是指在财务报告期结束时，考核企业的成本计划、单位产品成本指标和可比产品成本降低任务完成的情况。成本考核是成本管理的最后一个环节，也是检验成本管理目标是否达到的一个重要环节。在进行成本考核时，应遵循以国家的有关政策法规为依据，以成本目标为标准，以可靠的资料、指标为基础，以提高经济效益为目的 4 个方面的原则。产品成本考核的指标体系一般由以下 4 部分组成。

成本考核的指标体系包括财务指标和非财务指标两类。

1. 财务指标

（1）可比产品成本降低率和降低额。

① 可比产品成本降低额。包括实际降低额和计划降低降低额，其计算公式为：

$$可比产品成本降低额 = \sum[（上年度可比产品实际单位成本 -$$
$$本年度可比产品单位成本）\times 本年度可比产品产量]$$

② 可比产品成本降低率。包括实际降低率和计划降低降低率，其计算公式为：

$$可比产品成本降低率 = 可比产品成本降低额 / \sum（上年度可比产品实际单位成本 \times$$
$$本年度可比产品产量] \times 100\%$$

（2）全部产品成本降低额。

$$全部产品成本降低额 = （本期各种产品实际产量 \times 本期各种产品计划单位成本） -$$
$$本期全部产品实际成本$$

（3）主要商品产品单位成本降低率。

$$主要商品产品单位成本降低率 = 1 - 实际单位产品成本 / 计划单位产品成本 \times 100\%$$

（4）百元产值成本降低率。

$$百元产值成本降低率 = 1 - 实际百元产值成本 / 计划百元产值成本 \times 100\%$$

2. 非财务指标

企业生产技术对成本影响极为关键，应将各种技术指标作为财务指标的补充，形成合理的成本考核指标体系。非财务指标便于理解，易量化，直接反映物资生产过程的状况，及时反馈影响成本的各种因素是否真正有效，从而有利于提高产品产量和质量，降低产品成本。比如产量、小时产量、合格率、品种、次品率、设备完好率、油耗、能耗、厂房利用率等。

四、成本核算

成本核算是按照国家有关成本费用收支范围的规定，核算企业在生产经营过程中所支出的物质消耗、劳动报酬以及有关费用支出的数额、构成和水平。为了充分发挥成本核算的作用，应注意划分资本性支出和收益性支出；划分应计入产品成本费用和不应计入产品成本费用；划分各个会计期间的费用界限；注意待摊、预提费用；正确划分各种产品应负担的费用界限；正确划分完工产品成本与在产品成本的界限。

成本核算的方法和程序要考虑企业的生产类型、工艺流程特点及企业管理的需要，一经确定，就不要轻易改变，以便于企业前后各期成本的比较分析。企业应严格执行国家有关费用划分、成本开支范围和费用开支标准的规定，正确核算产品成本。成本核算的基本方法有品种法、分批法、分步法、分类法、ABC 成本法等。成本核算程序一般分为：生产费用支出的审核；确定成本计算对象和成本项目，开设产品成本明细账；进行要素费用的分配，对发生的各项要素费用进行汇总，编制各种要素费用分配表，按其用途分配计入有关的生产成本明细账；进行综合费用的分配；进行完工产品成本与在产品成本的划分；计算产品的总成本和单位成本。为了进行成本核算，企业一般应设置"基本生产成本"、"辅助生产成本"、"制造费用"、"待摊费用"、"预提费用"、"营业费用"、"管理费用"、"财务费用"等主要会计账户。如果需要单独核算废品损失和停工损失，还应设置"废品损失"和"停工损失"账户。有关会计核算方法原理及进行相应的账务处理等从略。

案例分析：木箱包装价值工程成本控制

1. 实施目的

某公司 4 个大类 5 个系列的电力电容类产品，原采用木箱作为运输包装容器。由于我国森林资源贫乏，木材供应紧张，包装成本高，影响企业效益。要求对包装结构设计及材料的选用作价值工程分析，进行优化设计。合同约定包装成本应降低 30% 以上。

2. 实施基本程序及方法

（1）以产量较大，包装材料耗用较多的一款产品为分析对象。

（2）搜集情报。

① 采用木箱作为电力电容类产品的运输包装。

② 需求量大，总成本较高，不同产品所用的包装规格不同。

③ 该包装主要功能为保护产品、方便运输。

④ 包装的产品为瓷件，要求其在运输过程中不得倾斜和堆码，无防潮防雨要求。一般采用吊车或叉车装卸。

（3）进行功能分析。

① 功能定义。目的是明确分析对象应具备的功能和使用价值，便于改进。经过对运输过程及装卸方式的分析，得出木箱包装箱的主要承力构件为立柱、承重围挡、底板及枕木。包装箱每个零件功能定义见表 10-6：

表 10-6　包装箱零件功能定义

序号	零件名称	功能定义
1	箱体	承装保护产品，方便运输
2	卡板	固定产品，防止磕碰
3	钢带	加固箱体，防止箱体变形
4	联结件	加固箱体，使箱体间紧密联结

② 功能分类、整理。用 ABC 分析法确定包装箱的箱体，整理相关资料见表 10-7：

表 10-7　木箱 ABC 分析法功能分类、整理数据表

序号		零件名称	数量	总成本中占百分比（%）	零件总数中占百分比（%）
1	箱体	底板	1	90	55.6
		立柱	4		
		枕木	2		
		侧板	4		
		承重围档	2		
		非承重围档	2		
2	卡板		1	7	3.7
3	钢带		3	2	11.1
4	联结件（螺栓）		8	1	29.6
合计			27	100	100

可见，箱体应作为价值工程的对象。

③ 功能分析。该包装箱的整体功能是保护产品，方便运输。明确了包装目的后，可对该包装箱进行功能分析。

图 10-2　木箱功能分析

④ 功能评价。根据功能与成本的对比关系，确定功能价值，找出低价值的功能，明确改进功能的具体范围，以提高价值。

功能评价系数 F_i = 某一包装零部件的功能分数/包装全部零部件的功能分数

成本系数 C_i = 包装某零部件的现实成本/包装全部零部件的现实成本

价值系数 $V_i = F_i/C_i$ = 功能评价系数/成本系数

采用功能评价系数对包装箱功能进行评分，求出功能系数，选择价值工程对象。功能评价数据见表 10-8，具体做法如下：

表 10-8　木箱功能评价数据表

零件名称	一对一比较				得分总计	功能重要性系数
	箱体	卡板	钢带	联结件		
箱体	—	1	1	1	4	0.40
卡板	0	—	1	1	3	0.30
钢带	0	0	—	0	1	0.10
联结件	0	0	1	—	2	0.20
合计					10	1

a. 将一个零件与其他零件逐个对比，功能重要的计 1 分，功能次要的计 0 分。

b. 把每个零件通过一对一比较，得分数加上 1 分即为每个零件功能重要程度得分，在每个零件得分数上加上 1 分目的是避免在计算功能重要性系数时出现零的情况，计入表中"得分总计"。

c. 将各零件得分分别除以全部零件得分总数，得出每个零件的功能重要性系数，记入表中"功能重要性系数"。它反映了该零件在产品中的重要性比例。

d. 用每个零件成本除以产品总成本，得出成本系数，最后计算出每个零件的价值系数。箱体的功能重要性系数 $F_i = 0.40$；箱体的成本系数 $C_i = 0.90$

箱体的价值系数 $V_i = F_i/C_i = 0.4/0.9 = 0.44$

箱体价值系数小于 1，说明箱体的成本过高。

（4）包装方案的创造、试验和实施。

① 改进方案：对原有包装箱进行强度校核，优化结构，减少材料。

优化后包装箱所用材料 $0.051\ 2\ m^3$（原包装箱用材料 $0.08\ m^3$，节省材积为 36%）。

② 经运输试验，产品与包装箱均无损伤。

③ 方案实施。实践证明，运用价值工程法进行分析，并通过科学的计算对原包装箱进行强度校核，实现结构上的优化，降低了成本。

（5）方案评价。

技术评价：优化后的包装箱构件强度设计更合理，成本更低，满足产品运输及堆码等要求，可靠性、适用性、安全性都得到加强；

经济评价：总体达到节省材料 30% 以上的要求，节约了大量成本；

社会评价：大大减少原材料的使用量，有利于资源的再生利用及环境保护。

3. 案例评析

价值工程可通过对包装的结构、造型和装潢的功能和成本进行对比分析，在保证包装获得所要求的必要功能的情况下，研究用更佳的设计、更廉价的材料、更经济工艺的方法，制造出低成本的包装容器，提高包装产品的经济效益。实践证明，许多包装产品应用价值工程法进行优化设计，不仅可使其包装总成本降低，而且还可找出一些工作上常有的疏忽和习惯上的漏洞，从而改革设计、工艺和用料等，实现包装使用上的最佳经济效益。

参考文献

［1］ 戴宏民. 包装管理. 2 版. 北京：印刷工业出版社，2007.

［2］ 李约. 管好成本管好账[M]. 北京：企业管理出版社，2011.

［3］ 韩永生. 包装管理与法规[M]. 北京：化学工业出版社，2007.

［4］ 钱静. 包装管理[M]. 北京：中国纺织工业出版社，2008.

［5］ 严琰. 浅谈如何搞好企业成本预测[M]. 企业导报，2009（6）.

［6］ 肖江. 浅析目标成本管理的运用[M]. 科技资讯，2010（20）.

［7］ 门素梅，宋慧. 目标成本管理浅析[M]. 中国高新技术企业，2010（12）.

[8] 李淑霞，王立平，葛成吉. 浅谈目标成本管理在项目中的应用[M]. 河北企业，2009(2).

[9] 曾向红. 制造成本法与变动成本法比较与应用[M]. 财会通讯，2011-04-20.

[10] 周涛. 试探企业成本管理的控制与运用[J]. 商业文化（学术版），2009（01）.

[11] 莫生红. 市场经济环境下企业成本控制探析[J]. 财会通讯，2009（05）.

[12] Homburg Carsten.A note on optional cost driver selec-tion in ABC. Management Accounting Research，2001，（12）.

[13] Yunchang Jeffrey Bor，Yu- Lan Chien. Esher Hsu：The market- incentive，recycling system for waste packaging containers in Taiwan，Environmental Science &Policy7（2004）.

第十一章 包装使用总成本及技术经济分析

从整体包装策划来看，包装成本严格意义上应该说是包装使用总成本，是指包装产品从设计制造到使用废弃整个生命周期的总成本，即"整体包装解决方案"要考虑的成本。它不仅是包装制品的生产成本，而且包括包装使用成本、使用包装后的流通成本；包装技术经济分析是对可能采用的不同包装技术政策、方案、措施的经济效果进行计算、分析、比较和评价，选择技术上先进、经济上合理的最优方案的过程。它是研究包装生产技术活动经济效益的科学。本章主要介绍包括包装使用企业的包装成本在内的包装使用总成本控制，包装技术经济分析方法及包装工业项目可行性研究的内容及主要工作。

第一节 包装使用总成本的控制

一、包装使用总成本概念

目前，国际包装业提出了包装供应（制造）商向"整体包装解决方案"（CPS）供应商转变的新理念。该理念起源于美国，是供应链管理在包装行业中的应用，它将产品包装系统的整体和全过程交付委托，借助 CPS 供应商，向用户提供从包装材料选择到包装方案设计、制造、物流配送、废弃物回收的一整套系统服务，从而最大化地管理和利用企业内外资源，追求包装系统总成本最低。

整体包装策划原则主要有 3 个：一是整体策划原则，将包装与物流视作一个整体系统，对产品的包装从原材料选用、包装结构设计、运输仓储设计直至包装使用完后的回收再利用均要围绕减少成本进行整体思考，采用并行设计，发现问题最早，从而使成本能最低；二是包装使用总成本最低原则，为企业获取更大利润；三是包装材料"3R1D"绿色化原则，"3R1D"指包装材料减量化（含无毒害）、再利用、再循环，这是包装绿色性须遵循的原则。

包装使用总成本指包装产品从设计制造到使用废弃整个生命周期的成本，包括包装制品的生产成本、包装使用成本、使用包装后的流通成本。包装制品生产成本是包装原料和加工成制品的成本；包装使用成本指用户使用包装制品包装产品的作业过程成本和获得包装制品的配送成本；使用包装后的流通成本则指包件在托盘集装、运输、仓储及废弃包装回收等流通过程中所付出的成本。

CPS 策划要求在包装成本控制中使用系统工程的思想和方法，使包装总成本最低，而不是其中一项最低。

二、包装使用总成本构成简介

1. 包装生产成本（C_1）

包装生产成本是指为生产包装产制品的各项生产费用，包括各项直接支出和制造费用。按经济用途分类包括包装材料成本（C_{11}）、人工成本（C_{12}）、燃料动力成本（C_{13}）、管理成本（C_{14}）等。

包装材料成本指原料及主要材料成本。控制包装生产成本，必须在保护产品安全性的前提下，从材料的选择、结构设计、尺寸设计进行综合考虑，科学设计，进而降低包装物的成本。

包装人工成本指企业直接从事包装产品生产人员的工资。对这些人员发放的计时工资、计件工资、奖金、津贴和补贴等各项费用支出，构成了包装人工费用支出。

燃料动力成本包括主要生产设备使用工时费、维修费和折旧费等。折旧是指包装机械因在使用过程中的损耗，而定期逐渐转移到包装生产成本中的那一部分价值；包装机械的维修费是包装机械发生部分损坏，进行修理时支出的费用。

管理成本指为生产包装产品而发生的各项间接费用，包括工资和福利费、折旧费、修理费、办公费、水电费、劳动保护费等。

设 C_1 为在一定时期内（生产一批包装产品）为设计、研制和生产包装而支出的全部费用，q 为主、辅材料费用，J 为燃料动力费用，I 为工资费用，g 为管理费。则：$C_1 = (q + J + I + g)$；单个包装生产成本 $C_单 = C/Q$，Q 为包装件数量。

包装材料费用是指各类物资在实施包装过程中耗费在材料费用支出上的费用。常用的包装材料种类繁多，功能亦各不相同，企业必须根据各种物资的特性，选择适合的包装材料，既要达到包装效果，又要合理节约包装材料费用。包装材料有很多种，由于包装材料组成和功能的差异，其成本相差也很大。

下面主要介绍材料费用的计算：

（1）购入材料成本的确定。

企业的包装材料除少数企业自制外，大多是外购。外购包装材料的采购成本包括购买价格和材料入库前发生的各种附带成本。材料入库前发生的各种附带成本包括：运杂费、在运输中的合理损耗、入库前的挑选整理费用、购入材料负担的不能抵扣的税和其他费用等。

【例 11-1】　某包装制品生产企业购买两种包装材料：甲材料 1 000 kg，79 元/kg，共计买价 79 000 元；乙材料 400 kg，49 元/kg，共计买价 19 600 元。另外，发生共同运杂费 2 800元，运杂费按材料的重量比例分摊。计算甲、乙两种材料的购入成本。

① 计算运杂费分配率及运杂费：

$$分配率 = 应分配的运杂费 / (甲材料重量 + 乙材料重量)$$
$$= 2\ 800\ 元 / (1\ 000\ 千克 + 400\ 千克) = 2\ 元/kg$$

甲材料的运杂费：$1\ 000 \times 2\ 元 = 2\ 000\ 元$

乙材料的运杂费：$400 \times 2 = 800\ 元$

② 计算各种材料的购入成本

甲材料的购入成本：$79\ 000 + 2\ 000 = 81\ 000\ 元$

乙材料的购入成本：19 600 + 800 = 20 400 元

（2）发出材料成本的计价。

企业在不同时期购买的材料、不同批次的材料，其单价往往不同。因此，材料的发出成本的计算就可以根据单位的需要不同采用的方法。

① 先进先出法。先进先出法是假定先入库的材料先发出，每次材料发出的单价，都按账面上最先购入的那批材料的实际单价计算。采用这种方法要求分清所购每批材料的数量和单价。发出材料时，要随时记录发出和结存材料的数量和金额。

② 后进先出法。与先进先出法相反，后进先出法是假定最后购入的材料最先发出，每次材料发出的单价，都按账面上最后购入的那批材料的单价作为计算单价。采用这种方法也要求分清所购每批材料的数量和单价。发出材料时，也要随时记录发出和结存材料的数量和金额。

③ 全月一次加权平均法。以月初结存材料金额与全月收入材料金额之和，除以月初结存材料数量与全月收入材料数量之和，算出以数量为权数的材料平均单价，从而确定材料的发出和库存成本，这种平均单价每月月末计算一次。该种方法每月月末计算一次，适用于各期的材料成本变化不大的企业采用。

月末材料的加权平均单价 =（月初结存材料金额 + 本月入库材料金额）/
（月初结存材料数量 + 本月入库材料数量）

本月发出材料成本 = 本月材料的发出数量 × 月末材料的平均单价

④ 移动加权平均法。采用这种核算方法，便于对材料的日常管理，但日常的核算工作量较大。其计算公式为：

移动加权平均单价 =（原结存材料金额 + 本批入库材料金额）/
（原结存材料数量 + 本批入库材料数量）

2. 包装使用成本（C_2）

包装使用成本指包装产品在作业过程中的包装作业成本（C_{21}）和获得包装制品的配送成本（C_{22}）。

（1）包装作业成本。包括操作人员工资、包装机械的折旧与维修等费用。

直接包装人工费应根据包装一个单位产品所需要的平均标准时间来计算包装人工费用。根据包装作业的始终，按实施顺序和包装功能的内容，计算出现场担任包装人员的包装作业时间和劳动费用，计算出每个包装的直接人工费。图 11-1 所示为某产品包装标准作业流程。

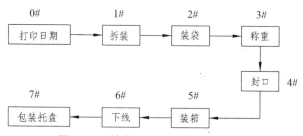

图 11-1　某产品包装标准作业流程

单位产品直接人工作业成本 = $\sum i$ 工序作业工时用量标准×标准工资率

（2）包装配送成本。配送成本是配送过程中所支付的费用总和。根据配送流程及配送环节，配送成本主要包括配送运输费用、搬运费用等。

配送运输成本是指将配送车辆在配送生产过程中所发生的费用。一般运输成本包含：车辆损耗、司机成本、油耗、固定成本（包含车辆的年检，折旧，等等）。

3. 使用包装后的流通成本（C_3）

使用包装后的流通成本指包装件在托盘集合、集装、运输、仓储及废弃包装回收等流通过程中所付出的成本，包括托盘集装箱费用（C_{31}）、运输费用（C_{32}）、仓储费用（C_{33}）及废弃包装回收费用（C_{34}）等。

通过采用标准系列化尺寸的瓦楞纸箱，按托盘堆码图谱提高托盘装载率，通过合理堆码提高运输工具和仓储的空间装载率，通过网络优化选择最短运输及回收路线，或通过调研选择最低 kg/t·d 费用的运输及回收路线，减少人工费用和材料费用支出，均可控制和降低使用包装后的流通成本。

三、包装使用总成本控制

依据上述分析，可知包装使用总成本 C 为：

$$C = C_1 + C_2 + C_3 = C_{11} + C_{12} + C_{13} + C_{14} + C_{21} + C_{22} + C_{31} + C_{32} + C_{33} + C_{34}$$

按系统工程原理和并行设计方法，综合采用各项措施，即可获得最低的包装使用总成本。下面再通过案例，说明包装使用总成本的控制应用。

1. 包装使用总成本问题分析

某汽车零部件企业，采用木箱中放纸箱包装的汽车零部件销往美国市场。木质外箱高约1.5 m，必须先由一个包装作业工人进入木箱，把纸盒包装的产品摆放到木箱高度的 1/3 左右，才能在箱外进行包装作业。

（1）包装作业效率很低，作业成本高；

（2）包装质量差。包装时产品受到踩踏，每个木箱中总有 7～10 个产品包装上有明显的踩踏痕迹。

（3）包装材料成本高。需要在木箱里放置 20 个空纸箱，待产品运输到目的地之后用以更换受损的纸箱包装。

2. 控制包装总成本的措施——CPS 策划

（1）取消木箱包装。以纸盒包装的产品按每个托盘 72 个（以横向 8 个，码高 9 个）计算，每个托盘的重量为 1 440 kg。在仓储 3 个托盘堆高，运输两个托盘堆高的情况下，底层最大压力为 4 320 kg。根据受力分析，一方面依靠瓦楞纸箱密集堆积，另一方面通过合理确定支撑点将一部分压力分散到零件本身，从而满足底层最大压力的抗压要求，从而取消箱包装。

（2）考虑到海运可能遇到盐雾高湿环境，对纸箱进行密封保护处理。

3. 效　果

每年可使该企业的包装总成本节约 120 万元：

（1）取消木箱包装，也不需要更换受损的纸箱包装，减少了包装制品的生产成本；

（2）简化了包装作业工艺，减少了使用作业成本，使原来需要 23 人减少为 11 人；

（3）取消木箱包装，减少了托盘体积，使每个集装箱多装了 6 个托盘，降低了流通成本；此外，还减少了木箱的海关免疫处理的时间和费用。

4. 案例评析

这是一个基于整体包装策划来控制包装总体成本的案例。

（1）按整体包装的整体策划原则，在包装设计时就考虑包装的作业和运输仓储问题，发现问题最早、成本最低；

（2）"整体包装解决方案"要考虑的成本，不仅是包装制品的生产成本，而是包括包装生产成本、包装使用成本、使用包装后的流通成本在内的总成本。策划整体包装解决方案必须使用系统工程的思想和方法，控制包装总成本最低，而不是其中一项最低。

（3）"降低包装成本"很多人都会想到降低包装物的采购价格，认为包装物价格是包装的唯一成本。也正是因为这样的思想误区，忽略了包装综合成本的概念。包装物成本是指包装物的价格，它包括包装物材料成本，包装企业制造成本及企业利润。这一部分成本是包装的直接成本，是人们能够看到的显性成本，仅占 1/3 左右，还有 2/3 的隐性成本，如包装作业成本、退赔损失以及因包装不合理导致运输仓储费用的上升等都属于包装使用成本。

第二节　包装技术经济分析

技术经济学在国外一般被称为工程经济学，源于 1887 年亚瑟姆·惠灵顿（Arthur M·Wel—lington）的著作《铁路布局的经济理论》。技术经济学研究的对象有三方面：一是研究技术方案、技术措施、技术政策、技术装备的经济效果，寻求提高经济效益的途径；二是研究技术与经济的相互关系，寻求技术与经济的相互促进、协调发展；三是研究技术创新与技术进步，推动经济增长和企业发展。

一、包装技术经济分析基本概念

包装技术经济分析是指为达到某种预定的目的，而对可能采用的不同包装技术政策、方案、措施的经济效果进行计算、分析、比较和评价，选择技术上先进、经济上合理的最优方案的过程。

包装技术经济分析是研究包装生产技术活动经济效益的科学。经济效益又称经济效果，是技术经济学研究的核心。在物质资料生产过程中，所取得的有用成果与所耗费的社会劳动的比较，构成经济效益的概念。评价包装技术方案的经济效益，很难用一个统一的数学公式来概括，需要借助和运用一系列有关的技术经济指标（指标体系），来综合反映其经济效益。在指标体系中，各种不同的指标所反映的特定范围和特定对象，就是包装技术方案的技术经济效益。指标体系具体包括以下三方面的指标：

（1）反映使用价值的效益指标。主要有产量指标、质量指标、品种指标、劳动条件改善指标。

（2）反映形成使用价值的劳动耗费指标。包括物化劳动耗费和活劳动耗费两个方面。反映物化劳动耗费的指标主要有原材料消耗量，生产设备的消耗量，燃料、动力、工具消耗量等；反映活劳动耗费的指标主要有工时、工资费用、工资总额、职工总数等指标；反映劳动消费的综合指标主要有产品成本指标和投资指标。

（3）反映技术经济效益指标。指使用价值的效益与形成使用价值的劳动耗费之比，分为绝对技术经济效益指标和相对技术经济效益指标。

① 绝对技术经济效益指标。其主要的综合类经济指标有产值利润率、资金利润率、成本利润率、投资效果系数、投资回收期等。产值利润率是指企业在一定时期内的利润与同一时期内工业总产值之比；资金利润率是指企业在一定时期内的利润与同一时期内所占用的固定资金和流动资金的平均占用额之比；成本利润率指企业在一定时期内的利润与同一时期内产品总成本之比。成本利润率越高，说明经济效益越好；投资回收期也称返本期，是反映投资项目资金回收的重要指标，是指用项目的净收益来回收总投资总额所需要的时间；投资效果系数是指投资经济效益的综合评价指标，一般是指项目达到设计生产能力后一个正常的生产年份的净收益与项目总投资之比，它是投资回收期的倒数。

② 相对技术经济效益指标。它是用来反映一个方案相对于另一个方案的技术经济效益，主要指标的追加投资效果系数，追加投资回收期等。追加投资效果系数反映在投资后经营成本不同的条件下，一个方案比另一个方案多节约的成本与多支出的投资额之间的比例关系。这一系数越大，表明该方案的经济效益就越好。追加投资回收期就是指追加投资效果系数的倒数，表示两个方案对比时，一个方案多支出的投资通过它的节约额来回收所需的时间。

③ 标准投资回收期或标准投资效果系数。是取舍方案的决策指标之一，正确确定这些指标具有非常重要的意义。确定标准投资回收期是一项比较复杂的工作，一般是由国家或各部门（行业）考虑国家的投资政策和投资结构、技术发展水平等因素基础上，结合总结与分析本行业历年来投资回收期和平均资金利用率等资料，分别为各部门、各行业制定的判别标准。根据评价的技术方案计算出来的投资回收期、投资效果系数或追加投资回收期、追加投资效

果系数，都必须用标准投资回收期或标准投资效果系数进行比较，才能确定该方案经济效益的大小及其取舍。

二、包装技术经济分析方法

1. 技术经济分析的可比原理

在技术经济分析中，除了要对单个技术方案本身的所得与所费进行分析评价，以确定其经济效果的优劣以外，更重要的是要把它同其他方案进行比较分析，从而确定它在这些方案中技术经济效果的优劣水平。技术经济分析中的可比性问题，概括起来有 4 个方面：满足需要的可比（产量不同的可比性和产品质量、品种不同的可比性）、消耗费用的可比性、价格上的可比性和时间上的可比性。

满足需求上的可比包括两层含义：一是相比较的各个技术方案的产出都能满足同样的社会实际需要；二是这些技术方案能够相互替代。

在技术方案的经济比较中，由于实际所要比较的是满足相同需要的不同技术方案的经济效果，而经济效果包括满足需要和消耗两个方面，所以，除了要比较技术方案具有满足需要上的可比条件外，还必须具有消耗上的可比条件。

价格是价值的货币表现，评价技术方案的经济效果离不开价格指标。然而，在实际对技术方案进行比较时，可能涉及不同的价格体系。例如，有的技术方案采用境外价格，有的技术方案采用境内价格；有的技术方案采用计划价格，有的技术方案采用市场价格。采用不同的价格体系计算出来的各技术方案的经济效果是不一样的。

满足时间上的可比性是指技术方案比较时，其服务年限应取一致或应折为一致，同时应考虑利率随时间变化的影响，即要考虑资金运动的增值效应（资金的时间价值）。对不同技术方案进行比较，由于资金时间价值的作用，使得不同时期生产要素的投入对技术方案经济效益的影响不同，这就是分析时应考虑的时间可比性问题。

2. 包装技术经济分析的基本程序及方法

任何包装技术方案在选定之前，都应进行经济分析和评价，以选出较为理想的方案。分析时应遵循科学的程序：① 确定分析目标；② 调查研究，搜集技术经济分析资料；③ 设计各种可能方案并进行分析；④ 方案综合分析评价；⑤ 效果比较；⑥ 确定最优方案；⑦ 最终完善实施方案。

技术经济评价方法是指在对投资项目进行经济评价时，为了评价和比较不同方案的经济效果，首先需要确定评价的依据和标准，这些依据和标准被称为技术经济评价指标，对其中的基础指标的应用也就构成了技术经济评价的基本方法。

技术经济评价方法主要包括确定性评价方法和不确定性评价方法。确定性评价方法适用于方案影响因素确定的条件下进行经济效果评价；当存在不确定因素，为了提高经济评价的准确性和可信度，尽量避免和减少决策失误时，需要对方案进行不确定性评价和分析。

（1）确定性评价方法。

在确定性评价方法中，根据评价指标的不同性质，对评价方法可以进行不同的分类。按照是否考虑资金时间价值，经济评价指标可分为静态评价指标和动态评价指标。静态评价指标是不考虑资金时间价值的指标，主要用于技术经济数据不完备和不精确的项目初选阶段，包括投资收益率、静态投资回收期和偿债能力等指标；动态评价指标是考虑资金时间价值的指标，多用于项目最终决策前的可行性研究阶段，包括内部收益率、净现值、净现值率和动态回收期等指标。一般来说，动态评价指标考虑了资金的时间价值，而且考察了项目在整个寿命期内的全部经济数据，因此，动态评价指标是比静态评价指标更全面、更科学的评价指标。

① 静态评价指标。

a. 静态投资回收期。

投资回收期（Payback Period，简写为 PBP）又称投资返本期或投资返本年限，是反映投资项目或方案投资回收速度的重要指标，同时也能部分描述方案的风险性。投资回收期越短，投资的回收速度越快，方案的风险也越小。投资回收期一般从建设开始年算起，但也有从投产年算起的，为避免误解，使用时应注明起算时间。

静态投资回收期是衡量投资赢利能力的指标，用于单方案经济效益评价，是指投资项目的净收益抵偿全部投资所需要的时间，通常以"年"表示。其计算公式为：

$$T = P/M$$

式中　T——投资回收期（年）；

P——投资总额；

M——每年净收益（包括折旧）。

【例 11-2】　设某包装项目初始投资为 12 万元，投资后年经营收入为 6 万元，年经营费用为 2 万元，求其投资回收期。

解：$T = P/M = 12/(6 - 2) = 3$（年）

一般情况下，投资回收期越短越好，但应短至几年方案才是可行的，需要用标准投资回收期 $T_标$ 判别。判别准则是：将计算得到的投资回收期与标准投资回收期进行比较，当 $T \leqslant T_标$ 时，则表明项目的总投资在规定的时间内能收回，项目在财务上是可接受的；反之，则项目在财务上不可接受，应拒绝该项目。

b. 投资收益率。

投资收益率也称投资效果系数，是指技术方案投产后每年取得的净收益与总投资额之比，即：

$$投资收益率 E = \frac{M}{P} \times 100\%$$

投资收益率也是单方案经济收益的评价指标，是衡量项目投资赢利能力的静态指标，应用于简单并且生产变化不大的项目的初步评价。采用投资收益率指标对技术方案进行经济评价时，应将计算得到的投资收益率与标准投资收益率（$E_标$）进行比较，若 $E \geqslant E_标$，则方案在经济上是可取的，否则，方案不能接受。

c. 追加投资回收期和追加投资收益率。

两方案比较时，一般来说往往投资大的方案其年经营成本较低，或经营收益较大，这恰恰是技术进步带来的效益，在此情况下进行方案比较时，不仅要考虑不同投资方案本身投资回收期的大小，而且要考虑各方案相对投资回收期的大小。

追加投资回收期又称差额投资回收期或增量投资回收期，是指在两个方案比较时，投资大的方案相对投资小的方案的，用投资额大的方案比投资额小的方案所节约的年经营费用来回收增量投资所需要的时间。其计算公式是：

$$T_{追} = \frac{P_2 - P_1}{C_1 - C_2}$$

当两个方案提供的年产量不同时，公式为：

$$T_{追} = \frac{P_2/Q_2 - P_1/Q_1}{C_1/Q_1 - C_2/Q_2}$$

式中　　P_1 和 P_2——两方案的总投资额，且 $P_2 > P_1$；

　　　　C_1 和 C_2——两方案的经营费用，且 $C_1 > C_2$；

　　　　Q_1 和 Q_2——两方案的年产量；

　　　　$T_{追}$——追加投资回收期（年）。

追加投资回收期指标主要用于互斥方案的优劣比较选优。前面介绍的投资回收期法计算简便，通过与标准投资回收期比较，判断投资方案是否可行，但它只能对单方案进行评价，不能用于多方案比较择优。当然，用追加投资回收期进行比较有一个前提，即所对比的方案必须是可行方案且具有可比性。

追加投资回收期的倒数称为追加投资收益率（$E_{追}$），是两方案相比较时，投资大的方案比投资小的方案所节约的年经营费用，与其追加的投资额之比。评价时若 $E_{追} \geq E_{标}$，选择投资大的方案为最优方案；否则，投资小的方案为优。

由于追加投资效果系数和追加投资收益率只是反映两方案对比的相对经济效益，而不能反映两方案自身的经济效益，因此，投资额小的方案应满足绝对效益评价标准。

另外，静态评价指标中的偿债能力指标包括借款偿还期、利息备付率和偿债备付率，限于篇幅此处从略。

② 动态评价指标。

a. 净现值。

净现值是指将项目方案在整个寿命周期内，每年发生的净现金流量，用部门或行业的标准折现率，折算到计算期初的现值（折现值）的代数和。其中，净现金流量是现金流量表中的一个指标，是指一定时期内，现金及现金等价物的流入（收入）减去流出（支出）的余额（净收入或净支出），反映了企业本期内净增加或净减少的现金及现金等价物数额；折现值是把将来一定数量的资金换算（即乘以折现率）成现在相应数量的资金。通俗地说，就是指将来的一笔资产或负债折算到现在为多少。折现率就是资本金的时间价值，是指将未来有限期预期收益折算成现值的比率。折现率是利用净现值法进行评估时的重要参数，折现率是否合理，关系评估值的科学性和合理性。

净现值的计算公式如下：

$$\text{NPV} = \sum_{t=0}^{n} F_t \cdot \frac{1}{(1+i)^t} = \sum_{t=0}^{n} (F_I - F_0) \cdot \frac{1}{(1+i)^t}$$

式中　NPV——方案净现值；

F_t——第 t 年的净现金流量；

F_I——第 t 年的现金流入量；

F_0——第 t 年的现金流出量；

n——方案的寿命周期；

i——标准折现率；

$1/(1+i)^t$——第 t 年折现系数。

净现值指标是反映技术方案在整个寿命周期（包含建设期及服务期）内获利能力的动态评价指标。净现值法就是利用净现值指标评价投资方案的一种比较科学也比较简便的投资方案评价方法。净现值为正值，投资方案是可以接受的；净现值是负值，投资方案就是不可接受的。净现值越大，投资方案越好。一般讲，将净现值指标用于单方案评价时，如果 NPV≥0，则方案是可取的；而用于多方案评价及选优时，净现值最大的方案为最优方案。

b. 净现值指数。

净现值指数（NPVI）又称净现值率（NPVR），也是反映技术方案在寿命周期内获利能力的动态投资收益评价指标，是指项目方案整个寿命周期内全部净现金流量的净现值与全部投资额现值的比值。净现值指数的经济含义是单位投资现值所能带来的净现值，是一个考察项目单位投资盈利能力的指标，常作为净现值的辅助评价指标。它表示项目单位投资所产生的净收益的大小。净现值指数小，单位投资的收益就低；净现值指数大，单位投资的收益就高。其计算公式为：

$$\text{NPVR} = \frac{\text{NPV}}{I_p}$$

式中　I_p——方案的全部投资现值。

用将净现值指数法判断单方案的可行性时，如果 NPV≥0，则方案是可取的；而用于多方案评价及选优时，以净现值指数较大的方案为最优。

【例 11-3】　有满足相同需求的两个技术方案可供选择，其有关数据如表 11-1 所列，试进行方案选优。

表 11-1　甲、乙方案有关数据表　　　　　　　　（单位：万元）

方案	投资额现值	净现值	净现值指数
甲	3 650	372.60	0.102
乙	3 000	352.20	0.117

根据表中所计算的结果，若以净现值为评价标准，则甲方案为优，但从净现值指数来考虑，乙方案又优于甲方案。因此，采用的净现值及净现值指数这两个指标综合考虑，应选择盈利额较大、投资较少、经济效益更好的乙方案。这在资金紧张的情况下，对于节省投资并发挥资金的利用效率是有益的。

c. 动态投资回收期。

静态投资回收期指标只说明投资回收的时间，但不能说明投资回收后的收益情况。动态投资回收期动态投资回收期是把投资项目各年的净现金流量按基准收益率折成现值之后，再来推算投资回收期，这是它与静态投资回收期的根本区别。它是指在考虑货币时间价值的条件下，以投资项目净现金流量的现值抵偿原始投资现值所需要的全部时间。即：动态投资回收期是项目从投资开始起，到累计折现现金流量等于零时所需的时间。

动态投资回收期的表达式为：

$$\sum_{t=0}^{P_t} (CI - CO)_t (1 + i_c)^{-t} = 0$$

式中　i_c——基准收益率；

　　　P_t——需要计算的投资回收期；

　　　CI——现金流入；

　　　CO——现金流出；

　　　$CI - CO$——净现金流量；

　　　t——投资年数。

在实际应用中，也可以根据项目的现金流量表中的净现金流量现值，按以下近似公式计算：

$$P_t = 累计折现值出现正值的年数 - 1 + 上年累计折现值的绝对值/当年净现值$$

求出动态投资回收期 P_t 后，仍需要与行业标准动态投资回收期 P_c 或行业平均动态投资回收期进行比较，低于相应的标准认为项目可行。动态投资回收期是一个常用的经济评价指标，它弥补了静态投资回收期没有考虑资金的时间价值这一缺点，使其更符合实际情况。

【例 11-4】　某项目有关数据如表 11-2 所示。基准收益率 $i_c = 8\%$，基准动态投资回收期 $P_c = 8a$，试计算动态投资回收期。

表 11-2　某项目财务现金流量表　　　　　　（单位：万元）

计算期	0	1	2	3	4	5	6	7	8	9	10
净现金流量	− 20	− 500	− 100	150	250	250	250	250	250	250	250
累计净现金流量	− 20	− 520	− 620	− 470	− 220	30	280	530	780	1030	1280
净现金流量现值	− 20	− 454	− 82	112	170	155	141	128	116	106	96.4
累计净现金流量现值	− 20	− 474	− 557	− 445	− 273	− 118	22.6	150	267	373	469

解： 根据动态投资回收期的计算公式计算各年累积折现值（累计净现金流量现值）。动态投资回收期就是累积折现值为零的年限（从表 11-2 中可以判断在 5 ~ 6 年）。

P_t =（累计折现值出现正值的年数 – 1）+ 上年累计折现值的绝对值/当年净现金流量的折现值 = 6 – 1 + 118/141 = 5.84 年

由于 P_t 小于 P_c（8 年），项目可行。

d. 内部收益率法（IRR 法）。

内部收益率法（Internal Rate of Return，IRR 法）又称财务内部收益率法（FIRR）、内部报酬率法，是用内部收益率来评价项目投资财务效益的方法。所谓内部收益率，就是资金流入现值总额与资金流出现值总额相等、净现值等于零时的折现率。

净现值为零时的折现率 i^*，即为技术方案的内部收益率的值，它是方案本身所能达到的最高收益率。内部收益率的值就是满足下列公式的 i^* 解：

$$\sum_{t=0}^{n} F_t \cdot \frac{1}{(1+i^*)^t} = 0$$

内部收益率的求法采用试算逼近法。如果不使用电子计算机，内部收益率要用若干个折现率进行试算，直至找到净现值等于零或接近于零的那个折现率。其计算程序是：先以某个 i 值代入公式，净现值为正时，增大 i 值；如果净现值为负，则缩小 i 值，直到净现值等于零，这时的 i 即为所求的值 i^*。

（2）不确定性评价方法。

对包装技术方案进行分析评价，除了通常采用的上述静态法与动态法之外，还要研究技术方案中某些不确定因素对方案经济效益的影响。

技术经济分析的对象和具体内容，是对可能采用的各技术方案进行分析和比较，事先评价其经济效益，并进行方案选优，从而为正确的决策提供科学的依据。由于对技术方案进行分析计算所采用的技术经济数据大都来自预测和估算，有着一定的前提和规定条件，所以有可能与方案实现后的情况不相符合，以致影响到技术经济评价的可能性。为了提高技术经济分析的科学性，减少评价结论的偏差，就要进一步研究某些技术经济因素的变化对技术方案经济收益的影响，并提出相应的对策，这就是不确性分析的内容和目的。

经常用到的不确定性分析方法，主要有盈亏平衡分析法、敏感性分析法和概率分析法。这 3 种方法都是对影响技术方案经济效益的不确定因素进行研究和预测的定量分析方法。可以根据技术方案的特点和实际需要，有条件地选择其中一种，限于篇幅不再详述。

三、包装工业项目可行性研究

1. 可行性研究的概念及作用

可行性研究（Feasibility Study）是我国 20 世纪 70 年代末从国外引进的一门管理技术，是工程项目建设的一项前期工作，通常是指在投资决策之前，对项目进行全面的技术经济上分析，论证项目可行性的科学研究方法。目前，可行性研究在企业投资、工程项目、技术改造、技术引进、新产品开发、课题研究等方面得到广泛的应用。

可行性研究能解决项目投资方案中诸如建设条件是否具备、工艺技术是否先进适用、投资经济效果是否最佳等问题，从技术和经济两方面进行综合的分析、评价和论证，为投资决策提供科学依据。其具体作用：为投资决策和编制可行性研究报告的依据；是进行工程设计、设备订货、施工准备等前期工作的依据；是企业进行资金筹措和向银行贷款的依据；是与建设项目有关部门商谈合同、签订协议的依据；是企业进行科研试制和设备制造的依据；是环保部门审查项目对环境影响的依据，亦作为向项目建设所在政府和规划部门申请建设执照的依据；是企业进行组织管理、机构设置、职工培训等工作安排的依据；是国家各级计划部门编制固定资产投资计划的依据。

2. 可行性研究的阶段和内容

一个工程项目从设想到建成投产可分为投资前期、投资时期和生产时期，每个时期又可分为若干个阶段。可行性研究是在工程项目建设前期进行的，按照所要达到的目的和要求，西方国家把它分为机会研究、初步可行性研究、可行性研究（也叫详细可行性研究）、项目评价和决策4个阶段，是一个由粗到细、逐步深入的过程。与此相对应，我国则是按照项目建议书、初步可行性研究、可行性研究、项目评估与决策4个阶段进行的。与4个阶段相对应可行性研究有以下4方面的内容：

（1）项目建议书。是提出项目建设的设想，从宏观上寻求项目建设的途径、必要性，一般做得比较概略，其主要内容包括：提出的必要性和依据；产品方案、拟建规模和建设地点的初步设想；资源情况、建设条件、协作关系及技术、设备来源的初步分析；投资估算和资金筹措设想；投资和项目进度的初步安排；经济效益和社会效益的初步估计。

（2）初步可行性研究。也称预可行性研究，是介于机会研究和可行性研究的中间阶段，是对提出的投资建议的可行性进行初步估计。初步可行性研究一般针对重大及特殊项目才进行，一般项目可以直接进行详细可行性研究，其内容与下一阶段的可行性研究基本相同，区别在于资料的详细程度及研究深度不同。初步可行性研究的内容需要解决投资机会是否有希望、是否需要做详细可行性研究、某些关键性的问题是否需要进行辅助研究、初步筛选方案等问题。

（3）可行性研究。也称详细可行性研究、最终可行性研究、技术经济的可行性研究，是在项目建议和初步可行性研究的基础上，进一步深入细致地调查分析项目的各个方面，从技术上、经济上及相关方面进一步探讨项目建设的合理性和可能性。可行性研究应对项目的生产规模、厂区厂址、技术选择、工艺流程、厂房建筑、主要设备及动力设施等进行多方案比较，从中选出最优方案。对相关工程的安排及协作单位也要进行分析。

（4）项目评估和决策阶段。可行性研究的目的在于提供情况和依据，以便于决策者决定工程项目是否建设，并最后选定实施方案。为此，要进行项目评估和决策。评估决策一般应由上级主管部门或国家指定专门机构，对可行性研究中提出的若干个方案决定出最优方案，决定项目是否建设。对于有贷款的项目，还要由有关银行参与项目的评估和审查，协同主管部门共同做出决策。

3. 包装工业项目可行性研究的主要工作

（1）市场研究。从市场出发是包装工业项目可行性研究的一个重要特点，其内容包括市场需求情况和市场供应情况的研究。这两方面的基本内容包括：用户（现在的和潜在的用户是谁及其分布范围）、用途（生产的包装制品的用途，用户对产品有无质量上的特殊要求）、用量（当前和未来的市场需求量、市场容量的分析，有多大的市场占有率）、竞争力（同类包装制品有哪些厂家生产，其布局如何，生产能力多大，国外进口情况和国内出口情况）、发展趋势（与国内外同行业水平对比，拟生产产品处的生命周期阶段）、价格（现行价格和将来价格分析预测、国际市场价格及产品投产后进入市场的价格策略等）、原料（原辅材料、燃料、动力等的供应来源和保证程度）。

（2）技术研究。研究拟建项目应采用什么原料、工艺技术及设备，其主要包括以下内容：

① 原材料、能源等生产条件的选择。调查了解包装生产所需要的原辅材料的名称、品种、规格、需要数量，供应来源、供应方式和运输条件等情况。调查包装项目生产所需的原辅材料的价格、运输费用和代用的可能。

② 工艺选择。对不同的工艺技术路线进行比较，选择投资少、消耗少、效率高、质量好，能满足生产发展要求，最经济合理的方案。

③ 设备选择。应具体考虑生产效率高，对包装产品质量有保证，能源和原材料消耗少，灵活、安全、维修容易，投资效益高等因素。

除上述市场研究和技术研究之外，还包括对厂址选择、人员及培训、工程实施进度的安排、投资与成本研究及经济评价等工作。

案例分析：降低包装综合成本

1. 问题描述

某公司作为某电气股份有限公司的绿色供应商，为其所属的 7 家分公司供应 500 多个规格品种的瓦楞纸箱产品。主要存在以下问题：包装外箱原纸克重过高；对内装产品保护不足带来的残次品浪费；不必要的包装库存量浪费；不适当的包装作业过程浪费；运输过程中因包装材料选择、包装设计、包装组合不合理造成的浪费；仓储过程因包装设计不合理带来的浪费；销售过程中因包装不合理带来的浪费。

2. 整合方案

（1）降低包装生产成本。

针对电气产品包装的需求，东经公司对瓦楞包装外箱的原纸、楞型和生产工艺等进行改进，降低包装生产成本。

① 使用低克重原纸。通过对多种原纸物理性能的检测对比，K872Z 原纸能满足低压电气行业的包装强度要求，达到较高的性价比；

② 使用 BE 瓦。单位面积用原纸面积较 AB 瓦少 0.19 m^2，节约原材料成本。同时 BE 瓦结合了 V 形齿和 U 形齿的特点，达到"内外兼修"。外 E 瓦（外层瓦楞相当于 V 形瓦楞）挺度好，坚硬可靠，用纸少，表面平整，印刷效果好，外观形象好。内 B 瓦（内层瓦楞相当于 U 形瓦楞）具有良好的缓冲性能，对内装物起到良好的缓冲保护，满足产品抗压保护需求。

③ 使用一次成板工艺。经综合试验比较，一次工艺成板 BE 瓦纸板强度比两次工艺成板的 AB 瓦纸板强度高 50%。

④ 使用 0201 箱型。在箱型的选择上，遵循最优的性价比，0201 型纸箱完全能够满足一般低压电器产品的抗压要求，在用量面积最少的同时 0201 型纸箱也符合国内外包装的使用习惯。

⑤ 成箱工艺在 25 kg 以下的均使用胶黏工艺。胶黏工艺表面平整，连接处没有缝隙，美观度高，使用环保胶水不受出口环保限制。避免了传统钉针工艺表面不平整，使用的扁丝受潮后容易生锈等问题。

⑥ 成箱方式使用一片成箱，与传统的两片成箱方式相比减少一个 40 mm 的接舌和两个 20 mm 的毛边，减少用料面积。

（2）降低包装使用成本。

通过规格整合，减少纸箱的使用规格，多种产品之间实现通用包装，使包装的各个系统达到最优化，大大降低了包装的使用成本。

① 整合纸箱规格，降低采购成本，提高工作效率。整合使用量少的产品订单，使产品规格系列化、标准化，降低了包装的采购成本。纸箱规格的通用性使纸箱可以在不同车间和不同分公司之间进行调货使用，减少了生产准备的规格和时间，提高了工作效率。

② 考虑作业成本，规范纸箱标准。所有包装产品的重量严格控制在 25 kg 以下，同时考虑到产品在包装过程的搬运及堆码，所有包装尺寸长度大部分在 70 cm 左右，最长的也不超过 80 cm，宽度大部分为 40 cm 左右，最宽不超过 50 cm，高度与宽度相当。通过箱型、尺寸及质量的限制，产品填充过程的直立、填充、封箱、贴标、搬运和堆码等各个工序环节衔接得更加紧密，填充的效率大大提高，降低了作业成本。

③ 提高仓储效率。配合电子标签的使用，提高了产品出入库的准确性。

④ 降低运输成本。通过整合纸箱规格，实现包装产品的单规格批量化生产，使包装产品在物流配送过程中实现大批量的送货，提高装车利用率。原先小批量规格外箱，物流配送成本很高。整合后包装的通用性实现了不同产品包装在需要时进行及时调货，减轻了物流交期压力。此外，使用 BE 瓦箱壁由原先 AB 瓦的 7 mm 左右减至 4 mm 左右，按 10 个纸箱一个打包计算，每打包纸箱高度可以降低 3 cm，这样大大提高了装车利用率，直接减少送货次数，降低物流运输成本。

（3）降低包装管理成本。

以前由于包装规格多而杂，无形中增加了采购成本和采购管理成本。在前期的包装整合调研中，也有包装采购员抱怨因外箱规格多而工作开展困难，经常出现下单错误等现象。通过整合提高效率，降低了管理成本。

3. 整合效果

该公司 2007 年，对 7 家分公司的产品包装进行全面整合，把包装从 500 多个整合到 84 个，每年降低包装综合成本 300 万元左右，具体主要包括以下项目：楞型变化提高原纸利用率，降低成本约 8 万元/a；原纸克重降低节约成本约 21 万元/a；减少耗材及省去的开机费降低成本约为 8 万元/a。集装箱装箱利用率提高节约运费约为 27 万元/a；仓储成本节约约 18 万元/a；纸箱规格由原来的 500 个减少到 84 个，包装检验员的工作量减少 4/5，直接降低成本约 4.32 万元/a；减少托盘的使用量，单从产品型号计算托盘使用可以由原先 500 个减少至 84 个。单品种装车提高空间利用率，纸箱由 AB 瓦变为 BE 瓦提高装车数量，降低运输车次，降低储运成本约 16 万元/a；通过整合，达到批量订单基本上实现零库存，减少仓储和包装成本至少 40 万元/a；在包装管理成本方面，下单采购人员由原来的 8 人变为现在的 4 人，采购厂商由原来的 3 家变为现在的 1 家，采购产品由原来的 500 种变为现在 84 种，直接降低包装采购管理成本 29 万元/a。

4. 案例评析

在纸箱包装微利化的时代，绝不能仅仅依靠节约材料，降低生产成本来控制包装成本。必须从包装的整个生命周期角度，利用整体包装解决方案，运用系统工程的思想和方法，控制包装总成本最低，而不是其中一项最低。该公司在对低压电器行业做包装整合方案时，充分考虑包装的使用和包装管理的各个环节，降低包装综合成本。

参考文献

[1]　周明星. 精益包装管理：降低客户包装综合成本. 电气制造，2009（7）.

[2]　潘颖雯，张克英. 企业管理与技术经济分析. 天津大学出版社，2010.

[3]　丁毅，蔡晋，高雁. 价值工程在包装优化设计中的应用，包装工程，2007（10）.